中国石油大学（华东）研究生规划教材

能源系统工程

Energy System Engineering

主　编　宋杰鲲
副主编　付　峰　徐小峰　邢　伟

中国石油大学出版社
CHINA UNIVERSITY OF PETROLEUM PRESS
山东·青岛

图书在版编目(CIP)数据

能源系统工程 / 宋杰鲲主编. --青岛 ：中国石油大学出版社，2024.6

ISBN 978-7-5636-4346-2

Ⅰ. ①能… Ⅱ. ①宋… Ⅲ. ①能源—系统工程 Ⅳ. ①TK01

中国国家版本馆 CIP 数据核字(2024)第 091483 号

书　　名：能源系统工程
NENGYUAN XITONG GONGCHENG
主　　编：宋杰鲲
副 主 编：付　峰　徐小峰　邢　伟

责任编辑：邵　云(电话 0532-86981538)
责任校对：李明华(电话 0532-86981845)
封面设计：赵志勇

出 版 者：中国石油大学出版社
(地址：山东省青岛市黄岛区长江西路 66 号　邮编：266580)
网　　址：http://cbs.upc.edu.cn
电子邮箱：zyepeixun@126.com
排 版 者：青岛天舒常青文化传媒有限公司
印 刷 者：沂南县汇丰印刷有限公司
发 行 者：中国石油大学出版社(电话 0532-86983560，86983440)
开　　本：710 mm×1 000 mm　1/16
印　　张：23.5
字　　数：445 千字
版 印 次：2024 年 6 月第 1 版　2024 年 6 月第 1 次印刷
书　　号：ISBN 978-7-5636-4346-2
定　　价：59.00 元

前言

Preface

随着社会的快速发展，人们在生产、生活中面临的各类问题日趋复杂化、大型化，从系统的视角思考问题、分析问题、解决问题显得尤为重要。系统工程是20世纪中期产生并迅速发展起来的一门交叉学科，它从系统的观点出发，跨学科考虑问题，综合运用工程科学、管理科学、经济科学、社会科学等多学科方法研究和解决各种系统问题，以实现系统目标的最优化。系统工程的思想、理论、方法与技术已经广泛应用于工农业生产、经济、社会、能源、环境等各个领域，并取得了显著的成效。

能源系统工程是系统工程理论、方法与技术在能源系统的应用。这里的能源系统既包含微观层面的能源资源勘探、开发、利用等，也包括宏观层面的能源企业、能源行业、能源政策及与之相关的各层级决策对象。本书主要采用宏观层面的含义，力求涵盖系统工程学科的基本内容，并重点突出这些内容在能源系统的具体应用。

本书按照概念、方法论、系统分析、系统建模的体系架构进行设计，使读者能够养成从整体角度入手思考、解决实际系统问题的思维习惯。本书的主要内容包括：系统与系统工程概论、系统工程方法论、能源系统分析、能源系统结构模型化技术、能源系统评价、能源系统仿真、能源系统预测、能源系统决策分析、能源投入产出分析等。每章内容由需求展开，按照“导入—每节内容—小结—习题—延伸阅读”的顺序安排，由实际问题引出理论，再由理论引导读者思考实际问题。本书强调系统工程理论体系的完整性，注重概念、方法与技术的阐述与应用，尽量避免繁杂的数学推导，力求作为管理类、经济类、理工类等专业的研究生和本科生教材或参考书使用。

本书由宋杰鲲担任主编，主要负责全书的框架设计和统稿。具体分工如下：宋杰鲲负责编写第三、四、五章内容，付峰负责编写第一、二、六章内容；徐小峰负责编写第七章第五～八节、第九章内容，邢伟负责编写第七章第一～四节、第八章内容。

本书参考和引用了众多学者的著作和文献，主要的资料来源列于参考文献中，在此表示诚挚的谢意！

本书的出版得到中国石油大学（华东）研究生规划教材项目的资助，在此一并致谢。

由于时间仓促，编者水平有限，书中错漏之处在所难免，敬请广大读者和专家学者批评指正。

编　者

2024年3月

目录 Contents

第一章 系统与系统工程概论

导入

2020 年，我国非化石能源占一次能源消费比重达 15.9%，但距离“2030 年达到 25%”的国家自主贡献目标仍有不小的差距，且我国煤炭消费量占能源消费总量的比重仍高达 56.8%。以传统化石能源为主的能源消费结构是造成我国能源环境问题的主要原因。此外，我国石油对外依存度接近 70%，天然气对外依存度超过 40%，能源安全结构性矛盾突出。2020 年 9 月 22 日，国家主席习近平在第七十五届联合国大会一般性辩论上发表重要讲话，提出要在 2030 年之前实现二氧化碳排放达峰，到 2060 年实现碳中和目标，这一目标也成为能源结构转型进程的最大牵引和要求。因此，以高污染、高排放为主要特征的传统能源体系向清洁低碳、安全高效的现代能源体系转型是应对气候变化、防治大气污染和保障能源安全的必然选择。能源转型是指通过创新低碳能源技术、提高能源使用效率、优化能源供给结构、转变能源消费行为，实现新能源和可再生能源逐渐替代化石能源，构建清洁低碳、安全高效的新型能源供给和消费体系。

（资料来源：张增凯，彭彬彬，解伟，等. 能源转型与管理领域的科学研究问题[J]. 管理科学学报，2021，24(8)：147-153.）

系统普遍存在，现实中的各种实体对象及工程技术、能源环境、经济社会中的问题都是系统的存在形式，都要求从系统整体的角度去看待、分析与处理。系统是系统工程研究的对象，同时也是系统工程研究中应当遵循的基本思维。能源系统工程是以服务能源开发与利用为目标，在能源行业、能源部门、能源企业等各类能源系统中发展与实践系统工程的理论和方法。

第一节　系　统

自然界和人类社会中的一切事物都不是孤立存在的，而是相互联系的，它们形成了各式各样的系统。系统无处不在，却又捉摸不定；系统问题无时不在，却又难以把握。直到近代，人们才开始从科学的角度了解系统的结构和特性，从系统的角度去思考问题。

一、系统的定义

“系统”最早出现于古希腊语中，是部分组成整体的意思。随着“系统”的概念在各领域、各学科的广泛应用，其含义逐渐具体化。对于“系统”，比较典型的几个定义如下：

美国《韦氏辞典》中定义“系统”为“有组织的或被组织化的整体；结合着的整体所形成的各种概念和原理的综合；由有规则的相互作用、相互依存的形式组成的诸要素集合”。

在日本工业标准(JIS)中，“系统”被定义为“许多组成要素保持有机的秩序向同一目的行动的集合体”。

《苏联大百科全书》中定义“系统”为“一些在相互关联与联系之下的要素组成的集合，形成了一定的整体性、统一性”。

《中国大百科全书》中定义“系统”为“由相互制约、相互作用的一些部分组成的具有某种功能的有机整体”。

一般系统论的创始人贝塔朗菲(L. V. Bertalanffy)认为，系统是相互作用的多元素的复合体。

钱学森认为系统是由相互作用和相互依赖的若干组成部分结合的具有特定功能的有机整体，并且该“系统”本身又是它所从属的一个更大系统的组成部分。

可见，尽管系统的定义很多，但所有定义基本包含了系统的三个基本特征：第一，系统是由若干元素组成的，构成系统的要素既可以是单个事物，也可以是一群事物的集合体；第二，组成系统的要素相互联系、相互作用，有着一定的秩序；第三，系统不是要素的简单叠加，具有不同于要素或部分的整体性、功能性。

二、系统的特征

一般认为，系统应具有下述特征：

1. 整体性

系统的整体性是指系统不是各组成要素的简单叠加，而是各要素根据逻辑统一性的内在要求，协调存在于系统整体之中。系统的构成要素和要素之间的机能、要素间的相互联系要服从系统整体的功能和目的，在整体功能的基础上展开各要素及其相互活动，这种活动的总和形成了系统整体的有机行为。在一个系统整体中，即使每个要素不是很完善，但它们也可以协调、综合成为具有良好功能的系统。相反，即使每个要素都是良好的，作为整体却不具备某种良好的功能，也就不能称之为完善的系统。

2. 层次性

系统作为一个相互作用的诸要素的总体，可以分解为一系列的子系统，并存在一定的层次结构。系统层次结构是系统结构的一种形式，在系统层次结构中表述了不同层次子系统之间的从属关系或相互作用关系。在不同的层次结构中存在着不同的运动形式，构成了系统的整体运动特性，为深入研究复杂系统的结构、功能和有效的控制与调节提供了条件。

3. 相关性

组成系统的要素是相互联系、相互作用的，相关性说明了这些联系之间的特定关系和演变规律。例如，城市是一个大系统，它由资源系统、市政系统、文化教育系统、医疗卫生系统、商业系统、工业系统、交通运输系统、邮电通信系统等相互联系的部分组成，通过系统内各子系统相互协调的运转完成城市生活和发展的特定目标。各子系统之间具有密切关系，相互影响、相互制约、相互作用，牵一发而动全身。系统内各个子系统应根据整体目标，尽量避免系统“内耗”，提高系统整体运行的效果。

4. 目的性

通常，系统都具有某种目的。系统的目的一般用更具体的目标来体现，比较复杂的社会经济系统都具有不止一个目标，因此，需要用一个指标体系来描述系统的目标。比如，衡量一个工业企业的经营业绩，不仅要考核它的产量、产值指标，还要考核它的成本、利润和质量指标。在指标体系中，各个指标之间有时是相互矛盾的，为此，要从整体出发，力求获得全局最优的经营效果，这就要求在矛盾的目标之间做好协调工作，寻求平衡或折中方案。

5. 适应性

任何系统都存在于一定的物质环境之中，因此，它必然要与外界产生物质、能量和信息交换，外界环境的变化也必然会引起系统内部各要素的变化。不能适应环境变化的系统是没有生命力的，只有经常与外界环境保持最优适应状态的系统，才是能够不断发展的理想系统。例如，一个企业必须经常了解市场动态、同类企业的经营动向、有关行业的发展动态和国内外市场的需求等环境变化，在此基础上研究企业的经营策略，调整企业的产品结构和管理机制，以适应环境的变化。

三、系统的分类

在自然界和人类社会中存在着各种不同性质的系统。为了方便对系统的性质加以研究，需要对系统存在的各种形态加以探讨。

1. 自然系统和人造系统

自然系统是由自然过程产生的系统，这类系统是由自然物（矿物、植物、动物等）自然形成的系统，如海洋系统、生态系统等。人造系统则是人们将有关元素及其属性和相互关系组合而成的系统，如人类对自然物质进行加工及对自然界进行改造，制造出各种机器并构建各种工程系统。

实际上，大多数系统是自然系统与人造系统的复合系统，例如，在人造系统中，有许多是人们运用科学技术改造过的自然系统。随着科学技术的发展，出现了越来越多的人造系统。

人造系统对自然系统往往会产生影响，一个很好的例子是尼罗河上的阿斯旺大坝建成后所引发的一系列问题。这座大坝解决了尼罗河多年泛滥的问题，但同时也带来了很多负面影响，如尼罗河下游的水质恶化、尼罗河两岸的土壤盐碱化等。因此，在人造系统出现时，应尽量减少其对自然生态系统平衡的破坏，以及对环境和生态系统的破坏。近年来，系统工程愈来愈注重从自然系统的属性和关系方面研究人造系统。

2. 实体系统和概念系统

凡是以矿物、生物、机械和人群等实体为构成要素的系统均称为实体系统。凡是由概念、原理、原则、方法、制度、程序等概念性的非物质实体所构成的系统均称为概念系统，如管理系统、军事指挥系统、社会系统等。实体系统需要消耗一定的物理空间，概念系统则不需要。

在实际生活中，实体系统和概念系统在多数情况下是结合的，实体系统是概念系统的物质基础，可以用数学或其他概念模型进行模拟；而概念系统往往是实体系统的中枢神经，对实体系统的行为有着重要的指导作用。例如，军事指挥系统中既包括军事指挥员的思想、信息、原则、命令等概念系统，也包括计算机系统、通信设备系统等实体系统。

3. 动态系统和静态系统

动态系统是指系统的状态变量随时间变化的系统，即系统的状态变量是时间的函数。例如，一个化工生产系统是一种连续生产过程，系统中的参数随着时间的变化而变化。而在静态系统中，表征系统运行规律的数学模型中没有时间因素，即模型中的变量不随时间变化，它是动态系统的一种极限状态，即处于稳定状态的系统。大多数系统是动态系统，但是，由于动态系统中各种参数之间的相互关系是非常复杂的，要找出其中的规律性非常困难，有时为了简化，往往假设系统是静态的。还有一些动态系统中的参数随时间变化的幅度很小，也可以视为静态系统。

4. 开放系统和封闭系统

开放系统是指与环境之间有物质、能量或信息交换的系统，如工厂、生态系统或商业系统。这类系统通过系统内部各个元素的不断调整来适应环境变化，以保证一个稳定的状态。因此，开放系统通常是自适应和自调节的。

封闭系统中的系统与环境互相隔绝，环境仅仅为系统提供物质、能量和信息，却没有任何交换。照此定义，可把封闭系统当成与环境完全隔绝的孤立系统，所以可以不受外部环境的影响而保持相对平衡。例如，在一个封闭容器中，不同的反应物混合在一起最终达到化学平衡。

在现实世界中没有完全意义上的封闭系统。系统的开放性和封闭性概念不能绝对化，只能作为相对的概念来衡量实际系统。

5. 简单系统、简单巨系统和复杂巨系统

系统可以按复杂程度分为简单系统、简单巨系统和复杂巨系统。简单系统是指组成系统的子系统在数量上比较少，而且它们之间的关系也比较简单，如一座工厂、一台设备等。简单巨系统是指组成系统的子系统数目非常多，种类也比较多，但是它们之间的关系比较简单，如热力学系统、天体系统。复杂巨系统也称为开放的复杂巨系统，是指组成系统的子系统数目非常多，种类也非常多，而且它们之间的关系很复杂，同环境有物质、能量、信息的交换，如人体系统、人脑系统、地理系统、生态系统等。

第二节　能源系统

在漫长的历史进程中，人类从学会使用火开始，经过石器、铁器时代，直到近代工业化革命，各种技术发明使人类文明到达了一个前所未有的高度，人类消耗的能源也日益增多。能源是人类社会赖以生存和发展的物质基础，在国民经济中具有特别重要的战略地位，能源相当于城市的血液，它驱动着城市的运转。

一、能源系统的含义

现代能源生产和消费不仅涉及一次能源资源的开发利用，还涉及包括土地、水资源、大气等领域的环境生态类公共性资源的占有、分配和保护，而这一切又与整个社会、经济、环境的发展水平紧密相连，通过国家的宏观能源战略、能源政策和能源规划对实际的能源生产和消费环节产生影响。因此，能源系统可以从广义和狭义两个角度来理解。

广义的能源系统不仅仅包含能源的开发、利用等，还涵盖了与之有关的环境、资源、政策等系统。本书中的能源系统是狭义的能源系统，即从能源的开采到消费，并对这一过程所产生的残余物和排放物进行处置的整个过程，是涉及能源勘探开发、生产、输送、加工、转换、贮存、分配和利用、废弃物治理和处置等诸多环节的复杂系统。例如，由煤炭、石油、天然气、水、核能及生物质能等构成的一次能源，从资源开发、运输、加工、转换、分配直至最终使用的各个环节就构成了一个能源系统，其中每个环节均由国民经济若干部门的活动组成。

二、能源系统的特点

能源系统是国民经济系统的重要组成部分，它与社会经济、自然环境、科技水平等有着极密切的联系。能源系统既是国民经济系统运行的产物，又是国民经济系统发展的动力，以满足经济社会发展需要为目标。能源系统的特点可归纳为：

1. 能源系统与非能源系统相互依赖

能源系统的生产活动向非能源系统提供所需的能源，同时提出对非能源系统产品的需求。非能源系统利用能源系统提供的能量驱动维持活力，并依靠自身的运行为能源系统提供所需的技术和产品支持，同时向能源系统提出需求和新的发展要求。因此，能源系统是一个开放系统，不能离开国民经济大系统而孤立地进行能源系统分析。

2. 能源系统资金密集、建设周期长

能源开发和建设是资金密集、建设工期长、关系国计民生的产业，从勘探、开发、加工到使用都具有较长的运行周期、较长的影响和作用时期，所以能源系统是一个大惯量系统。在该系统中，某项决策一经实施，将具有巨大的惯性作用，改造起来非常困难，因此，对于能源系统的建设应立足长远性和战略性。

3. 能源系统的超前开发受到技术、资金的制约

由于能源开发的周期长，能源系统的建设一般要超前发展，而技术的发展

和资金无法及时满足能源系统建设的需求，使得能源系统时常会受到技术、资金等因素的制约。煤炭、油气等常规能源系统在相当长的一段时间内还是能源系统的主体，但随着资源的枯竭、环境污染和人类对环境质量要求的提高，新能源系统、清洁能源系统取代常规能源系统成为能源系统发展的必然趋势。

4. 能源系统的内部要素具有可替代性

各种能源之间的可替代性特点决定了在进行能源系统分析时，必须着眼于宏观能源系统下各子系统之间的比较和优化，避免把各种形式的能源系统当成一个封闭系统去考虑。

5. 能源系统在社会经济系统中具有重要的地位

几乎所有的社会经济系统都离不开能源系统的支持，能源系统日益成为国民经济发展牵一发而动全身的枢纽系统。对于国家而言，大规模能源的进口和出口，跨国界的石油输送线路、天然气线路和海洋原油运输通道日益成为国际政治博弈的因素。

三、石油能源系统

石油又称为原油，是一种黏稠的深褐色液体。地壳上层部分地区储存有石油，主要成分是各种烷烃、环烷烃、芳香烃。石油是古代海洋或湖泊中的生物经过漫长的演化形成的，属于化石燃料。石油主要用作燃油，也是许多化学工业产品，如化肥、杀虫剂和塑料等的原料。石油的生成至少需要 200 万年的时间，至今已发现的油藏中，时间最长的达 5 亿年之久。19 世纪的石油工业发展缓慢，提炼的石油主要用来作为油灯的燃料。20 世纪初，随着内燃机的发明，现代石油能源系统逐步形成，迄今为止，石油仍是最重要的内燃机燃料和化工原料。

石油能源系统由寻找石油到利用石油的诸多环节构成，大致经过四个主要环节，即寻找、开采、输送和加工，这四个环节通常又分别称为石油勘探、油田开发、油气集输和石油炼制。

石油勘探有许多方法，但地下是否有油，最终要靠钻井来证实。油田开发指的是用钻井的办法证实油气的分布范围，而且油井可以投入生产并形成一定的生产规模。地表附近的石油可以采用露天开采方式，不过今天除少数非常偏远地区的矿藏外，这样的石油矿藏几乎全部开采完了。埋藏比较深的油藏要靠钻井才能开采。海底的油藏需要使用石油钻井平台开采。油气集输是将油井产生的石油集中储存并输送到石油炼制厂，一般可以通过公路、铁路、船舶来运输，远洋大型油轮是国际石油运输的主要形式之一，由于石油为流体，长期的大规模石油定点输送一般采用管道输送，距离从几十千米到跨国的数千千米不等。石油炼制是采用一定的工艺，利用石油组成成分的物理特征进行提炼的方法，典型的产品有石油气、汽油、柴油、煤油、润滑油等。

第三节　系统工程

一、系统工程的定义

系统工程是一门处于发展阶段的新兴交叉学科，其应用领域十分广泛。它与其他学科相互渗透、相互影响，使得不同专业领域的人对它的理解不尽相同，所以目前在学术界对于“系统工程”还没有一个公认的定义。本书列出了一些定义仅供参考。

美国《科学技术辞典》中指出，系统工程是研究复杂系统设计的科学，该系统由许多密切联系的元素组成。设计该复杂系统时，应有明确的预定功能及目标，并协调各个元素之间及元素和整体之间的有机联系，以使系统能从总体上达到最优目标。在设计系统时，要同时考虑参与系统活动的人的因素及其作用。

日本工业标准(JIS)定义系统工程是为了更好地达到系统目标，而对系统的构成要素、组织结构、信息流动和控制机构等进行分析与设计的技术。

切斯纳(H. Chestnut)指出，系统工程认为虽然每个系统都由许多不同的特殊功能部分组成，且这些功能部分之间又存在着相互关系，但是每个系统都是完整的整体，每个系统都要求有一个或若干个目标。系统工程则是按照各个目标进行权衡，全面求得最优解(或满意解)，并使各组成部分能够最大限度地互相适应的方法。

三浦武雄指出，系统工程与其他工程学的不同之处在于它是跨越许多学科的科学，而且是填补这些学科边界空白的一种边缘学科。因为系统工程的目的是研制一个系统，而系统不仅涉及工程学的领域，还涉及社会、经济和政治等领域，所以为了适当地解决这些领域的问题，除了需要某些纵向技术外，还要有一种技术把它们横向组织起来，这种横向技术就是系统工程。

钱学森认为，系统工程是组织管理系统规划、研究、设计、制造、试验和使用的科学方法，是一门组织管理技术。

汪应洛认为，系统工程是用来开发、运行和革新一个大规模复杂系统所需理论、方法论、方法的总和。

二、系统工程的主要特点

系统工程是一门边缘学科，它以大型的人工系统和复合系统为对象，合理地、创造性地采用系统思想、系统理论、系统技术、系统方法对系统进行研究分析、设计制造和服务，使系统整体尽量达到最佳协调和最满意的优化，以便充分发挥人力、物力、财力和潜力。系统工程具有如下特点：

1. 整体性

整体性是系统工程最基本的特点。系统工程把所研究的对象看成一个整体系统，这个整体系统又是若干部分（元素或子系统）的有机结合。所以，系统工程在研究系统时总是基于整体性，由整体与部分之间相互依赖、相互制约的关系揭示系统的特征和规律，从整体最优化出发分别实现系统的各组成部分。

2. 协调性

用系统工程学分析和处理问题时，不仅要考虑部分与部分之间、部分与整体之间的相互关系，还要认真协调它们的关系。因为系统各部分之间、各部分与整体之间的相互关系和作用直接影响或者制约了系统的整体性能，协调它们的关系便可以提高系统的整体性能。

3. 综合性

系统工程以大型复杂的人工系统和复合系统为研究对象。这些系统涉及的因素很多，涉及的学科领域也极为广泛。因此，系统工程必须综合研究各种因素，综合运用各门学科和技术领域的成果，从整体目标出发使各门学科、各种技术有机配合、综合运用，以达到整体最优化的目的。

4. 满意性

系统整体性能的最优化是系统工程所追求并需要达到的最终目的。由于整体性是系统工程最基本的特点，所以，系统工程并不追求构成系统的个别部分最优，而是通过协调系统各部分的关系，使系统整体目标达到最优或满意。

三、系统工程的应用

随着生产的发展，系统工程的应用领域日益广泛。目前，系统工程的应用几乎遍及工程技术和社会经济的各个方面，下面给出一些典型的应用领域：

(1) 工程系统工程。工程系统工程是运用系统工程的理论和方法，以及计算机信息技术来研究和设计现代工程体系的组织管理活动。

(2) 军事系统工程。军事系统工程是运用系统工程的理论和方法及计算机信息技术来研究和执行现代战争中的参谋活动。它包括武器使用、后勤供给、指挥体系、战略研究在内的多个分系统，对战争进行全局指导。

(3) 社会系统工程。社会系统工程是运用系统工程的理论、方法及计算机信息技术，在辩证唯物主义和历史唯物主义原则的指导下，研究和解决现代社会稳定发展活动。社会系统工程的研究对象不是一个企业、一个公司或一个部门这样的小系统，也不是国家各部门(如铁路自动调度系统、电力调节系统、通信系统)的大系统，而是整个社会、整个国家范围内宏观社会经济运动的巨系统，是最高层次的系统。因此，社会系统工程是一门最深奥的系统工程。

(4) 宏观经济系统工程。宏观经济系统工程是运用系统工程理论和方法分析和研究宏观经济问题，如经济发展战略、国民经济宏观调整、宏观经济规划、产业结构与产业政策、投入产出分析、消费结构分析、物价系统分析、投资决策分析、综合国力分析、资源优化配置、税率与汇率分析、外债规模分析、货币需求模型与预测分析、世界经济模型分析、世界或区域经济危机分析等，都是经济系统工程研究的对象。

(5) 信息系统工程。信息系统工程的含义广泛，包括技术和管理两大领域。如何实现信息化，如何以信息化带动工业化，这是信息系统工程在宏观上最大的、首要的战略研究课题。在国家宏观战略指导下，国家、地区、部门、企事业单位的信息系统如何规划、组织、建设、运作和管理，是信息系统工程实践性研究课题。从技术的角度来说，可以包含信息处理、通信工程、软件工程、人工智能等技术领域。但是，作为组织管理的技术，信息系统工程主要研究各级各类管理信息系统的构建与运作问题。

(6) 区域规划系统工程。区域规划系统工程主要运用系统分析方法研究区域经济发展战略、区域综合发展规划、区域产业结构和产业政策、区域资源优化配置、区域城镇布局和发展规划、区域投资规划、城市建设规划、地区之间的分工与协作、区域资源合理开发、区域经济协调发展等。

(7) 能源系统工程。能源系统工程研究的内容有能源合理结构、能流图、能源需求预测、能源供应预测、能源开发规模规划、电力系统规划、节能规划、能源开发与生产优化模型、能源合理利用模型、建立能源数据库等。

(8) 环境生态系统工程。环境生态系统工程主要研究大气生态系统、大地生态系统、流域生态系统、森林与生物生态系统、城市生态系统等系统分析、规划、建设、防治等方面的问题，以及环境监测系统、环境计量预测模型等问题。

(9) 水资源系统工程。水资源系统工程主要研究河流综合利用规划、流域发展战略和规划、农田灌溉系统规划与设计、城市供水系统优化模型、水能利用规划、水运规划、防洪规划、水污染控制等问题。

(10) 交通运输系统工程。交通运输系统工程主要研究铁路、公路、航运、航空综合运输规划及其发展战略，铁路运输规划及其调度系统，公路运输规划及其调度系统，航运规划及其调度系统，空运规划及其调度系统，综合运输规划、优化模型及其效益分析等问题。

(11) 农业系统工程。农业系统工程主要研究农业发展战略、农业结构分析、农业综合规划、农业区域规划、农业政策分析、农业投资规划、农产品需求预测、农产品发展速度预测、农业投入产出分析、农作物合理布局、农作物栽培技术规范化、农业系统多层次开发模型等问题。

(12) 工业及企业系统工程。工业及企业系统工程主要研究工业动态模型、市场预测、新产品开发、组织均衡生产、生产管理系统、计划管理系统、库存存贮模型、全面质量管理、成本核算系统、成本-效益分析、财务分析、人-机工程、组织理论、激励机制等问题。

(13) 工程项目管理系统工程。工程项目管理系统工程主要研究工程项目的总体设计、可行性研究、国民经济评价、工程进度管理、工程质量管理、风险投资分析、可靠性分析、工程成本-效益分析等问题。

(14) 科技管理系统工程。科技管理系统工程主要研究科学技术发展战略、科学技术预测、优先发展领域分析、科学技术长远发展战略、科学技术评价、科技人才规划、科技管理系统等问题。

(15) 智力开发系统工程。智力开发系统工程主要研究人才需求预测、人才拥有量模型、人才规划模型、教育规划模型、智力投资规划模型、人才结构分析、教育政策分析等。

四、系统工程在能源领域的应用

能源是人类社会和经济赖以生存和发展的重要物质基础，能源系统是涉及整个社会和经济各个领域的复杂系统，而系统工程理论和方法是解决复杂问题最有效的方法和手段之一，能源科学和系统工程学的结合成为科学发展的必然结果和趋势。能源系统工程是系统工程的思想和方法在能源开发和利用领域的理论发展和实践。任何国家和地区的经济发展和现代化程度已明显地取决于现代能源供应保障系统的建设程度，同时，快速的能源开发利用与资源短缺和生态环境的矛盾越来越突出。因此，将能源、经济与环境视为一个有机整体，利用能源系统工程的思想和方法，系统地解决能源开发、加工利用，以及与经济环境协调发展中的分析方法和决策技术研究日益重要。

工业革命以前，人们对能源停留在简单的直接使用水平上，随着工业革命的发展，出现了内燃机，1831 年法拉第发现了电磁感应定律之后，很快就出现了交流发电机、直流发电机和直流电动机，人类利用能源的途径和方式进入了一个革命性时代。

进入 20 世纪，大规模的工业生产使得人类利用能源的规模快速扩大，能源的生产利用链条不断延伸，能源的范围和种类日益多样化，能源的采集和利用体系逐步演化为复杂的系统体系。能源问题逐渐进入人们的视线和研究领域。电力、石油等能源的开发大大促进了工业的发展，电气化工业和化学工业的出现又使生产技术设备日趋复杂，并进一步促使交通和通信系统大规模扩建，而生产技术的进步和生产规模的扩大均与能源的开发利用问题始终相伴。同时，由于生产强度的不断增大和城镇化的发展，生产和生活所消耗的能源不断增加，大量化石能源的使用带来了环境污染问题，促使人们对能源系统重新思考和重组。人们开始从社会发展的整体角度重新审视能源问题，即开始运用系统思想来研究能源系统问题。

1973 年发生的世界性石油危机，使人们认识到过度耗费能源会带来严重后果，许多国家和国际软科学研究机构开始重视从能源系统的战略角度出发，应用系统工程方法全面研究和评价未来能源的供需问题，希望提出相应的能源战略和政策。1974 年，美国布鲁克海文国家实验室在能源系统网络图的基础上，应用线性规划方法首先提出国家能源模型(BESOM)。1977 年，美国又提出了由国家能源模型、伊利诺伊大学的能源投入产出模型和赫德森-乔根森宏观经济模型联合组成的国家能源系统模型，用以预测未来的能源供需形势。1977 年，世界替代能源战略研究组提出了全球能源系统模型，这个模型把世界划分成能源进口区和出口区，根据不同的世界经济发展速度、油价和能源政策等，用线性规划方法研究未来世界能源的供需形势和燃料替代战略。1978 年的世界能源大会提出世界能源模型，对未来 40 年的能源需求进行预测。国际应用系统分析研究所于 1981 年发表了具有一定影响的世界能源模型，用系统工程方法研究未来 50 年的世界能源形势，就未来替代能源系统的建立及其有关技术工艺、资金和时间等提出了分析意见。

欧洲共同体委员会于 1975 年开始组建能源系统分析与建模的研究组织，并于 1977 年提出欧洲能源系统模型，对欧洲共同体地区的未来能源供需协调进行预测。苏联在 20 世纪 70 年代也提出了由动态投入产出、能源系统优化、能源发展动态等模型组成的国家能源系统模型。

中国能源系统工程研究始于 20 世纪 80 年代初期，以天津大学刘豹、西安交通大学汪应洛为代表的一批学者着手研究我国能源供应系统的规划、预测与决策模型。刘豹等 1991 年编写的《能源系统工程》集中反映了这些研究成果。其他研究人员先后采用了宏观经济模型、投入产出模型、计量经济模型、数学规划模型、投资分析模型、效应分析模型，以及由其中若干模型联合组成的能源系统模型，对中国未来的能源形势和政策进行预测和分析评价。

【案例】系统工程在油田开发中的应用——油藏管理工程

油田开发是一个复杂系统过程，其表现为：第一，油田开发既是一项技术活动,也是一项经济活动,还受到政治、军事等因素的影响,是一个典型的多目标决策问题;第二,油层深埋地下,人们对它的认识是间接的,再加上油层复杂的非均质性,因此人们对它的认识又是不完全的,具有较强的随机性和模糊性;第三,石油属于枯竭型资源,开采过程中投资较大、风险高,且具有动态特性,不能重复实验;第四,油田开发涉及开发地质、油藏工程、采油工程与地面工程等众多专业,这些专业相互影响、相互制约。上述特点决定了油田开发决策管理不是一个简单的过程,任何盲目性都有可能带来巨大的损失。因此在管理由粗放型向集约型转变的形势下,为实现油田开发决策的科学化,向管理要效益,十分有必要将系统工程的理论方法、计算机仿真技术、油田地质、油藏工程研究和油田经济管理有机结合在一起,创立、发展和完善一门新的、专门研究油藏开发科学管理决策的管理科学分支——油藏管理工程。

油田开发管理的层次性特点决定了油藏管理工程研究内容的广泛性,它不仅要研究宏观方面的管理决策问题(如油田开发规划、油区发展战略规划、油田开发方案和调整方案的优选、提高原油采收率新方法的评价等),还应研究微观方面操作层次的管理问题(如油水井工作制度的设计、优选等)。油藏管理工程研究贯穿油田开发的始终,在不同开发阶段具有不同的内涵。

油藏管理工程是管理科学与石油开发科学的一个交叉分支,它以运筹学、控制论等系统工程理论与方法、计算机技术为基本手段,以油田开发地质学、油藏工程、油田开发技术经济学等学科为基础,以油田开发过程中的各类管理决策问题为研究内容。

“油藏管理工程”具有工程学科的性质,更强调对具体的管理决策问题,建立具体模型并求解,更注意工程实用性和可操作性。油藏管理工程与各门相关学科之间的关系可用图 1-1 来描述。

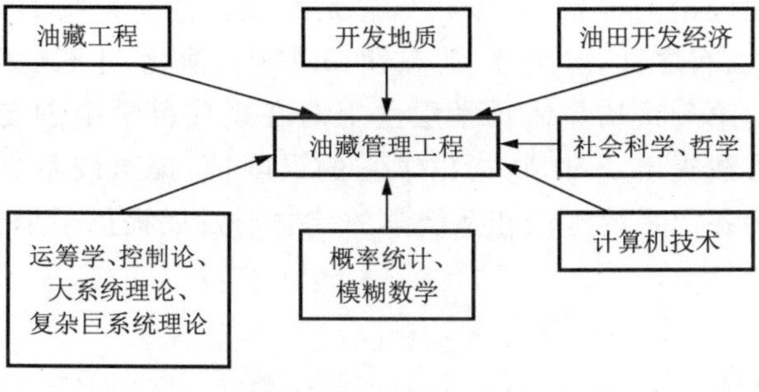

图 1-1 油藏管理工程与各学科的关系图

第四节　系统工程的理论基础

系统工程属于工程技术，主要是组织管理技术。但系统工程不是单一的工程技术，而是横跨各个学科的综合性工程技术，所以，其理论基础也十分宽泛。目前比较一致的观点认为，系统工程的理论基础由一般系统论、信息论、控制论、耗散结构论、协同论、突变论、大系统理论和运筹学等学科相互渗透、相互交叉发展而成。通常，一般系统论、信息论、控制论称为“老三论”，耗散结构论、协同论、突变论称为“新三论”。

一、一般系统论

一般系统论的创立者是奥地利的理论生物学家贝塔朗菲(L. V. Bertalanffy)。20 世纪 20 年代中期，从批判当时生物学中流行的机械论观点出发，贝塔朗菲提出了生物论的机体论概念，强调把有机体作为一个整体或系统来考察，这是一般系统理论的萌芽。30 年代，他进一步提出开放系统理论和一般系统论的概念。第二次世界大战以后，他正式提出了一般系统论。60 年代以后，一般系统论已在国际上引起广泛重视，很多学者投入这一研究领域，取得了许多成果，其中影响最大的是贝塔朗菲的《一般系统论：基础 · 发展 · 应用》。从不同科学领域所表现出的同构性和同形性出发，贝塔朗菲得出结论：“在许多场合，同形的定律适用于系统的某些类或亚类，与所涉及的实体的性质无关。显然，一般系统的规律可以用于任何一定类型的系统，不论系统及其元素的特性是什么。这些想法导致要确立一个我们称为一般系统论的新的科学学科。”贝塔朗菲建立起一般系统论的框架，其核心概念是系统。他从系统的定义出发，描述了系统的整体性、有序性、层次性、动态性、开放性、演化、生长、竞争等。贝塔朗菲的一般系统论第一次从具体科学层次上对在现代科学中占支配地位的还原论观点和分析方法提出了批判，指出了它的局限性，提出按系统观点和方法来处理问题。它为各门系统理论和系统学的建立与发展提供了思想、概念和理论上的准备。

二、信息论

信息、材料和能源一起被看成是构成系统的三大要素。所谓信息就是一切具有新内容、新知识的消息，但信息的含义要比通常理解的消息的含义广泛得多，包括消息、情报、指令、代码及包含一定内容的信号。我们的感官随时在接收各种信息，如语言、文字、图像、颜色、自然景观等。人们在获得信息之后，就能够消除认识上的不确定性，改变原有的知识状态，即由不知到知，或由知之较少到知之较多的状态。

1948 年，数学家香农(C. E. Shannon)发表了论文《通信的数学理论》，1949 年又发表论文《噪声中的通信》，从而奠定了信息论的基础，因此，香农也被称为"信息论之父"。信息论是研究信息的产生、获取、变换、传输、存储、处理识别及利用的学科。信息论包含狭义信息论和广义信息论。狭义信息论以编码理论为中心，主要研究信息系统模型、信息度量、信息容量、编码理论及噪声理论等。广义信息论又称为信息科学，主要研究以计算机处理为中心的信息处理基本原理，包括评议、文字的处理、图像识别、学习理论及其各种应用。广义信息论包括狭义信息论的内容，但其研究范围比通信领域广泛得多，是狭义信息论在各个领域的应用和推广，因此，它的规律更加一般化，适用于各个领域。

三、控制论

1948 年，著名数学家维纳(Norbert Wiener)出版了他的第一本控制论专著《控制论》(或《关于在动物和机器中控制与通信的科学》)，从一个统一观点考察和解释了各种系统的控制和通信问题，是控制论诞生的标志。维纳将控制论定义为"在动物和机器中控制与通信的科学研究"。换句话说，这是关于人、动物和机器如何相互控制和通信的科学研究。在 21 世纪，控制论的定义变得更加宽泛，主要用于指代"对任何使用科学技术的系统的控制"。控制论与对系统的研究有关，如自动化系统、物理系统、生物系统、认知系统及社会系统等。

在控制论中，"控制"的定义是：为了"改善"某个或某些受控对象的功能或发展，需要获得并使用信息，以这种信息为基础而选出的对于该对象的作用。由此可见，控制的基础是信息，一切信息传递都是为了控制，进而任何控制又都有赖于信息反馈来实现。反馈、信息、控制构成了控制论的三要素。控制论主要包含三个基本原理：

(1) 反馈原理。反馈过程是系统输出端的结果反过来作用输入端。反馈的必然性是由于一个系统的运动总是受到内部要素和外部环境的影响和干扰造成的随机性决定的。

(2) 信息原理。信息是人们在适应外部世界并且使这种适应反作用于外部世界的过程中，同外部世界进行交换的内容的名称。任何系统都离不开信息，系统是依靠信息进行通信和控制的。

(3) 控制原理。控制是系统为了保持它的结构而进行的功能活动的一个重要方面，是控制者同被控制的客体相互作用的一个因素。控制的实质是通过使用反馈原则来达到目的,而控制的内容则是把被控制客体引入达到这一目的的状态的过程。

四、耗散结构论

耗散结构论由普利高津(Ilya Prigogine)于 1969 年提出。他认为,一个远离平衡态的开放系统,通过不断地与外界环境交换物质和能量,在外界条件的变化达到一定的阈值时,由于非线性的复杂因素而出现涨落(系统的非稳定状态),系统会突然以新的方式组织起来的现象,产生新的质变,从原来混沌无序的混乱状态转变为在时空上或功能上的有序状态。普利高津把这种远离平衡态时所形成的新的、稳定的有序结构的理论命名为耗散结构理论。

普利高津还进一步证明了耗散结构形成的条件,他认为,要形成耗散结构,首先,系统必须是远离平衡态的开放系统,不断与外界交换能量与物质,以维持系统形成新的有序结构;其次,系统必须进入远离平衡态的非线性区域;最后,还要有涨落的触发机制,这里的涨落是微小的波动或干扰。在线性区,涨落被消耗掉,几乎没有什么作用,而在远离平衡的非线性区临界点附近,微小的随机扰动会被"放大"成为一个"巨涨落",触发系统跃迁到一个新的稳定有序的状态,从而形成耗散结构。

耗散结构理论不仅发展了经典热力学与统计物理学,还推进了理论生物学,为系统有序结构的稳定性提供了严谨的理论依据。

五、协同论

与耗散结构论一样,协同论也是研究一个系统如何自发地形成有序结构。物理学家哈肯(Hermann Haken)在研究激光理论的基础上,于 1969 年提出了协同学的微观理论,1977 年出版了专著《协同学导论》,1983 年又出版了《高等协同学》。作为系统理论的分支,协同论是关于"协同工作"的学问,它研究系统的各个部分如何通过非线性的相互作用产生协同现象和相干效应,形成系统在空间上、时间上或功能上的有序结构。例如,在外界能量达到一定的阈值时,激光器就会发出相位和方向都整齐一致的单色光(激光),激光的产生就是一种典型的协同行为。

协同论认为协同导致有序,在影响系统行为的若干变量中,大多数变量在系统受到干扰而波动时,总是力图使系统回到原先的稳定状态,它们起到阻尼作用,且衰减很快,对系统发生结构性转变的过程没有大的影响,称这类变量为快弛豫变量或快变量。而另外一些数量极少(往往只有一个或几个)的变量,则在系统受干扰而波动时,使系统偏离稳态,走向非稳态或进入新的稳态,它们始终左右着演化的进程，决定着演化结果的结构与功能，称为慢弛豫变量或慢变量。哈肯定义慢变量为表示系统有序程度的序参量，系统处于完全无序的混沌状态时，其序参量为零；在接近临界区时，序参量迅速增大；进入临界区，序参量达到最大值。序参量主导着系统出现新的有序结构。

哈肯认为，快变量服从慢变量，序参量支配着子系统的行为，这一观点也称为伺服原理或支配原理。当系统处于阈值时，系统的有序结构形成的速度很快，外界对系统的影响很小，可以忽略。多个序参量之间的关系是既合作又竞争的。在不同的外部条件下，竞争与协作的结果是形成一种有序结构。

涨落是系统形成有序结构的内部决定性因素。与耗散系统一样，通常系统的随机涨落对系统的演化基本上不起作用，但在临界区涨落得以放大，触发系统形成新的有序结构，进入新的稳定平衡状态。

协同论自产生后，在物理学、化学、生物学、经济学、管理学和社会学等学科领域得到了广泛应用，并推动着系统工程的发展。

六、突变论

突变现象广泛存在于自然、社会、经济和生活中，如物理学中的相变、地震的爆发与火山的喷发、楼房的突然倒塌、经济危机、政治危机、生物体的病变等都是突然发生的现象。由于这些突变，都是事先难以预料和把握的，它们的发生对于原系统及环境的影响是巨大的，既可能带来灾难性的后果，也可能带来积极性的后果。

1967 年，数学家托姆(R. Thom)发表了《形态发生动力学》一文，阐述了突变论的基本思想，1969 年又发表了《生物学中的拓扑模型》一文，为突变论奠定了基础。1972 年，他出版了专著《结构稳定性与形态发生学》，系统地阐述了突变论。托姆在《结构稳定性与形态发生学》中，用微分拓扑中的结论去解释胚胎生长的突变、物理光学中的突变及语言学上的突变等，为这些突变现象提供了理论支撑。20 世纪 70 年代以来，齐曼(E. C. Zeeman)等人提出了著名的突变机构，进一步发展了突变论，并把它应用到物理学、生物学、生态学、医学、经济学和社会学等各个领域，产生了很大的影响。

突变论认为突变现象的本质是系统从一种稳定状态到另一种稳定状态的跃迁。系统所处的状态可用一组参数描述。当系统处于稳定态时，标志该系统状态的某个函数取唯一的值。当参数在某个范围内变化，该函数值有不止一个值时，系统必然处于不稳定状态。托姆指出，系统从一种稳定状态进入不稳定状态时，随着参数的再变化，又从不稳定状态进入另一种稳定状态，那么，系统状态就在这一刹那发生了突变。突变论给出了系统状态参数的变化区域。

七、运筹学

运筹学作为一门现代科学，是第二次世界大战期间首先在英美两国发展起来的，有的学者把运筹学描述为就组织系统的各种经营做出决策的科学手段。莫尔斯(P. M. Morse)与金博尔(G. E. Kimball)在著作《运筹学方法》中对运筹学的定义是“在实行管理的领域，运用数学方法，对需要进行管理的问题统筹规划，做出决策的一门应用科学”。运筹学使用许多数学工具和逻辑判断方法来研究系统中人、财、物的组织管理和筹划调度等问题，以期发挥最大效益。

第二次世界大战期间，运筹学成功地解决了许多重要作战问题，显示了科学的巨大威力，为运筹学后来的发展铺平了道路。在第二次世界大战结束后，工业恢复繁荣时，由于组织内与日俱增的复杂性和专门化所产生的问题使人们认识到这些问题基本上与战争中所面临的问题类似，只是环境不同而已，运筹学就这样进入了工商企业和其他部门，在 20 世纪 50 年代以后得到了广泛应用。同时，也形成了比较完备的一套理论，如规划论、排队论、存贮论、决策论等，理论上的成熟及电子计算机的问世，进一步促进了运筹学的发展。

运筹学是软科学中“硬度”较大的一门学科，是系统工程学和现代管理科学中的一种基础理论和不可缺少的方法、手段和工具。

八、大系统理论

在工程技术、社会经济、生态环境等许多领域存在着许多复杂的大系统。所谓大系统，一般是指规模庞大、结构复杂、环节数量多或层次较多，相互间关系错综复杂、影响因素众多，并常带有随机性质的系统，如经济计划管理系统、超大型企业集团系统、区域经济综合开发系统等。研究大系统的结构方案、稳定性、最优化、模型的建立与求解等问题的理论，称为大系统理论。

1. 大系统的控制

由于大系统的结构非常复杂，为使系统有效运行和达到预期的功能，对大系统的控制非常重要。大系统的控制方式通常分为递阶控制和分散控制两种。递阶控制是在层次结构系统中，将控制单元分成若干等级，最上层的叫作协调层，以下各级称为各层次的决策单元，最下一层称为第一级决策单元，它们直接控制着基层的各个子系统。递阶控制的特点是下级决策单元只接受上一级决策单元的指令，不允许越级。最上层的协调层负责协调控制整个大系统。整个递阶系统有一个总目标，各决策单元和谐地工作，以实现目标的优化。在递阶控制中可采用两种控制方式：一种是采用多层控制，即根据控制任务的分解进行分层，多层控制常用于工业或其他组织的生产安排和管理。另一种是采用多级控制，即把总目标分解成分目标，然后利用各级局部决策单元进行控制和协调，常用于经济管理组织机构。

分散控制是通过只有局部信息的各子系统局部控制器对系统的局部(子系统)进行控制。分散控制常用于彼此联系不太紧密的相对独立的系统，如工程项目系统。这种控制可以减少信息传输方面的困难，但不易获得最优解。

2. 大系统的优化

使大系统达到最优的目标就是大系统优化，分解与协调的方法是大系统优化的基本方法。由于大系统的总目标和各个子系统的目标不一定一致，甚至是有矛盾的，因此不能将大系统简单地分解成若干子系统，然后对各子系统分别优化，最后加起来求得总目标的优化。这里的分解与协调方法是指把可分的大系统分解成许多互不相关的子系统，但这些互不相关的子系统又都是与大系统有关的，各子系统将其性能反馈给大系统，用总目标衡量后，再下达给各个子系统。

第五节　系统工程发展与展望

一、系统工程发展概况

系统工程的产生和发展可以归纳为七个阶段，见表1-1。

表1-1　系统工程的产生与发展概况

阶段	年代或年份	重大工程实践或事件	重要理论或方法贡献
Ⅰ	1930年	美国发展与研究广播电视系统	正式提出了“系统方法”的概念
		美国实施彩电开发计划	采用系统方法，并取得了巨大成功
	1940年	美国贝尔电话公司开发微波通信系统	正式使用“系统工程”一词
Ⅱ	第二次世界大战期间	英、美等国的反空袭等军事行动	产生军事运筹学，即军事系统工程
	20世纪40年代	美国研制原子弹的“曼哈顿计划”	运用系统工程，并推动其发展
	1945年	美国空军建立研究与开发(R&D)机构	提出系统分析的概念

续表 1-1

阶段	年代或年份	重大工程实践或事件	重要理论或方法贡献
Ⅲ	20 世纪 40 年代后期到 50 年代	运筹学的广泛运用与发展、控制论的创立与应用、电子计算机的诞生为系统工程奠定了重要的学科基础	
Ⅳ	1957 年	古德(H. Good)和马克尔(R. E Machol)出版了《系统工程》	标志着系统工程学科开始形成
	1958 年	美国研制"北极星"导弹潜艇	提出了计划评审技术
	1965 年	马克尔出版了《系统工程手册》	标志着系统工程的实用化和规范化
		扎德(L. A. Zadeh)提出"模糊集"的概念	为现代系统工程奠定了重要的数学基础
	1961—1972 年	美国实施"阿波罗"登月计划	使用了多种系统工程方法并获得巨大成功
Ⅴ	1972 年	国际应用系统分析研究所(IIASA)在维也纳成立	系统工程的应用重点开始从工程领域进入社会经济领域，并发展到了一个新阶段
	20 世纪 70 年代	系统工程的广泛应用在国际上达到高潮	
Ⅵ	20 世纪 80 年代	系统工程在国际上稳定发展，在中国的研究与应用达到高潮	
Ⅶ	20 世纪 90 年代以来	系统工程的应用领域更加广泛，并不断与其他学科相融合	

二、系统工程在中国的发展及应用

1. 华夏文明中的系统思想

在我国，系统工程的思想方法和实际应用可追溯到远古时代，中华民族的祖先在了解和改造自然的辛勤实践和大量的社会活动中，产生了许多朴素的系统概念和应用实例。

在军事方面，早在春秋时期，著名的军事家孙武就写出了《孙子兵法》十三篇，指出了战争中的战略和策略问题，如进攻与防御、速决和持久、分散和集中等之间相互依存和相互制约的关系，并依此筹划战争的对策，以取得战争的胜利。其著名论点"知己知彼，百战不殆，以我之长，攻敌之短"等，不仅在古代，在当代的战争中也具有指导意义，在当今激烈的国际市场竞争和社会经济各领域的发展中，这些论断还具有现实意义。战国时期，孙膑继承和发展了孙武的学说，著有《孙膑兵法》，在齐王与田忌赛马中，孙膑提出的以下、上、中马对上、中、下马的对策，便使处于劣势的田忌战胜了齐王，这是从总体出发制定对抗策略的一个著名事例。

在水利建设方面，战国时期，李冰父子主持修建了四川都江堰工程。这一伟大的水利工程巧妙地将分洪、引水和排沙结合起来，使各部分组成一个整体，实现了防洪、灌溉、行舟、漂木等多种功能，至今，该工程仍在发挥着重大作用，是我国古代水利建设的杰出成就之一。

在建设施工方面，北宋真宗年间，皇城失火，宫殿烧毁，大臣丁谓主持皇宫修复工程。他采用了一套综合施工方案，先在需要重建的通衢大道上就近取土烧砖，在取土后的通衢深沟中引入汴水，形成人工河，再由此水路运输建筑材料，从而加快了工程进度。皇宫修复后，又将碎砖废土填入沟中，重修大道。烧砖、运输建筑材料和处理废墟三项繁重的工程任务有机协调，一举三得，节省了大量劳力、费用和时间。

在医学、农业等方面也蕴含着许多朴素的系统思想和方法。例如，《神农本草经》中指出，药有君、臣、佐、使；二十四节气有效地指导了农业生产。我国古代这些成功的工程技术和运筹学思维方法，都充分体现了全局观念和整体优化观念，蕴涵着朴素的系统工程思想。这些都为我们今天研究和发展系统工程的理论体系提供了宝贵的借鉴和重要的启示。

2.现代系统工程在中国的发展

新中国成立以来，钱学森带领我国科技人员在工程实践中形成了中国航天系统工程方法的雏形，并将这套方法推广到电子、船舶等其他军工行业。华罗庚在全国各地推广“双法”的群众运动，取得了巨大的经济效益。从 20 世纪 70 年代后期开始，钱学森、许国志等开始探索建立系统工程理论方法，组织开展“系统学讨论班”活动，钱学森提出了“开放的复杂巨系统”这一概念和“从定性到定量的综合集成法”的系统工程方法论。同时，中国掀起了研究和应用系统工程的高潮，并推广到军事、经济、社会等各领域。1980 年，中国系统工程学会在北京正式成立，根据系统工程学科的应用实践，当前学会已有 29 个专业委员会，如军事系统工程专业委员会、社会经济系统工程专业委员会、船舶和海洋系统工程专业委员会、能源资源系统工程分会、生态环境系统工程专业委员会和数据科学、知识系统工程专业委员会等。

20 世纪 70 年代末以来，应用系统工程研究与解决中国的重大现实问题取得了较好的效果。例如，宋健、于景元等开展了“人口系统定量研究及其应用”的研究工作；系统工程工作者关注并参与研究了全国和地区的能源规划，提出了我国在 2000 年能源供应与需求预测报告；等等。

三、系统工程发展展望

20 世纪 90 年代以来，系统工程在国内外的发展及应用呈现许多新的特点，主要有：

(1) 系统工程作为一门交叉学科，日益向多种学科渗透和交叉发展，特别是不断从新兴的交叉学科汲取营养，并反哺推动本学科的发展。

(2) 研究与应用的范围或系统的规模越来越大，并继续朝着"巨系统"发展。

(3) 研究模型和方法不断深化，尤其是各个专业化的系统工程分支不断形成自己的特色，构建起专业化、系统性的模型与方法体系等。

本章小结

本章主要讨论了系统与系统工程的基本概念，给出系统工程的理论基础、发展与展望。特别是结合能源领域给出了能源系统的定义与特点，指明能源系统工程是系统工程的思想和方法在能源开发和利用领域的理论发展和实践。这为本书区别于针对能源系统的专业性分析，重点围绕能源系统工程的主要内容展开提供了基础。

本章习题

1. 联系实际说明你对系统概念的理解。

2. 选择一个系统阐述其具备的特征。

3. 什么是能源系统？它具备哪些特点？

4. 你怎样理解系统工程？它有哪些特征？

5. 选择 2 个或 3 个系统工程的理论基础，说明它们如何影响系统工程，可以为系统工程提供怎样的概念或方法准备。

6. 请结合自己熟悉的领域，给出系统工程在其中的具体应用。

延伸阅读

[1] 栾恩杰. 系统工程思想的演化：古代先贤的系统工程观到当代复杂系统工程方法[J]. 工程管理科技前沿，2022，41(5)：1-8.

[2] 王斌，龙妍. 基于哈肯模型的省域间碳效率与国家质量基础设施(NQI)协同发展演化机制[J]. 科技管理研究，2024(1)：206-212.

[3] 沈辉，路正南. 基于耗散结构视角的产业系统低碳化熵变因素分解[J]. 统计与决策，2016(22)：54-56.

[4] 李逸，赵媛，夏四友. 中国跨境油气运输管道安全性评价与类型区划分[J]. 自然资源学报，2024，39(3)：547-563.

[5] S XUE, J ZHU, L WANG, et al. Research on dissipative structure of China's green building industry system based on Brusselator model[J]. Environmental Impact Assessment Review, 2023, 103, 107284. https://doi.org/10.1016/j.eiar.2023.107284.

[6] L ZHANG, Q NIE, B CHEN, et al. Multi-scale evaluation and multi-scenario simulation analysis of regional energy carrying capacity—Case study: China[J]. Science of The Total Environment, 2020, 734, 139440. https://doi.org/10.1016/j.scitotenv.2020.139440.

第二章 系统工程方法论

导入

传统石油行业的勘探开发阶段划分、项目方案编制理念及审批制度已不适应非常规资源开发快速反应、及时调整的需求。非常规资源更应注重前期研究，前期研究的认识程度是决定项目最终收益的关键，项目的推进过程就是系统工程学实践的过程。中国石油因此提出了“一全六化”的理念。“一全”即全生命周期管理。对边界清晰的区块单独设置项目，采用“项目单设、投资单列、方案单审、成本单核、产量单计、效益单评”的倒逼机制，全生命周期测算项目效益，将评价部署、方案设计、产能建设、生产运行、管控优化等过程一体化管理，真正实现“事前算赢、事中干赢、事后真赢”。其追求的终极目标是在全生命周期满足合理经济指标的条件下实现采收率最大化，以“点、线、面”思路组织多学科交叉和多部门协同，以数据融合和知识共享为基础，实现全要素、各阶段、全过程无缝衔接，不断迭代更新，直至项目高效卓越。“六化”包括设计上一体化统筹、实施中专业化协同、组织上市场化运作、辅助保障上社会化支持、生产运行上数字化管理、全生命周期绿色化发展。

[资料来源：藉“一全六化”高效动用非常规储量[N]. 中国石化报，2021-06-07(05).]

系统在设想、规划、开发、实施、评价、处置等过程中需要遵循一定的逻辑与工作程序，将涉及的部门、人员有效调动起来，综合应用各学科、专业的知识、技能，集成化地完成系统的全寿命周期开发与管理。这些内容实际上是系统工程方法论的研究事项。本章介绍几种典型的系统工程方法论，并给出系统工程方法论在能源系统中的应用案例。

第一节　概　述

一、系统工程方法论的定义

方法是用于完成一个既定任务的具体技术和操作。方法论是开展研究和探索的一般途径，是对方法如何使用的指导。

系统工程方法论是研究和探索（复杂）系统问题的一般规律和途径。更具体地说，系统工程方法论是分析和解决系统开发、运作及管理实践中所应遵循的工作程序、逻辑步骤和基本方法，它是系统工程思考问题和处理问题的一般方法与总体框架。

系统工程研究的对象是复杂的大系统。所谓复杂是指系统的结构层次多、构成要素种类多且相互关系复杂。一般情况下，大系统既包含"硬件"要素，也包含"软件"要素，尤其包含人的行为时，系统更趋复杂性或不定性。另外，大系统往往是多目标的，并要求有多种技术方案。可见，系统工程解决问题必须要有其独特思考问题和处理问题的方法。

除了采用逻辑推理的方法外，系统工程在思考问题和处理问题时具有明显的自然科学的描述性和工程技术的规范性特点，同时还有社会科学中的艺术性和对话性特点。这些特点相互交织，构成了独特思考问题和处理问题的思想、理论基础、基本程序和方法步骤，即系统工程的方法论。

二、系统工程方法论的流派

在系统工程长期的发展过程中，形成了多种具有各自专业特点的工作方法和步骤，即系统工程方法论的流派。其中，最具代表性的流派有：

1. 霍尔的三维结构方法论

该方法论最初来源于硬的工程系统，所以也称为硬系统方法论，由霍尔（A. D. Hall）于 1969 年提出，适用于良结构系统。霍尔将系统工程的活动划分为由时间维、逻辑维和专业维（或知识维）组成的立体空间结构，并分为前后紧密连接的七个阶段和七大步骤，同时还考虑了为完成这些阶段和步骤所需的各种专业知识和技能。这是为解决大型复杂系统的规划、组织、管理问题提供的一种统一的思想方法，因而在世界各国得到了广泛应用。

2. 切克兰德的软系统方法论

为适应社会、经济等软系统问题的研究，切克兰德（P. Checkland）于 1981

年提出了软系统工程方法论。其核心是从模型和现状的比较中学习改善现状的途径,即通过逐步地比较现实和期望之间的差距来寻求改进的方法。其基本流程包括不良结构问题的提出、问题的表示、有关系统的基本定义、提出概念模型、将模型与问题的表示作比较、找到可行的满意解、采取行动改善实际问题等。

3. 物理-事理-人理(WSR)方法论

WSR 方法论是顾基发教授和朱志昌博士于 1994 年提出的一种整合类系统方法论。WSR 方法论认为,对现实中大量存在的非结构、病态结构的问题,如大量的社会、经济、环境和管理问题等,单纯依靠物理、事理中的"硬"方法、"软"方法是不够的,应该重视人理的作用,从而形成了涵盖物理、事理和人理的具有东方特色的 WSR 方法论。

4. 以钱学森为代表的综合集成方法论

钱学森等在研究开放的复杂巨系统问题时,提出了"从定性到定量综合集成方法"及其实践形式"从定性到定量综合集成研讨厅体系",两者合称为综合集成方法论。该方法论的实质是,将专家群体、数据和各种信息与计算机仿真有机结合,把各种学科的理论和人的经验与知识结合起来,发挥整体优势。方法论的理论基础是思维科学,方法基础是系统科学与数学科学,技术基础是以计算机为主的现代信息技术和网络技术,哲学基础是辩证唯物主义的实践论和认识论。

此外,还有林斯顿(H. A. Linston)的技术、组织与个人观点方法论(Technical, Organization & Personal Perspective, TOP),以及弗洛德(R. L. Flood)和杰克逊(M. C. Jackson)的总体系统干预(Total System Intervention, TSI)方法论等,它们同综合集成方法论、WSR 方法论,均可归为整合类系统方法论。

三、系统工程方法论的特点

系统工程方法论的特点主要体现在以下几个方面:

(1) 整体性。系统工程方法论强调在处理问题时要有全局观念,注重整体优化。它不仅仅关注系统的各个组成部分,更关注这些部分如何相互关联、相互作用,以及如何通过协调这些关系来达到整体最优。

(2) 综合性。系统工程方法论要求从系统的总目标出发,将各种有关的经验和知识予以有机结合,协调运用。这种综合性体现在对多学科知识的融合,以及对多种方法和技术的综合运用,从而创造出全新的系统概念和功能。

(3) 科学性。系统工程方法论要求分析问题时树立科学的观念,按照科学规律办事。它强调在决策和管理过程中,要依据科学原理和方法,充分利用现代科技手段，对系统进行定量和定性分析、评价和决策。

(4) 实践性。系统工程方法论来源于实践，又服务于实践。它是在解决实际问题的过程中形成和发展起来的，同时又要接受实践的检验。因此，系统工程方法论具有很强的实践性和可操作性。

除了以上几个基本特点外，系统工程方法论还具有关联性和满意性等特点。关联性体现在系统各部分之间的相互联系和相互影响上；满意性则体现在系统工程方法论追求的目标不是最优解，而是满意解上，即在满足一定的约束条件下，使系统的整体性能达到可接受的水平。

第二节　霍尔三维结构

霍尔三维结构是一个由时间维、逻辑维和知识维组成的三维空间结构，如图 2-1 所示。该三维结构体系形象地描述了系统工程研究的框架，对其中的任一阶段和每个步骤又可以进一步展开，形成分层次的树状体系。

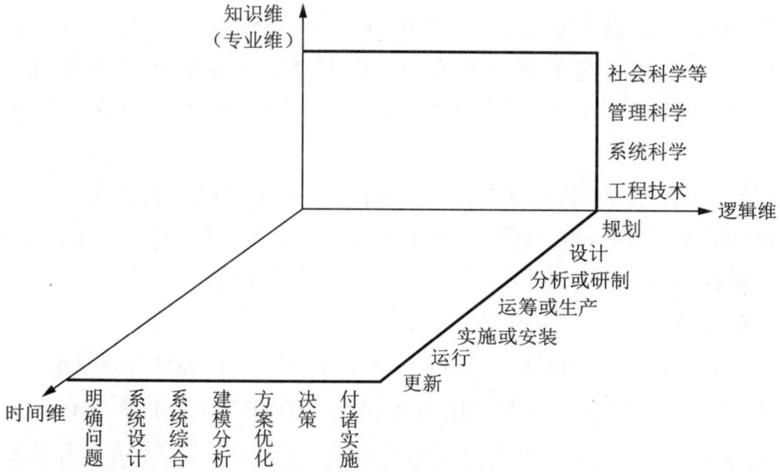

图 2-1　霍尔三维结构图

一、时间维

在霍尔三维结构中，时间维表示从规划到更新，按时间顺序排列的系统工程全过程，可分为七个阶段：

(1) 规划阶段。对将要开展研究的系统进行调查研究、明确研究目标，在此基础上，制定出系统工程活动的方针、政策和战略规划。

(2) 设计阶段。根据战略规划提出具体的计划方案。

(3) 分析或研制阶段。以计划为行动指南,分析系统拥有的资源、能力等,提出系统的研制方案,并做出较为详细的生产计划。

(4) 运筹或生产阶段。运筹人、财、物、技术、信息等各类生产资源要素,提出具体、明确的实施或“安装”计划。

(5) 实施或安装阶段。制订具体的运行计划,把系统安装好。

(6) 运行阶段。按照运行计划,系统开始运行,以实现预定的目标。

(7) 更新阶段。完成系统的评价,在现有系统运行的基础上,改进和更新系统,使系统更有效地工作,同时为系统进入下一个周期准备条件。

二、逻辑维

逻辑维是指时间维的每个阶段所要遵循的工作步骤或逻辑顺序,这是运用系统工程方法思考、分析和解决问题时应遵循的一般程序。一般包括明确问题、系统设计、系统综合、建模分析、方案优化、决策、付诸实施七个步骤。

(1) 明确问题。积极与任务提出单位对话,了解问题产生的背景、所处的环境,明确要解决的问题和确切要求,同时积极开展实地考察和测量、调研,收集有关数据和资料,主要目的是弄清问题。问题通常包括发生型问题和设定型问题,前者是现实中确实出现的问题,后者则是现状与更加理想状态间的差距形成的“鸿沟”。

(2) 系统设计。确定所要解决问题的目标和相应的评价体系。对于目标选择的评价体系要回答一些问题,如评价指标如何定量化,评价中的主观成分和客观成分如何分离,如何进行综合评价,如何确定价值观问题等。

(3) 系统综合。在给定条件下,找出达到预期目标的手段或系统结构。在具体实施时,需要通过对问题本质的深入理解,做出具体解决问题的替代性方案,或通过典型实例的研究,构想出系统结构和简单易行、能实现目标要求的实施方案。

(4) 建模分析。针对系统的具体结构和方案类型建立分析模型,并初步分析系统各种方案的性能、特点、对预定任务能实现的程度及在目标和评价指标体系下的优劣次序。

(5) 方案优化。基于系统的评价目标体系筛选出满足目标要求的最优、次优或满意的系统方案。

(6) 决策。由决策者做出裁定,选择行动方案。

(7) 付诸实施。执行行动方案,完成各阶段的管理工作。

三、知识维

专业维或知识维是指完成上述各阶段步骤所需的各种专业知识和管理知识，主要包括工程技术、系统科学、管理科学、社会科学及专业系统工程领域的专门知识等。例如，能源系统工程需要地质学、能源勘探开发、能源加工、能源经济管理等方面的专业知识；生态环境系统工程需要生态学、环境工程、环境经济学等方面的专业知识。

霍尔三维结构的核心内容是最优化，并认为现实问题基本上可归纳为工程系统问题，应用定量分析的手段，求得最优或满意解。该方法论具有研究方法的整体性、技术应用的综合性、组织管理的科学性及系统工程工作的问题导向性等突出特点。

基于霍尔三维结构方法论，将系统工程的过程系统管理方法运用于大型工程项目，尤其是探索性强、技术复杂、投资多、周期长的“大科学”研究项目，可以减少决策上的失误和计划实施过程中的困难。国内外许多实例表明，运用科学的过程系统管理方法，决策的可靠性可提高 1 倍以上，节约的时间和总投资平均为 15％，甚至更高。

第三节 切克兰德“学习调查”方法论

一、“学习调查”方法论的提出

20 世纪 40～60 年代，系统工程主要用来分析和解决各种具有良结构的系统问题。所谓良结构系统是指偏重工程、机理明显的物理型硬系统，它可以用较明显的数学模型描述，用较现成的定量方法计算出系统的行为和最佳结果，如最优生产策略问题、大型工程项目管理问题等。进入 70 年代以来，系统工程越来越多地用于研究社会经济的发展战略和组织管理问题，涉及的人、信息和社会等因素相当复杂，使得系统工程的对象更趋于不良结构系统。所谓不良结构系统是指偏重社会、机理尚不清楚的生物型软系统，它很难用数学模型描述，往往只能用半定量、半定性或者只能用定性的方法来处理问题。为适应这种发展，从 20 世纪 70 年代中期开始，许多学者在霍尔三维结构的基础上提出了各种软系统工程方法论。其中，切克兰德提出的“学习调查”方法论具有系统性和代表性。

二、切克兰德“学习调查”方法论的应用步骤

“学习调查”方法论的主要内容和应用步骤如图 2-2 所示。

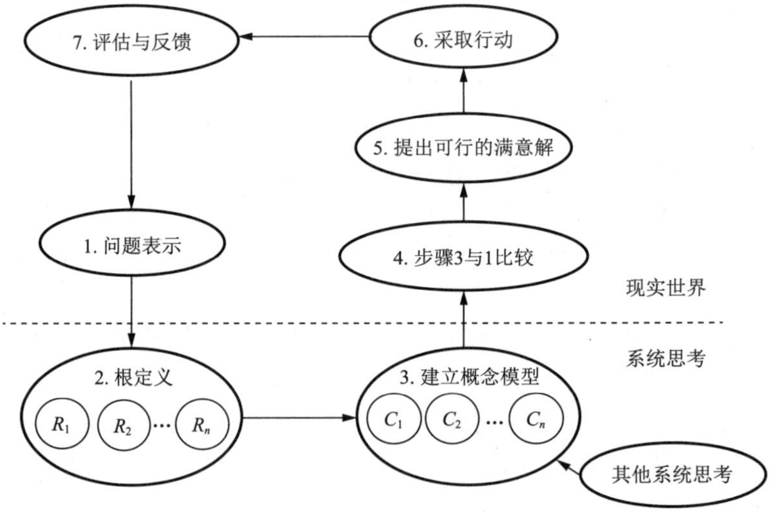

图 2-2 “学习调查”方法论的应用步骤

1. 问题表示

提出不良结构问题，收集与问题有关的信息，描述问题现状，寻找相关的构成或影响因素及它们之间的关系，以便明确系统问题的结构、现存过程及其相互之间的不适应之处，确定有关的行为主体和利益主体。

2. 根定义

根定义又称为基本定义，其目的是弄清系统问题的关键要素，为系统的发展及其研究确立各种基本观点，并尽可能地选择符合现实的、最合适的基本观点。

3. 建立概念模型

基于根定义，通过系统化语言对问题进行抽象描述的结果即为概念模型。概念模型的结构及要素必须符合根定义的思想，并能实现其要求。概念模型代替了霍尔三维结构方法论中的优化模型，使得分析的思路更加开阔。这是切克兰德“学习调查”方法论的优势之一。

4. 步骤 3 与 1 比较

将步骤 1 所明确的现实问题和步骤 3 所建立的概念模型进行对比，通过比较，对根定义的结果进行必要的修正。

5. 提出可行的满意解

结合上述比较结果，考虑相关方的态度及其他社会、行为等因素，选择现实可行的、满意的改善方案。这里考虑各方态度及相关因素，用满意解代替最优解，反映出价值观方面的重要变化，是相对霍尔三维结构方法论较难解决软系统问题的又一个优势。

6. 采取行动

通过有针对性的、具体详尽的设计，形成各方乐于接受的具有可操作性的方案，并加以实施。

7. 评估与反馈

评估方案实施效果，并结合实施过程中获得的新认识，修正问题描述、根定义及概念模型等。

切克兰德方法论的核心是“问题与概念模型的比较”，它强调从“理想”模式（即概念模型）与现实状况的比较中探寻改善现状的途径，使决策者满意。通过问题认识与概念化、比较与学习、实施与再认识等过程，对社会经济等问题进行分析研究，是一般软系统工程方法论的共同特征。

第四节 WSR 系统方法论

一、WSR 系统方法论的基本概念

WSR 是“物理-事理-人理方法论”的简称，它既是一种整合类系统方法论，又是一种解决复杂问题的工具。

WSR 系统方法论是物理、事理和人理三者如何巧妙配置并有效利用以解决问题的一种系统方法论。物理指的是涉及物质运动的机理，主要回答“物”是什么，“物”为什么要这么做；事理指的是做事的道理，主要解决如何去安排，并运用这些“物”才能实现既定的目标；人理指的是做人的道理，主要解决应当如何做人和如何使人做好事的问题。

在观察和分析问题时，尤其是观察分析带复杂特性的系统时，WSR 体现了其独特性，并具有中国传统哲学的思维，是多种方法的综合统一；根据具体情况，WSR 将方法组群条理化、层次化，起到了化繁为简之功效，属于定性与定量分析综合集成的东方系统思想。

因此，WSR 系统方法论的基本概念可以概括为：以物理、事理、人理为基础，通过综合、协调、优化等方法，解决复杂系统问题的一种方法论。这种方法论强调在处理问题时，要同时考虑物理、事理和人理三个方面的因素，确保解决方案的可行性和有效性。

二、WSR 系统方法论的主要步骤

WSR 作为一个统一的工作过程，由理解领导意图、调查分析、形成目标、建立模型、协调关系、提出建议 6 个步骤构成。这些步骤有时需要反复进行，也可以将有些步骤提前进行。

(1) 理解领导意图。这里的领导是广义的，可以是管理人员，也可以是技术决策人员，还可以是一般的用户。在大多数情况下，领导的愿望可能是清晰的，也可能是相当模糊的。因此，在这一阶段要开展的工作就是明确领导的真实意图。

(2) 调查分析。这一阶段开展的工作是分析可能的资源、约束和相关的愿望等，其主要手段就是要深入实际，开展调查分析。这是一个物理分析过程。

(3) 形成目标。在领会和理解领导的意图及调查分析、取得相关信息之后，这一阶段要开展的工作是形成目标。当然，这些目标会有与当初领导意图不完全一致的地方，并且在以后进行大量分析和进一步考虑后，可能还会有所改变。

(4) 建立模型。在形成目标之后，要开展的工作是设计、选择相应的方法、模型、步骤和规则来对目标进行分析处理，称为建立模型。模型一般是通过与相关领域的主体讨论、协商，在思考的基础上形成的。这个过程主要是运用物理和事理。

(5) 协调关系。由于不同相关方的知识、经验、价值观等不同，对问题、目标、方案等往往有不同的见解，这就需要协调。这一步骤体现了东方方法论的特色，属于人理的范畴。

(6) 提出建议。在综合了物理、事理、人理之后，应该提出解决问题的建议，提出的建议不仅要可行，还要尽可能使相关主体满意，最后还要让领导从更高层次去综合与权衡，以决定能否采用。

WSR 系统方法论的主要内容见表 2-1。目前，该方法论在水资源管理、商业标准体系制定、武器系统评价、地区可持续发展、高技术开发区评价、飞行器安全性、劳动力市场评估、科研周转金评价等系统中得到广泛应用。此外，著名的华为公司在其质量文化建设中就采用了 WSR 的基本思想，提出了人理层、事理层和物理层三个层面的建设。人理层要解决的是“人脑”问题，即统一人的质量意识和价值观；事理层告诉员工如何正确做事，从华为总的框架来看，业务流程架构的核心业务领域包括战略规划与市场、集成产品开发、客户关系管理和集成供应链，质量管理活动已深入有效地融入各主要业务流程中；物理层谈的是能力和技术层面，对应的是质量方法和工具。

表 2-1　WSR 系统方法论的内容

类别项目	物理(W)	事理(S)	人理(R)
道　理	物质世界法则、规则的理论	管理和做事的理论	人、纪律、规范的理论
对　象	客观物质世界	组织、系统	人、群体、关系、智慧
着重点	是什么？(功能分析)	怎样做？(逻辑分析)	应当怎样做？(人文分析)
原　则	诚实、追求真理，尽可能正确	协调、有效率，尽可能平滑	人性、有效果，尽可能灵活
需要的知识	自然科学	管理科学、系统科学	人文知识、行为科学

三、WSR 系统方法论遵循的原则

在运用 WSR 系统方法论的过程中，需要遵循下列原则：

(1) 综合原则。在处理问题时，要综合考虑物理、事理和人理三个方面的因素。这意味着需要将各种相关的知识、经验和观点进行综合，以便更全面地理解和解决问题。

(2) 参与原则。在解决问题的过程中，应鼓励各方面的相关人员积极参与。通过参与，可以建立良好的沟通，有助于理解相互的意图、设计合理的目标、选择可行的策略，并纠正不切实际的想法。

(3) 可操作原则。选用的方法应紧密结合实际，具有可操作性。这意味着解决方案应能为用户所用，并能产生实际的效果。同时，也应考虑到方案的实施成本和效益。

(4) 迭代原则。由于人们的认识具有反复性和渐进性，因此运用 WSR 的过程也应该是迭代的。这意味着需要在实践中不断修改和重复前面的步骤，以逐步逼近问题的解决方案。

总的来说，WSR 系统方法论的应用原则强调了综合、参与、可操作和迭代等方面的重要性，这些原则共同构成了 WSR 方法论的核心理念和实践基础。在实际应用中，应根据具体情况灵活运用这些原则，以确保解决方案的有效性和可行性。

第五节　应用切克兰德系统方法论提高能源效率

在能源行业，切克兰德系统方法论可以应用于多个方面，如能源政策制定、能源项目管理、能源效率提升等。下面是一个简化的案例，说明了如何在能源行业应用切克兰德系统方法论。

1. 问题表示

问题描述：某能源密集型企业面临能源效率低下的问题，导致运营成本上升和环境影响加剧。收集有关能源使用、设备效率、操作流程等方面的数据和信息，确定利益相关者，包括企业管理层、生产部门、设备维护人员、能源供应商等。

2. 根定义

确定能源效率的关键因素，如设备老化、操作不当、维护不周等，分析这些因素之间的相互影响及其对企业能源效率的整体影响。

3. 建立概念模型

基于根定义，构建一个描述当前能源使用状况的概念模型，包括能源流、设备状态、操作流程等。同时，与利益相关者讨论模型的有效性和完整性，确保模型能够真实反映实际情况。

4. 步骤 3 与 1 比较

将概念模型与实际的能源使用数据进行比较，找出能源效率低下的具体环节和原因。

5. 提出可行的满意解

基于比较结果，探讨可能的改进方案，如更新设备、优化操作流程、加强维护管理等。

6. 采取行动

综合考虑技术可行性、经济成本、环境影响等因素，选择最合适的改进方案。制订详细的实施计划，包括时间表、责任人、所需资源等。

7. 评估与反馈

在实施过程中持续监测能源效率的变化，评估改进方案的效果，并根据需要进行调整。

通过这样一个过程，切克兰德系统方法论可以帮助能源行业的企业系统地分析和解决能源效率问题，实现能源的有效利用和成本的降低。同时，这种方法还强调了利益相关者的参与和沟通，以确保解决方案的可行性和长期成功实施。

本章小结

方法论是系统工程方法的总指导。正确理解方法论，有助于我们从整体上把握各种系统工程方法在系统各阶段的综合应用。本章给出了系统工程方法论的定义、特点，重点介绍了面向硬系统的霍尔三维结构方法论、面向软系统的切克兰德“学习调查”方法论，以及面向复杂系统的 WSR 系统方法论。同时给出了系统工程方法论在能源效率改进中的应用示例。当然，系统工程方法论有很多，如应用于系统开发的基于模型的系统工程（Model-Based Systems Engineering，MBSE）方法论，本书只是介绍了典型的几种，读者可以自行查阅文献，学习和理解其他的方法论。

本章习题

1. 什么是霍尔三维结构？它的三个维度分别包含哪些内容？
2. 霍尔三维结构与切克兰德“学习调查”方法论有何异同？
3. WSR 系统工程方法论的应用步骤和内容是什么？
4. 请结合文献分析近年来系统工程方法论的最新发展及其特点。
5. 请给出一个实际案例，并用系统工程方法论进行分析。

延伸阅读

[1] 刘晖，宋保禄，李晓辉，等. 基于霍尔系统工程的 LNG 接收站承包商管理体系研究[J]. 项目管理技术，2021，19(11)：129-133.

[2] 王慕华. 基于 WSR 和霍尔三维结构的气象防灾减灾监控管理研究[J]. 灾害学，2020，35(4)：103-107.

[3] 张彩江. 三种类型系统方法论的比较研究及其启示[J]. 管理工程学报，2009，23(1)：7-12.

[4] J FLOYD. Towards an Integral renewal of systems methodology for futures studies[J]. Futures，2008，40(2)：138-149. https://doi.org/10.1016/j.futures.

[5] Y LI，Z ZHU. Soft OR in China：A critical report[J]. European Journal of Operational Research，2014，232(3)：427-434.

第三章 能源系统分析

导入

1968 年，阿拉斯加邻近北冰洋的普拉德霍湾发现了美国最大的油田。美国人在兴奋之余，不禁为这些石油的外运担忧起来。大多数人首先想到的外运方式是水运，但北冰洋地区气温极低，每年的冰封期很长，油轮大部分时间难以通行，即使使用破冰船开道，能否通航也是个未知数。还有人提出建造一条横穿阿拉斯加的管道，将原油输至常年不冻的瓦尔迪兹港，再装船运至美国本土。管道纵贯北极圈地区，经过数百千米的永冻土地带，以当时的技术力量能否建成也没有把握。如何保证从未有人类涉足的土地不会受到破坏？管道建设会给野生动物带来什么影响？都是难以预测的问题。

（资料来源：王朝晖，张永国，贾丽，等．阿拉斯加原油管道带给我们的启示[J]．山东化工，2018，47(8)：124-125.）

系统分析是对系统整体运用科学的方法展开分析，作为系统工程的一项重要内容，其往往先于后续的系统建模，为系统的详细建模分析奠定基础。能源系统分析是指运用系统分析的各种方法对能源行业或领域的问题开展分析，寻求系统目标，剖析系统环境，设计可行方案，开展科学分析，形成系统分析报告。

第一节 系统分析的原理

一、系统分析的概念

系统分析(System Analysis)是兰德公司在 20 世纪 40 年代提出的一套解决复杂问题的方法和步骤，他们称之为“系统分析”。早期的系统分析主要应用在军事武器系统的研究与开发等领域中。第二次世界大战结束后，系统分析逐步由武器系统分析转向国防战略和国家安全政策的系统分析。20 世纪 60 年代以来，人们开始将系统分析方法广泛地应用于各类系统的分析，并在实践中逐步认识到仅有定量分析是不够的，还必须同时对众多相互影响的社会因素进行定性分析。70 年代，欧美 12 个国家的有关部门成立了国际应用系统分析研究所(IIASA)。目前系统分析已经广泛应用于社会、经济、能源、生态、城市建设、资源开发利用、医疗、国土开发和工业生产等方面。

由系统工程方法论可以看出，系统分析是系统工程的一个逻辑步骤，这是狭义上的系统分析的含义。也就是说，系统分析是系统工程的一项优化技术，或者是系统工程技术在非结构化问题决策中的具体应用。对系统分析广义的解释是把系统分析看作系统工程的同义语，认为系统分析就是系统工程。无论从哪种角度去定义，无论哪种解释，系统分析的重要性都是显而易见的。

兰德公司的克伦德尔(E. S. Krendel)给出的系统分析的定义是：“所谓系统分析，就是在体系上探讨决策者的真正目的，对用于达到此目的的替代政策和战略所产生的费用、有效度及风险等在可能的限度内进行比较，当探讨的替代方案存在缺陷时，通过做成其他替代方案帮助决策者进行行为选择的一种方法。”

在科学技术高度发达的现代化社会，随着系统分析在各个领域和各类问题中的广泛拓展和应用，所涉及的专业内容和运用领域的侧重点不同，给出的系统分析定义也不同。下面我们按照时间顺序介绍相关研究组织或系统工程领域专家给出的系统分析的定义。

(1) 20 世纪 50 年代，人们将系统分析与运筹学进行对比，认为系统分析是运筹学应用的扩展，两者之间的关系犹如战略与战术的关系。

兰德公司提出，系统分析对于运筹学的关系犹如战略与战术的关系。

希契(C. Hitch)认为，系统分析是运筹学的扩展，系统分析提供了利用各个领域专家的知识来综合解决问题的途径。运筹学用于解决目标明确、变量关系简单的近期问题，系统分析用于解决更为复杂和困难的远期问题，但系统分析和运筹学分析在基本内容上有共同点。

(2) 20 世纪 60 年代，人们认为系统分析是一种研究方法。它本身的内容可以通过目标、可行方案集、模型、效用和评价准则等连成一体，由数学模型和计算机仿真来实现，从而可以处理一些较大规模的事件或问题。

奎德(E. Quade)认为，系统分析是一种研究战略的方法，是在各种不确定条件下帮助决策者处理好复杂问题的方法。具体来说，就是通过调查全部问题，找出目标与可供选择的方案，按它们的效果进行比较，运用恰当的评价准则，发挥专家的见解，帮助决策者选择一系列方案的一种系统方法。

尼古拉诺夫(S. Nikoranov)认为，系统分析要解决的基本问题是选择一个最适合的替代方案使高层决策者更有效地控制和利用资源。这种替代方案(往往含有大量的变量,存在不确定因素)的选择必须保证完整性和可测性,因此必须采用数学模型和计算机技术。该定义的具体内容有 11 项,分别是:问题的提出、对问题各相关因素的估计、目标和约束系统的确定、制定评价准则、该问题所特有的系统结构的确定、分析系统中的关键因素和不利因素、选择可能的替代方案、建立模型、提出求解过程的流程、进行运算并求得具体结果、评价结果和提出结论。

科第科特(P. Coldicot)认为,系统分析是了解系统在有效利用各类资源时产生的有效变化或可能的替换,而这些有价值的信息是借助计算机技术实现的。

克罗(R. Krone)认为,系统分析可被视为由定性、定量或者两者相结合的方法组成的一个集合,其方法论源于科学方法论、系统论及为数众多的涉及选择现象的科学分支。应用系统分析的目的是改进人类组织系统的功能。

切克兰德(P. Checkland)认为,系统分析是系统观念在管理规划功能上的一种应用。它是一种科学的作业程序或方法,考虑所有不确定的因素,找出能够实现目标的各种可行方案,然后,比较每个方案的费用-效益比,通过决策者对问题的直觉与判断确定最有利的可行方案。

(3) 20 世纪 70 年代,人们将系统分析与决策相联系,作为解决层次较高、难度较大的大系统问题的手段。

菲茨杰拉德(J. Fitzgerald)认为,系统分析方法用于分析和评价系统中各个决策点对系统效果所产生的各种影响和制约。所谓决策点就是系统中那些能对输入数据做出反应和能提出决策的点(可以是人或自动装置)。因此,在系统分析中,一个系统的设计是以各种决策点为依据的。

(4) 20 世纪 80 年代以后,人们认为系统分析不仅应用于多层次、大规模的复杂系统,还考虑以人为中心的系统行为。系统分析与决策紧密相连,强调研究系统的整体结构和行为过程,通过各种方法来减少决策者对问题不清楚或无把握的程度,力争使之达到尽可能清晰的认识,以便于决策。系统分析已成为当今决策分析的核心内容。

宋健认为,系统分析是研究系统结构和状态的变化或演化规律,即研究系统行为的理论和方法。

汪应洛认为,系统分析是在对系统问题的现状及目标充分挖掘的基础上,运用建模及预测、优化、仿真、评价等方法,对系统的有关方面进行定性与定量相结合的分析,为决策者选择满意的系统方案提供决策依据的分析研究过程。

系统分析作为一种研究解决复杂问题的方法,仍在发展和完善,到目前为止也没有统一的定义。我们可以从上述定义中提取出适合处理现代社会各类系统问题的系统分析的定义，即系统分析是在对系统目标充分挖掘的基础上，确定系统的要素、结构、功能和环境，运用建模及预测、优化、仿真、评价等方法，对系统的有关方面进行定性与定量相结合的分析，给出系统行为的演化规律，为决策者选择满意的系统方案提供决策依据的分析研究过程。

从上述定义可以看出：

(1) 目标导向是解决问题的开始。虽然有些工作是以问题为导向的，但目标导向是根本。因为如果仅仅以问题为导向，只能解决当前出现的问题，而目标导向能使系统向长远发展，不仅仅是解决当前的问题。

(2) 在进行系统分析时，系统分析人员需要对与问题相关的要素进行研究、探索和展开，需要对系统的目的、功能、结构、环境、费用与效果等进行周密而充分的分析、比较、考察和试验，结合以往的经验广泛收集数据和资料，并分析处理有关资料和数据，从而可以获得对问题的综合和整体认识，制定一套经济有效的处理程序，或提出对原系统的改进方案。

(3) 建模及预测、优化、仿真和评价等科学技术方法与运筹学有共同之处。系统分析需要对若干备选的系统方案建立必要的模型，进行优化计算或仿真实验，把计算、实验、分析的结果同预定的任务或目标进行比较和评价，最后把少数较好的可行方案整理成完整的综合资料，作为决策者选择最优或满意的系统方案的主要依据。

(4) 系统分析对系统问题的解决不应该是静态的，因为环境是变化的，系统也是变化的。对当前各个备选方案进行评价后，还要给出系统行为演化规律，包括演化的环境、条件和机制，这样对决策者具有更长远的意义。

(5) 系统分析的目的是帮助决策者对所面临的问题逐步进行清晰、透彻的分析，并为其提供可能的解决问题的依据，以起到辅助决策的作用。其方法就是通过采用系统的观点和方法，对系统的结构和状态进行定性和定量分析，提出多种可行的备选方案，并对可行方案进行比较、评价和协调，从而得出最优的解决方案。其任务就是为决策者提供系统方案和评价意见，并提出建立新系统的建议，以便于决策者选择方案。

系统分析是系统工程处理问题的核心内容，也是运用系统工程解决问题的过程中一个不可或缺的环节。系统分析是对整体问题的目标设定、方法选择、有限资源的最佳调配和行动策略的决定有效的工具。

二、系统分析的要素

在实际问题中，我们所接触到的系统都处于不断的动态变化之中，而且系统所处的环境各不相同。即使是同一系统，由于不同的阶段所要分析的目的不同，所采用的方法和手段也不相同。因此，要找出技术先进、经济合理、效果显著的最佳系统，就必须进行科学的系统分析。

美国兰德公司曾对系统分析的方法论做过如下概述：① 期望达到的目标。② 分析达到期望目标所需要的技术与设备。③ 分析达到期望目标的各种方案所需要的资源和费用。④ 根据分析，找出目标、技术设备、资源环境等因素间的相互关系，建立各种方案的数学模型。⑤ 以方案的费用多少和效果优劣为准则，依次排队，寻找最优方案。根据兰德公司的启发，在进行系统分析时需要重点关注目标、方案、评价指标、分析模型等。此外，对问题的理解、决策者参与和最终研究报告也是完整的系统分析的重要组成要素。

1. 问题

在系统分析中，问题可以分为以下两个方面：

一方面，问题代表研究的对象，这需要系统分析人员和决策者共同探讨与问题有关的要素及其关联状况，恰当地定义目前存在的问题。例如，在本章案例导入中，如何将普拉德霍湾的原油运输到美国本土的问题就是系统分析的问题。

另一方面，问题代表着现实系统与目标系统的偏差，可为系统改进方案提供线索。例如，运筹学中的目标规划就是应用这一思想解决系统实际的目标函数值与预期指定目标值的偏差问题，从而得到了系统的满意解。再如，丰田公司的精益生产方式中强调寻求设定型问题的解决，其设定型问题不同于实际发生型问题，它是现状（并未发生问题）与理想目标之间的差异。

2. 目标

目标包括总目标和子目标。总目标亦称目的，是对系统的总体要求，具有整体性和唯一性，这是系统本身存在的基础，也是系统分析的出发点。子目标是目的的具体化，具有从属性和多样性。

目标分析是系统分析的基本工作之一，其任务是确定和分析系统目的及其目标，以及为达到目标所必须具备的系统功能与技术条件。由于系统问题的复杂性，系统的决策者难以确切地提出系统的目标，往往是通过分析者与决策者进行多次“对话”后得到的，确定目标时应遵守必要性、有依据、切实可行等原则，使得提出的目标科学、合理。例如，在本章导入案例中，系统的目标就是高效地将阿拉斯加生产的原油运送到美国本土。那么为了达到这一目标，就要确保每天运送 200 万桶原油，克服北极圈长年处于冰封状态等环境阻力子目标。

对于系统所要达到的目标进行分析是一个反复的过程，可以用反馈控制法，逐步明确问题，选择手段，确定目标。以系统的目标分析为引导，系统分析最终应该解决系统问题的“5W1H”(见表3-1),使得问题的解决方案具有很好的可行性。

表3-1　系统分析所要解决问题的“5W1H”

项　目	提　　问
目的(Why)	为什么要研究该问题？目的或希望的状态是什么？
对象(What)	研究什么问题？对象系统(问题)的要素是什么？
地点(Where)	使用的场所在哪里？系统的边界和环境如何？
时间(When)	分析的是什么时候的情况？
人员(Who)	决策者、行动者、所有者等关键主体是谁？
方法(How)	如何实现系统的目标状态？

例如,新产品开发系统分析的“5W1H”,见表3-2。

表3-2　新产品开发系统分析的“5W1H”

项目	现　状	改　善	决　定
目的	为什么要进行新产品开发？	有无别的原因和要求？	对产品开发应有怎样的要求？
对象	开发什么产品？	可否开发其他更好的产品？	到底应开发哪种产品？
地点	产品市场及原料供应地在哪里？	有无别的市场及更好的原料来源？	划分市场和选择原料来源的结果如何？
时间	何时开发该产品？何时投产？	有无调整的必要与可能？	应有怎样的时间安排？
人员	产品开发的任务由谁来承担？	有无更好的承担者？	应该由谁来承担？
手段	怎样开发该产品？	有无更好的方式或手段？	应采取怎样的开发与生产方式？

3. 可行方案

一般情况下,为了实现某一目标,可以采取多种措施和手段,这些措施和手段称为可行方案、备选方案或替代方案。毋庸置疑,可行方案首先应该是可行的,或经过努力后变得可行。由于条件不同,可行方案的适用性不尽相同,且方案在性能、费用、时间等指标上互有长短,具有可比性。可行方案的构造是优选的前提,没有足够的可行方案就没有优化、分析的必要。因此,在明确系统的目的之后，系统分析者和决策者要运用自己丰富的想象力、创造力，根据已掌握的信息，提出达到同一目标的多种可行方案。

就本章的案例导入来说，为了解决气候带来的影响，最初提出如下两个解决方案：方案Ⅰ——由海路用油船运输原油，方案Ⅱ——用带加温系统的输油管输送原油。

方案Ⅰ的优点是每天只需要4艘或5艘超级油轮即可满足输送量的要求，似乎比铺设管道省钱，但其存在如下问题：一是用破冰船引航，不安全且增加了费用，若油轮触及冰山或者被浮冰撞击，很可能导致沉船或者造成原油泄漏而污染环境；二是在起点和终点不可避免地要建造大型油库作为中转，耗资巨大。

方案Ⅱ的优点是可以利用成熟的管道输油技术，但是，同样存在一些问题需要解决：一是由于北极圈常年低温，这势必要在沿途设置加油站，而加油站本身又需要从其他地方运送燃料，这无疑增加了费用，也提高了管理的复杂程度；二是加温后的输油管道不能直接铺设在冻土里，因为冻土层受热后会引起管道变形甚至造成断裂，为此有一半的管道要用底架支撑和做保温处理，这样架设管道的成本要比铺设地下管道高出3倍。

上述两个方案各有优缺点，经过初步的系统分析与评价，做出如下决定：① 考虑到安全和供油的稳定性，暂把方案Ⅱ作为参考方案并做出进一步的细致研究，为规划做准备。② 继续拨出经费，广泛邀请系统分析人员提出相对完善的新方案。

方案Ⅱ的主要问题是管道加温会使成本增加。采用什么方法可以解决原油在低温状态下的流动性呢？利用创新思维方法提出了对照性方案Ⅲ。其原理是把含有10％～20％氯化钠的海水加到原油中，使在低温下的原油呈乳状液，从而降低了原油在低温下的黏性，使原油在低温下仍能畅流，这样就可以用普通的输油管道运送了。这一原理并非创新，因为在此之前，在寒冷的地区，汽车防冻液就是利用这一原理来实现汽油防冻的，并取得了专利。但把这一原理运用到输油工程中，并断定它能解决问题，这就是一个有价值的创意。

此外，地质工程师马斯登和胡克又提出了对照性方案Ⅳ。作为专业人员，他们注意到石油埋在地下是油气合一的，此时的熔点很低，为此他们提出将天然气变为液态以后再加到原油中，以降低原油的熔点，增加流动性，因而用普通的管道就可以同时输送原油和天然气了。

从这个例子中我们可以看到系统分析的实际价值。如果当初仅对方案Ⅰ、方案Ⅱ进行优化，即确定最好的管道直径、壁厚、加压泵站的压力和距离等，是无论如何也得不到方案Ⅳ的巨大效益的。

当然，通过上述案例也可以看出，对于简单的问题，我们可以很快设想出几个备选方案，这些方案的内容一般比较简单。但是，对于复杂的问题，往往很难设计出包括细节在内的备选方案，一般要分为两个步骤：第一步先进行轮廓设想，要打破框框，大胆创新，从不同的角度和途径设想出各种各样的可行方案。第二步是精心设计，包括确定各种可行方案的具体细节，并估计各方案的实施结果。

4. 评价指标

对于多个可行方案，衡量方案优劣的指标即为评价指标。评价指标必须具有全面性、明确性、可测量性和敏感性等特点。全面性是指评价指标应能够为系统分析提供全面的评价角度，不可有遗漏。明确性是指评价指标的含义要科学、明确、无歧义。可测量性是指评价指标应可计量、可计算，尽量用数据来表征，使系统分析的结论具有定量的说服力。敏感性是指评价指标有着不同的敏感程度，要力求形成指标的优先顺序。

系统评价指标应根据分析对象的不同进行针对性设置，比较常用的指标有费用指标、效果指标、效益指标、劳动生产率指标、时间指标、质量指标、品种改善指标等。下面对费用、效果和效益等指标进行介绍。

(1) 费用指标。

费用是一个方案用于实现系统目标所需消耗的全部资源的价值，可用货币表示。系统分析中的费用具有广义的含义，除了实际花费外，还包括失去的机会与所做出的牺牲(即机会成本)。此外，在一些对社会具有广泛影响的大型项目中，还存在非货币支出的费用。

根据不同的标准，费用可以分为：

① 实际费用与机会费用。实际费用是指为了达到某个目的实际支付的费用。例如，在本章案例导入中，将方案Ⅳ与方案Ⅲ相比，不但不需要运送无用的附加混合剂——浓缩海水，而且也不必另外铺设输送天然气的管道，所以方案Ⅳ仅铺设费就节省了近 60 亿美元，比方案Ⅲ需要的费用节省了一半。机会费用则是指当一种资源用于某种用途时，也就失去了该资源本来可以用于其他方面的用途和由此带来的利益价值，而在失去用途中的最优用途所带来的价值即为该资源的机会费用。

② 货币费用与非货币费用。例如，为生产某种产品而购买的原材料、投入的人力资源和设备设施等都是货币费用，然而，受项目施工影响，居民所遭到水污染和噪声污染损失无法直接用货币度量，可视为非货币费用。非货币费用有的时候也可以通过间接途径转换为货币费用。例如，道路旁的住户用双层玻璃门窗来防止噪声，这种额外的支出就可以看作噪声污染造成的非货币费用。

③ 内部费用与外部费用。系统分析时既要考虑到系统内部的费用，还必须考虑系统外部所发生的费用。例如，某市减少公共交通工具就可以减少公交系统的内部费用，但系统外部必然增加私家车费用和企事业单位自派车辆的费用。

④ 一次投资费用和日常经营费用。既要考虑一次投资费用的大小，还要考虑日常经营费用的大小等。例如，复印店新购进一台喷墨式打印机，为购买打印机所支付的费用就是一次投资费用，然而我们都知道，打印机的墨盒是要经常更换的，每更换一次墨盒、维修的费用等都属于日常经营费用。

（2）效果指标。

效果就是达到目标所取得的成果，衡量效果常用的尺度是效益和有效性。效益是指用货币尺度来评价达到目标的效果，而有效性是指用非货币尺度来评价达到目标的效果。有时为了区别起见，仅将有效性称为效果。

我们对系统的效果可以进一步细分为若干个不同方面，如油田稳增产措施的实施效果包括措施增油量、措施有效时间、含水上升率等。对于效果可以根据数值给出排序，或直接进行划分，如分为好、较好、较不好和不好。对于好和较好的方案可以采用；对于较不好的方案，需要再进行系统分析，找出其对照性改进方案，再看方案的效果；对于不好的方案，就应该及时放弃，并建立新的系统。

（3）效益指标。

效益是实际上能换算成货币价值的那部分效果。效益又分为直接效益和间接效益（次生效益）。直接效益包括使用者所付的报酬，或由于提供某种服务而得到的收入。间接效益则指直接效益以外的那些增加社会生产潜力的效益，如社会效益、环境效益等。

5.分析模型

分析模型是根据系统分析的目标要求，用若干参数或因素对系统本质方面进行描述的产物。也可以说，根据某种目标要求，将系统进行抽象的复制品。利用分析模型和计算机及所需的信息、资料能方便地对各种可行方案的评价指标进行计算或预测，对不同的可行方案运用评价指标进行对比、分析和评价，对获得的建议性方案进行进一步优化等。由此，分析者能够利用分析模型的计算结果，综合考虑其他因素的作用，形成比较满意的方案。

6.决策者

决策者作为系统问题中的利益主体和行为主体，在系统分析中自始至终具有重要作用，无论是系统问题的提出、系统目标的建立，还是评价指标的设置、系统方案的选择都需要决策者给出相应的建议。实践证明，决策者是系统分析中不容忽视的一个重要因素，决策者与系统分析人员的有机配合是保证系统分析工作成功的关键。

7.研究报告

研究报告是系统分析的最终产物，具体形式可采用报告、建议或意见等形式。研究报告要使用通俗易懂的语言，一定不要用难懂的术语和复杂的推导，以使决策者容易理解和使用。

研究报告的作用只是阐明问题和提出处理问题的意见和建议，而不是代替决策者进行决策。因此，研究报告要将决策的依据、信息、分析结论等告诉决策者，以便决策者正确决策。

三、系统分析的程序

系统分析是一个有目的、有步骤的探索和分析过程，在此过程中既要按照系统分析内容的逻辑关系有步骤地进行，也要充分发挥分析人员的经验和智慧。通常按照系统分析的定义、内容及要素，参照系统工程的基本工作过程，将系统分析的基本过程归结为图 3-1 中的几个步骤。

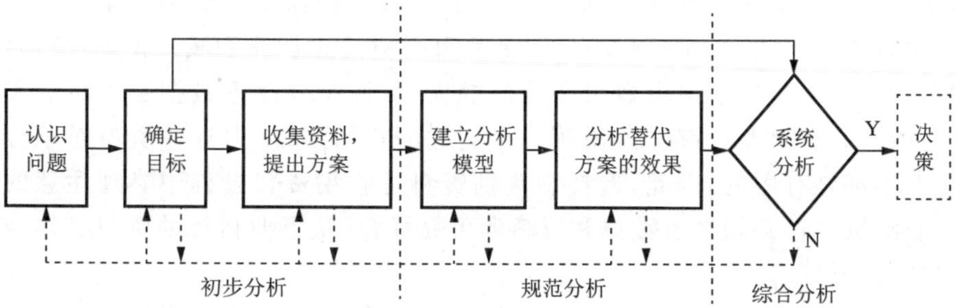

图 3-1　系统分析的基本过程

系统分析处理问题的方法是指从系统的观点出发，充分分析系统中各种因素的相互影响，在对系统目标进行充分论证的基础上，提出解决问题的最优可行方案。系统分析对问题的处理已经形成了一套完整的处理问题的思维步骤和逻辑框架。但需要知道，有些系统分析是以目标为导向，以目标分析为出发点，而不仅仅是从问题出发。

1. 认识问题

在进行系统分析时，首先要认识所面临的问题，明确问题的本质，划定问题的范围，问题一般产生于一定的外部环境和系统内部因素的相互作用之中，它不可避免地带有一定的本质属性和存在范围。当一个有待研究的问题确定以后，我们首先要对这个问题进行明确的阐述，说明其重点和范围，以便于进一步研究和分析；其次，要进一步研究所涉及的因素之间的联系和外部环境的联系，把问题界限进一步划清。

例如，一个企业长期亏损，可能涉及产品的品种、质量、销售价格、上级的政策界限、领导班子、技术力量、管理等多方面问题。

2.确定目标

为了解决问题，就要确定具体的目标。系统的目标可通过某些指标表达，制定的标准则是衡量目标达到的尺度。系统分析是针对所提出的具体目标展开的，由于实现系统功能的目的是靠多方面因素来保证的，因此系统目标也必然有若干个。

例如，经营管理系统的目标包括品种、产量、质量、成本、利润等。其中，利润又是一个综合性目标，要增加利润，就要扩大盈利产品的销售量和降低单位产品的成本，而要增加销售又要做好广告、组织网点、服务等工作，采取正确的销售策略等。在探寻目标的过程中，还要注意目标的整体性、可行性和经济性。

3.收集资料，提出方案

资料和数据是系统分析的基础和依据。根据所确定的系统目的和各个目标，集中收集必要的资料和数据，为后续的分析工作做好充分的准备。收集资料通常多借助于调查、实验、观察、记录及引用相关文献等手段。收集资料时切忌盲目性，不能一味地追求数量和规模的庞大，而是要注重数据和资料的实用性、价值性和有效性。有时能说明一个问题的资料很多，但这些资料对于分析人员并不都是有用的，因此，选择和鉴别资料是收集资料过程中必须注意的问题。收集资料还必须注意数据和资料的可靠性，反映重要目标的资料必须经过反复核对和推敲。

所拟定的可行方案除了适应性、可行性之外，还应具备可靠性、先进性、创造性、多样性等特征。可靠性是指方案涉及的技术、人力、组织等的范围变动及潜在的风险应该可控，不能使系统处于动荡之中；先进性是指应采纳当前国内外最新科技成果，并具有前瞻性，符合世界发展趋势，当然也要结合系统当前的状况和实力；创造性是指应用不同于传统的一般性方法，充分融合了方案开发人员的智慧，并做到新颖、独特；多样性是指所提方案应从事物的多个侧面提出，解决问题的思路是使用多种方法计算模拟方案，避免陷入主观、直觉的误区。

4.建立分析模型

为了便于对可行方案进行分析比较，应该建立分析模型。建立分析模型之前，首先要将显示问题的本质特征抽象出来，化繁为简，找出说明系统功能的主要因素及其相互关系，即系统的输入、输出、转换关系及系统的目标和约束等。由于表达方式和方法不同，有图示模型、仿真模型、数学模型、实体模型之分。通过建立模型，可以确定影响系统功能目标的主要因素及其影响程度，以及这些因素的相关程度、总目标和分目标达成途径及其约束条件等。

5.分析替代方案的效果

通过对已建立的各种模型的运作和分析，揭示系统的内在运动规律及其与环境之间的因果关系和交互情况。利用模型对替代方案可能产生的结果进行计算和测定，考察各种指标达到的程度。例如，费用指标要考虑投入的劳动力、时间、设备、资金、动力等。不同方案的输入、输出不同，得到的指标也不同。当分析模型比较复杂、计算工作量较大时，应充分应用计算机技术，根据模型产生的各种结果，系统分析人员可以采用定性或者定量的方法来分析各个方案的优劣与价值。

6.综合分析与系统评价

在上述分析的基础上，再考虑各种无法量化的定性因素，考虑到各种相关的无形因素，如政治、经济、军事、科技、环境等因素，对比系统目标达到的程度，以标准来衡量，从而获得对所有可行方案的综合分析与评价，根据评价结果，应该能够推荐出一个或几个可行方案，或列出各方案的优先顺序，以供决策者参考。在鉴定方案的可行性方面，系统仿真往往是一种经济有效的方法。

上述分析步骤适用于一般情况，但并非一成不变的固定规则。在实际运用过程中，要根据具体情况确定，在处理实际问题时，应灵活变通，有些项目可平行进行，有些项目可改变顺序。对于一些复杂的系统，系统分析的上述步骤并非一次就可以完成，根据完善修订方案中的问题需要或根据分析结果需要可对提出的目标进行再探讨和再分析，甚至重新划定问题的范围。

此外，进行系统分析时应尽量避免发生原则性错误和造成资源浪费，具体实施时应注意以下问题：

(1) 忽视明确问题。系统分析有可能是目标导向，也有可能是问题导向，而在问题导向中容易出现这类问题。也就是说，在阐明问题阶段，没有足够重视明确问题的重要性和复杂性，没有对问题进行充分透彻的理解和分析，以至于还没有弄清问题是什么，就急于分析，这样很容易误入歧途，造成资源浪费。

(2) 过分重视模型而忽略问题本身。任何模型都有一定的假定条件和适用范围，超越了这些条件和范围，模型将失去意义。在很多情况下，我们为了研究方便，将模型的假设条件设定得比较理想化。在这样的情况下，一定要注意结合问题的实际情况。有人热衷于定量计算和分析，认为把模型搞得愈大愈好，越深奥水平越高，以至于忽视了问题本身，得到的结果费时费力，对解决问题也没有太大帮助。模型不要复杂，只要能解决当前的问题就好，这样既经济又高效。

(3) 抓不住重点。有人做事追求完美，无限扩大分析范围，贪大求全，希望所建立的模型能面面俱到，不落下每一个细节，不管该细节是否为解决问题的重点，以至于过分注意细节，反而忽视了问题的重点，这样会给系统分析工作带来资源上的浪费。

(4) 数据不准确。俗话说："垃圾入垃圾出。"充足的样本、准确的数据是系统分析的重要前提。样本不足会掩盖真相，造成假象；当样本容量较少的时候，比较容易受到异常数据的影响，从而曲解了研究结果。选错考察对象，数据就无法反映实际问题。分析方法有错，就会得出错误的数据等。上述问题在管理及社会系统研究中尤其要注意。

(5) 过早得出结论。系统分析是一个反复优化的过程，仅进行一次循环就得出结论和提出建议，往往有失周密和妥当。只有进行几次循环分析，在得出的分析结果趋于一致的时候，再得出结论和提出建议，才能得到准确周密的分析结果。

(6) 忽视定性分析。很多时候分析人员往往集中注意数量化的分析结论，而忽视不便量化的因素和主观判断，从而导致未预料的损失。在这样的情况下，一定要注意将定性分析与定量分析相结合，进行综合分析和评价。

四、系统分析的原则

系统分析适应实际问题的需要，坚持问题导向、着眼整体、权衡优化、方法集成等基本原则，相应的要求如下：

1. 坚持问题导向

系统分析是一种处理问题的方法，有很强的针对性，其目的在于寻求解决特定问题的最优或满意方案。系统分析人员要适应实际问题的需要，制定方案，选择方法，并通过适时调整使分析过程及结果对问题的不确定性变化具有较好的适应性。帮助决策者解决实际问题，是系统分析的目的。

2. 以整体为目标

系统分析是把问题作为一个整体来处理的，全面考虑各主要因素及其相互影响，强调以最少的综合投入和最好的总体效果来完成预定任务。系统中的各组成部分都具有各自特定的功能和目标，只有相互分工协作，才能发挥系统的整体效能。系统分析既要从系统整体出发，考虑系统中所要解决的各种问题及其多重因素，防止顾此失彼，又要注意不拘泥于细节，抓住主要矛盾，致力于提出解决主要矛盾的方法和措施，避免因小失大。以整体最优为核心的系统观点是系统分析的前提条件。

3. 多方案模型分析和选优

根据实际问题的需要和系统目标的要求收集各种信息，寻找多个方案，并对其进行模型化及优化或仿真计算，尽可能求得定量化的分析结果，这是系统分析的核心内容。在系统方案综合（设计）中应注意几个问题：① 要做多方案，但不要过多，通常以 3 个或 4 个为宜；② 方案要有基本的目的性（可替代性）、能实现性（方案详细可行）、可识别性（能评价系统目的、功能的达成度或优劣）等要求；③ 在方案产生过程中要注意采用各种创造性技术。

4. 定量分析与定性分析相结合

系统分析采用定量分析与定性分析相结合的基本方法。分析中既要利用各种定量资料和模型化及优化或仿真计算的结果，使方案的优劣以定量分析为基础，同时又要充分利用分析者、决策者与其他相关人员的直观判断和经验，进行综合分析与判定。这是系统分析的基本手段。唯经验判断和唯定量分析，都是与系统分析的要求相违背的。

5. 多次反复进行

对复杂系统问题的分析往往不是一次就可以圆满完成的，它需要根据对象系统及其所处环境的变化，通过反复与决策者对话，适时、不断地修正分析的过程及其结果，形成分析过程中的多次及多重反馈，逐步得到与系统目标要求最接近、令决策者较为满意的系统方案。这是系统分析成功的重要保障。

第二节　系统目标分析

目标分析是系统分析和设计的出发点。通过制定目标，把系统应达到的各种要求落到实处。目标分析是整个系统分析工作的关键，是系统目的的具体化过程。系统目标一旦确定，就将朝着既定的方向发展。系统目标关系到系统的全局和全过程，它对系统的发展方向和成败起着决定性作用。系统目标分析的目的有：一是论证目标的合理性、可行性和经济性；二是获得分析的结果——目标集。系统目标分析的主要研究对象包括系统目标的分类、系统目标集的确定和目标冲突及其解决方案。

一、系统目标的分类

目标是要求系统达到的期望状态。人们对于系统的要求往往涵盖多个方面，这些要求和期望在系统目标上反映出来就形成了不同类型的目标。

1. 总体目标和分目标

总体目标集中反映了对整个系统总的要求，通常具有高度抽象性、概括性、全局性和总体性的特征。系统的所有活动应以总体目标为中心而展开,系统目标的各组成部分都应为实现总目标服务。分目标是总目标的具体化分解,包括各子系统的子目标和系统在不同阶段的目标。将总目标进行具体化,分解成为一个个大大小小的分目标是为了更好地落实和实现系统的总体目标。

例如,《山东省国民经济和社会发展第十四个五年规划和2035年远景目标纲要》中提出,能源系统的总体目标是:统筹能源生产和消费,构建清洁低碳、安全高效的现代能源体系。分目标主要包括:强化能源供给保障,大力发展能源新技术、新模式,加快优化能源结构。

2. 战略目标和战术目标

战略目标是关系系统全局性和长期性战略发展方向的目标。它规定了系统发展变化所要达到的预期成果,指明了系统的发展方向,使系统能够协调一致地朝着既定的方向发展。战术目标是战略目标的具体化和定量化,是实现战略目标的各种手段和方法。战术目标的实现要有利于战略目标的实现,战术目标要服从战略目标,否则将制约和阻碍战略目标的实现。

例如,BP公司在2020年确定的未来10年的战略目标是:到2030年,致力于转型成为一家综合能源公司,从由资源生产驱动的公司向一家专注于为客户提供能源解决方案的公司转型。其在战术目标方面则包括:一是聚焦"低碳电力和能源""便利零售和移动出行""具有韧性和针对性的油气"三大重点领域;二是强化"综合能源系统""与各个国家、城市和行业合作""数字化和创新"三个不同的差异化来源;三是形成新的财务框架、投资主张和利润分配政策;四是形成支持净零排放远景的政策。

3. 近期目标和远期目标

根据系统的总目标分别制定出系统在不同时期或阶段的目标,包括短期内要实现的近期目标和未来要达到的远期目标。

例如,我国能源消费革命到2030年的远期目标是:至2030年中国能源消费增速持续放缓,一次能源需求不超过60亿吨标准煤,煤炭需求占比降至40%左右,天然气和非化石能源需求合计占比提高至40%以上,能源利用产生的二氧化碳排放在2025—2030年间达峰值。终端能源需求规模预计在46亿吨标准煤左右,其中工业、交通的终端能源需求有望分别在2030年前后达峰值。到2025年的近期目标则为:"十四五"期间,一次能源需求年均增速约为2.5%,平均能源消费弹性系数为0.43,2025年能源消费总量不超过55亿吨标准煤;非化石能源和天然气等清洁能源占比合计超过30%;石油需求量约为7.0亿吨,占比近18%,煤炭占比降至50%以下。

4. 单目标和多目标

单目标是指系统要达到和实现的目标只有一个，它具有目标单一、制约因素少、重点突出等特点。但在实际中，只追求单一的目标，往往具有很大的局限性和危害性。例如，化学驱三次采油技术能够实现油气田增产的目标，但是大量化学药剂的使用也会对外排污水的组成、性质产生很大影响，使得含油污水呈现出成分复杂、黏度大和原油乳化程度高等特点，增大了环保压力。

多目标是指系统同时存在两个及以上的目标，多目标追求利益的多面性，符合实际要求。在制定对系统的多目标要求时，既要充分总结单目标系统决策的失败教训，也要符合利益日趋多元化的要求。综合化和全面化的客观要求符合从单一目标决策向多目标决策的时代发展趋势。

大型复杂系统往往存在多目标。例如，包括能源企业在内的所有企业往往都具有多个目标：一定的利润率和投资回报率，新产品的开发，有效利用资金，在国际市场上推销产品，在行业中占据优势地位，确保产品质量，保护自然环境，坚持各种社会价值观等。如果仅追求单一的经济增长目标，即使得到一时的实惠，也不会长久，甚至还会给国家、集体、个人带来无法挽回的损失。所以企业的目标必须是经济、社会、环境、文化等协调发展的多目标体系。

5. 主要目标和次要目标

在系统的众多目标中，有些目标相对要重要一些，是具有重要地位和决定性作用的主要目标；而有些目标则相对次要一些，是对系统整体影响较小的目标。因此，要审时度势地分清当前的主要目标和相对次要的目标。将系统的目标分为主要目标和次要目标是因为不可能同时实现所有的目标，同时，也是为了避免由于过分重视次要目标，而忽视了主要目标。主要目标和次要目标不是一经确定就不能改变的，而是可以随着系统内部条件和外部环境条件的变化及时调整的。

二、系统目标集的确定

各级分目标和目标单元集合在一起便形成了系统目标集，建立相对稳定的目标集是逐级逐项落实系统总目标的结果。总目标通常具有高度的概括性，但缺乏具体性和直观性，因而不宜直接操作，因此，要把总目标逐步分解为各级分目标，直到具体、直观、便于操作为止。在分解过程中，一定要注意使分解后的各级分目标与总目标保持一致，分目标的实现一定要保证总目标的实现。分目标之间可能会一致，也可能不一致，还有可能是截然相反的，但是一定要在整体上做到协调一致。

1. 目标树

将总目标进行分解后会形成一个目标层次结构，我们把这个层次结构称为目标树。如图 3-2 所示，目标树就是采用树的形式，将目标及目标间的层次关系直观、清晰地表达出来，同时便于目标间的价值衡量。建立目标树的过程就是把目标逐步分解、细化、展开的过程。由目标树就可以了解系统目标的体系结构，掌握系统问题的全貌，进一步明确问题和分析问题，在总体目标的指导下统一地组织、规划和协调各分目标，使系统的整体功能得到优化。

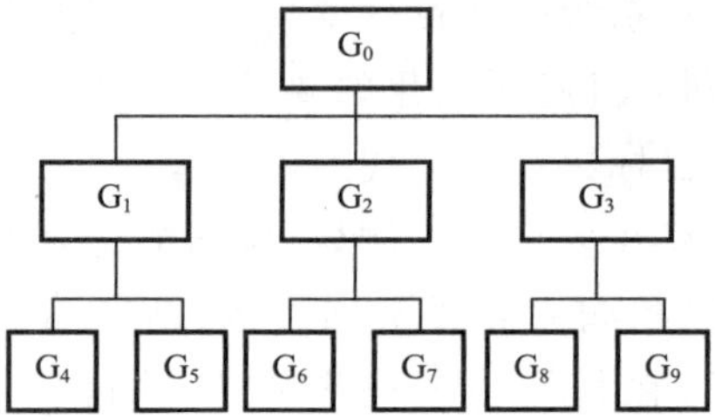

图 3-2　目标树示意图

2. 建立目标集的基本原则

(1) 一致性原则。在目标分解过程中，要注意每一级目标都应与上一级目标保持一致，这样才能保证总目标的实现。各分级目标之间、目标与目标之间不是孤立的，而是相互关联的，应在上一级目标指导下，做到纵向目标关系和横向目标关系协调一致。

(2) 全面性和关键性原则。越是复杂的系统分目标就越多，也越容易分不清主次、忽视重点，因此必须强调和突出对实现总目标起关键性作用的分目标。可以通过设置权重来表示目标之间的相对重要程度，从而达到衡量目标重要性的目的。在突出重点目标的同时，还应考虑目标体系的完整性、全面性。

(3) 动态性原则。做任何事情都没有一成不变的规律和程序。当系统自身的条件或其所处的环境条件发生变化，或寻求方案出现阻碍，或有新的观点和见解被提出时，就必须对之前已经制定好的目标加以调整和修正，以适应新的要求。

(4) 可检验性与定量化原则。系统的目标必须是可检验的，否则将无法对其效果进行衡量。要使目标具有可检验性，最好的办法就是使用可以量化的指标来表示有关目标。例如，企业下一年盈利要增长 10%，税后利润要达到 1 060 万元，净资产收益要达到 15%以上等。然而，并不是所有目标都能够定量表示，目标的层次越高，定量化表示的难度就越大。对于不方便定量化描述的目标，必须详细说明目标的重要特征和实现目标的日期等，使其在一定程度上具有可检验性。

三、目标冲突及其解决方法

一般来说，对于多个目标并存的情况，目标之间的关系可分为三种：① 两个目标互相独立，也就是说，两个目标的存在与实现没有任何关系，是互不影响的。② 目标互补关系，也就是说一个目标的实现将促进另一个目标的实现。③ 目标冲突关系，也就是说一个目标的实现将会制约或阻碍另一个目标的实现。在目标分析过程中，系统分析人员经常会发现，许多关键情况往往是目标之间存在着冲突关系造成的。

根据涉及的范围，目标冲突可以分为专业技术性质的目标冲突和社会性质的目标冲突，后者有时也称为利害冲突。

1. 专业技术性质的目标冲突

对于纯属专业技术性质的目标冲突，其无碍于社会，影响范围比较有限。这类冲突可能发生在同一层次的分目标上。例如，项目系统中进度、成本、质量等项目管理目标的冲突，当追求进度优先的目标时，成本可能会因为急于赶工而超支，质量则会因工期缩短而出现纰漏。再如，在进行油气增产措施设计时，也会强调多个目标，如尽可能高地提升油气产量、尽可能低的措施成本、尽可能长的措施有效期、尽可能低的环境污染等。此外，这类目标冲突还体现在不同层次的决策目标上，即基本目标、战略目标和管理目标之间的不协调和冲突。基本目标是系统存在的理由；战略目标是指导系统达到基本目标的长期方向；而管理目标则是把系统的战略目标变成具体的、可实现的形式，以便于形成短期决策。这三个层次上的目标冲突反映了系统的长期利益与短期利益之间的矛盾。因此，要想有效地实现系统的基本目标就必须协调好不同层次上的目标冲突。

在面临纯属专业技术性质的目标冲突时，解决的方法主要有以下几种：① 建立一个没有矛盾的目标集，把引起矛盾的分目标剔除；② 将其中一个或几个产生冲突的分目标设置为约束条件，使最关键的分目标充分实现；③ 采用所有分目标，寻求一个能使冲突目标并存的方案。

2. 社会性质的目标冲突

在实际的管理和决策问题中，由于多个主体对系统的期望和利益要求有差异，因而也会产生目标冲突。这种冲突具有社会性质，因为它涉及某些集团的利益，通常称之为利害冲突问题。例如，组织管理系统中的各部门及其主管等，分别有着各自的利益要求，这些利益要求之间往往存在冲突关系。

社会性质的利害冲突面临的问题比较复杂，协调好这类目标冲突的根本任务在于要把因价值观、道德观、知识层次、经验和所依据的信息等方面存在差别而造成的矛盾和冲突进行有效地疏通和化解。通常,处理利害冲突的方法是:① 目标方之一放弃自己的利益;② 保持其中一个目标,用其他方式补偿或部分补偿受损方的利益;③ 通过协商调整目标系统,使之达到目标相容。例如,企业在减员增效的过程中至少有两个目标:一个是提高企业效益,另一个是保证工作岗位不减员。相应地,解决利害冲突的途径是:要么企业放弃效益目标,确保员工就业;要么对下岗员工进行补偿,实现企业长远的增效;等等。

第三节　系统环境分析

系统环境是存在于系统之外的,系统无法控制的自然、物质、经济、信息和人际等相关因素的总称。系统工程所研究的对象是开放系统,开放系统和外部系统之间存在着紧密的联系和相互影响。系统环境因素的属性变化和状态变化一般通过对系统的输入来实现。这些因素的属性或状态的变化通过输入使系统发生变化。比如,某种材料或资源出现短缺,资金、人力、时间等方面的限制,政策对输出的制约,国际环境的影响等。反过来,系统本身的活动也可以使环境相关因素的属性或状态发生改变,这就是环境因素的开放性。

一、环境分析的意义

环境分析的主要目的是认识和了解系统与环境之间的相互关系、相互影响,以及二者相互作用时可能产生的后果。系统与环境是相互依存、相互作用、相互影响的。任何一个方案的实施结果都和将来付诸实践时所处的环境有关,离开实施环境去讨论方案后果是没有任何实际意义的。

从系统分析的角度研究环境因素的意义在于:

(1) 环境变化是提出系统新问题的根源。环境发生某种变化,如某种材料、能源出现短缺,或者发现了新材料、新油田及国家政策的变化等,都将使系统出现新问题。

(2) 问题边界的确定要考虑环境因素,如有无外界要求或技术引进问题。

(3) 系统分析的资料包括环境资料,如市场动态资料、企业的新产品发展情况等对一个企业编制产品开发计划起着重要作用。

(4) 系统的外部约束就是来自环境的资源、财源、人力、时间等方面的限制。

(5) 系统分析的质量要根据系统所在环境提供评价资料。从系统分析的结果实施过程来看,环境分析正确与否将直接影响系统方案实施的效果,只有充分把握未来环境的系统分析才能取得良好的效果。这说明环境是系统分析质量好坏的评判基础。

弄清楚重要的环境因素对系统的影响和可能产生的后果，可增强系统的环境适应能力。若在有利的环境条件下，应及时采取手段或措施加以利用；当外部环境出现不利的条件时，应及时采取相应的对策，规避风险，避免可能造成的损失，使系统得以生存和发展。

二、环境因素的分类

由于环境因素的分类标准不一致，所以分类结果也多种多样。按照环境对系统影响的层次，可分为宏观环境因素和微观环境因素；按照环境对系统的影响方式，可分为直接环境因素和间接环境因素；按照环境对系统因素产生影响的程度，可分为可控的环境因素和不可控的环境因素；按照环境的范围，分为国际环境、国内环境和区域环境等。实际系统涉及的环境是十分具体的，如企业系统的环境有市场环境、技术环境、资金环境、投资环境、信息环境和劳动力环境等。

一般来说，从系统的观点看，全部环境因素可分为物理和技术环境、经济和经营环境与社会环境三类，各类所包含的主要因素如图 3-3 所示。

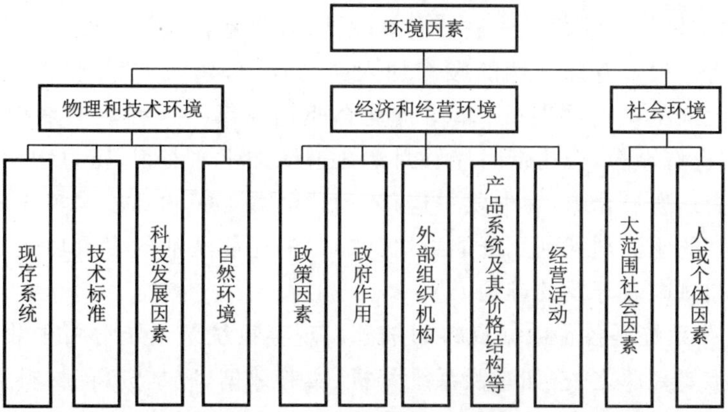

图 3-3　环境因素层次结构图

1. 物理和技术环境

物理和技术环境因素是指由于事物属性所产生的联系构成的因素和处理问题中的方法性因素，包括：现存系统、技术标准、科技发展因素和自然环境。

（1）现存系统。现存系统是指现实生活中正在运行着的工程技术和物理系统，大量实践表明，对现存系统现状的分析和对相关知识的了解是系统分析过程不可缺少的步骤。对系统进行分析时，主要从以下几个方面入手：

① 现存系统的并存性和协调性。将规划中的任何一个新系统同某些现存系统结合起来工作是系统环境分析必不可少的环节，因此，系统分析人员要从产量、容量、生产能力、技术标准及物流等多个方面考虑它们之间的并存性和协调性。例如，要新建一座油库，选址时首先就要考虑实施配送的加油站数量和分布情况，并综合考虑诸如地理位置、交通状况和效益等现存系统的并存和协调关系。

② 现存系统的各项指标。在分析论证新旧系统交替的时候，现存系统及其技术经济指标是绝对不能忽视的，这将涉及新旧系统的技术指标、经济指标、使用指标、技术方法的先进实用程度等方面。如果没有现存系统的大量数据和以往的经验，评价工作是很难开展的。例如，不了解现有电站的效率、机组容量等发电性能评价指标，就无法分析、设计和评价新的电站性能。

③ 利用现存系统技术推广新技术。在系统的技术分析中，这显然是不可缺少的一个方面。利用现存系统的技术方法，包括设备、工艺和检测技术、操作方法和安装方法，推断未来可能成功使用的技术。例如，油田三次采油先是经历过聚合物驱油，这种液体类似于胶水，因其带有黏性，从而保证在一定压力下把油驱出来；后来又在聚合物中增加表面活性剂，像洗衣粉一样可以把油从地层中洗出来；应用多年后，在地层中形成了驱油剂的“惯用通道”，驱油剂顺着通道就跑了，通道以外的油藏无法进行有效驱油，效果不再明显。经过多年的探索，科研人员将一种带有黏弹性的颗粒加入聚合物中，建成了“黏弹性颗粒（PPG）＋表面活性剂＋聚合物”这一非均相复合驱油体系。这种驱油剂像小米粥一样，有液体也有颗粒，压力低时能够封堵孔道增加驱油面积，压力增大到一定程度时它能变形通过孔隙，在油藏中运移，到达油藏更深的部位。实践证明，这种“固液共存”的驱油剂起到了既能封堵又能驱油还能洗油的多重功效，有效解决了聚驱后油藏高效开发的难题。

④ 现存系统是各种数据资料的来源。现存系统是系统分析中收集各种数据资料的重要来源之一，如有关系统分析、实验数据、成本资料、材料类别、市场价格等，只有通过现存系统的实践才能获得，并为以后新系统的开发、分析与设计提供可靠的数据资料。

(2) 技术标准。技术标准是对各类工程和物理系统的设计、制造、安装，以及各类产品的规格、型号、指标的规范化要求。由于技术标准对系统分析和系统设计都具有客观的约束性，因此，它被归属为物理技术环境因素。

遵守技术标准可以提高系统分析和系统设计的质量，节约分析时间和提高分析的经济效果。反之，如果不遵守技术标准，不仅会使系统分析和系统设计的结果无法实现，还会造成多方面的浪费。此外，技术标准又是行业之间在产品技术上协调的依据，没有标准化就没有大量生产和生产的分工与协作。

技术标准一般由国家、部门或行业以国标、部标或行标的代号加编号的形式发布。用技术语言表达有关技术方面的规定就是技术标准，但是也有用经济学、工业设计等专用名词表达的技术标准。系统分析中通常关心的是产品和服务的效能性标准，这些标准是制定系统规划、明确系统目标、分析系统结构和特性时所遵循的约束条件。

例如，在石油天然气行业，就涉及石油物探、石油地质勘探、石油钻井工程、石油测井、油气田开发、采油采气、油气储运、石油工程建设、石油钻采设备与工具、石油管材、石油仪器仪表、计量、天然气、海洋石油工程、安全、石油工业节能、石油工业劳动定员定额、石油信息与计算机应用、通用综合基础、环境、油田化学剂、煤层气、页岩气等行业标准。

(3) 科技发展因素。科技发展状况主要包括国际、国内科技发展水平及动态，新科技、新材料、新设备、新工艺的开发和推广应用情况，以及国家的科技政策和科技人才状况等。科学技术的迅速发展使得新技术、新产品、新工艺不断涌现和应用，掌握科技的发展动向，及时了解和把握有关的最新科技动态和应用状况，为制定出实用性强、生命力旺盛的措施和战略打下了坚实的基础。

在进行新老系统设计或改造的系统分析中，对科技发展因素特别是工艺条件因素的估量有着重要的意义。在这类系统分析中，必须明确三个问题：① 在新系统充分发展之前，是否有可用的科技成果或新的发明出现；② 是否有新加工技术或工艺方法出现；③ 是否有新的维修、安装、调试、操作方法出现。

只有明确了这三个问题，才能避免新系统在投产之前就已经过时，其次必须根据已有的文献资料、调研情况和各种情报来源，将上述问题逐一从“否”到“是”排序，排除模糊不清的地方，做到心中有数，然后做全面的工艺估量。要得到恰当的工艺估量结果，就必须充分了解和掌握已知工艺方法的优缺点、应用范围、与给定目标的适用程度、投资和费用情况等。在工艺估量过程中，还应正确听取专家的意见。此外，恰当的工艺条件估量要求辨明以下三种情况：① 使用过时的工艺可能比使用新工艺的成本还高；② 使用新工艺可能导致不良效果；③ 选取相同环境下拥有更大协调性的工艺。

科技因素估量还要考虑国内外同行业的技术状态，如装备技术、设计工艺人员、员工技术水平的总体状况。技术状态反映了企业的实力水平，它影响着产品质量、品种、成本等多方面因素。在进行新老系统设计或改造的系统分析中，充分了解和掌握国内外同行业的技术状态是必需的前提条件。

(4) 自然环境。任何系统都处于它所属的自然环境之中，并受到自然环境的影响和约束。这种影响和制约通常可被称为系统的约束条件，是我们进行系统环境分析时首先应当考虑的因素。自然环境包含的因素较多，其中主要包括自然资源、地理条件、气候条件和生态环境等因素。此外，自然灾害也属于自然地理环境因素。上述各种因素对任何系统都有着直接或间接、明显或隐蔽的影响和约束，是系统分析和系统设计的前提条件和出发点。

例如，地理位置、原料产地、水源、能源、河流对水电站厂址的选择具有明显的影响。又如，气象条件是影响电网稳定运行的重要因素。电网中的输变电设备普遍分布于野外、100 m 高度以下，气象环境复杂多变，尤其是特高压线路路径长、覆盖面广、局部走廊线路密集，且沿途所经区域多为高原山区、雷害区、重冰区、大风区，自然环境恶劣，极端天气多发。据统计，因雷击、覆冰、风偏、舞动、暴雨等气象原因导致的故障占电网总故障数的 60％以上。气象资源随机波动也是制约新能源消纳的关键因素。风速、辐照度等气象资源具有强烈的随机波动特性，缺乏对气象资源变化趋势的准确把握，就会导致新能源输出功率的不确定度增大，大规模接入电网后，为了保证发用电平衡，常规电源备用容量显著增大，新能源消纳空间就被严重压缩。

因此，环境分析时不仅要分析自然环境的现状，还要研究自然环境、资源方面的发展动向，如某些自然资源的短缺及替代品难以寻求，环境污染加剧都将对系统产生重大的影响和制约。在进行系统分析时，必须充分估计有关的自然环境因素可能产生的作用和影响，做好调查统计工作，还要考虑到自然因素极端情况出现的频率，如自然灾害多发区。

2. 经济和经营环境

经济和经营环境是影响系统经济过程和经营状态的因素。任何系统的经济过程都不是孤立进行的，而是全社会经济过程的重要组成部分。因此，系统分析只有将系统与经济和经营环境相联系，才有可能得出正确的结论。经济和经营环境包括政策因素、政府作用、外部组织机构、产品系统及其价格结构和经营活动五个方面。

(1) 政策因素。从某种意义上来说，政策指出了企业发展经营的方向，影响着企业管理人员的决策和企业对追求目标的判断。它一般可分为两大类：一类是政府的政策，对系统起控制、调配、监督等约束作用；另一类是企业或组织系统内部的政策，是系统正常运行的基础，是在适应政府政策的前提下生存和发展的重要手段。

(2) 政府作用。政府政策的制定和实施，可以实现政府一级对更大系统的最佳管理和控制。政府可以通过下达计划、投资和订货等方式，支持或限制某经济组织的产品和发展方向。因此，进行系统分析时，还必须充分认识和考虑到由于政府作用所产生的支持和约束、有利和不利等方面的因素。

(3) 外部组织机构。未来的系统行为将会与外部组织机构发生直接或间接联系。外部组织机构主要包括同类企业、供应商、用户、合作单位、科研咨询机构、上级组织机构等。联系主要包括合同关系、财务关系、指导关系、技术转让、技术协作、咨询服务、情报交流等。正确地建立和处理这些关系对企业系统的生存和发展举足轻重。

系统分析人员应当掌握各类组织的社会功能、机构设置、经营策略及动向、现存状态,有关机构间的纵横向联系、信息渠道,相应机构内执行各种工作的人员和决策人员的特点,各类有关组织的内部情况及效率。

(4) 产品系统及其价格结构。产品系统源于社会需求及其发展。产品价格结构决定于政府的政策和市场供求关系,即经济和经营环境是确定产品系统和产品价格结构的出发点。在对某一产品或服务系统进行相关分析时,首先,要清楚该产品或服务的社会需求,了解这类产品的顾客类型、未来使用领域或未来服务领域等;其次,了解该产品或服务的工艺过程和技术经济要求;再次,搞清它的价格和费用构成,形成产品或服务费的程序和原则;最后,掌握产品或服务的价格和利率结构参数在不同经济和经营环境下的变化趋势等。这几个方面的信息对确定产品系统及其价格结构有着重要意义。对产品价格结构的分析,是经营决策的重要问题,产品能否在市场上立足,价格是重要的经济杠杆。

(5) 经营活动。经营环境主要指与市场和用户等直接有关的因素的总体。经营活动通常是指与原材料采购、商品生产、市场销售、资金流通等相关的全部活动。经营活动必须遵守经营环境的要求,其目的主要是增强企业实力,搞好经营决策和提高竞争能力。在产品需求量比较稳定的情况下,经营的目标主要是提高市场占有率和资金利用率。在市场需求量不稳定的情况下,则以研发新产品和提高经济指标为主。

3. 社会环境

社会环境是系统得以生存的基础,它主要包括将社会作为一个整体考虑的大范围的社会因素和将人作为个体考虑的小范围的作用因素。

(1) 大范围社会因素。大范围社会因素主要考虑人口潜能和城市形式两个方面的因素。

人口潜能是社会物理学的一个重要概念,它将物质质点间具有引力的概念引入人类系统的研究中,提出了“人口引力场”和“人口势”的概念,这也是人口具有明显的群居和交往倾向的基本表现。人口引力场的大小同人群的大小成正比,同人群之间的距离成反比。人口势可以做功,表明人口势大小的测度就是“追随”量。一个人(或集团)拥有的追随者越多,他(或它)的人口势就越大,反之,则越小。人口势在人口引力场内做功,这个功可以用集体或个体的成果来表示，这些成果意味着人们之间交换的结果。这一点可以从一位影视明星“粉丝”的数量考察他/她的人口势及其做功的效果。从人口潜能得出的“聚集”“追随”和“交换”的测度，能说明城市、乡村发展的趋势和速度，可用于产品和服务市场的估计及预测未来各种系统开发的成功因素。

城市是现代社会中物质文明和精神文明的发源地，它的本质特征是规模、密度、构造、形状和格式，这些均在住宅、商业、生产、文化、仪式、游览等规划上体现出来。研究城市形式可以为城市规划、建筑、交通、商业、供应、通信、供水、供能等系统的分析与设计提供参考数据，是总体优化研究的一个重要方面。

(2) 人或个体因素。在系统分析中，人的因素主要考虑以下两个方面：一是人对需求的反应作用于创造过程和思维过程的因素，该因素需要系统分析人员在解决问题时创造性地应用心理学知识；二是人或人的特性在系统开发、设计、运用中应予以考虑的因素，这类因素属于“人因工程学”的范畴。人因工程学的实质是探讨人的能力、生理学和心理学的局限性，以及在人操纵的设备中如何有效地考虑这些因素，使整个人-机系统的运行达到最高效率。

人的因素很复杂，主要包括人的主观偏好、文化素质、道德水准、社会经验、能力、生理和心理因素等，但人的因素对社会系统或管理系统来说也很重要。那么，如何在管理决策过程中充分考虑人的因素是相关领域中重要的新课题。

上述各类环境因素之间存在着相互联系和相互影响，对系统的作用是综合的，而不是孤立的。有些环境因素之间具有特定的因果联系，使得各类环境因素的变化往往是交替发生的，而不是同步的。通常社会环境相对稳定时经济环境的变化也较平缓，如果某些社会因素与自然因素发生突变，则会导致社会、政治、经济环境相应地发生变化和动荡。因此，进行环境分析时，既要看到环境因素稳定发展的一面，又要看到动荡和突变的可能，善于分析不同环境因素的特点和发展趋势，高效迅速地调整系统自身的状态，以适应复杂多变的环境。

三、环境因素的确定与评价

环境因素的确定就是根据实际系统的特点，通过考察环境与系统之间的相互影响和作用，找出对系统有重要影响的环境要素的集合，划定系统与环境的边界。环境因素的评价，就是通过对有关环境因素的分析，区分有利和不利的环境因素，弄清环境因素对系统的影响程度、作用方向和后果等。

在确定和评价环境因素时，需要注意以下几点：

(1) 对于所考虑的环境因素，要抓住重点，分清主次。

(2) 选取适当的因素，把与系统联系密切、影响较大的因素列入系统的环境范围中，不必追求面面俱到，如果环境因素列举过多，会使分析过于复杂；如果过分简化环境因素，又会使方案的客观性变差。

(3) 不能片面地、静止地去考察环境因素，要全面地、动态地考察环境因素，清楚地认识到环境是一个动态发展变化的有机整体，应以发展变化的观点来研究环境对系统的作用和影响。

(4) 不能忽略某些间接、隐蔽、不易被察觉的、可能会对系统产生重要影响的环境因素，对其也要进行细致、周密的考虑和分析，对于环境中人的因素，其行为特征、主观偏好及各类随机因素都应有所考虑。

例如，对企业经营管理系统进行战略研究时，要做必要的战略环境分析，其中，列举出的主要外部环境因素可以分为政治(Political)、经济(Economic)、社会(Social)、技术(Technological)四方面因素，亦称 PEST 分析。政治会对企业监管、消费能力及其他与企业有关的活动产生十分重大的影响，一个国家或地区的政治制度、体制、方针政策、法律法规等因素常常制约、影响着企业的经营行为，尤其是影响企业较长期的投资行为。经济环境是指国民经济发展的总体概况、国际和国内经济形式及经济发展趋势，以及企业所面临的产业环境和竞争环境等。社会环境是指一定时期整个社会发展的一般状况，主要包括价值观念、人口变动、生活方式、文化传统、教育、社会结构、就业状况等。技术环境是指社会技术总水平及变化趋势、技术变迁、技术突破对企业的影响，以及技术对政治、经济、社会环境之间的相互作用等。在对系统的环境因素进行分析时，还不能忽略自身的资源和能力条件，也就是说，要综合分析系统的内部和外部环境，一般采用 SWOT 分析法(优势 Strength、劣势 Weakness、机会 Opportunity、威胁 Threat)。按照企业经营战略的完整概念，战略应是一个企业"能够做的"(组织的优势和劣势)和"可能做的"(环境的机会和威胁)之间的有机组合。

为了说明各种环境因素对系统的影响及各种因素综合的需要，须采用各种量化方法。从定量的难易程度来看，环境因素的量化大致可分为三类：

(1) 本身可以直接量化的因素，如投资额、距离、运输量等。

(2) 可间接量化的环境因素，如科技条件、气候条件等。

(3) 定性环境因素的量化，这类因素通常通过各种途径制定定量依据，然后借用模糊理论和方法使其量化，也可以采用评分的方法进行估计。

四、未来环境预测

1. 未来环境预测方法

未来环境预测是根据当前所掌握的资料和数据对环境因素的发展变化、对系统生命周期内未来环境的可能状态及对系统可能产生的后果进行预测和估计。

在对环境进行预测时，对于那些变化较缓慢、处于相对稳定状态的环境因素，如风俗习惯、人口发展等，只需做一般性的探讨，但要注意缓慢变化的累积效应；对于平稳发展，具有明显趋势、带有一定规律性或周期性变化的环境因素可以采用调查预测法、德尔菲法等定性分析方法，以及时间序列分析、回归分析、投入产出分析、灰色预测等定量分析方法；对随机性很强、动荡的环境因素，通常采用定性分析方法，如情景分析法。

2. 情景分析法

情景分析(scenario analysis)法是一种常用的对未来环境进行预测的方法，又称为情景描述法、脚本法。情景分析法以逻辑推理为基础，通过构想出未来行动方案在实施时所处的几种可能环境状态及其特征，预测和估计出行动方案的社会、技术和经济后果，这是一种常用的分析、预测方法。

在情景分析法中，主要通过情景设定和描述来考察和分析系统，描述可能出现的状况和获得成功所必需的条件等。简单地说，情景设定和描述就是对每种备选方案设定未来环境的集中状态——正常的、乐观的和悲观的环境状况，并给出相应的特征和条件，通过对环境现状的分析，再依据事件的逻辑连贯性，对一系列的因果关系，以逻辑推理、思维判断和构想为基础，并结合定量分析方法，弄清从现状到未来情景的转移过程，进而判断可能出现的情况及其特征。应用情景分析法的大致步骤是：

(1) 明确情景描述的目的、基本设想和范围(如预测时间、关联因素、环境范围等)及所持观点(如乐观、悲观和现实的观点等)。

(2) 对预测对象的历史状况和现实状况进行分析，在此基础上对其发展趋势和未来状态进行分析和预测。

(3) 结合相关的数据资料，采用定量方法进行估计和预测，从而得出一个对未来发展前景更为科学的描述。

(4) 根据之前的结果，制定出实现未来战略目标的备选方案及主要问题和课程，估计和预测备选方案在多种设定情景下的社会、经济和技术后果，以制定适应性强的战略规划。

情景分析法迫使人们对变化着的现实环境和未来环境进行细致的分析和严密的思考，弄清环境的发展趋势、可能的状况和演变过程，以及容易疏忽的细节。这种方法带有充分自由设想的特色，但又具科学性。由于它不存在固定的模式，所以较难把握，在实际应用中须注意以下问题：

(1) 在情景描述时，要弄清从现状到未来情景的转移变化历程，要具有合理性和连续性。无论变化如何曲折和剧烈，都须注意因果关系的合理性。

(2) 对于未来的前景(prospect)，人们存在不同的看法，应充分表达他们的分歧点，并讨论这些分歧的依据。

(3) 在情景描述时，要处理好各种矛盾，既要考虑事物量的变化，又要考虑事物质的变化。

(4) 注意定性和定量分析相结合，增强分析的科学性。

3. 情景分析法的应用

壳牌公司以重视战略规划著称，其战略规划有两个特点：第一，全员参与。战略规划不是由高层专家孤立地提出缺乏弹性的10年计划，而是为各经营单位提出具体课题，确保全员参与战略规划。第二，采用情景分析法提出一系列"如果怎样"的或然课题。该公司20世纪70年代成功地预测了因OPEC的出现而导致的原油价格上涨和80年代由于OPEC石油供应配额协议的破裂而导致的原油价格下跌。

20世纪80年代初，每桶原油价格在30美元左右，该产业的成本是每桶11美元，因此多数石能公司是盈利的。对未来的分析，大多看好，有的公司预测到90年代将上涨到每桶50美元。壳牌公司分析了未来情景，其中之一是：OPEC石油供应配额协议破裂，石油供大于求，每桶将降至15美元。1984年，公司对各下属公司提出的课题就是，如果这一情况发生，该怎么办？

壳牌公司根据自己认定的或然情况，围绕核心业务实施了旨在降低成本的变革，包括采用领先的开采技术、大量投资于高绩效的提炼设备、取消低利用率的服务站等。其他石油公司(如Exxon公司等)未改善核心业务的效率，而是实施多样化。1986年1月，壳牌公司完成上述变革时，原油价格为27美元/桶，但OPEC生产配额协议失败，北海和阿拉斯加又增加了新的石油产量，与此同时，需求下降。2月1日，原油的价格为17美元/桶，4月则降至10美元/桶。

1988年，壳牌公司的资产净收益率为8.4%，而该行业主要公司Exxon、BP、Chevron、Mobil、Texaco等的平均收益率为3.8%。到1989年，壳牌公司的主要变革方向是低成本、改进精炼，原油开采成本低于2美元/桶，同时强化市场营销。

情景分析法在研究复杂系统问题时十分有用。这种方法不仅可以描述远期可能出现的多种情景，以及对抽象的事物做尽可能具体的描述，还可以同时考虑社会、政治、经济和心理因素的状况及其相互间产生的联系和影响。

五、中海油徐州中心油库环境分析

中海油徐州中心油库设置在徐州港双楼物流园区内，其发展受到内外部环境的影响，涉及物理和技术环境、经济和经营环境与社会环境等因素。

1.物理和技术环境

(1) 交通条件。中海油徐州中心油库地理位置优越,交通发达,无论是陆路还是海路均十分便利。公路方面,库区位于双楼物流园区,通过临港大道及南北向的兴园路、兴盛路、振兴路,东西向的发展大道可与 G206 连通,进而可与 G310、G104、连霍高速、燕徐高速衔接。航道方面,库址位于京杭运河解台船闸下游,航道北岸经过整治,已达到Ⅱ级航道通航标准,常年可保证 2 000 t 级船舶通航。

(2) 资源条件。电源方面:本工程所需供电电源引自港区北侧双楼物流园的 35 kV/10 kV 变电站,采用双回路供电。水资源方面:采用市政自来水作为给水水源,库区的给水从双楼物流园的市政给水管网接入,给水管管径为 DN400。库区雨水排向库外临港大道的 DN1800 雨水管,库区含油污水通过污水处理装置处理后排放。通信与消防:通信由双楼物流园区统一配置接入油库;贾汪区消防大队可作为油库联防机动力量。

(3) 自然条件。气象条件方面:徐州地区属南温带的鲁淮区,气候温和,日照充足,年降水量较充沛,春秋两季时间短,入冬和回暖早,夏季炎热多雨,冬季寒冷干燥。常年伴有寒潮、霜冻、旱风和冰雹等天气,多年平均气温 14.5 ℃。地质条件方面:在场地地质安全方面,场地抗震设防烈度为 7 度,基本地震加速度值为 0.10g,场地大地构造位置位于稳定的古老地台之上,无可溶岩分布,产生岩溶地面塌陷的隐患小。根据区域地质资料,场地内及其附近区域均不存在全新活动性断裂,所以场地是稳定的,对建筑物是适宜的。水文地质特征方面:场地勘察深度范围内,岩土层的岩性主要为填土、粉土、黏性土。与岩性相对应,场地地下水类型主要为第四系孔隙潜水;第四系孔隙潜水的赋水层位主要为填土、粉土,黏性土赋水性较差;下部黏土中因砂礓含量较高而含有一定量的孔隙水,该部分水具有弱承压性。潜水补给源主要为京杭运河渗透及大气降水,主要排泄途径为地面蒸发,其次是向场外侧渗排泄。

(4) 技术工艺条件。油库周转的油品为柴油、组分汽油和乙醇,其中 0 号柴油有车用柴油和普通柴油 2 种牌号,组分汽油有 92 号和 95 号 2 种牌号。汽、柴油通过水陆码头进库,乙醇通过公路槽车进库;组分汽油、柴油通过水陆码头出库,汽、柴油通过公路汽运出库。储罐配置方案,装卸油设施技术方案,储罐设计,自动控制,以及给排水、供配电、通信、消防等公用工程及辅助设施等方面均结合实际,采用最新工艺设计方案。

2.经济和经营环境

(1) 政策因素。在徐州市商务局报省商务厅的文件中,将"徐州港双楼作业区通用码头油库项目"列入"十三五"成品油行业发展规划。中海油华东销售有限公司根据集团公司的发展战略制定了《华东销售成品油销售网络“十四五”发展规划》，规划中按照合理的配送半径对本系统油库进行布局，按照配送量确定各油库规模。随着徐州及其周边地区经济的快速发展，成品油市场需求量不断增大，作为中海油在苏北地区成品油销售网络的重要支点，徐州中心油库的建设有利于中海油销售江苏有限公司在徐州及其周边地区的市场发展，更好地促进中海油在当地的零售网络建设，扩大终端销售网络的覆盖面，进一步提高中海油的市场占有率，增强中海油在该地区的市场竞争力和市场保障能力。

（2）市场需求。油库布局时，首先充分考虑覆盖范围，以配送成本最小化为原则，结合市场竞争情况，将油库的辐射半径控制在 100～150 km 以内。据此，徐州中心油库的客户群主要为油库中心有效辐射半径内的中海油自有加油站、社会加油站及工矿企业客户等，业务覆盖范围为江苏徐州、宿迁，安徽淮北、宿州，山东临沂、枣庄。近五年，目标地区成品油销售量稳步增长，但由于受到经济环境的影响，随着清洁能源的大力推广和经济发展速度的回落，预计油库辐射区域成品油市场需求量增长将有所放缓，预计 2029 年目标地区油品需求量将达到 835 万吨左右，年均增长约 4%。结合中石化、中石油、社会及中海油其他油库等的状况，预计 2029 年徐州中心油库成品油周转量将达到 20 万吨，其中汽油 8.7 万吨，柴油 11.3 万吨，汽、柴油年均周转次数为 12.9 次，综合柴汽比 1.3∶1。

（3）成品油批发价格和利润预测。中国成品油市场在过去几年一直延续供应过剩的局面，也使得市场批发利润持续亏损；随着浙江石化、恒力石化等新兴炼化一体化项目的建成投产，以及成品油批发经营资格审批权限的放开，使进入门槛大幅降低，在内陆批发利润较高的地区，可能会出现新进入者通过价格竞争来争夺市场份额的情况；但在沿海竞争激烈的地区，批发市场毛利微薄，成本结构清晰，留存价格竞争空间不大。从本质上看，成品油批发单位主要依靠时间和地域价差实现盈利，未来 5～10 年内，预计批发利润将较目前水平持稳，在 50～200 元/t 之间，项目年平均营业收入 1 647.52 万元，营业税金及附加 30.76 万元。项目投资税后内部收益率 8.03%，税后财务净现值（$i_c=8\%$）23.96 万元，投资回收期 10.25 年。各项经济指标符合中海油项目投资要求。

3.社会环境

（1）进一步增强徐州市成品油供应抗风险能力。成品油库在作为油品经营场所的同时，还起到了战略资源储备及调配作用。目前徐州地区成品油库总罐容 27.5 万立方米，按照徐州市目前机动车保有量与各主要用油单位日均消耗量约 6 000 t 计算，在极端条件下理论支撑能力仅为 45 天左右，因此，在现有油库扩容较为困难的条件下，通过新建油库增加油库罐容可提升储备强度和厚度，为油品保供打下更坚实的基础。

(2) 为地方经济作出更大贡献。整个项目周期建设总投资在 1.5 亿元以上,项目建设所用的大量材料与设备均在当地采购,施工企业及人员以徐州本地人员为主,该项目的建设为当地建筑业、建材业及运输业等带来了很大机遇。项目以徐州中心油库为基础,由独立法人单位运营,考虑该油库未来 20 年的经济效益及公司业务的进一步扩展,可为当地提供稳定的财税收入,进而为徐州市的经济发展贡献一份力量。项目可带动周边配套产业发展,油库的投运也带动了相关产业进一步发展,特别是对已有的成品油物流行业、安全环保与职业健康监测行业、设备维修行业等产生了积极的影响。

(3) 为增加地方就业提供条件。油库运营本身提供了 20 个稳定的工作岗位,考虑未来油库升级改造及公司经营需要,岗位需求将进一步扩大,这也会为徐州市地方就业提供更多的帮助。

第四节　系统分析方法

系统分析没有一套固定的、普遍适用的分析方法,一般是根据不同的分析对象及其特点,选择合适的定性与定量方法。定量分析方法适用于系统结构清楚、收集到的信息准确、可以建立数学模型的情况,如投入产出分析法、成本效益分析法、统计回归方法等。定性分析方法适用于系统结构不清,收到的信息不太准确,或是由于评价偏好不一,难以形成常规的数学模型等情形,如目标-手段分析法、因果分析法、Delphi 法、KJ 法等。由于有的方法在其他章节中有阐述,本节介绍其他几种较为常用的系统分析方法,包括目标-手段分析法、KJ 法、因果分析法、帕累托(Pareto)分析法、价值工程和故障树分析法等。

一、目标-手段分析法

目标-手段分析法是将要达到的目标和所需要的手段按照系统展开,一级手段等于二级目标,二级手段等于三级目标,依次类推,从而产生了层次分明、相互联系又逐渐具体化的分层目标系统。在分解过程中,要注意使分解的目标与总目标保持一致,分目标的集合一定要保证总目标的实现。在分解过程中,分解的目标绝不能背离总目标。分目标之间可能一致,也可能不一致,甚至是矛盾的,这就需要细致分析、反复调整和论证,最终使之在总体上保持协调。图 3-4 是发展能源的目标-手段分析图。

发展能源的手段主要有加强能源生产、开发新能源和节约能源,而加强能源生产的主要手段有加大能源勘探开发、新建能源基地和提高能源运输能力;

开发新能源的主要手段有开发太阳能、生物能和风能等；节约能源的主要手段是提高综合利用效率和推广应用节能设备。

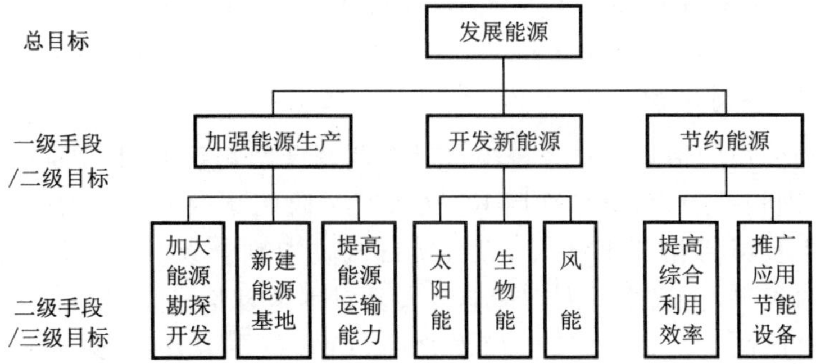

图 3-4　发展能源的目标-手段分析图

二、KJ 法

1. KJ 法的原理与步骤

KJ 法也称亲和图法，是一种直观的定性分析方法，它是由日本东京工业大学的川喜田二郎(Kauakid Jir)教授开发的。其基本原理就是：把每条信息做成信息小卡片，将全部的小卡片平铺在桌子上进行仔细观察并对其进行思考，把内容相似、有“亲近性”的卡片集中到一起合称为子问题，然后依次做下去，最后便可以求得问题的整体构成。显然，这是一种从很多具体的信息中归纳出问题整体含义的系统分析方法，是一种分析复杂问题的有效方法。

KJ 法的实施步骤如下：

(1) 尽量广泛收集与问题相关的各种信息，并用关键的词句简洁、概括地描述出来。

(2) 每条信息做成一张小卡片，小卡片上的标题记载要做到简明、易懂。

(3) 将全部的小卡片铺在桌子上通观全局，充分调动人的直觉综合能力，把内容相似、有“亲近性”的小卡片集中起来组成一个小组。

(4) 为每个小组命名新的名称，注意事项同步骤(1)，并把它作为子系统登记。

(5) 重复步骤(3)(4)，分别形成小组、中组和大组，对难于编组的小卡片先不要勉强编组，可以把它们单独放在一起，留置一边。

(6) 移动小组(卡片)，按照小组间的类似、对应、从属和因果关系等进行排列。

(7) 将排列结果用图表的形式描述出来，即把小组按大小用粗细线框起来，把一个个有关系的框用“有向枝”(带箭头的线段)连接起来,构成一目了然的整体结构图。

(8) 仔细观察最终求得的整体结构图,分析它的含义,取得对整个问题的明确认识。

2. KJ 法应用案例

某石油公司的地理信息系统项目对企业发展影响重大,其中面临着诸多风险,为了识别相关因素,项目采用 KJ 法进行风险因素的归集。召集 15 位经验丰富的专家及项目相关干系人,组织项目风险识别会议。在会议前准备好卡片、文具、白板等,会议主持人邀请与会人员对本地理信息系统项目可能存在的风险发表自己的看法,经过头脑风暴之后,用笔写在卡片上,然后张贴在白板上。根据白板的内容,主持人和与会人员对提出的设想进行整理概括,经过逻辑整理、查重废弃等,得到表 3-3 的初始条目。

表 3-3　石油公司地理信息系统项目 KJ 风险因素

卡片序号	卡片主题	卡片序号	卡片主题
1	业务工作流向新系统迁移比较困难	11	项目资源估计不足
2	项目采用的是未曾使用过的新技术	12	运营成本溢出风险
3	客户化软件功能不完全适合 C 集团业务开展的模式	13	第三方不能充分合作
4	推广过程中与其他系统的集成深度、范围难以确定	14	项目缺乏企业高层的支持或积极参与
5	项目工作协调难度太大,影响项目进展	15	项目进度监控不力,导致拖延
6	项目人员的畏难情绪	16	制度变化风险
7	项目工作量估计不足	17	数据模型标准化难度很大,标准走向实用很困难
8	项目计划不充分	18	系统功能范围的确定
9	用户需求难以统一	19	项目工作与应用单位生产可能存在冲突
10	数据迁移工作量巨大	20	项目工作对应用单位相关部门的日常工作产生负面影响

续表 3-3

卡片序号	卡片主题	卡片序号	卡片主题
21	项目人员的专业背景与工作技能不足	33	用户参与的热情度不高
22	数据安全保障	34	协调供应商存在困难
23	原有成果继承问题	35	管理层干预的正负面影响
24	组织结构调整风险	36	用户消极配合
25	数据质量难以控制	37	推广集成过程中阻力大
26	内部人员有分歧等沟通风险	38	合理的费用追加流程和制度
27	关键任务延迟风险	39	是否有良好的信息化建设激励机制
28	软硬件集成风险	40	项目管理者是否具有类似的管理经验
29	部分用户有抵触情绪	41	数据模型标准化风险
30	历史数据整理难度大	42	实施过程中需求蔓延
31	制度不健全风险	43	系统需求频繁变动
32	新技术成熟度不够，或者选取的技术方案不是最新的	44	相关人员对系统需求定义存在分歧

主持人和与会人员经过多次反复调整，得出的项目风险分类结构见表 3-4。可见，该项目的风险可以汇总为技术风险、需求风险、组织风险、进度风险、人员风险和成本风险 6 个大的方面。

表 3-4　KJ 归类合并表

卡片序号	一次归类结果	二次归类结果
1、2、17、22、23、25、28、30、32、41	业务流向迁移风险 技术兼容性风险 数据模型标准化风险 推广集成风险 技术前瞻性风险	技术风险
3、8、9、18、43、44	需求界定风险 需求变更风险	需求风险

续表 3-4

卡片序号	一次归类结果	二次归类结果
14、19、20、31、38、24	管理制度不健全风险 监控流程风险 变更控制流程风险 应急资源配置与流程风险	组织风险
5、7、15、42	活动时间估算风险 关键资源估算风险 活动延滞风险 关键资源延滞风险 进度变更风险	进度风险
6、13、21、26、29、33、35、36、37、39、40	团队成员流失风险 团队变更风险 团队沟通风险 企业管理层干预风险 供应商协调风险 用户消极风险	人员风险
7、10、12	成本估算风险 成本超支风险 成本控制风险	成本风险

三、因果分析法

系统中某一行为或结果的发生，往往是由于多种复杂因素影响所致。因果分析法就是利用因果分析图来分析影响系统的主、次因素，将对系统有影响的各种重要因素加以分析，找出产生的原因和结果，在图上将原因和结果的关系用箭头表示出来的方法，直观简单，一目了然。

因果分析图又称为鱼骨图。因为该方法是日本人石川馨发明的，故也称为石川图。该方法在 1953 年首次应用于日本川崎制铁厂，之后推广到许多国家，当时用在全面质量管理方面，后来逐渐在其他方面应用，现已成为一种重要的定性分析方法。用这种方法分析系统行为或结果，可以使复杂的原因系统化、条理化、明朗化，把造成结果的主要原因搞清楚，也就明确了预防对策。

1. 因果分析图的结构

因果分析图作为一种系统分析方法，适用范围较广，其结构如图 3-5 所示。

(1) 主干表示结果，即系统行为或结果。

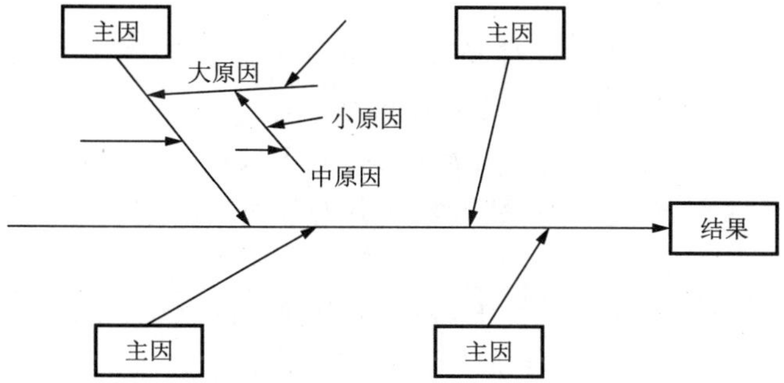

图 3-5　因果分析图的一般结构

(2) 主要因素表示影响系统行为(结果)的主要原因,可以根据人-机-环境系统工程的有关原理将要因确定为系统的要素人、机、环境、管理等。

(3) 支干表示中、小、更小的原因,按图 3-5 分层次画出。

2. 因果分析图的作图步骤

(1) 确定分析对象,找出要分析的问题(指系统行为或结果)。

(2) 了解和确定影响问题的主要特征。要解决系统中的问题,首先就要了解问题的特征。这除了依据有关部门提供的资料外,还要征求有经验的工程技术人员及作业人员的意见,加深对问题本质的了解。

(3) 分析产生系统行为(结果)的原因。作为系统分析,应从各个方面找出直接和间接的原因及影响因素。

(4) 整理各个原因(因素),按逻辑关系排列,从大到小画在图上,使之成为一幅完整的因果分析图。

(5) 主要原因应做出标记。确定主要原因可用公认法、投标法、排列图法和评分法等,并对其做出标记。

(6) 检查是否有原因遗漏,如有遗漏,应立即补充。

(7) 因果分析图必须有标题、日期、制图者、制作单位及其他有关事项,以便查考。

3. 作因果分析图时需要注意的问题

(1) 提出的系统行为(结果)要非常具体和明白,不能过于笼统。

(2) 对每一种系统行为(结果)必须作一个图形,不能把集中系统行为(结果)混到一起,否则便失去了分析的效果。

(3) 主干线的箭头方向一定要从左到右,不能颠倒。

(4) 因果分析图要尽可能深入细致并追查到底,才能得出结果,也就是说,分析原因应细致到采取具体措施为止。

(5) 分析原因时,不能混进处理意见,以免互相混淆,造成不能对主要原因进行深入正确分析的局面。

(6) 分析的原因应具体且容易理解，这样可以找出真正的原因，并进行处理。在某些时候，大原因不一定是主要原因。

(7) 对重要原因要标出符号和次序，有助于按照次序采取措施。作因果分析图，定出主要因素之后，还应到现场落实主要因素的项目，然后采取措施，解决问题。

(8) 在因果分析图制作过程中，必须听取他人的意见，让各方面的人员畅抒己见，把各种不同意见均记录下来。

4. 因果分析法应用案例

某电力公司承揽的电力工程建设项目在实施中存在较大的安全隐患，为了厘清可能导致事故的因素，该公司组织专家和管理人员进行调研，分析安全隐患因素。图 3-6 为其绘制的人、机、料、法、环因果分析图。

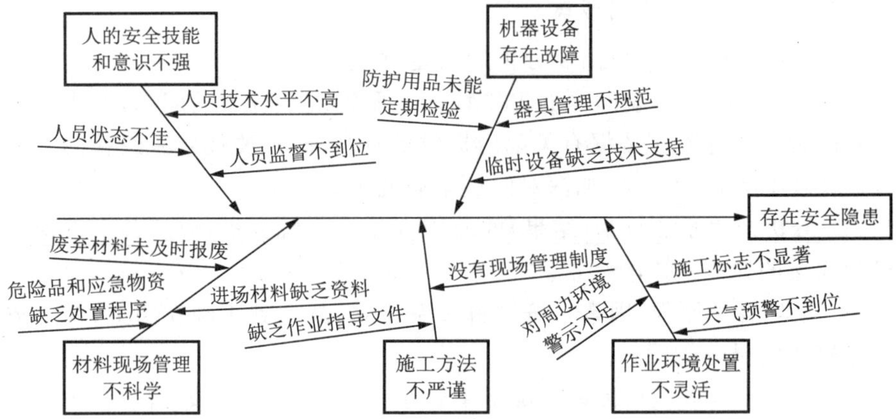

图 3-6　电力工程建设的因果分析图

四、帕累托分析法

帕累托(Pareto)分析法，又称为 ABC 分析法、排列图法、帕雷特法、主次因素分析法等，它是找出影响产品质量主要因素的一种简单而有效的图表方法。这种方法通过统计数据，发现产生某个问题(如产品质量)的主要(关键)因素。

1. Pareto 图的结构

Pareto 图由两个纵坐标、一个横坐标、几根柱状条和一条折线组成，如图 3-7 所示。左纵坐标表示频数，右纵坐标表示频率，横坐标表示影响问题的各种因素，按影响程度大小从左向右排列，柱状条的高度表示某因素的影响大小，折线表示各因素影响大小的累计百分数。

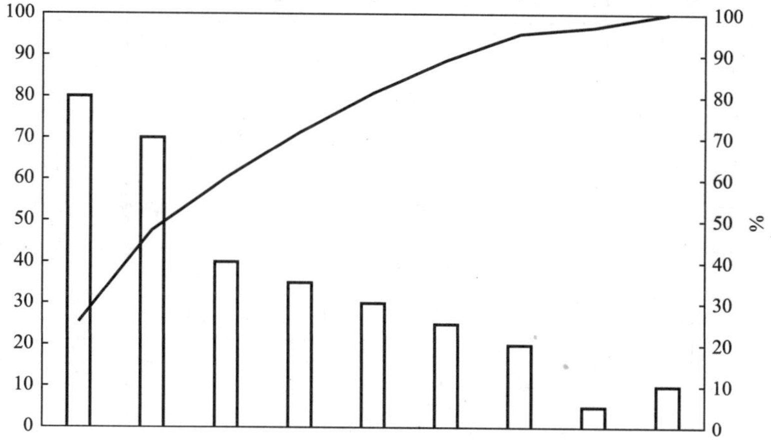

图 3-7 Pareto 图

2. Pareto 图的原理

Pareto 图源于 Pareto 定律，该定律认为绝大多数问题或缺陷产生于相对有限的起因，也就是人们常说的 80/20 定律，即 20%的原因造成 80%的问题。Pareto 图是根据“关键的少数和次要的多数”原理绘制的。

比如在进行产品质量的 Pareto 分析中，将影响产品质量的众多影响因素按其对质量影响程度的大小，用直方图形顺序排列，从而找出主要因素，左侧纵坐标表示不合格品出现的频数（出现次数或金额等），右侧纵坐标表示不合格品出现的累计频率（用百分比表示），横坐标表示影响质量的各种因素，按影响大小顺序排列，直方图形高度表示相应因素的影响程度（即出现的频率为多少），折线表示累计频率（也称 Pareto 曲线）。通常累计百分比将影响因素分为三类：0%～80%为 A 类因素，也就是主要因素；80%～90%为 B 类因素，是次要因素：90%～100%为 C 类因素，即一般因素。由于 A 类因素占存在问题的 80%，此类因素解决了，大部分质量问题就得以解决。

3. Pareto 图的作法

(1) 收集和统计不同类别的项目数量 ，并计算总数量。

(2) 计算各类别项目的频率，即各类别项目的数量占总数量的比例。

(3) 依据频率将各类别项目由大到小排序，并计算其累计发生频率。

(4) 将排序后的项目类别从左至右绘制在横坐标轴上，左侧纵坐标轴为项目的数量，右侧纵坐标轴为项目的累计频率。

(5) 绘制各类别项目的数量柱状图，以及项目的累计频率折线图。

【例 3-1】 已知 S 油田物资供应公司 2018 年库存某类物资资金占用统计见表 3-5，试用帕累托分析法进行库存的 ABC 分类。

表 3-5　S 油田物资供应公司 2018 年库存物资资金占用统计

物资代码	年使用量/件	单价/元	年资金占用量/万元	排　序
G-23	2 000	100	20	7
G-37	4 000	100	40	6
H-16	8 000	10	8	10
H-22	2 000	80	16	8
H-44	5 000	20	10	9
K-8	400	20 000	800	1
S-8	2 000	600	120	3
S-12	500	10 000	500	2
W-30	4 000	200	80	5
X-7	2 500	400	100	4

按照年资金占用量高低进行排序，并计算累计年使用金额和累计百分比，ABC 分类结果见表 3-6。可见，20％的 A 类物资年资金占用量占到 76.74％，30％的 B 类物资占到 17.71％，50％的 C 类物资仅占 5.55％，绘制的帕累托图见图 3-8。

表 3-6　S 油田物资供应公司物资 ABC 分类结果

物资代码	年资金占用量/万元	累计年资金占用量/万元	累计百分比	分　类
K-8	800	800	47.23	A
S-12	500	1 300	76.74	A
S-8	120	1 420	83.83	B
X-7	100	1 520	89.73	B
W-30	80	1 600	94.45	B
G-37	40	1 640	96.81	C
G-23	20	1 660	97.99	C
H-22	16	1 676	98.94	C
H-44	10	1 686	99.53	C
H-16	8	1 694	100	C

对于 A 类物资，实施紧控。做最完整、精确的记录；赋予最高的作业优先权；高层管理人员经常检查，盘点精度±0.2％；小心精确地确定订货量和订货点；采取密切跟踪措施以使库存时间最短，在保证需求的前提下，尽可能减少库存，节约流动资金。可采取定期定量订货方式，注重与供应商的良好合作。

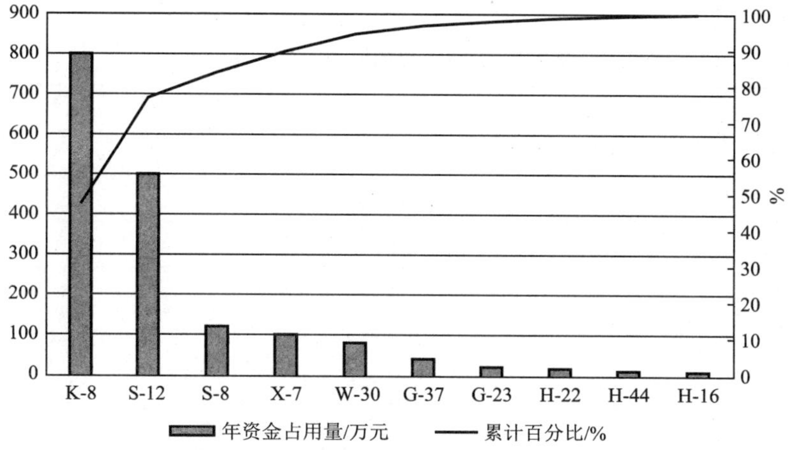

图 3-8　S 油田物资供应公司物资帕累托图

对于 B 类物资，实施常控。做记录和固定时间检查；只有在紧急情况下，才赋予较高的优先权；盘点精度±1％。

对于 C 类物资，实施简控。设立简单的记录或不设立记录，加大两次订货期间的时间间隔，增加订货量，如可通过半年或一年一次的盘存来补充大量库存，盘点精度±5％；在不影响库存控制整体效果的前提下，减少库存管理工作的工作量。

五、价值工程

1. 价值工程概述

价值工程（Value Engineering，VE）又称为价值分析（Value Analysis，VA），是 20 世纪 40 年代通用电气公司负责物资采购的电气工程师麦尔斯（L. D. Miles）首先提出的。价值工程是指通过各相关领域的协作，对研究对象的功能与费用进行系统分析，不断创新，旨在提高所研究对象价值的思想方法和管理技术。其目的是以最低的寿命周期成本，可靠地实现使用者所需的功能，以获取最佳的综合效益。

价值工程的对象包括一切为实现功能而发生费用的各个系统，如产品、工艺、工程、服务或它们的组成部分等。价值工程的概念涉及三个基本要素，即价值 V、功能 F 和寿命周期成本 C，其计算式为：

$$V=\frac{F}{C} \tag{3-1}$$

价值工程的应用范围广泛，其一般工作步骤见表 3-7。其中，对象选择、功能定义、功能评价、方案创造与综合评价是工作程序的关键内容，而功能评价是价值工程的核心内容。

表 3-7　价值工程的一般工作步骤

阶　段	基本工作步骤	详细步骤
准备阶段	确定目标	1. 对象选择
		2. 组建价值工程工作小组
		3. 制订工作计划
		4. 信息搜集与整理
分析阶段	功能分析	5. 功能定义
		6. 功能整理
	功能评价	7. 成本分析
		8. 功能评价
		9. 确定改进范围
创新阶段	制定改进方案	10. 方案创造
		11. 概略评价
		12. 详细评价
		13. 综合评价
		14. 提案编写
实施阶段	实施评价成果	15. 审批
		16. 实施与检查
		17. 成果评价

2. 功能评价

功能评价是对功能的大小进行定量分析，获得功能的价值，从中选出功能价值低、改善期望值大的功能，作为进一步开展价值工程的重点对象。功能评价的主要内容包括：算出实现用户所要求功能的最低费用，称为功能评价值或目标成本；以其为标准，通过与实现该功能的现状成本作比较，计算出两者的比值，即功能的价值，同时计算出二者的差异值，称为成本降低幅度或改善期望值；选择价值低、成本降低幅度大的功能作为价值工程活动的对象。

功能评价的步骤如图 3-9 所示，具体描述为：① 计算对象功能的现状成本 C；② 确定对象的功能评价值亦即目标成本值 F；③ 计算和分析对象的价值或价值系数 V；④ 计算成本改善期望值 ΔC，即 $C-F$；⑤ 根据对象价值的高低及成本降低期望值的大小确定改进的重点对象及优先次序。

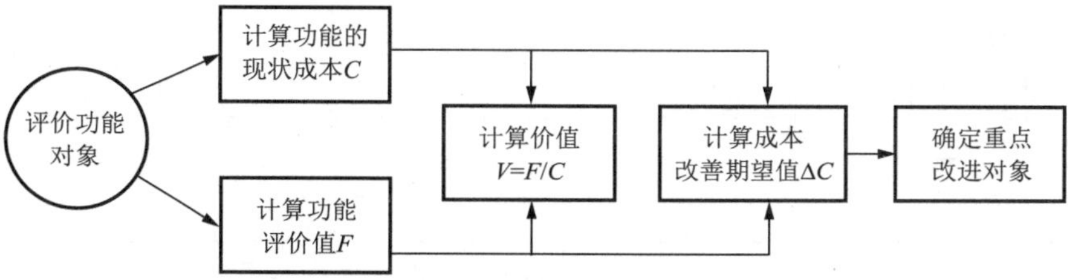

图 3-9　功能评价的步骤

（1）功能现状成本分析。

功能现状成本的计算是以对象的功能为单位，在传统成本核算资料的基础上，将产品或零部件的成本换算成功能的现状成本。实际分析时，功能成本分析一般从功能系统图的末位功能开始，逐级向上计算。末位功能成本计算中最常见的问题有两个：一个是一个功能由多个零件实现，对于这一问题，可将各零件成本相加。另一个是一个零件具有多项功能，如保温瓶胆具有贮水、保温两项功能，此时必须根据该零件在各功能上的实际成本多少分摊，如将保温瓶胆的夹层、抽真空、镀银等工艺结构和工艺步骤的成本分摊到“保温”这一功能上。有时候功能成本难以从统计数据中直接得到，可请有经验的人员估算。成本分摊和计算可在成本分配表上进行，见表 3-8，表的每列之和即为所对应功能的成本。

（2）功能评价值或目标成本测算。

确定功能评价值 F 的原则是“用户愿意花多少钱购买这一功能”。用户总是要挑选物美价廉的产品，力求用最少的钱买到同样的功能。因此，质量好、价格便宜、成本低就成为人们追求的目标，这一“最低消耗”或“最低成本”就可视为该产品的功能评价值。功能评价值测算的方法主要有如下几种：

① 替代评价法。该方法是一种直接评价法，将对象的功能进行分解，并找到可替代的手段及其成本。例如，麦尔斯在分析螺杆功能时，将其分解为三部分，然后将各部分用满足相同功能的低成本材料替代，替代材料的成本就是该零件的功能值。

② 理论计算法，也称公式法。该方法也是一种直接评价法，它利用工程中的计算公式导出。例如，在材料价格已知的条件下，根据材料力学公式计算出材料消耗量，即可计算出功能的最低成本亦即功能评价值。

③ 间接评价法。间接评价法是功能评价中应用最多的方法，其步骤是：

第一，确定产品的目标成本 C^*，令其为总功能值 F；

第二，确定各分功能 F_i 的重要度，确定功能重要性系数 f_i；

第三，按重要性分摊目标成本，得出各分项功能评价值 $F_i = C^* \cdot f_i$。

表 3-8　保温瓶现状成本分配表

序号	零件名称	现状成本	F_1 贮水	F_{21} 防止热对流	F_{22} 防止热辐射	F_{23} 防止热传导	F_{31} 支撑容器底部	F_{32} 支撑容器颈部	F_{33} 连接支撑构件	F_{34} 调节容器位置	F_4 保护容器	F_5 方便装配	F_6 方便使用	F_7 形成外观
1	底托	0.5					40% 0.2				60% 0.3			
2	三眼	0.9					70% 0.6			30% 0.3				
3	瓶底	3.7					40% 1.5				20% 0.7	30% 1.1		10% 0.4
4	简衬	1.1										100% 1.1		
5	铆钉	0.2											100% 0.2	
6	提把	1.6											80% 1.3	20% 0.3
7	铁筒	7.5							40% 3.0		35% 2.6			25% 1.9
8	瓶胆	9.4	20% 1.9	10% 0.9	30% 2.8	40% 3.8								

续表 3-8

序号	零件名称	现状成本	F_1 贮水	F_{21} 防止热对流	F_{22} 防止热辐射	F_{23} 防止热传导	F_{31} 支撑容器底部	F_{32} 支撑容器颈部	F_{33} 连接支撑构件	F_{34} 调节容器位置	F_4 保护容器	F_5 方便装配	F_6 方便使用	F_7 形成外观
9	瓶　肩	3.4	5%					20%			25%	20%		30%
			0.2					0.7			0.9	0.6		1.0
10	瓶　盖	2.6	10%	15%		5%								70%
			0.3	0.4		0.1								1.8
11	口　圈	0.9						60%			40%			
								0.5			0.4			
12	瓶　嘴	0.5						50%			20%			30%
								0.25			0.1			0.15
13	瓶　塞	0.6	20%	20%		20%								40%
			0.1	0.1		0.1								0.3
合　计		32.9	2.5	1.4	2.8	4.0	2.3	1.45	3.0	0.3	5.0	2.8	1.5	5.85

(3) 价值与成本改善期望值计算。

得到功能评价值和其对应的现状成本就可以计算价值(或称价值系数)和成本改善期望值了。价值的计算公式见公式(3-1),成本改善期望值的计算公式为:

$$成本改善期望值(\Delta C)=功能现状成本(C)-功能评价值(F) \quad (3\text{-}2)$$

举例见表 3-9,本例目标成本为 3.00 元。表中第一列为功能重要性系数,第二列为功能评价值,第三列为功能现状成本,第四列为功能价值,第五列为成本改善期望值。

表 3-9 保温瓶价值计算表

末位功能	功能重要性系数 f_i	功能评价值 $F_i=C^* \cdot f_i$	功能现状成本 C_i	功能价值 $V_i=F_i/C_i$	成本改善期望值 ΔC
F_1贮水	0.070	0.21	0.25	0.84	0.04
F_{21}防止热对流	0.044	0.13	0.13	1.00	
F_{22}防止热辐射	0.102	0.31	0.28	1.11	
F_{23}防止热传导	0.145	0.44	0.39	1.13	
F_{31}支撑容器底部	0.074	0.22	0.23	0.96	0.01
F_{32}支撑容器颈部	0.042	0.13	0.15	0.87	0.02
F_{33}连接支撑构件	0.084	0.25	0.30	0.83	0.05
F_{34}调节容器位置	0.011	0.03	0.03	1.00	
F_4保护容器	0.140	0.42	0.50	0.84	0.08
F_5方便装配	0.060	0.18	0.28	0.64	0.10
F_6方便使用	0.050	0.15	0.15	1.00	
F_7形成外观	0.180	0.54	0.60	0.90	0.06
合　计	1.000	3.02	3.29	—	0.36

注:在功能评价值大于等于功能现状成本时,无须成本改善,所以成本改善期望值没有数值。

(4) 确定重点改进对象。

完成功能评价之后,得到价值系数和成本改善期望值,就可以选择改进对象了。一般遵循如下原则:

① 当功能价值等于或趋近 1 时,功能现状成本等于或接近于功能目标成本,说明功能现状成本是合理的,无须改进,见表 3-9 中的 F_{21}、F_{34}、F_6等。

② 当功能价值小于 1 时,表明功能现状成本大于功能评价值,说明该功能现状成本偏高,应作为改进对象,见表 3-9 中的 F_1、F_{32}、F_{33}、F_4、F_5。

③ 当功能价值大于 1 时,表明功能现状成本小于功能评价值,说明功能现

状成本偏低。其原因可能是功能不足，满足不了用户需求，此时应增加成本，更好地实现用户要求的功能。还有一种可能是功能评价值确定不准确，现状成本是比较先进的，以现状成本就能够可靠地实现用户要求的功能，此时无须再对功能或功能区域进行改进。

④ 除了功能价值外，还要综合考虑成本改善期望值，优先选择功能价值系数低、成本改善期望值大的功能或功能区域作为重点改进对象。

六、故障树分析法

故障树分析(Fault Tree Analysis，FTA)法是美国贝尔电话实验室于1962年开发的，它采用逻辑方法，形象地进行系统故障事件或灾害性危险事件的分析工作，是系统可靠性分析的重要工具。其特点是直观、明了，思路清晰，逻辑性强，既可以做定性分析，也可以做定量分析。

1. 故障树分析法的原理

故障树分析法是一种图形演绎法，是从结果到原因描绘事故发生的有向逻辑树，其理论基础是概率论、集合论、图论及数理统计。将系统不希望发生的事件作为故障树的顶事件，使用规定的逻辑符号自上而下分析导致顶事件发生的所有可能的直接因素及其相互间的逻辑关系，并由此逐步深入分析，直至找出事故的基本原因，即故障树的基本事件为止。故障树的分析包括定性分析和定量分析，其最终目的不仅是为了得到顶事件的发生概率，更重要的是通过故障树分析找出系统的薄弱环节，从而为分析事故原因和制定预防措施提供依据。

设 $x_i(t)$ 为基本事件(又称底事件)i 在时刻 t 所处状态的概率。如果基本事件 i 在时刻 t 发生，则 $x_i(t)=1$；如果基本事件 i 在时刻 t 不发生，则 $x_i(t)=0$。基本事件 i 在时刻 t 发生的概率等于随机事件 x_i 的期望值，因而有：$P_i(t)=P\{x_i(t)=1\}$。同理，顶事件的状态必然是基本事件向量 $\boldsymbol{X}(t)=\{x_1(t),x_2(t),\cdots,x_n(t)\}$ 的函数，设 Y 为描述顶事件的随机变量，则顶事件在时刻 t 发生的概率为：$P_Y=P\{Y[\{x_1(t),x_2(t),\cdots,x_n(t)\}]=1\}$。故障树的结构函数一般分为“与门”“或门”两种，采用基于布尔逻辑的运算方法，分别由公式(3-3)(3-4)表示：

$$Y_{\text{and}}=\prod_{i=1}^{n} x_i \tag{3-3}$$

$$Y_{\text{or}}=1-\prod_{i=1}^{n}(1-x_i) \tag{3-4}$$

与门描述输出的事件必须是在所有存在的输入事件同时发生时才能发生。或门描述一个或多个输入事件存在、一个事件将发生的情形，即任何一个或多个输入事件的发生都会导致输出事件的产生。

2. 故障树的符号及含义

基本的故障树符号包括：

(1) 矩形符号，代表顶事件或中间事件，通过逻辑门作用，由一个或多个原因导致的故障事件。

(2) 圆形符号，代表基本事件，表示不要求进一步展开的基本故障事件。

(3) 菱形符号，代表省略事件，该事件影响不大或因情报不足，没有进一步展开的故障事件。

逻辑符号包括：

(1) 或门，代表一个或多个输入事件发生，即发生输出事件的情况。或门符号多用一个中间带有“＋”的符号表示。

(2) 与门，代表当全部输入事件发生时，输出事件才发生的逻辑关系，表现为逻辑积的关系。与门符号多用一个中间带有“・”的符号表示。

3. 故障树分析法的步骤

(1) 确定所分析的系统。

确定分析系统即确定系统所包括的内容及其边界范围。熟悉所分析系统的全部情况，包括系统性能、运行情况、操作情况及各种重要参数等，必要时画出工艺流程图及布置图。

(2) 调查系统发生的事故。

调查分析过去、现在和未来可能发生的事故，同时调查本单位及外单位同类系统曾发生的所有事故。

(3) 故障树的建立。

首先，确定故障树的顶事件。顶事件是指确定所要分析的对象事件。对所调查的事件进行全面分析，从中找出后果严重且较易发生的事故作为顶事件。其次，调查与事故有关的所有原因事件和各种因素。最后，按建树原则，从顶事件起，一层一层往下分析各自的直接原因事件，根据彼此间的逻辑关系，用逻辑门连接上下层事件，直到所要求的分析深度，形成一幅倒置的逻辑树形图，即故障树图，如图 3-10 所示。

(4) 故障树定性分析。

定性分析是故障树分析的核心内容之一，其目的是分析该类事故的发生规律及特点，通过求取最小割集和最小路集，找出控制事故的可行方案，并从故障树结构上分析各基本事件的重要程度，以便按轻重缓急分别采取对策。

① 最小割集。设故障树中有 n 个基本事件 $X_1, X_2, \cdots, X_n$，C 是部分基本事件的集合。若 C 中的全部事件都发生，顶事件必然发生，则称 C 是故障树的

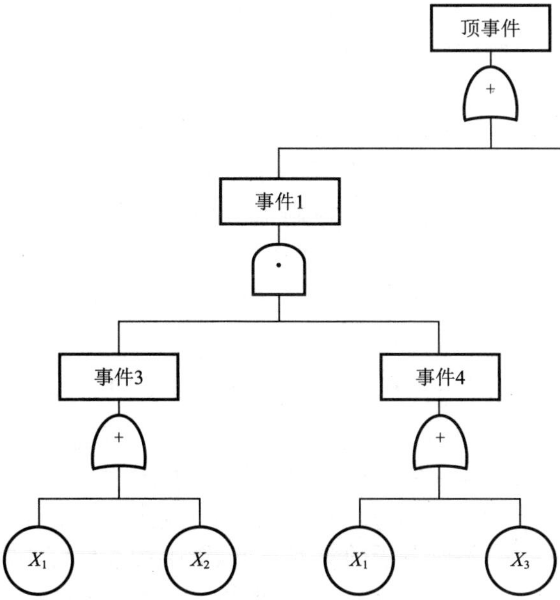

图 3-10　故障树示例

一个割集；如果 C 是一个割集，在 C 中任意去掉一个事件，C 就不是故障树的割集，则 C 是故障树的一个最小割集，图 3-10 所示故障树中的最小割集为(X_1)，(X_2,X_3)，(X_4,X_5)。

② 最小路集。设故障树中有 n 个基本事件 $X_1,X_2,\cdots,X_n$，D 是部分基本事件的集合。若 D 中的每个事件都不发生，顶事件才不发生，则称 D 是故障树的一个路集；如果 D 是一个路集，在 D 中任意去掉一个事件，D 就不再是路集，则 D 是故障树的一个最小路集。图 3-10 所示故障树中的最小路集为(X_1,X_2,X_4)，(X_1,X_2,X_5)，(X_1,X_3,X_4)，(X_1,X_3,X_5)。

(5) 故障树定量分析。

定量分析包括：确定各基本事件的故障率或失误率；求取顶事件发生的概率，将计算结果与通过统计分析得出的事故发生概率进行比较。

(6) 安全性评价。

安全性评价是指根据损失率的大小评价该类事故的危险性，这就要从定性和定量分析的结果中找出能够降低顶事件发生概率的最佳方案。

4. 故障树分析法的优、缺点

(1) 故障树分析法的优点。

① 故障树的因果关系清晰、形象。对导致事故的各种原因及逻辑关系能做出全面、简洁、形象的描述，从而使有关人员了解和掌握安全控制的要点和

措施。

② 根据各基本事件发生故障的频率数据，确定各基本事件对事故发生的影响程度——结构重要度。

③ 既可进行定性分析，又可进行定量分析和系统评价。通过定性分析确定各基本事件对事故影响的程度，从而确定对各基本事件进行安全控制所应采取的措施的优先顺序，为制定科学、合理的安全控制措施提供基本依据。通过定量分析，依据各基本事件发生的概率，计算出顶事件发生的概率，为实现系统的最佳安全控制目标提供一个具体量的概念，有助于其他各项指标的量化处理。

(2) 故障树分析法的缺点。

① 故障树分析事故原因是强项，但应用于导致事故发生的可能性推测是弱项。

② 故障树分析是针对一个特定事故进行分析，而不是针对一个过程或设备系统进行分析，因此具有局部性。

③ 要求分析人员必须非常熟悉所分析的对象系统，能准确和熟练地应用分析方法，因为经常会出现不同分析人员编制的故障树和分析结果不同的现象。

④ 复杂系统编制故障树的步骤较多，编制的故障树也较为庞大，计算较为复杂，为进行定性、定量分析带来了困难。

⑤ 要对系统进行定量分析，就必须事先确定所有基本事件发生的概率，否则无法进行定量分析。

七、基于故障树分析法的 QH 输油管道风险分析

QH 输油管道经过多年运行，随着输油管道服役年限的延长，管体受到的腐蚀日趋严重，腐蚀穿孔和盗油事件时有发生，严重威胁着管道的安全运行，同时增加了管道的运营和维护成本。随着输油管道投产年限的增加，其安全运行将受到多种风险因素的影响。输油管道一旦发生断裂、穿孔、泄漏等事故，不仅会造成输油系统停产，还会对环境造成严重污染。由于输油管道不确定何时、何地会发生事故，也无法确定发生事故的严重程度，使输油管道运营面临较大的风险。另外，随着输油管道投产年限的增加，各种设施的老化程度也日趋严重，一旦发生事故，不仅会造成输油系统停产，影响输油计划的完成，还会对环境造成污染。只有对输油管道的风险及剩余寿命进行科学评估，制定出可行的风险规避策略和输油管道维护维修、更新改造方案，才能主动而有效地解决目前输油管道存在的问题。这里结合其他输油管道的定性分析结论和 QH 新建管道的相关技术资料，列出引起管道失效的主要原因，建立 QH 新建管道主要风险因素故障树，如图 3-11 所示。

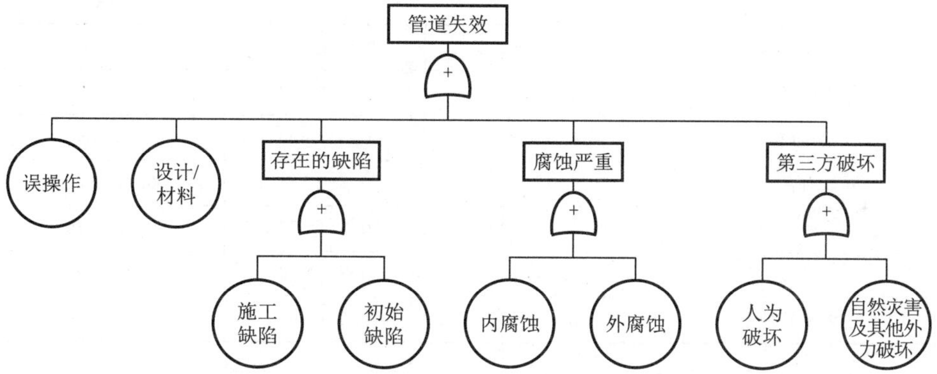

图 3-11　QH 新建管道主要风险因素故障树

依照事故统计数据得到基本事件（主要风险因素）发生的概率（其中事件"人为破坏"及"外腐蚀"为专家打分法）见表 3-10。

表 3-10　基本事件发生的概率估计

基本事件	发生概率	基本事件	发生概率
误操作	0.022 9	设计/材料	0.002 0
施工缺陷	0.002 5	初始缺陷	0.004 6
内腐蚀	0.024 1	外腐蚀	0.105 0
人为破坏	0.005 0	自然灾害及其他外力破坏	0.026 8

通过定性分析，得到最小割集为 8 个基本事件，定量分析的结果见表 3-11 所示。

表 3-11　中间事件和顶事件发生概率

事　件	管道失效	存在的缺陷	腐蚀严重	第三方破坏
发生概率	0.181 095	0.007 089	0.126 570	0.031 666

同时，AutoFTA 软件还给出了各基本事件的结构重要度、概率重要度和相对概率重要度，见表 3-12。感兴趣的读者可以自己查阅相关材料，进行基本事件的重要性分析。

表 3-12　基本事件重要度

事　件	结构重要度	概率重要度	相对概率重要度
误操作	0.007 812 5	0.838 098	0.105 980
设计/材料	0.007 812 5	0.820 546	0.009 062

续表 3-12

事　件	结构重要度	概率重要度	相对概率重要度
施工缺陷	0.007 812 5	0.820 958	0.011 333
初始缺陷	0.007 812 5	0.822 690	0.020 897
内腐蚀	0.007 812 5	0.839 128	0.111 671
外腐蚀	0.007 812 5	0.914 978	0.530 510
人为破坏	0.007 812 5	0.823 020	0.022 723
自然灾害及其他外力破坏	0.007 812 5	0.841 456	0.124 526

本章小结

本章主要讨论了系统分析的原理，描述了系统目标分析与环境分析，给出了 6 种较为常用的系统分析方法，并结合案例给出能源企业中系统分析的具体应用。实际上，在不同的系统中，系统分析的内容和方法不尽相同。例如，在质量管理系统中，“老七种”和“新七种”质量管理工具常用于对过程和产品质量开展分析；在技术系统中，萃智（TRIZ）分析经常被用来分析各种技术的进化法则；在生产系统中，可以借助约束理论分析系统瓶颈；在营销系统中，可以应用 4P、4C 等理论开展相应的分析；等等。本章只是从一般的系统分析角度进行了阐述，读者可以结合自己分析的专业领域做进一步研读。此外，故障树分析可以通过 AutoFTA 软件等进行分析。

本章习题

1. 什么是系统分析？系统分析包括哪些要素？

2. 简述系统分析的一般程序。

3. 简述目标分析的作用。

4. 简述环境分析在系统分析中的重要作用。

5. 试述建立目标集的基本原则。

6. 尝试举出现实生活中的一个例子，说明其中包含的目标冲突问题。

7. 分析系统环境分析与系统目标分析之间的关系。

8. 应用因果分析法说明影响自己学习或工作效果的因素。

9. 某产品由 12 种零件组成，各种零件的数量和每种零件的成本见表 3-13，试进行帕累托分析。

表 3-13 零件数量及单价

零 件	a	b	c	d	e	f	g	h	i	j	k	l
数量/件	2	2	18	1	1	1	1	1	2	3	2	1
单价/元	1.1	0.8	0.1	3.2	3.5	2.8	1.2	1.6	0.7	0.5	0.6	1.4

10. 一产品由 5 个零件构成，各零件的成本、功能评价值见表 3-14。产品目前的成本为 30 元，要想通过价值工程技术使成本降至 24 元，试确定价值工程的重点对象。

表 3-14 零件成本及功能评价值

零 件	A	B	C	D	E
当前成本	4	5	6	8	7
功能评价值	3	4	4	5	4

11. 请查找一个项目案例，绘制影响项目安全的故障树，并求其最小割集、最小路集。

延伸阅读

[1] 骆正山，巫忱忱. 基于 FTA-DBN 的燃气管道泄漏风险研究[J]. 消防科学与技术，2020，39(3)：401-404.

[2] 王震，段庆全. 基于屏障模型和故障树的我国油气管道风险体系构建[J]. 安全与环境工程，2018，25(6)：76-82.

[3] 朱昭，李艳蓉，陈辰. 绿色建筑全生命周期节能增量成本与增量效益分析评价[J]. 建筑经济，2018，39(4)：113-116.

[4] F IKWAN，D SANDERS，M HASSAN. Safety evaluation of leak in a storage tank using fault tree analysis and risk matrix analysis[J]. Journal of Loss Prevention in the Process Industries，2021，73，104597. https://doi. org/10. 1016/j. jlp. 2021. 104597.

[5] A F KINEBER，S R MOHANDES，H ELBEHAIRY，et al. Towards smart and sustainable urban management：A novel value engineering decision-making model for sewer projects[J]. Journal of Cleaner Production，2022，375，134069. https://doi. org/10. 1016/j. jclepro. 2022. 134069.

第四章 能源系统结构模型化技术

导入

长期以化石能源为主的能源结构使我国从2006年开始成为全球最大的CO_2排放国，由此也带来了一系列环境问题。开发可再生能源发电项目对实现我国能源结构低碳转型、改善环境质量、促进节能减排及保证国民经济可持续发展具有重要的战略意义。2017年，我国可再生能源发电项目累计装机容量达650 GW，风电和太阳能光伏发电项目累计装机容量连续多年保持世界第一。然而，在快速发展的同时，逐渐暴露出的诸如区域可再生能源发电项目开发无序、可再生能源资源浪费严重等问题也越来越多。为了优化区域可再生能源发电项目开发及促进可再生能源发电产业良性发展，亟待深入研究区域可再生能源发电项目开发的影响因素。解释结构模型（ISM）法是研究复杂大系统结构和构成的简单、实用和有效的方法，其研究结果可为确定系统内部结构和影响结构的诸要素（子系统）间的层次关系提供依据。研究人员对我国区域可再生能源发电项目开发的关键影响因素构建了解释结构模型，并给出了相关分析。

（资料来源：陈玉龙，赵振宇. 区域可再生能源发电项目开发影响因素改进解释结构模型研究[J]. 电网与清洁能源，2018，34(2)：149-156.）

系统是由许多具有一定功能的要素（如设备、事件、子系统等）组成的，而各个要素之间总是存在相互支持或相互制约的逻辑关系。因此，在开发或改造一个系统的时候，如能源行业中自宏观至微观的各层次系统，就要了解系统中各要素间是直接的还是间接的关系等，也就是要了解和掌握系统的结构，或者说，要建立系统的结构模型。

第一节 系统模型与模型化概述

一、系统模型与模型化的定义

研究的实际系统或未来的假定系统称为原型，而原型的等效替身则称为模型。因此，系统模型可以说是现实系统的替代物。系统模型通常借助文字、符号、图表、实物或数学表达式等提供关于系统要素、要素间关系、特征或变化规律的信息和知识。

系统模型具有如下基本要求：① 它是现实世界部分的抽象或模仿，应该能够反映出系统的主要组成部分；② 它由与所分析的问题有关的因素构成；③ 它表明了有关因素间的相互作用，以及在运用条件下的因果作用及相互关系。

运用系统模型可以用较少的时间和费用来对实际系统做研究和实验，可以重复演示和研究，因此更加易于洞察系统的行为。因此，建立系统模型是科学和艺术的结合，不仅需要科学理论和工程技术知识，还需要实践经验和技艺。

一般认为，一个有效的系统模型应具备如下三个特征：

(1) 普遍性。普遍性指系统模型应该能够描述多个相似系统。

(2) 相对精确性。相对精确性指模型的近似度和精度都不可超出应有的限度和许可条件。如果模型过于粗糙，将失去原型的过多信息和特征；如果太精确，则易造成模型过于复杂、研究困难，甚至终不得其解。所以，系统模型应具有考虑诸多条件折中下的精确性。

(3) 可信性。系统模型必须经过校核、验证和确认，具有满意的可信度。

(4) 异构性。对于同一个系统，系统模型可以具有不同的形式和结构，即模型不是唯一的。

(5) 通过性。系统模型可视为一个“黑箱”，能够利用输入/输出实验数据辨识出其结构和参数。

总之，系统模型是描述现实世界的一个抽象形式。由于描述的是现实世界，所以必须反映实际；由于具有抽象特征，它又应高于实际。在构造模型时，要兼顾到它的现实性和易处理性。考虑到现实性，模型必须包含现实系统中的主要因素。考虑到易处理性，模型要采取一些理想化的办法，即去掉一些外在的影响并对一些过程做合理的简化。当然，这样会牺牲一些模型的现实性。一个好的模型要兼顾到现实性和易处理性，无论偏重哪一方面，都不是一个好的模型。

系统模型化就是为了描述系统的构成和行为，对实体系统的各种因素进行适当筛选后，用一定的方式（数学、图像等）表达系统实体的方法，简而言之，就是建模的过程。

二、系统模型化的本质、作用与地位

系统模型化的本质是利用模型与原型之间某方面的相似关系，在研究过程中用模型来代替原型，通过对模型的研究得到关于原型的一些信息。此处的相似关系是指原型和模型不管自身结构如何不同，在某些属性尤其是重要属性方面二者必然是相似的。

系统模型化具有如下作用：① 通过建立模型，能够实现人们对客体系统研究结果简明、形式化的表征。② 基于系统模型，能够为人们提供脱离具体原型内容的逻辑演绎和计算基础，有利于发现其中蕴含的科学规律、原理与理论。③ 利用系统模型，可以进行更加便捷、经济的试验，形成关于现实系统的更加具有指导意义的启示。

总之，系统模型化具有表述简洁、探究科学、应用有效等特点。特别是利用系统模型开展应用分析，可以取得可重复、快速、经济的效果，亦可帮助人们对某些不允许进行实际实验（如社会、经济）的系统进行模拟或仿真研究。

当然，由系统模型的本质也可以看出模型化具有一定的局限性。因为模型是原型的近似，它不能完全代替对客观系统内容的研究。只有围绕研究目的，与对客体系统的有关研究紧密配合时，系统模型的作用才能得以发挥。此外，模型本身是对原型的抽象，由模型推演形成的结果必须再回到现实系统中去检验模型的有效性。

系统模型或模型化的作用与地位如图 4-1 所示，可以清晰反映出实际系统、模型化、模型、结论、解释与现实意义之间的关系。

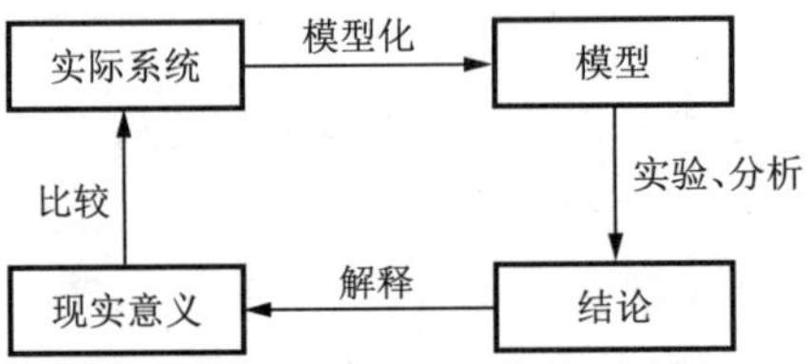

图 4-1　系统模型的作用与地位

三、系统模型的分类

按照不同的分类规则，系统模型可以分为不同的类型。例如，按照模型构建的目的，可以分为功能模型、结构模型、计划模型、评价模型、预测模型等；按照系统的特性，可以分为静态模型和动态模型、微观模型和宏观模型、线性模型和非线性模型、确定性模型和不确定性模型；按照系统建模的方法，可以分为定性模型和定量模型等；依据模型的表达形式，可以分为形象模型、概念模型和符号模型。本节主要介绍最后一种分类。

1. 形象模型

形象模型是把现实物品的尺寸进行改变（如放大或缩小）后的表示。这种模型包括物理模型和图像模型。物理模型以具体的、明确的材料构成；图像模型是客体的图像。这些模型是描述的而不是解释的。

2. 概念模型

概念模型是在以往经验的基础上，运用已掌握的知识，对考察对象进行理性分析，然后借助文字载体，描述出思维的过程或结果的模型。如对某系统的定义、数学定理、运算定律等都属于概念模型。不同的领域对应不同的概念模型，例如，军事分析行动问题，就是军事行动概念模型；分析企业活动，就对应企业活动概念模型；分析整个系统则是系统概念模型。

3. 符号模型

符号模型用符号代表系统的各种因素和它们之间的相互关系。这种模型是抽象模型，通常采用图示或数学形式，一般分为结构模型和数学模型两种。结构模型多采用图（如有向图）表（如矩阵表）等形式，其优点是比较直观、简洁。数学模型使用数学表达式的形式，其优点是准确、简洁和易于操作。数学模型解决了对系统进行定量描述的问题，而且为计算机模拟提供了条件，所以它是系统分析中最重要的一种模型，也是使用最多的一种模型，如投入产出模型、随机服务模型、可靠性模型、最优化模型等。

四、系统建模的方法和步骤

1. 系统建模的方法

模型化是一种艺术性很强的工作。归纳和演绎虽然有助于建模，但还必须依靠创新性思考和观察。针对不同的系统对象，或者同一系统对象的不同方面，可以采取不同的方法建造系统模型，主要方法有下面几种：

（1）推理法。

推理法是利用已知的定理或定律，经过一定的分析和推导得到模型的方法。推理法是在模型的建立和求解过程中所运用的基本方法，因为建立任何模型都要有一定的理论依据，所以其适用于白色系统，如线性或非线性规划方法。推理法分析要解决的问题，深入研究客体系统的内部细节（如结构形式、函数关系等)，利用逻辑演绎方法，由公理、定律导出系统模型。

(2) 实验法。

实验法是首先通过模型假设，然后进行实验，测量输入和输出，并按照一定的辨识方法得到模型的方法。实验法是在模型的建立和求解过程中得出的更客观、更科学的方法，其适用于黑色或灰色系统，但要求具有一定的实验观察条件。

(3) 统计法。

统计法是采用数据收集和统计分析构造模型的方法。统计法是定量研究社会经济等问题常用的方法，其适用于不允许进行直接实验观察的黑色系统，并且数据能反映系统的功能或特征及未知的结构关系，如回归分析方法。

(4) 比拟法。

若已知和未知系统的结构和性质相同，则两个系统的模型类似。利用一个已知系统的模型，按照两个系统之间的对应关系可求得未知系统的模型，这个方法简化了模型的数量描述和求解过程。

(5) 老手法。

老手法主要为德尔菲法。对于复杂系统，特别是人-机系统，用以上方法建模是十分困难的，原因在于人们对于这样的系统认识不足，因此必须采用德尔菲法等方法。通过专家之间启发式的讨论、逐步完善对系统的认识，构造出模型，这是社会系统规划、决策中常用的方法。这种方法的本质在于集中了专家对于系统的认识(包括直觉、印象等不确定因素)及经验。通过实验修正，往往可以得到较好的效果。

(6) 综合法。

综合法既重视实验数据又承认理论价值，将实验数据与理论推导统一于建模之中。实验数据与理论不可分离。没有实验就建立不了理论，没有理论指导也难以得到有用的数据。在实际工作中综合法是最常用的方法。通常是利用演绎方法从已知定理导出模型，对于某些不详之处，则利用实验方法补充，利用归纳法从实验数据中厘清关系、建立模型。例如，由经济理论可知，由劳动力 L 和资本投入 K 可得出产值 Y，因此可有：$Y=f(L,K)$，这一步是由理论推出模型结构。假设是相加(广义)关系，则 $Y=cL^{\alpha}K^{\beta}$，这里 c、α、β 都是未知数，利用统计数据就可以得出 c、α、β 的值，从而得到 Cobb-Douglas 生产函数模型。

2. 系统建模的步骤

对于建模，很难给出严格的步骤。建模主要取决于对问题的理解、洞察力、训练和技巧。下面给出建模的基本步骤：

(1) 明确建模的目的和要求，以便使模型满足实际要求，不致产生太大的偏差。

(2) 对系统进行一般语言描述，因为系统的语言描述是进一步确定模型结构的基础。

(3) 弄清系统中的主要因素(变量)及其相互关系(结构关系和函数关系)，以便模型准确地表示现实系统。

(4) 确定模型的结构，即决定模型定量方面的内容。

(5) 估计模型的参数，即用数量来表示系统中的因果关系。

(6) 实验研究。对模型进行实验研究，进行真实性检验，以检验模型与实际系统的符合性。

(7) 必要修改。根据实验结果，对模型做必要的修改。

第二节 解释结构模型

一、系统结构分析与结构模型的概念

1. 系统结构分析

任何系统都是由两个以上有机联系、相互作用的要素组成的，具有特定功能与结构的整体。结构即组成系统诸要素之间相互关联的方式，包括现代企业在内的大规模复杂系统，具有要素及层次众多、结构复杂和社会性突出等特点。因此，在研究和解决这类系统问题时，往往要通过建立系统的结构模型进行系统的结构分析，以求得对问题全面和本质的认识。此外，结构分析也是系统优化分析、设计与管理的基础。尤其是在分析与解决社会经济系统问题时，对系统结构的正确认识与描述更具有数学模型和定量分析无法替代的作用。

结构分析是实现系统结构模型化并加以解释的过程，其具体内容包括：对系统目的、功能的认识，系统构成要素的选取，对要素间的联系及其层次关系的分析，系统整体结构的确定及其解释。

2. 系统结构模型

系统结构模型化是结构分析的基本内容，它应用有向连接图来描述系统各要素间的关系，以表示一个作为要素集合体的系统模型。该过程注重表现系统要素之间相互作用的性质，是系统认识、准确把握复杂问题，并对问题建立数学模型、进行定量分析的基础。阶层性是大规模复杂系统的基本特性，在结构模型化过程中，对递阶结构的研究是一项重要工作。

结构模型表明了系统中各要素间的关系，从性质上看，结构模型是客观模型，表述的是静态的、定性的结构。从作用上看，它以层次结构的形式表明要素

之间的相互关系，包括直接关系、间接关系、隶属关系、相对地位等。对于两个含有相同要素的系统，如果要素之间的关系不同，那么构成的系统结构模型也是不同的。结构模型具有以下几个基本性质：

(1) 结构模型是一种几何模型。结构模型是以要素构成节点和有向边构成的图或树图来描述一个系统的结构。

(2) 结构模型是一种以定性分析为主的模型。通过结构模型，可以分析系统的要素选择是否合理，还可以分析系统要素及其相互变化时对系统的总体影响等问题。

(3) 结构模型除了可以用有向连接图描述外，还可以用矩阵描述。

(4) 结构模型作为对系统进行描述的一种形式，正好处于自然科学领域所用的数学模型形式和社会科学领域所用的以文章表现的逻辑分析形式之间。

总之，由于结构模型具有以上基本性质，因此，通过结构模型的复杂系统进行分析，往往能够抓住问题的本质，并找到解决问题的有效对策。

二、系统结构的基本表达方式

系统的要素及其关系形成系统的特定结构。在通常情况下，可采用集合、有向图和矩阵三种相互对应的方式来表达系统的某种结构。

1. 系统结构的集合表达

设某一系统由 $n(n\geqslant 2)$ 个要素 $(S_1, S_2, \cdots, S_n)$ 组成，其集合为 S，则有 $S=\{S_1, S_2, \cdots, S_n\}$。系统的诸要素有机地联系在一起，并且一般都是以两个要素之间的二元关系为基础。所谓二元关系是根据系统的性质和研究的目的约定的一种需要讨论的、存在于系统中的两个要素 (S_i, S_j) 之间的关系 R_{ij}（简记为 R）。二元关系通常有影响关系、因果关系、包含关系、隶属关系及各种可以比较的关系（如大小、先后、轻重、优劣等）。二元关系是结构分析中所要讨论的系统构成要素间的基本关系，一般有以下三种情形：① S_i 与 S_j 间存在某种二元关系 R，即 S_iRS_j；② S_i 与 S_j 间不存在某种二元关系 R，即 $S_i\overline{R}S_j$；③ S_i 与 S_j 间的某种二元关系 R 不明，即 $S_i\widetilde{R}S_j$。

通常情况下，二元关系具有传递性，即若 S_iRS_j、S_jRS_k，则有 S_iRS_k。传递性二元关系反映了两个要素的间接联系，可记作 R^t（t 为传递次数），如将 S_iRS_k 记作 $S_iR^2S_k$。有时，对系统的任意构成要素 S_i 和 S_j 来说，既有 S_iRS_j，又有 S_jRS_i，这种相互关联的二元关系叫作强连接关系。具有强连接关系的各要素之间存在替换性。

以系统要素集合 S 及二元关系的概念为基础，为便于表达所有要素间的关联方式，我们把系统构成要素中满足某种二元关系 R 的要素对 (S_i, S_j) 的集合，

称为 S 上的二元关系集合，记作 R_b，即 $R_b=\{(S_i,S_j)|S_i,S_j\in S,S_iRS_j,i,j=1,2,\cdots,n\}$。至此，我们就可以用系统的构成要素集合 S 和在 S 上确定的某种二元关系集合 R_b 共同表示系统的某种基本结构。

【例 4-1】 某系统由 8 个要素（$S_1,S_2,\cdots,S_8$）组成。经过两两判断认为：S_2 影响 S_1、S_3 影响 S_4、S_4 影响 S_5、S_7 影响 S_2、S_4 和 S_6 相互影响、S_8 影响 S_7。这样，该系统的基本结构可用要素集合 S 和二元关系集合 R_b 来表达，其中：$S=\{S_1,S_2,S_3,S_4,S_5,S_6,S_7,S_8\}$，$R_b=\{(S_2,S_1),(S_3,S_4),(S_4,S_5),(S_7,S_2),(S_4,S_6),(S_6,S_4),(S_8,S_7)\}$。

2. 系统结构的有向图表达

有向图（D）是系统中各要素之间联系情况的一种模型化描述方法，是由节点和连接各节点的有向弧（箭线）组成的，可用来表达系统的结构。它由节点和边两部分组成。

（1）节点。以一个圆圈代表系统中的一个要素，圆圈中标有该要素的符号。

（2）边。用带有箭头的线段表示要素之间存在的影响关系，箭头代表影响关系的方向，可理解为“影响”“取决于”“先于”“需要”“导致”或其他含义。

绘制有向图的具体方法是：用节点表示系统的各构成要素，用有向弧表示要素之间的二元关系。从节点 $i(S_i)$ 到 $j(S_j)$ 的最小的有向弧数称为 D 中节点间的通路长度（路长），即要素 S_i 与 S_j 间二元关系的传递次数。在有向图中，从某节点出发，沿着有向弧各通过其他节点一次可回到该节点时，便在 D 中形成回路。呈强连接关系的要素节点间具有双向回路。汇点指的是只有进入没有离开的节点。源点是指只有离开没有进入的节点。

例 4-1 给出的系统要素及其二元关系的有向图如图 4-2 所示。其中 S_3 到 S_5、S_3 到 S_6、S_7 到 S_1，以及 S_8 到 S_2 的路长均为 2。另外，S_4 和 S_6 间具有强连接关系，S_4 和 S_6 相互到达，在其间形成双向回路。

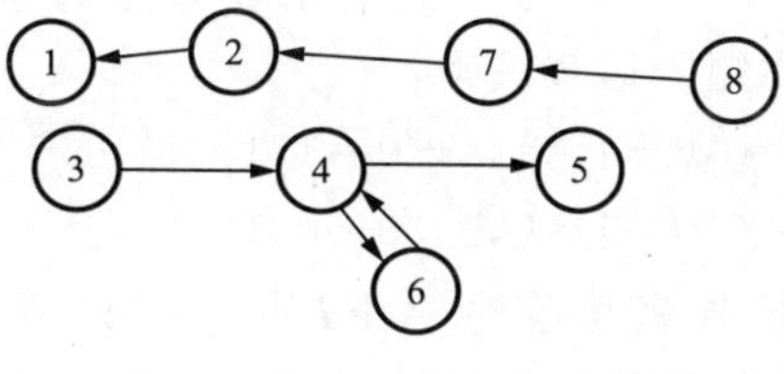

图 4-2　例 4-1 的有向图表示

3. 系统结构的矩阵表达

对于一个有向图，我们可以用一个 $m\times m$ 的方形矩阵表示。m 为系统要素的数量，矩阵的每一行和每一列对应图中一个节点（系统要素）。矩阵表达主要有邻接矩阵、可达矩阵、缩减矩阵和骨架矩阵。

（1）邻接矩阵。

邻接矩阵（**A**）是表示系统要素间基本二元关系或直接联系情况的矩阵，该矩阵表达了系统所有要素及要素间的二元关系。若 $\boldsymbol{A}=(a_{ij})_{n\times n}$，则定义式为：

$$a_{ij}=\begin{cases}1, S_iRS_j\text{（}S_i\text{与}S_j\text{直接联系）}\\0, S_i\bar{R}S_j\text{（}S_i\text{与}S_j\text{无直接联系）}\end{cases}\tag{4-1}$$

若第 i 行元素全为 0，则 S_i 是系统的输出要素（汇点）；若第 j 列元素全为 0，则 S_j 是系统的输入要素（源点）。邻接矩阵（也称为直接关系矩阵）只能反映系统要素之间的直接关系，不能反映间接关系。图 4-2 的邻接矩阵为：

$$\boldsymbol{A}=\begin{bmatrix}0&0&0&0&0&0&0&0\\1&0&0&0&0&0&0&0\\0&0&0&1&0&0&0&0\\0&0&0&0&1&1&0&0\\0&0&0&0&0&0&0&0\\0&0&0&1&0&0&0&0\\0&1&0&0&0&0&0&0\\0&0&0&0&0&0&1&0\end{bmatrix}$$

很明显，第 1 行和第 5 行元素全为 0，则 S_1 和 S_5 是系统的汇点；第 3 列和第 8 列元素全为 0，则 S_3 和 S_8 是系统的源点。

（2）可达矩阵。

若要素 S_i 和 S_j 间存在着某种传递性二元关系，或在有向图中存在着由节点 i 至 j 的有向通路时，则称 S_i 是可以到达 S_j 的。

所谓可达矩阵（**M**），就是表达系统要素之间任意次传递性二元关系或有向图上两个节点之间通过一定的路径可以到达情况的方阵。通过对邻接矩阵 **A** 的运算可以求出系统要素的可达矩阵。

如果一个矩阵仅对角线元素为 1，其他元素均为 0，这样的矩阵称为单位矩阵，用 **I** 表示。根据布尔矩阵运算法则，有

逻辑和运算：$0+0=0, 0+1=1, 1+0=1, 1+1=1$

逻辑乘运算：$1\times0=0, 0\times1=0, 0\times0=0, 1\times1=1$

可以证明：如果系统 **A** 满足条件 $(\boldsymbol{A}+\boldsymbol{I})^{k-1}\neq(\boldsymbol{A}+\boldsymbol{I})^{k}=(\boldsymbol{A}+\boldsymbol{I})^{k+1}=\cdots=(\boldsymbol{A}+\boldsymbol{I})^{n-1}=\boldsymbol{M}$，则称 **M** 为系统 **A** 的可达矩阵。可达矩阵表示从一个要素到另一个要素存在连接路径。

以图 4-2 的邻接矩阵为基础，可以得到

$$
A+I=\begin{bmatrix}1&0&0&0&0&0&0&0\\1&1&0&0&0&0&0&0\\0&0&1&1&0&0&0&0\\0&0&0&1&1&1&0&0\\0&0&0&0&1&0&0&0\\0&0&0&1&0&1&0&0\\0&1&0&0&0&0&1&0\\0&0&0&0&0&0&1&1\end{bmatrix}
$$

$$
(A+I)^2=\begin{bmatrix}1&0&0&0&0&0&0&0\\1&1&0&0&0&0&0&0\\0&0&1&1&1&1&0&0\\0&0&0&1&1&1&0&0\\0&0&0&0&1&0&0&0\\0&0&0&1&1&1&0&0\\1&1&0&0&0&0&1&0\\0&1&0&0&0&0&1&1\end{bmatrix}
$$

$$
(A+I)^3=\begin{bmatrix}1&0&0&0&0&0&0&0\\1&1&0&0&0&0&0&0\\0&0&1&1&1&1&0&0\\0&0&0&1&1&1&0&0\\0&0&0&0&1&0&0&0\\0&0&0&1&1&1&0&0\\1&1&0&0&0&0&1&0\\1&1&0&0&0&0&1&1\end{bmatrix}
$$

$$
(A+I)^4=\begin{bmatrix}1&0&0&0&0&0&0&0\\1&1&0&0&0&0&0&0\\0&0&1&1&1&1&0&0\\0&0&0&1&1&1&0&0\\0&0&0&0&1&0&0&0\\0&0&0&1&1&1&0&0\\1&1&0&0&0&0&1&0\\1&1&0&0&0&0&1&1\end{bmatrix}
$$

由于$(A+I)^4=(A+I)^3$，则可达矩阵

$$\boldsymbol{M}=\begin{bmatrix}1&0&0&0&0&0&0&0\\1&1&0&0&0&0&0&0\\0&0&1&1&1&1&0&0\\0&0&0&1&1&1&0&0\\0&0&0&0&1&0&0&0\\0&0&0&1&1&1&0&0\\1&1&0&0&0&0&1&0\\1&1&0&0&0&0&1&1\end{bmatrix}$$

(3) 缩减矩阵。

强连接关系可在系统中构成回路。回路中的要素具有自反性、对称性和传递性,呈等价关系。因此,在已有的可达矩阵 **M** 中,将具有强连接关系的一组要素看作一个要素,保留其中的某一个代表元素,删掉其余要素及其在 **M** 中的行和列,即得到可达矩阵 **M** 的缩减矩阵 **M**′。

由前面的可达矩阵 **M** 可知,第 4 行和第 6 行元素完全相同,第 4 列和第 6 列也完全相同,因此,可以同时去掉 S_4 或 S_6 对应的行和列,假设去掉 S_6 的行和列,有

$$\boldsymbol{M}'=\begin{bmatrix}1&0&0&0&0&0&0\\1&1&0&0&0&0&0\\0&0&1&1&1&0&0\\0&0&0&1&1&0&0\\0&0&0&0&1&0&0\\1&1&0&0&0&1&0\\1&1&0&0&0&1&1\end{bmatrix}$$

(4) 骨架矩阵。

对于给定的系统,**A** 的可达矩阵是唯一的,但实现某一 **M** 的 **A** 有可能是多个。将实现某一 **M** 具有最小二元关系个数的邻接矩阵 **A** 称为 **M** 的最小实现二元关系矩阵或骨架矩阵,记为 **A**′。

三、解释结构模型的工作步骤

常用的系统结构模型化技术有关联树法、解释结构模型技术、系统动力学结构模型技术等,其中解释结构模型(Interpretive Structural Model,ISM)技术是最基本和最具特色的系统结构模型化技术。

ISM 是结构化模型技术的一种方法,是沃菲尔德(J. N. Warfield)教授于 1973 年为分析复杂的社会经济系统结构问题开发的。其基本思想是:通过各种创造性技术提取问题的构成要素,利用有向图、矩阵等工具和计算机技术对要

素及其相互关系等信息进行处理，最后用文字加以解释说明，明确问题的层次和整体结构，提高对问题的认识和理解程度。该技术因具有不需要高深的数学知识、模型直观且有启发性、可吸收相关人员参加等特点，广泛适用于认识和处理各类社会经济系统问题。

实施 ISM 技术，首先是提出问题，组建 ISM 实施小组；接着采用集体创造性技术，搜集和初步整理问题的构成要素，并设定某种必须考虑的二元关系（如因果关系）；经小组成员及与其他相关人员讨论，形成对问题初步认识的意识（构思）模型。在此基础上，实现意识模型的具体化、规范化、系统化和结构模型化，即进一步明确定义各要素，判断各要素之间的二元关系；根据要素间关系的传递性，通过对邻接矩阵的计算或逻辑推断，得到可达矩阵；将可达矩阵进行分解和缩减，得到反映系统递阶结构的骨架矩阵，据此绘制要素间多级递阶有向图，形成递阶结构模型；通过对要素的解释说明，建立起反映系统问题某种二元关系的解释结构模型。最后，将解释结构模型与人们已有的意识模型进行比较，如不符合，可对有关要素及其二元关系和解释结构模型的建立进行修正。这样，经过反馈、比较、修正、学习，最终得到一个令人满意、具有启发性和指导意义的结构分析结果。

ISM 的工作步骤如图 4-3 所示。

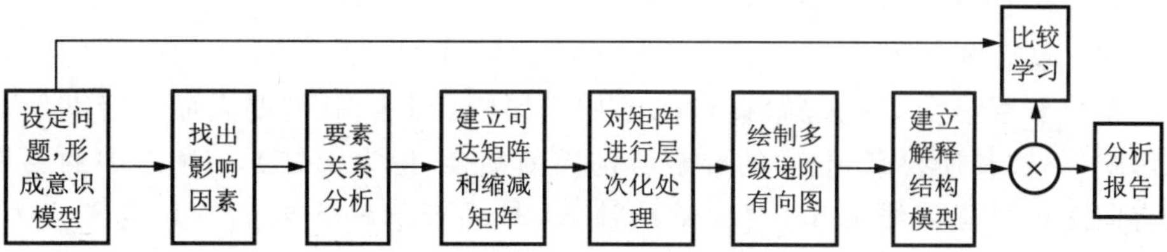

图 4-3　ISM 的工作步骤

四、ISM 的规范化方法

建立反映系统问题要素间层次关系的递阶结构模型，可在可达矩阵 $\boldsymbol{M}$ 的基础上进行，且一般要经过区域划分、级位划分、提取骨架矩阵和绘制多级递阶有向图 4 个阶段。这是建立递阶结构模型的基本方法。

1. 区域划分

区域划分即将系统的构成要素集合 S 分割成关于给定二元关系 R 的相互独立的区域的过程。为此，首先需要以可达矩阵 $\boldsymbol{M}$ 为基础，划分与要素 $S(i=1,2,\cdots,n)$ 相关联的系统要素的类型，并找出在整个系统（所有要素集合 S）中有明显特征的要素。有关要素集合的定义如下：

(1) 可达集 $R(S_i)$。

系统要素 S_i 的可达集是在可达矩阵或有向图中由 S_i 可到达的诸要素构成的集合，记为 $R(S_i)$。其定义式为：$R(S_i)=\{S_j \mid S_j \in S, m_{ij}=1, j=1,2,\cdots,n\}$，$i=1,2,\cdots,n$。

根据图 4-2 对应的可达矩阵 $\boldsymbol{M}$，得到其可达集为：

$R(S_1)=\{S_1\}$，$R(S_2)=\{S_1,S_2\}$，$R(S_3)=\{S_3,S_4,S_5,S_6\}$，$R(S_4)=R(S_6)=\{S_4,S_5,S_6\}$，$R(S_5)=\{S_5\}$，$R(S_7)=\{S_1,S_2,S_7\}$，$R(S_8)=\{S_1,S_2,S_7,S_8\}$。

(2) 先行集 $A(S_i)$。

系统要素 S_i 的先行集是在可达矩阵或有向图中可到达 S_i 的诸系统要素所构成的集合，记为 $A(S_i)$。其定义式为：$A(S_i)=\{S_j \mid S_j \in S, m_{ji}=1, j=1,2,\cdots,n\}$，$i=1,2,\cdots,n$。

根据图 4-2 对应的可达矩阵 $\boldsymbol{M}$，得到其先行集为：

$A(S_1)=\{S_1,S_2,S_7,S_8\}$，$A(S_2)=\{S_2,S_7,S_8\}$，$A(S_3)=\{S_3\}$，$A(S_4)=A(S_6)=\{S_3,S_4,S_6\}$，$A(S_5)=\{S_3,S_4,S_5,S_6\}$，$A(S_7)=\{S_7,S_8\}$，$A(S_8)=\{S_8\}$。

(3) 共同集 $C(S_i)$。

系统要素 S_i 的共同集是 S_i 在可达集和先行集中的共同部分，即二者的交集，记为 $C(S_i)$。其定义式为：$C(S_i)=\{S_j \mid S_j \in S, m_{ij}=1, m_{ji}=1, j=1,2,\cdots,n\}$，$i=1,2,\cdots,n$。

(4) 起始集 $B(S)$。

系统要素集合 S 的起始集是在 S 中只影响(到达)其他要素而不受其他要素影响(不被其他要素到达)的要素所构成的集合，记为 $B(S)$。$B(S)$ 中的要素在有向图中只有箭线流出，而无箭线流入，是系统的输入要素。其定义式为：$B(S)=\{S_i \mid S_i \in S, C(S_i)=A(S_i), i=1,2,\cdots,n\}$。

(5) 终止集 $E(S)$。

终止集是指满足条件 $C(S_i)=R(S_i)$ 的集合，是系统的输出要素。系统要素的终止集是在系统中只接受其他要素影响而不影响其他要素的要素所构成的集合。

根据图 4-2 对应的可达矩阵 $\boldsymbol{M}$ 得到其公共集、起始集、终止集，见表 4-1。

表 4-1　图 4-2 的公共集、起始集、终止集

S_i	$R(S_i)$	$A(S_i)$	$C(S_i)$	$B(S)$	$E(S)$
1	1	1,2,7,8	1		1
2	1,2	2,7,8	2		
3	3,4,5,6	3	3	3	
4	4,5,6	3,4,6	4,6		

续表 4-1

S_i	$R(S_i)$	$A(S_i)$	$C(S_i)$	$B(S)$	$E(S)$
5	5	3,4,5,6	5		5
6	4,5,6	3,4,6	4,6		
7	1,2,7	7,8	7		
8	1,2,7,8	8	8	8	

当 S_i 为 S 的起始集(终止集)要素时，相当于 $C(S_i)$ 部分覆盖了整个 $A(S_i)$ [或 $R(S_i)$]区域。这样，要区分系统要素集合 S 是否可分割，只要研究系统起始集 $B(S)$ 中的要素及其可达集要素[或系统终止集 $E(S)$ 中的要素及其先行集要素]能否分割(是否相对独立)即可。下面给出两种划分方法：

方法 1，在 $B(S)$ 中任意取出两个要素 b_u、b_v，则

第一步，如果 $R(b_u)$ 与 $R(b_v)$ 的交集不为空集$\varnothing$，则 b_u、b_v 及 $R(b_u)$、$R(b_v)$ 中的要素属于同一区域。若对所有 b_u、b_v，均有此结果(均不为空集)，则区域不可分。

第二步，如果 $R(b_u)$ 与 $R(b_v)$ 的交集为空集$\varnothing$，则 b_u、b_v 及 $R(b_u)$、$R(b_v)$ 中的要素不属于同一区域。系统要素集合 S 至少可被划分为两个相对独立的区域。

方法 2，利用终止集 $E(S)$ 来判断区域能否划分，只要判定 $A(e_u)$ 与 $A(e_v)$ 是否为空集即可[e_u、e_v 是 $E(S)$ 中任意两个要素]。

区域划分的结果可记为：$\Pi(S)=P_1,P_2,\cdots,P_m$。其中，$P_k$ 为第 k 个相对独立区域的要素集合。经过区域划分后的可达矩阵为块对角矩阵，记作 $\boldsymbol{M}(P)$。

在与图 4-2 所对应的可达矩阵 $\boldsymbol{M}$ 中，$B(S)=\{S_3,S_7\}$，且有 $R(S_3)=\{S_3, S_4,S_5,S_6\}$，$R(S_8)=\{S_1,S_2,S_7,S_8\}$，$R(S_3)\cap R(S_8)=\varnothing$，所以，$\Pi(S)=P_1, P_2=\{S_3,S_4,S_5,S_6\},\{S_1,S_2,S_7,S_8\}$。此时，可达矩阵 $\boldsymbol{M}$ 变为如下的块对角矩阵：

$$\boldsymbol{M}(P)=\begin{bmatrix} 1 & 1 & 1 & 1 & & & & \\ 0 & 1 & 1 & 1 & & \multicolumn{2}{c}{O} & \\ 0 & 0 & 1 & 0 & & & & \\ 0 & 1 & 1 & 1 & & & & \\ & & & & 1 & 0 & 0 & 0 \\ & & O & & 1 & 1 & 0 & 0 \\ & & & & 1 & 1 & 1 & 0 \\ & & & & 1 & 1 & 1 & 1 \end{bmatrix}$$

其中，矩阵行和列对应的要素均按照 P_1 和 P_2 中要素的顺序排列。

2. 级位划分

级位划分是确定某区域内各要素所处层次地位的过程，是建立多级递阶结

构模型的关键工作。

设 P 是由区域划分得到的某区域要素集合，若用 $L_1, L_2, \cdots, L_l$ 表示从高到低的各级要素集合(其中 l 为最大级位数)，则级位划分的结果可写成：$\pi(P)=L_1, L_2, \cdots, L_l$。

第一层要素即最高级要素(L_1)为系统的终止集要素。级位划分的基本做法为：找出系统要素集合的最高级要素后，将它们去掉，再求剩余要素集合的最高级要素，以此类推，直到确定出最低级要素集合(即 L_l)。因此，令 $L_0=\varnothing$，则有

$$L_1=\{S_i \mid S_i \in P-L_0, C_0(S_i)=R_0(S_i), i=1,2,\cdots,n\}$$

$$L_2=\{S_i \mid S_i \in P-L_0-L_1, C_1(S_i)=R_1(S_i)\}$$

$$\cdots$$

$$L_k=\{S_i \mid S_i \in P-L_0-L_1-\cdots-L_{k-1}, C_{k-1}(S_i)=R_{k-1}(S_i)\}$$

经过级位划分后的可达矩阵变为区域块三角矩阵，记为 $\boldsymbol{M}(L)$。

对上述 1. 中 $\boldsymbol{M}(P)$ 的 $P_1=\{S_3, S_4, S_5, S_6\}$ 进行级位划分的过程见表 4-2。

表 4-2 级位划分过程

要素集合	S_i	$R(S_i)$	$A(S_i)$	$C(S_i)$	$C(S_i)=R(S_i)$	$\pi(P_1)$
P_1-L_0	3	3,4,5,6	3	3		$L_1=\{S_5\}$
	4	4,5,6	3,4,6	4,6		
	5	5	3,4,5,6	5	√	
	6	4,5,6	3,4,6	4,6		
$P_1-L_0-L_1$	3	3,4,6	3	3		$L_2=\{S_4, S_6\}$
	4	4,6	3,4,6	4,6	√	
	6	4,6	3,4,6	4,6	√	
$P_1-L_0-L_1-L_2$	3	3	3	3	√	$L_3=\{S_3\}$

对该区域级位划分的结果为：$\pi(P_1)=L_1, L_2, L_3=\{S_5\}, \{S_4, S_6\}, \{S_3\}$。

同理可得 $P_2=\{S_1, S_2, S_7, S_8\}$ 级位划分的结果为：$\pi(P_2)=L_1, L_2, L_3, L_4=\{S_1\}, \{S_2\}, \{S_7\}, \{S_8\}$。此时的可达矩阵为

$$\boldsymbol{M}(L)=\begin{bmatrix} 1 & 0 & 0 & 0 & & & & \\ 1 & 1 & 1 & 0 & & \multicolumn{2}{c}{O} & \\ 1 & 1 & 1 & 0 & & & & \\ 1 & 1 & 1 & 1 & & & & \\ & & & & 1 & 0 & 0 & 0 \\ & & & & 1 & 1 & 0 & 0 \\ & O & & & 1 & 1 & 1 & 0 \\ & & & & 1 & 1 & 1 & 1 \end{bmatrix}$$

其中，矩阵行和列对应的要素均按照 P_1 和 P_2 内各级位中要素的顺序排列。

3. 提取骨架矩阵

通过对可达矩阵 $\boldsymbol{M}(L)$ 的缩减和检出，建立 $\boldsymbol{M}(L)$ 的最小实现矩阵，这个矩阵即骨架矩阵 $\boldsymbol{A}'$，可达矩阵的缩减共分为 3 步：

(1) 检查各层次中的强连接要素进行缩减处理，建立 $\boldsymbol{M}(L)$ 的缩减矩阵 $\boldsymbol{M}'(L)$。

对例 4-1 $\boldsymbol{M}(L)$ 的强连接要素集合 $\{S_4, S_6\}$ 做缩减处理（把 S_4 作为代表元素，去掉 S_6）后的新矩阵为：

$$\boldsymbol{M}'(L)=\begin{bmatrix} 1 & 0 & 0 & & & & \\ 1 & 1 & 0 & & O & & \\ 1 & 1 & 1 & & & & \\ & & & 1 & 0 & 0 & 0 \\ & & & 1 & 1 & 0 & 0 \\ & O & & 1 & 1 & 1 & 0 \\ & & & 1 & 1 & 1 & 1 \end{bmatrix}$$

(2) 去掉 $\boldsymbol{M}'(L)$ 中已经具有邻接二元关系的要素间的越级二元关系，得到简化后的新矩阵 $\boldsymbol{M}''(L)$。

如在 $\boldsymbol{M}'(L)$ 中，已经有第二级要素 S_4 到第一级要素 S_5 及第三级要素 S_3 到第二级要素 S_4，则可以去掉第三级要素 S_3 到第一级要素 S_5 的越级二元关系，将 $3\to5$ 对应的元素 1 改为 0；同样地，可以去掉第四级要素 S_8 到第二级要素 S_2 及第一级要素 S_1 的越级二元关系，将 $8\to2$、$8\to1$ 对应的元素 1 都改为 0，去掉第三级要素 S_7 到第一级要素 S_1 的越级二元关系，将 $7\to1$ 对应的元素 1 改为 0。这样可以得到：

$$\boldsymbol{M}''(L)=\begin{bmatrix} 1 & 0 & 0 & & & & \\ 1 & 1 & 0 & & O & & \\ 0 & 1 & 1 & & & & \\ & & & 1 & 0 & 0 & 0 \\ & & & 1 & 1 & 0 & 0 \\ & O & & 0 & 1 & 1 & 0 \\ & & & 0 & 0 & 1 & 1 \end{bmatrix}$$

(3) 减去自身二元关系（减去单位矩阵），将 $\boldsymbol{M}''(L)$ 主对角线上的"1"全变为"0"，得到具有最少二元关系的骨架矩阵 $\boldsymbol{A}'$。

对例 4-1 有

$$
\boldsymbol{A}'(L)=\left[\begin{array}{ccccccc}
0 & 0 & 0 & & & & \\
1 & 0 & 0 & & O & & \\
0 & 1 & 0 & & & & \\
 & & & 0 & 0 & 0 & 0 \\
 & & & 1 & 0 & 0 & 0 \\
 & O & & 0 & 1 & 0 & 0 \\
 & & & 0 & 0 & 1 & 0
\end{array}\right]
$$

4. 绘制多级递阶有向图 $D(\boldsymbol{A}')$

根据骨架矩阵 $\boldsymbol{A}'$，绘制多级递阶有向图 $D(\boldsymbol{A}')$，一般分为三步：

第一步，分区域从上到下逐级排列系统构成要素。

第二步，同级加入被删掉的与某要素(如例 4-1 中的 S_4)有强连接关系的要素(如 S_6)，以及表征它们相互关系的有向弧。

第三步，按 $\boldsymbol{A}'$ 所示的邻接二元关系，用级间有向弧连接成有向图 $D(\boldsymbol{A}')$。据此，建立起递阶结构模型。

例 4-1 的递阶结构模型如图 4-4 所示。

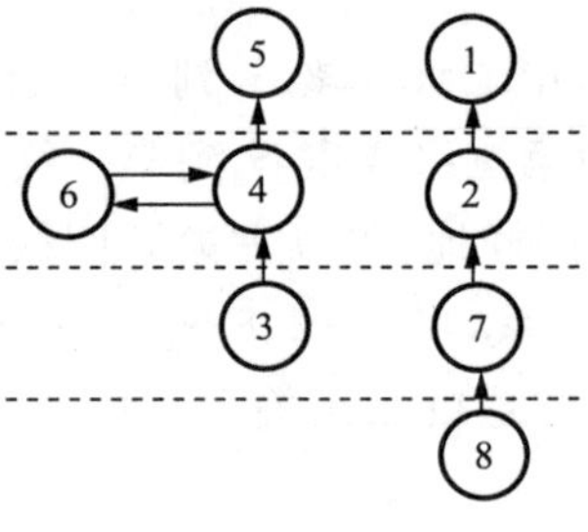

图 4-4　递阶结构模型图

综上所述，以可达矩阵 $\boldsymbol{M}$ 为基础，构建递阶结构模型的过程如图 4-5 所示。

$$
\boldsymbol{M}\xrightarrow{\text{区域划分}}\boldsymbol{M}(P)(\text{块对角})\xrightarrow{\text{级位划分}}\boldsymbol{M}(L)(\text{区域块对角})\xrightarrow{\text{强连接要素缩减}}
$$

$$
\boldsymbol{M}'(L)\xrightarrow{\text{剔除越级关系}}\boldsymbol{M}''(L)\xrightarrow{\text{去掉自身关系}}\boldsymbol{A}'(\text{骨架矩阵})\xrightarrow{\text{绘图}}D(\boldsymbol{A}')
$$

图 4-5　递阶结构模型的构建过程

五、ISM 的使用方法

按照规范方法的递阶结构模型化基本原理，在系统结构并不十分复杂的情况下，建模工作可采用较为简便的方法来完成。

1. 判断二元关系，建立可达矩阵及其缩减矩阵

在问题设定之后，首先由分析小组或分析人员个人寻找与问题有某种关系的要素，经集中后，根据要素个数绘制图 4-6 所示的方格图，并在每行右端依次注上各要素的名称。在此基础上，通过两两比较，直观确定各要素之间的二元关系，并在两要素交汇处的方格内用 V、A 和 X 加以标识。其中，V 表示方格图中的行(或上位)要素直接影响到列(或下位)要素，A 表示列要素对行要素有直接影响，X 表示行列两要素相互影响(称之为强连接关系)。进而根据要素间二元关系的传递性，逻辑推断出要素间各次递推的二元关系，并以加括号的标识符表示。最后加入反映自身到达关系的单位矩阵，建立起系统要素的可达矩阵。

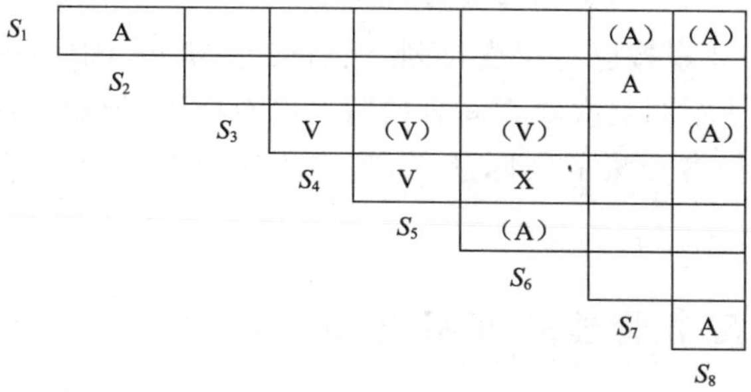

图 4-6　判定要素间关系的方格图

根据图 4-6 给出的系统结构，加入单位矩阵，得到可达矩阵：

$$
\boldsymbol{M}=\begin{bmatrix}
1 & 0 & 0 & 0 & 0 & 0 & 0 & 0\\
1 & 1 & 0 & 0 & 0 & 0 & 0 & 0\\
0 & 0 & 1 & 1 & 1 & 1 & 0 & 0\\
0 & 0 & 0 & 1 & 1 & 1 & 0 & 0\\
0 & 0 & 0 & 0 & 1 & 0 & 0 & 0\\
0 & 0 & 0 & 1 & 1 & 1 & 0 & 0\\
1 & 1 & 0 & 0 & 0 & 0 & 1 & 0\\
1 & 1 & 0 & 0 & 0 & 0 & 1 & 1
\end{bmatrix}
$$

2. 对可达矩阵的缩减矩阵进行层次化处理

根据要素级位划分的思想，在具有强连接关系的要素 S_4 与 S_6 中，去除 S_6(即去除可达矩阵中“6”所对应的行和列)，可得到缩减矩阵 $\boldsymbol{M}'$，在 $\boldsymbol{M}'(L)$ 中按每行“1”元素的多少，由少到多顺次排列，调整 $\boldsymbol{M}'$ 的行和列，得到 $\boldsymbol{M}'(L)$；最后在 $\boldsymbol{M}'(L)$ 中，从左上角到右下角依次分解出最大阶数的单位矩阵，每个单位矩阵表示一个层次。对上述 1. 中可达矩阵的缩减矩阵进行层次化处理的结果为

$$
\boldsymbol{M}'(L)=\begin{array}{c}1\\5\\2\\4\\7\\3\\8\end{array}\begin{bmatrix}1&0&0&0&0&0&0\\0&1&0&0&0&0&0\\1&0&1&0&0&0&0\\0&1&0&1&0&0&0\\1&0&1&0&1&0&0\\0&1&0&1&0&1&0\\1&0&1&0&1&0&1\end{bmatrix}
$$

可见，该例中的要素分为三个层次：S_1与S_5属于第一层次，S_2、S_4与S_6属于第二层次，S_7与S_3为第三层次，S_8为第三层次。

3. 根据$\boldsymbol{M}'(L)$绘制多级递阶有向图

首先把所有要素按已有层次排列，然后按照$\boldsymbol{M}'(L)$中两单位矩阵交汇处的“1”元素画出表征不同层次要素间直接联系的有向弧，形成多级递阶有向图。

最后，可根据各要素的实际意义，将多级递阶有向图直接转化为解释结构模型。

六、石油应急管理的 ISM 分析

石油应急管理活动是为应对突发性石油短缺，保证石油供应充足和市场价格稳定，使得石油市场尽快恢复正常而采取的一系列管理措施。结合 IEA 及其成员国石油应急管理经验和中国石油应急能力建设实践，整理出 10 个主要石油应急管理活动，分别为应急法规制定、石油供应基础设施、信息系统建设、战略石油储备、应急演练培训、石油应急组织、供应短缺评估、应急计划制订、应急计划执行、应急监督反馈，记为$S_1\sim S_{10}$。根据活动间的关系生成邻接矩阵$\boldsymbol{A}$：

$$
\boldsymbol{A}=\begin{bmatrix}0&1&1&1&1&1&1&0&0&0\\0&1&0&1&1&0&0&0&1&0\\0&0&0&0&1&0&1&0&0&1\\0&0&0&0&1&0&0&0&1&0\\0&0&0&0&1&0&0&0&0&0\\0&0&0&0&0&0&1&1&1&1\\0&0&0&0&0&0&0&1&0&0\\0&0&0&0&0&0&0&0&1&0\\0&0&0&1&0&0&0&0&1&1\\0&0&0&0&0&0&1&0&0&0\end{bmatrix}
$$

基于布尔代数运算规则，得到可达矩阵

$$
\boldsymbol{M}=\begin{bmatrix}
1 & 1 & 1 & 1 & 1 & 1 & 1 & 1 & 1 & 1\\
0 & 1 & 0 & 1 & 1 & 0 & 1 & 1 & 1 & 1\\
0 & 0 & 1 & 1 & 1 & 0 & 1 & 1 & 1 & 1\\
0 & 0 & 0 & 1 & 1 & 0 & 1 & 1 & 1 & 1\\
0 & 0 & 0 & 0 & 1 & 0 & 0 & 0 & 0 & 0\\
0 & 0 & 0 & 1 & 1 & 1 & 1 & 1 & 1 & 1\\
0 & 0 & 0 & 1 & 1 & 0 & 1 & 1 & 1 & 1\\
0 & 0 & 0 & 1 & 1 & 0 & 1 & 1 & 1 & 1\\
0 & 0 & 0 & 1 & 1 & 0 & 1 & 1 & 1 & 1\\
0 & 0 & 0 & 1 & 1 & 0 & 1 & 1 & 1 & 1
\end{bmatrix}
$$

由矩阵 $\boldsymbol{M}$ 可知，$S_7 \sim S_{10}$ 行与列的元素相同，可保留 S_7，消去 $S_8 \sim S_{10}$，生成缩减矩阵。在此基础上，得到可达集 $R(S_i)$、先行集 $A(S_i)$、共同集 $C(S_i)$，当 $R(S_i)=C(S_i)$ 时，得到整个系统要素的最高级要素，去掉该要素的行和列，再求剩余要素中的最高级要素，以此类推，直至找到各级包含的最高级要素集合，见表 4-3。

表 4-3　级位划分过程表

S_i	$R(S_i)$	$A(S_i)$	$C(S_i)$	$R(S_i)=C(S_i)$	级　位
1	1,2,3,4,5,6,7	1	1		$L_1=\{S_5\}$
2	2,4,5,7	1,2	2		
3	3,4,5,7	1,3	3		
4	4,5,7	1,2,3,4,6,7	4,7		
5	5	1,2,3,4,5,6,7	5	√	
6	4,5,6,7	1,6	6		
7	4,5,7	1,2,3,4,6,7	4,7		
1	1,2,3,4,6,7	1	1		$L_2=\{S_4,S_7\}$
2	2,4,7	1,2	2		
3	3,4,7	1,3	3		
4	4,7	1,2,3,4,6,7	4,7	√	
6	4,6,7	1,6	6		
7	4,7	1,2,3,4,6,7	4,7		
1	1,2,3,6	1	1		$L_3=\{S_2,S_3,S_6\}$
2	2	1,2	2	√	
3	3	1,3	3	√	
6	6	1,6	6	√	
1	1	1	1	√	$L_4=\{S_1\}$

从系统结构的角度重新认识石油应急管理活动。如图 4-7 所示，石油应急管理活动系统共分为四个层次，从下至上分别为：L_4法律规范层、L_3保障支持层、L_2直接响应层和 L_1评价反映层。

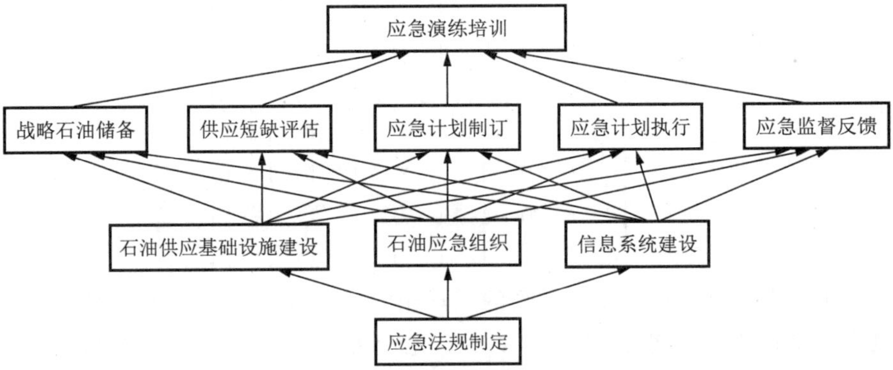

图 4-7 石油应急管理活动层次结构

(1) 法律规范层。这一层次主要是通过法律法规来规范应急管理活动，不仅直接影响 L_3层的建设，还通过制度、条例规范应急响应活动，间接影响 L_2层。法律制度等规定了应急活动的实施主体和实施规范，是应急管理活动有序进行的依据，应急管理是在其框架下建立和运行的，中国石油应急管理的立法体系正在逐步建立。

(2) 保障支持层。这一层包括石油应急组织、石油供应基础设施建设、信息系统建设三个方面，为 L_2层提供了组织保障、硬件保障和信息保障。

(3) 直接响应层。这一层包括供应短缺评估、应急计划制订、应急计划执行、应急监督反馈、战略石油储备。这五个活动间存在相互影响关系，形成闭合回路，共同受 L_3的影响。其中前四项是应急管理中依次开展的四项基本活动；战略石油储备影响石油供应安全响应能力，储备释放是应对短缺的重要手段。该层活动的效率和力度直接影响应急主体响应的及时性和生产系统的恢复周期。

(4) 评价反映层。该层主要指应急演练培训，是一个国家石油应急能力的整体表现。通过应急演练，测试石油应急体系，评价应急管理的反应速度和实施效果，可以加强应急响应活动间的协调配合。

第三节 DEMATEL 模型

一、DEMATEL 模型的实质

DEMATEL 模型全称为决策试验和评价实验法(Decision Making Trial

and Evaluation Laboratory）或简称决策实验室分析，是 1971 年 Bottelle 研究所的学者 A. Gabus 和 E. Fontela 为了解现实世界中复杂、困难的问题而提出的方法论。该方法运用矩阵与图论工具进行分析，结合系统中各因素之间的逻辑关系构建直接影响矩阵，可以计算出每个要素对其他要素的影响度及被影响度，从而计算出每个要素的原因度与中心度，作为构造模型的依据，确定要素间的因果关系和每个要素在系统中的地位。

DEMATEL 建模的实质是把系统看成一个带权值的有向图（图 4-8），该加权有向图具有如下特点：

（1）系统由节点组成，节点又称为要素。

（2）系统通常是一幅连通图。两个要素之间若存在联系，其中一个要素发出箭头，另外一个要素接收箭头。

（3）边上有数值。该数值通常是某个要素对另外一个要素的强度，也可以是具体的物理指标，如力（单位：N）等。

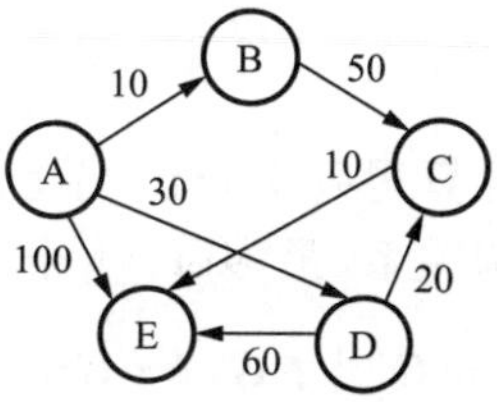

图 4-8　带权值的有向图

带权值的有向图可用对应的直接影响矩阵 $\boldsymbol{R}$ 表示，则图 4-8 的矩阵表示为：

$$\boldsymbol{R}=\begin{bmatrix}0 & 10 & 0 & 30 & 100\\0 & 0 & 50 & 0 & 0\\0 & 0 & 0 & 0 & 10\\0 & 0 & 20 & 0 & 60\\0 & 0 & 0 & 0 & 0\end{bmatrix}$$

以此为基础，可计算综合影响矩阵，并展开分析。

二、DEMATEL 模型的工作步骤

DEMATEL 模型的一般工作步骤如下：

1. 得到直接影响矩阵

首先，从研究目的出发，确定研究指标或元素。量化各元素间的相互关系，得到直接影响矩阵 $\boldsymbol{R}$。具体操作如下：

（1）根据文献研究法、调研法、德尔菲法等确定所分析系统的各个要素。

(2) 确定要素之间的二元关系。通常可以采取两两比较法，其中，要素 S_i 跟要素 S_j 要比较两次，分别是要素 S_i 对要素 S_j 的直接影响，要素 S_j 对要素 S_i 的直接影响。若整个系统存在 n 个要素则要比较 $n(n-1)$ 次。而要素自身则不需要比较，即矩阵对角线上的值通常用 0 表示。

(3) 确定关系强弱的度量方法。例如，采用{没有，较小，一般，较大，非常大}，{无，很弱，正常，较强，很强}等语义来度量要素相互间的强弱，并用数字{0,1,2,3,…}等表示。

2. 规范化直接影响矩阵

设直接影响矩阵 $\boldsymbol{R}=[r_{ij}]_{n\times n}$，计算 $\boldsymbol{R}$ 的各行和、各列和，找出各行和和各列和中的最大值，将 $\boldsymbol{R}$ 矩阵中的各个元素除以最大值后得到的新矩阵即为规范化直接影响矩阵 $\boldsymbol{G}=[g_{ij}]_{n\times n}$。具体计算公式为：

$$g_{ij}=\frac{r_{ij}}{\max\{\max\limits_{i}\sum\limits_{j=1}^{n}r_{ij},\max\limits_{j}\sum\limits_{i=1}^{n}r_{ij}\}} \tag{4-2}$$

3. 计算综合影响矩阵

由规范化直接影响矩阵计算得到综合影响矩阵 $\boldsymbol{T}$，综合影响矩阵表示为要素间直接影响关系和间接影响关系(最多 $n-1$ 个)的累加。计算公式为：

$$\boldsymbol{T}=[t_{ij}]_{n\times n}=\boldsymbol{G}+\boldsymbol{G}^2+\cdots+\boldsymbol{G}^{n-1}=\boldsymbol{G}(\boldsymbol{I}+\boldsymbol{G}+\cdots+\boldsymbol{G}^{n-2})=\frac{\boldsymbol{G}(\boldsymbol{I}-\boldsymbol{G}^{n-1})}{\boldsymbol{I}-\boldsymbol{G}} \tag{4-3}$$

或者，

$$\boldsymbol{T}=[t_{ij}]_{n\times n}=\lim_{m\to\infty}(\boldsymbol{G}+\boldsymbol{G}^2+\cdots+\boldsymbol{G}^m)=\boldsymbol{G}(\boldsymbol{I}-\boldsymbol{G})^{-1} \tag{4-4}$$

4. 计算因素中心度和原因度，确定关键要素

在综合影响矩阵中，行和 f_i 被称为要素 i 的影响度，列和 e_j 被称为要素 j 的被影响度。计算公式为：

$$f_i=\sum_{j=1}^{n}t_{ij},i=1,2,\cdots,n;e_j=\sum_{i=1}^{n}t_{ij},j=1,2,\cdots,n \tag{4-5}$$

要素的中心度 m_i 指的是行和与列和之和，代表该要素在系统中的位置及重要程度，中心度排名靠前的要素列为关键要素；要素的原因度 n_i 指的是矩阵行和与列和之差，代表各要素的重要度及所属的因果种类(原因要素容易影响其他要素，$n_i>0$；而结果要素容易受其他要素影响，$n_i<0$)。

$$m_i=f_i+e_j,n_i=f_i-e_j \tag{4-6}$$

由计算得出的中心度、原因度可找出系统的关键要素，通常根据中心度确定，中心度越大，要素越重要。

5. 与 ISM 结合获得多级递阶结构

DEMATEL 模型还可以结合 ISM 或者复杂网络等其他手段，做进一步的

分析。如利用综合影响矩阵 $\boldsymbol{T}$，加上单位矩阵 $\boldsymbol{I}$ 计算整体影响矩阵：$\boldsymbol{H}=\boldsymbol{I}+\boldsymbol{T}$，引入阈值 λ，剔除冗余信息，得到精简后的可达矩阵 $\boldsymbol{M}=[m_{ij}]_{n\times n}$。其中，

$$m_{ij}=\begin{cases}1, h_{ij}\geqslant\lambda \\ 0, m_{ij}<\lambda\end{cases}, i,j=1,2,\cdots,n \tag{4-7}$$

式中，1 表示两要素间有直接作用，0 表示两要素间无直接作用。接着利用 ISM 进行要素的递阶结构分析，并给出相应的解释。

三、基于 DEMATEL-ISM 的石油工程施工人员不安全行为分析

石油工程施工安全对项目完成至关重要，识别出的工程施工人员不安全行为影响因素主要包括 17 项（见表 4-4），采用问卷调查的方式研究 17 个影响因素间的相互影响关系。设定因素影响标度，用数字表示影响程度，其中，0 表示无，1 表示弱，2 表示一般，3 表示强。筛选出由工作经验在 10 年以上的人员填写的 34 份有效问卷用作分析。对问卷数据进行平均处理，得到的影响关系矩阵 $\boldsymbol{R}$ 见表 4-5。

表 4-4　工程施工人员不安全行为影响因素

代　号	因素名称	代　号	因素名称
S_1	工人安全感知	S_{10}	班组工人间的影响
S_2	工人安全知识	S_{11}	项目安全氛围
S_3	工人心理素质	S_{12}	项目安全配备
S_4	工人身体素质	S_{13}	工人作业环境
S_5	工人安全态度	S_{14}	安全教育
S_6	工人安全意识	S_{15}	组织安全制度
S_7	管理人员安全意识	S_{16}	安全监管
S_8	管理人员安全责任遵守	S_{17}	安全计划
S_9	领导对安全的态度		

表 4-5　影响关系矩阵

代　号	S_1	S_2	S_3	S_4	S_5	S_6	S_7	S_8	S_9
S_1	0.00	1.50	1.79	0.12	1.79	2.38	0.65	0.06	0.26
S_2	2.85	0.00	1.62	0.26	2.38	2.47	0.59	0.38	0.53
S_3	2.56	1.44	0.00	1.38	1.71	1.09	0.59	0.59	0.18
S_4	1.38	0.53	2.00	0.00	1.97	1.82	0.12	0.62	0.62
S_5	1.91	1.56	1.18	0.62	0.00	2.79	0.68	0.47	0.38

续表 4-5

代号	S_1	S_2	S_3	S_4	S_5	S_6	S_7	S_8	S_9
S_6	1.88	1.59	1.09	0.32	1.88	0.00	0.41	0.56	0.47
S_7	1.62	1.62	0.21	0.15	1.35	1.85	0.00	2.68	0.59
S_8	1.97	2.71	0.32	0.21	2.82	2.76	1.56	0.00	0.44
S_9	1.09	1.29	0.29	0.26	1.94	2.59	2.38	2.85	0.00
S_{10}	1.85	1.79	1.00	0.09	1.88	2.88	0.62	0.50	0.53
S_{11}	1.88	2.71	1.21	0.18	2.79	2.91	1.97	2.44	1.62
S_{12}	0.47	1.68	0.44	0.15	1.62	1.15	0.47	1.18	1.09
S_{13}	1.06	0.32	1.12	1.94	1.88	1.82	1.15	1.85	1.62
S_{14}	1.94	2.24	0.97	0.15	2.68	2.38	1.88	1.79	1.03
S_{15}	1.47	1.85	0.59	0.71	1.79	2.68	1.91	2.82	1.35
S_{16}	1.59	1.68	1.24	0.24	2.44	2.71	0.94	1.12	0.12
S_{17}	1.91	1.82	1.15	0.38	1.94	1.85	1.76	2.62	1.47

代号	S_{10}	S_{11}	S_{12}	S_{13}	S_{14}	S_{15}	S_{16}	S_{17}
S_1	1.91	1.12	1.06	1.18	0.38	0.59	0.38	0.62
S_2	1.97	1.65	0.91	1.09	1.71	1.21	0.68	1.09
S_3	1.56	0.91	0.21	0.85	0.65	0.09	0.18	0.44
S_4	0.91	0.44	0.15	0.94	0.09	0.26	0.12	0.06
S_5	1.59	1.59	0.62	0.79	0.18	0.38	0.65	0.68
S_6	1.94	1.35	0.53	0.12	0.15	0.97	0.59	0.71
S_7	1.15	2.74	2.71	1.76	1.82	2.59	2.62	2.32
S_8	1.12	2.88	1.94	1.94	1.94	1.85	1.85	1.88
S_9	1.62	2.94	2.85	1.85	2.88	2.82	2.88	2.79
S_{10}	0.00	1.91	1.18	1.91	0.68	1.15	0.94	1.12
S_{11}	2.59	0.00	1.59	1.65	1.09	1.59	1.41	1.47
S_{12}	0.88	1.68	0.00	2.68	1.53	1.47	1.62	1.62
S_{13}	0.94	0.41	1.38	0.00	0.03	0.68	1.12	1.09
S_{14}	1.91	2.62	1.56	0.41	0.00	1.91	1.62	1.94
S_{15}	1.53	2.09	2.71	1.18	2.29	0.00	2.35	2.38
S_{16}	1.68	1.15	0.94	0.53	1.24	1.18	0.00	0.82
S_{17}	1.44	2.68	2.38	1.94	2.21	2.35	2.56	0.00

处理影响关系矩阵 $\boldsymbol{R}$，得到 DEMATEL 方法中的规范化直接影响矩阵 $\boldsymbol{G}=[g_{ij}]_{17\times17}$，计算得到综合影响矩阵 $\boldsymbol{T}=\boldsymbol{G}(\boldsymbol{I}-\boldsymbol{G})^{-1}$，继而计算各个因素的影响度、被影响度、中心度、原因度，结果见表 4-6。

表 4-6　各要素的 DEMATEL 法计算结果

序号	影响度 f_i	被影响度 e_j	中心度 m_i	原因度 n_i	因素属性	中心度排序
1	1.05	1.95	3.00	−0.91	结果因素	12
2	1.45	1.89	3.34	−0.44	结果因素	7
3	0.94	1.17	2.11	−0.23	结果因素	16
4	0.76	0.50	1.27	0.26	原因因素	17
5	1.07	2.29	3.36	−1.22	结果因素	6
6	1.00	2.54	3.54	−1.53	结果因素	4
7	2.02	1.23	3.25	0.79	原因因素	9
8	1.98	1.51	3.49	0.47	原因因素	5
9	2.43	0.87	3.31	1.56	原因因素	8
10	1.37	1.79	3.16	−0.42	结果因素	11
11	2.03	1.96	3.99	0.07	原因因素	1
12	1.43	1.56	2.99	−0.13	结果因素	13
13	1.27	1.44	2.71	−0.18	结果因素	15
14	1.93	1.28	3.21	0.64	原因因素	10
15	2.12	1.45	3.58	0.67	原因因素	3
16	1.33	1.47	2.80	−0.14	结果因素	14
17	2.18	1.45	3.63	0.72	原因因素	2

由此可见，原因集合中的因素包含工人身体素质 S_4、管理人员安全意识 S_7、管理人员安全责任遵守 S_8、领导对安全的态度 S_9、项目安全氛围 S_{11}、安全教育 S_{14}、组织安全制度 S_{15}、安全计划 S_{17}。这些因素属于影响工人安全行为的高效力因素，在提出管理措施时应加强对这些因素的考虑。结果集合中的因素包含工人安全感知 S_1、工人安全知识 S_2、工人心理素质 S_3、工人安全态度 S_5、工人安全意识 S_6、班组工人间的影响 S_{10}、项目安全配备 S_{12}、工人作业环境 S_{13}、安全监管 S_{16}。这些因素容易受到原因因素影响进而影响工人的安全行为，关注这些因素能够为管理措施提供参考。

影响因素的中心度排序反映了工人安全行为影响因素的相对重要性。将中心度前 5 个因素作为关键因素，包括项目安全氛围 S_{11}、安全计划 S_{17}、组织安全制度 S_{15}、工人安全意识 S_6、管理人员安全责任遵守 S_8，其中除工人安全意识

S_6为结果因素外，其余 4 项均为原因因素。

分别取阈值 $\lambda=0.05$、0.10 和 0.15，得到对应的精简后的可达矩阵，为 17 个因素的节点度(每个因素在可达矩阵中的行和与列和之和减去表示自我可达的两次 1，具体含义见第五节)，见表 4-7。可见，当 $\lambda=0.1$ 时，根据节点度得到的主要因素与 DEMATEL 方法中依据中心度得到的关键因素最为接近，为此，取阈值 $\lambda=0.1$，可达矩阵见表 4-8。

表 4-7　取不同阈值时各因素对应的节点度

因素序号	$\lambda=0.05$	$\lambda=0.10$	$\lambda=0.15$
1	25	14	1
2	29	15	3
3	23	1	0
4	6	0	0
5	26	16	6
6	24	15	10
7	26	18	2
8	26	18	6
9	23	14	9
10	30	14	2
11	30	21	10
12	28	12	2
13	29	9	0
14	25	17	4
15	27	19	6
16	26	12	2
17	29	19	5

表 4-8　可达矩阵

代号	S_1	S_2	S_3	S_4	S_5	S_6	S_7	S_8	S_9	S_{10}	S_{11}	S_{12}	S_{13}	S_{14}	S_{15}	S_{16}	S_{17}
S_1	1	0	0	0	1	1	0	0	0	0	0	0	0	0	0	0	0
S_2	1	1	0	0	1	1	0	0	0	1	1	0	0	0	0	0	0
S_3	1	0	1	0	0	0	0	0	0	0	0	0	0	0	0	0	0
S_4	0	0	0	1	0	0	0	0	0	0	0	0	0	0	0	0	0
S_5	1	0	0	0	1	1	0	0	0	0	0	0	0	0	0	0	0
S_6	0	0	0	0	1	1	0	0	0	0	0	0	0	0	0	0	0

续表 4-8

代号	S_1	S_2	S_3	S_4	S_5	S_6	S_7	S_8	S_9	S_{10}	S_{11}	S_{12}	S_{13}	S_{14}	S_{15}	S_{16}	S_{17}
S_7	1	1	0	0	1	1	1	1	0	1	1	1	1	1	1	1	1
S_8	1	1	0	0	1	1	0	1	0	1	1	1	1	1	1	1	1
S_9	1	1	0	0	1	1	1	1	1	1	1	1	1	1	1	1	1
S_{10}	1	1	0	0	1	1	0	0	0	1	1	0	0	0	0	0	0
S_{11}	1	1	0	0	1	1	1	1	0	1	1	1	1	0	1	1	1
S_{12}	0	1	0	0	1	1	0	0	0	0	1	1	1	0	0	0	0
S_{13}	0	0	0	0	1	1	0	0	0	0	0	0	1	0	0	0	0
S_{14}	1	1	0	0	1	1	1	1	0	1	1	1	0	1	1	1	1
S_{15}	1	1	0	0	1	1	1	1	0	1	1	1	1	1	1	1	1
S_{16}	1	1	0	0	1	1	0	0	0	1	0	0	0	0	0	1	0
S_{17}	1	1	0	0	1	1	1	1	0	1	1	1	1	1	1	1	1

对表 4-8 的可达矩阵应用 ISM 方法获得了 7 个等级：$L_1=\{4,5,6\}$，$L_2=\{1,13\}$，$L_3=\{2,3,10\}$，$L_4=\{12,16\}$，$L_5=\{8,11,15,17\}$，$L_6=\{7,14\}$，$L_7=\{9\}$，绘制的多级递阶结构图见图 4-9。其中，0 表示工人安全行为。

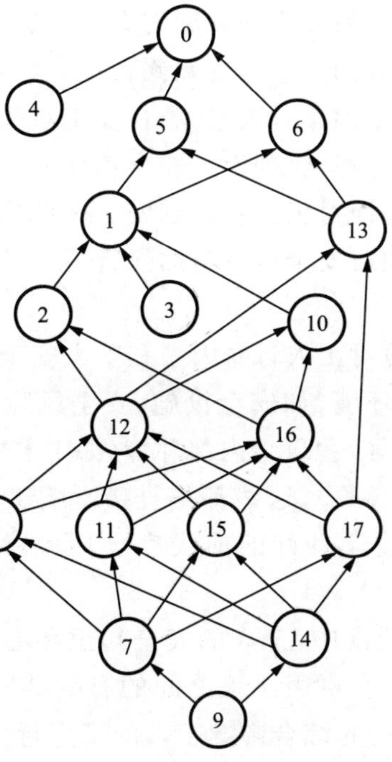

图 4-9　多级递阶层次结构

在 ISM 建模结果中，多层递阶结构模型可以清楚地反映工人安全行为影响因素之间具体的影响关系和层次结构。现将 DEMATEL 和 ISM 两种建模结果结合起来，首先将工人安全行为影响因素归纳为 4 类：第 1 类因素集命名为组织安全环境，包括领导对安全的态度、管理人员安全意识、组织安全制度、安全计划和安全教育；第 2 类因素集命名为组织安全实施，包括项目安全配备、管理人员安全责任遵守、项目安全氛围和安全监管；第 3 类因素集命名为工人自身因素，包括工人心理素质、工人安全知识、工人安全感知、工人安全态度、工人安全意识和工人身体素质；第 4 类因素集命名为前线安全环境，包括工人作业环境和班组工人间的影响。工人安全行为的产生是各类因素综合作用的产物。

首先，组织安全环境类因素位于结构模型顶端，并且全部属于原因集合因素。这说明良好的组织安全环境对工人的安全行为有着显著的影响。在这一层次中，领导对安全的态度一定程度上可以影响整个项目管理人员对安全的重视程度，管理人员良好的安全意识会促进安全计划的部署和组织安全制度的完善，进而有助于公司和项目部高质量的安全教育落实。根据中心度排序、领导对安全的态度，构建良好的组织安全环境、部署安全计划与完善安全制度是关键。

其次，在良好的组织安全环境下，组织安全实施环节对工人的安全行为也有着深层影响作用。这一层次的因素是连接组织安全环境和工人自身因素及前线安全环境的枢纽。项目安全配备和安全监管影响工人的安全作业环境，同时安全监管能够改变工人的安全态度和修正工人的行为；项目安全氛围与管理人员安全责任遵守属于原因集合因素，项目安全氛围可以让工人感知项目安全制度和组织安全环境的好坏，管理人员安全责任遵守一方面有助于安全制度与安全计划的落实，另一方面对工人能起到安全示范作用。根据中心度排序与原因集合因素分析，营造项目安全氛围与加强管理人员安全责任遵守是推动组织安全实施的杠杆点。

另外，前线安全环境对工人自身因素和工人安全行为有直接影响。前线安全环境包含生产的作业环境（如安全设施、安全风险源分布情况等）、心理环境（如工期要求、工作压力等）和班组内部环境（如工友之间相互学习安全知识，安全作业的相互监督与配合等），这些都是直接影响工人行为的表层直接环境因素。根据中心度排序，建立良好的前线安全环境，注重班组工人间的影响是关键。

最后，在工人自身因素中，工人的安全知识和心理素质直接影响工人的安全态度和安全感知，并结合班组工人之间的影响共同作用于工人的安全意识，最终与工人的身体素质一起综合影响工人的安全行为。根据中心度排序，工人安全意识、工人安全态度和工人安全知识是这一环节的关键因素。

第四节 MICMAC 模型

一、MICMAC 模型概述

交叉影响矩阵相乘法(Matriced Impacts Corises-Multiplication Appliance Classment,MICMAC)是用来分析因素间相互关系的一种方法。通过 MICMAC 分析可以找出各因素间的相互影响程度及因素对整个系统的重要程度，据此对因素进行分类施策。

MICMAC 多与 ISM 联合使用，与 DEMANTEL-ISM 不同的是，MICMAC 是在 ISM 得到可达矩阵之后开展分析，主要用于复杂环境下分析系统中的元素重要程度并匹配相应的解决方案等问题。

二、MICMAC 模型的建模步骤

通常，MICMAC 与解释结构模型联合使用，其步骤如下：

1. 利用可达矩阵，计算各个要素的依赖性和驱动性

在 ISM 方法中得到可达矩阵 $\boldsymbol{M}$ 的基础上，确定影响因素的依赖性 X_j 和驱动力 Y_i。其中，依赖性 X_j 指其他因素对该因素的影响程度，是可达矩阵 $\boldsymbol{M}$ 中的列元素之和；驱动力 Y_i 指该因素对其他因素的影响程度，是可达矩阵 $\boldsymbol{M}$ 中的行元素之和。计算公式为：

$$X_j=\sum_{i=1}^{n} m_{ij} \tag{4-8}$$

$$Y_i=\sum_{j=1}^{n} m_{ij} \tag{4-9}$$

式中，m_{ij} 表示可达矩阵 $\boldsymbol{M}$ 中的元素。

2. 绘制 MICMAC 分析结果图，对因素进行分类

基于各影响因素的依赖性和驱动力数值，以依赖性为横坐标、驱动力为纵坐标，通过二维坐标轴划分各影响因素的属性，可分为 4 个象限，归属于象限Ⅰ、Ⅱ、Ⅲ和Ⅳ中的因素属性分别是关联类因素、驱动类因素、自治类因素和依赖类因素。

关联类因素有很强的驱动力和较强的依赖性，这些因素容易对自身和其他因素产生影响，通常视为不稳定因素。驱动类因素有很强的驱动力，但依赖性较低，这类因素一般视为关键因素或外部因素。自治类因素有较低的驱动力和

依赖性，这些因素通常与系统的联系性较小，属于单个容易实现的因素。依赖类因素有较弱的驱动力和较强的依赖性，这类因素通常与那些与之关联的因素密切相关。

3. 分析不同要素的特点，提出针对性措施

结合要素在 MICMAC 中的类别和在解释结构模型中的位置，针对性地提出相应的处置措施。

三、基于 ISM-MICMAC 的炼化企业危化品道路交通事故分析

对应急管理部公布的危化品道路运输事故进行分析，以 4M 事故致因理论“人-物-环境-管理”为基础，提取 22 个危化品道路运输事故致因，构建了炼化企业危化品道路运输风险事故致因指标体系，见表 4-9。

表 4-9　炼化企业危化品道路运输事故致因指标体系

一级指标	二级指标
人	专业技能 S_1
	驾驶年限 S_2
	疲劳驾驶 S_3
	违规操作 S_4
	安全责任意识 S_5
物	车辆行驶速度 S_6
	车辆安全防护性能 S_7
	运输车辆状况 S_8
	车辆维护保养情况 S_9
	危化品理化特性 S_{10}
	危化品载运数量 S_{11}
	危化品包装情况 S_{12}
环　境	道路类型 S_{13}
	地形地质 S_{14}
	桥梁隧道情况 S_{15}
	气象条件 S_{16}
	道路交通实况 S_{17}
	周围人口密度 S_{18}

续表 4-9

一级指标	二级指标
管　理	安全教育培训 S_{19}
	安全投入 S_{20}
	应急管理能力 S_{21}
	管理制度及机构 S_{22}

首先，基于 ISM 模型寻求事故致因多级递阶层次结构。为了使结果更加合理，邀请了危化品道路运输行业的从业人员、专家进行打分，最终确定了炼化企业危化品道路运输事故致因邻接矩阵 **A**：

$$\boldsymbol{A}=\begin{bmatrix}
0&0&1&1&0&0&0&0&0&0&0&0&0&0&0&0&0&0&0&0&1&0\\
1&0&1&1&0&0&0&0&0&0&0&0&0&0&0&0&0&0&0&0&0&0\\
0&0&0&1&0&0&0&0&0&0&0&0&0&0&0&0&0&0&0&0&0&0\\
0&0&0&0&0&0&1&0&0&0&0&0&0&0&0&0&0&0&0&0&0&0\\
0&0&1&1&0&1&0&0&0&0&0&0&0&0&0&0&0&0&1&0&1&0\\
0&0&1&0&0&0&1&1&1&1&0&0&0&1&1&0&0&0&0&0&0&0\\
0&0&0&0&0&0&0&0&0&0&0&0&0&0&0&0&0&0&0&0&1&0\\
0&0&1&0&0&1&1&0&0&0&1&1&0&0&0&0&0&0&0&0&0&0\\
0&0&0&0&0&0&1&0&0&0&0&0&0&0&0&0&0&0&0&0&0&0\\
0&0&0&0&0&0&0&0&0&0&1&1&0&0&0&0&0&0&0&0&0&0\\
0&0&0&0&0&1&1&0&0&0&0&0&0&1&1&0&0&0&0&0&0&0\\
0&0&0&0&0&0&0&0&0&0&0&0&0&0&0&0&0&0&0&0&0&0\\
0&0&1&0&0&1&1&1&1&0&0&1&0&0&0&0&0&0&0&0&0&0\\
0&0&1&0&0&1&1&0&0&0&1&1&0&0&0&0&1&0&0&0&0&0\\
0&0&1&0&0&1&1&0&0&0&1&0&0&0&0&0&0&0&0&0&0&0\\
0&0&1&0&0&1&0&0&0&0&0&1&0&1&0&0&0&0&0&0&0&0\\
0&0&1&0&0&0&0&0&0&0&0&0&0&0&0&0&0&0&0&0&0&0\\
0&0&0&0&0&1&0&0&0&0&1&0&0&0&0&0&0&0&0&0&0&0\\
1&0&1&1&1&0&0&0&0&0&0&0&0&0&0&0&0&0&0&0&1&0\\
0&0&0&0&0&0&1&1&0&0&0&0&0&0&0&0&0&0&0&0&1&0\\
0&0&0&0&0&0&0&0&0&0&0&0&0&0&0&0&0&0&0&0&0&0\\
0&0&0&1&0&1&0&0&0&0&0&0&0&1&0&0&0&0&0&0&0&0
\end{bmatrix}$$

接下来通过计算得到可达矩阵 $\boldsymbol{M}$：

$$
\boldsymbol{M}=\begin{bmatrix}
1&0&1&1&0&0&1&0&0&0&0&0&0&0&0&0&0&0&0&0&1&0\\
1&1&1&1&0&0&1&0&0&0&0&0&0&0&0&0&0&0&0&0&1&0\\
0&0&1&1&0&0&1&0&0&0&0&0&0&0&0&0&0&0&0&0&1&0\\
0&0&0&1&0&0&1&0&0&0&0&0&0&0&0&0&0&0&0&0&1&0\\
1&0&1&1&1&1&1&1&1&1&1&1&0&1&1&0&1&0&1&0&1&0\\
0&0&1&1&0&1&1&1&1&1&1&1&0&1&1&0&1&0&0&0&1&0\\
0&0&0&0&0&0&1&0&0&0&0&0&0&0&0&0&0&0&0&0&1&0\\
0&0&1&1&0&1&1&1&1&1&1&1&0&1&1&0&1&0&0&0&1&0\\
0&0&0&0&0&0&1&0&1&0&0&0&0&0&0&0&0&0&0&0&1&0\\
0&0&1&1&0&1&1&1&1&1&1&1&0&1&1&0&1&0&0&0&1&0\\
0&0&1&1&0&1&1&1&1&1&1&1&0&1&1&0&1&0&0&0&1&0\\
0&0&0&0&0&0&0&0&0&0&0&1&0&0&0&0&0&0&0&0&0&0\\
0&0&1&1&0&1&1&1&1&1&1&1&1&1&1&0&1&0&0&0&1&0\\
0&0&1&1&0&1&1&1&1&1&1&1&0&1&1&0&1&0&0&0&1&0\\
0&0&1&1&0&1&1&1&1&1&1&1&0&1&1&0&1&0&0&0&1&0\\
0&0&1&1&0&1&1&1&1&1&1&1&0&1&1&1&1&0&0&0&1&0\\
0&0&1&1&0&0&1&0&0&0&0&0&0&0&0&0&1&0&0&0&1&0\\
0&0&1&1&0&1&1&1&1&1&1&1&0&1&1&0&1&1&0&0&1&0\\
1&0&1&1&1&1&1&1&1&1&1&1&0&1&1&0&1&0&1&0&1&0\\
0&0&1&1&0&1&1&1&1&1&1&1&0&1&1&0&1&0&0&1&1&0\\
0&0&0&0&0&0&0&0&0&0&0&0&0&0&0&0&0&0&0&0&1&0\\
0&0&1&1&0&1&1&1&1&1&1&1&0&1&1&0&1&0&0&0&1&1
\end{bmatrix}
$$

然后，根据层次划分原则，利用可达矩阵 $\boldsymbol{M}$，通过计算及缩减确定系统内的各个要素分级结果，建立炼化企业危化品道路运输事故致因的 ISM 模型。依据解释结构模型划分方法，将事故致因因素划分为 7 级 3 阶，其中 $L_1=\{S_{12},S_{21}\}$、$L_2=\{S_7\}$、$L_3=\{S_4,S_9\}$为浅表层致因，$L_4=\{S_3\}$、$L_5=\{S_1,S_{17}\}$为中间层致因，$L_6=\{S_2,S_6,S_8,S_{10},S_{11},S_{14},S_{15}\}$、$L_7=\{S_5,S_{13},S_{16},S_{18},S_{19},S_{20},S_{22}\}$为深层次致因。结构层次越高，越应引起高度重视。

(1) 浅表层致因指可以对事故的形成产生直接影响的因素。处于表层的致因主要是人的行为与物的不安全状态，包括违规操作 S_4、车辆安全防护性能 S_7、车辆维护保养情况 S_9、危化品包装情况 S_{12} 和应急管理能力 S_{21}，共 5 个。

(2) 中间层致因主要是通过直接或间接方式对表层、深层致因产生影响，是预防企业危化品道路运输事故的重难点，包括专业技能 S_1、疲劳驾驶 S_3 和道路交通实况 S_{17}，共 3 项。

(3) 深层次致因指处于深层的因素能直接或间接影响其他等级的因素，控制该类致因可以从深层根源上遏制事故的发生。深层次致因共包括14个致因因素，其中涉及L_6的有7个：驾驶年限S_2、车辆行驶速度S_6、运输车辆状况S_8、危化品理化特性S_{10}、危化品载运数量S_{11}、地形地质S_{14}、桥梁隧道情况S_{15}；涉及L_7的有7个：安全责任意识S_5、道路类型S_{13}、气象条件S_{16}、周围人口密度S_{18}、安全教育培训S_{19}、安全投入S_{20}、管理制度及机构S_{22}。

继而运用MICMAC计算各因素的依赖性和驱动力，结果见表4-10。

表4-10　炼化企业危化品道路运输事故致因的依赖性和驱动力

因素序号	依赖性	驱动力	因素序号	依赖性	驱动力
1	4	5	12	13	2
2	1	6	13	1	14
3	17	4	14	13	13
4	18	3	15	13	13
5	2	16	16	1	14
6	13	13	17	14	5
7	20	2	18	1	14
8	13	13	19	2	16
9	14	3	20	1	14
10	13	13	21	22	1
11	12	13	22	1	12

以依赖性为横坐标、驱动力为纵坐标绘制二维坐标轴，如图4-10所示。

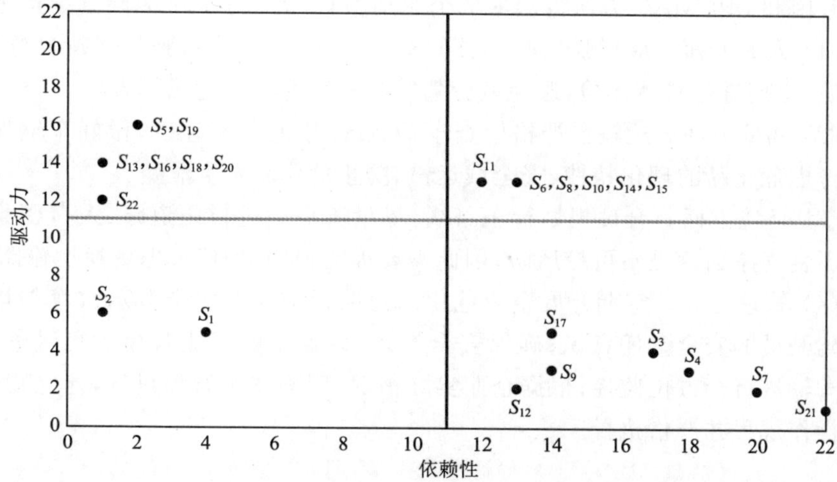

图4-10　炼化企业危化品道路运输事故致因属性特征

由图 4-10 可以看出，通过 MICMAC 方法，可以将企业危化品道路运输的 22 个事故致因划分为自治因素、驱动因素、关联因素和依赖因素。

(1) 自治因素。此类事故致因因素驱动力和依赖性均较低，在 ISM 模型中多处于中间层，起到承上启下的作用，治理相对简单，易于掌握，是企业危化品运输事故防治中首先应该控制的致因因素，包括专业技能 S_1、驾驶年限 S_2。

(2) 驱动因素。此类事故致因因素具有高驱动力、低依赖性，即对其他因素影响较大，但受其他因素影响较小，因此应将独立因素的治理视为重点，包括安全责任意识 S_5、道路类型 S_{13}、气象条件 S_{16}、周围人口密度 S_{18}、安全教育培训 S_{19}、安全投入 S_{20}、管理制度及机构 S_{22} 共 7 个事故致因因素，与 ISM 模型深层次致因中 L_7 中的 7 个事故致因因素完全一致，是引起企业危化品道路运输事故发生的最根本、最关键的致因因素。

(3) 关联因素。此类事故致因因素具有高驱动力和依赖性，对其他因素及受其他因素影响均较大，是导致事故发生的间接因素。这些影响因素的稳定性较差，不易控制，包括车辆行驶速度 S_6、运输车辆状况 S_8、危化品理化特性 S_{10}、地形地质 S_{14}，是导致企业危化品运输事故发生的高发致因因素，企业应高度重视。

(4) 依赖因素。此类事故致因因素包括疲劳驾驶 S_3、违规操作 S_4、车辆安全防护性能 S_7、车辆维护保养情况 S_9、危化品包装情况 S_{12}、道路交通实况 S_{17}、应急管理能力 S_{21}，驱动力低、依赖性较大，一般位于 ISM 模型的浅表层，因素的发生与其他因素是否得到控制相关联，如果其他因素得不到解决，容易对该因素产生影响，是影响企业危化品道路运输事故的表层直接致因因素。

综上所述，基于 4M 事故致因理论，重点针对 ISM 模型分析得出的 14 个深层次致因和 MICMAC 方法得出的 7 个驱动因素，提出了企业风险管控措施：

(1) 人的方面。应增强驾驶人员的安全责任意识；使驾驶员保持良好的身体素质，定期进行身体体检，避免疲劳驾驶和酒后驾驶等违规行为。

(2) 物的方面。运输前严格检查车辆状况，限制行车速度，做好车辆保养；综合考虑危化品的理化特性、安全载运量，防止危化品发生泄漏。

(3) 环境方面。合理规划行车路线，尽量避免经过村庄道路、人口密集地；由于不良气象因素是不可控风险，因此需要提前预判，酌情考虑更换运输路线。

(4) 管理方面。定期开展企业危化品道路运输相关安全警示教育与培训，提高驾驶员的安全责任意识；确保安全投入，设置车辆智能监控系统对危化品运输车辆进行全方位监控；根据企业实际情况，明确安全管理机构，建立规章制度和操作规程并严格执行。

第五节 复杂网络分析

一、复杂网络概述

1. 复杂网络的定义与特征

在自然界中存在的大量复杂系统都可以通过形形色色的网络加以描述。一个典型的网络由许多节点与节点之间的连边组成，其中节点用来代表真实系统中不同的个体，而边则用来表示个体间的关系，往往是两个节点之间具有某种特定的关系则连一条边，反之则不连边，有边相连的两个节点在网络中被看作是相邻的。

在网络的研究中，把网络不依赖于节点的具体位置和边的具体形态就能表现出来的性质称作网络的拓扑性质，相应的结构叫作网络的拓扑结构。最初，对于拓扑结构的研究主要是用一些规则的结构表示，如二维平面上的欧几里得格网或者最近邻环网等。1959 年，数学家 Erdos 和 Renyi 又提出了一种新的构造网络的方法，即两个节点之间连边与否不是确定的，而是由一个概率决定的，这样生成的网络称为 ER 随机网络。1998 年，Watts 和 Strogatz 发表了文章《“小世界”网络的集体动力学》；1999 年，Notre Dame 大学的 Barabasi 和 Albert 发表了文章《随机网络中标度的涌现》。这两篇文章分别揭示了复杂网络的小世界特征和无标度性质，并建立了相应的模型以阐述这些特性的产生机理。至此，开启了复杂网络的研究。

复杂网络是研究复杂系统的一种角度和方法，它关注系统中因子相互关联作用的拓扑结构，是理解复杂系统性质和功能的基础。钱学森认为，具有自组织、自相似、吸引子、小世界、无标度中的部分或全部性质的网络称为复杂网络。

复杂系统与复杂网络具有如下主要特征：

(1) 开放性。

开放性是指系统与环境和其他系统进行相互作用，交换物质、能量、信息，保持和发展系统内部的有序性与结构稳定性。在这种交换中，系统经历着从低级向高级、从简单到复杂、从无序向有序的不断优化的动态发展过程。虽然开放性是所有真实系统的基本属性，但这里的开放并非一般意义上的相互作用与交流，而是开放的度量、性质、强度对复杂系统的性态、演化起决定性作用。例如，人和城市的网络簇。

(2) 涌现性。

涌现性即内部元素通过非线性相互作用，在宏观层次上产生出新的、元素不具有的整体属性。虽然涌现性同样是所有系统具有的,但这里的涌现意味着新的整体属性的产生,如大脑的神经网络系统。

(3) 演化性。

演化性又称不可逆性,是指系统通过与所在环境中的其他系统的相互作用和内部的自组织发展到新的阶段,表现出阶段性、临界性,完成系统演化的生命周期。例如,社会网络中的人、生物群体的自组织系统(鸟群)。

(4) 复杂性。

复杂性体现在以下方面:

① 结构复杂性。

网络连接结构错综复杂、极其混乱,同时又蕴含着丰富的结构:社区、基序、聚集性、生成规律性等,而且网络连接结构可能随时间变化。例如,互联网上每天都在不停地产生和删除页面和链接。神经系统由神经元互连形成,连接以"突触连接结构"实现,突触有强弱、兴奋与抑制、不同的神经递质;连接不断改变,带动连接结构变化。

② 节点复杂性。

网络中的节点可能是具有分岔和混沌等复杂非线性行为的动力系统。例如,基因网络中每个节点都具有复杂的时间演化行为;一个网络中可能存在多种不同类型的节点,比如控制哺乳动物中细胞分裂的生化网络就包含各种各样的基质和酶。

此外,对于关联引发的节点复杂性,当失去关联时,这类特性就会在节点处消失或改变。例如,耦合神经元被重复地同时激活,那么它们之间的连接就会加强,这被认为是记忆和学习的基础。

③ 复杂网络之间相互影响的复杂性。

实际的复杂网络会受到各种各样因素的影响和作用。例如,电力网络故障会导致 Internet 网速变慢、运输系统失控等一系列不同网络间的连锁反应。

④ 网络分层结构的复杂性。

行政管理网络是具有层结构的、多数网络都有节点的分层结构,只是在许多网络中没有意识到这是一种造成复杂性的重要结构。

2. 小世界网络

一个网络如果只有少量的长程连接,相对于节点数量来说,平均路径很短(网络中所有节点对之间路径长度的平均值),则为小世界网络。例如,在一个公路交通网络中,两个节点城市之间的最短路程提供了一条最优的运送旅客路径,从而使得输送快速并节省资源。自然、社会和技术演化产生的许多生物、群体和产品似乎都具有这种结构,主要原因在于:一是在系统内快速传播信息的需要;二是产生和维持可靠的远程连接需要高成本。反映到人类社会网络中,就是有一类人特别擅长交往，他们认识很多人，正是由于他们的存在，才使得六度分隔成为可能。

3. 无标度网络

现实世界的网络大部分不是随机网络，少数节点往往拥有大量的连接，大部分节点却很少，一般而言，它们符合 Zipf 定律。具有这种性质的网络称为无标度网络。这里的无标度是指网络缺乏一个特征度值(或平均度值)，即节点度值的波动范围相当大。无标度网络则具有如下特征：

(1) 网络是动态增长的，不断有新的节点加入，而不是像随机网络中那样所有节点已给出，仅仅是随机建立连接。

(2) 新增的点并不像随机网络中那样和其他点有相同的概率建立连接，它会有更大的概率和已有很多连接的节点建立连接，分布通常符合幂律(一般为负指数)分布。

随机网络与无标度网络的分布见图 4-11。

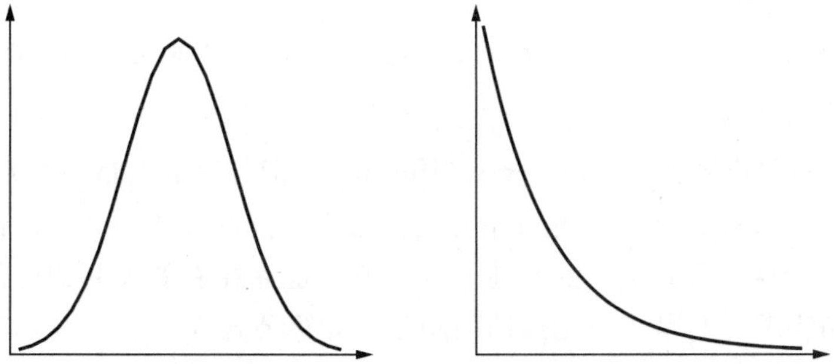

(a) 随机网络的钟形分布　　(b) 无标度网络的负指数分布

图 4-11　随机网络与无标度网络的分布

二、复杂网络的结构特征度量

1. 节点的度和强度

如果一名行动者与很多其他人有直接的关联，该行动者就居于中心地位，从而拥有较大的权力。居于中心地位的行动者往往与其他人有多种关联，而居于边缘地位的行动者并非如此。在这种思路的指导下测量一个节点的度数中心度(简称度)，可以仅仅依据与该点有直接关系的点的数目(在无向图中是点的度数，在有向图中是点入度和点出度)。可以认为，中心度是一个最简单的、最具有直观性的指数。

节点的度(degree)是一个网络中与该节点相连接的其他节点的数目。使用

邻接矩阵,则网络中一个节点 i 的度 D_i 可以定义为

$$D_i=\sum_j a_{ij} \tag{4-10}$$

其中,$a_{ij}=1$ 表示节点 i 和 j 之间有一条边,否则 $a_{ij}=0$。

如果是有向网络,一个节点 i 的度 k_i 包括两个部分:出度和入度。节点的出度是指从该节点出发连向其他节点的边数,即 $D_i^{\text{out}}=\sum_j a_{ij}$;节点的入度是指从其他节点出发连向该节点的边数,即 $D_i^{\text{in}}=\sum_j a_{ji}$。节点 i 的度定义为 $D_i=D_i^{\text{out}}+D_i^{\text{in}}$。

当网络具有加权特征时,度的概念扩展为强度(strength),或称之为权。一个节点的强度为其连接边的权重加和,即 $S_i=\sum_j s_{ij}$,其中,s_{ij} 表示节点 i 和 j 之间连接边的权重。如果在有向网络中,强度也进一步扩展为出强度 $S_i^{\text{out}}=\sum_j s_{ij}$ 和入强度 $S_i^{\text{in}}=\sum_j s_{ji}$。

用节点的强度除以节点的度,可以得到节点的平均强度,即 $u_i=S_i/D_i$。

2. 节点的聚集系数

节点 i 的聚集系数(clustering coefficient)是指与该节点相邻的 k_i 个节点之间实际存在的边数 E_i 与这些相邻节点之间最大可能存在连边数的比值,是测度与某节点实际存在有效关联的其他节点间彼此也存在有效关联的可能性指标,描述了网络中节点与节点集结成团的趋势。计算公式为:

$$C_i=\frac{E_i}{\frac{k_i(k_i-1)}{2}} \tag{4-11}$$

3. 节点的中间中心度

如果一名行动者处于许多交往网络路径上,可以认为此人居于重要地位,因为他具有控制其他人互相交往的能力。处于这种位置的个人可以通过控制或者曲解信息的传递而影响群体。因此,另一个刻画行动者个体中心度的指标是中间中心度,它测量的是行动者对资源控制的程度。如果一个点处于许多其他点对的捷径(最短途径)上,我们就说该点具有较高的中间中心度。在此意义上,他起到了沟通其他人的桥梁作用。

如果一名行动者处于多对行动者之间,那么他的度数一般较低。这个相对来说度数比较低的点可能起到重要的"中介"作用,因而处于网络的中心。例如,在图 4-12 中,点 C 和 E 处于许多点对的中间。由于点的中间度测量的是一名行动者在多大程度上成为"中间人"或者在多大程度上能控制他人,因此,可

以把 C 看成是在以 B 为中心的行动者和以 D 为中心的行动者之间的中间人，而 E 也在 D 的各个邻点和 F 的各个邻点之间起到了同样的中间人作用。

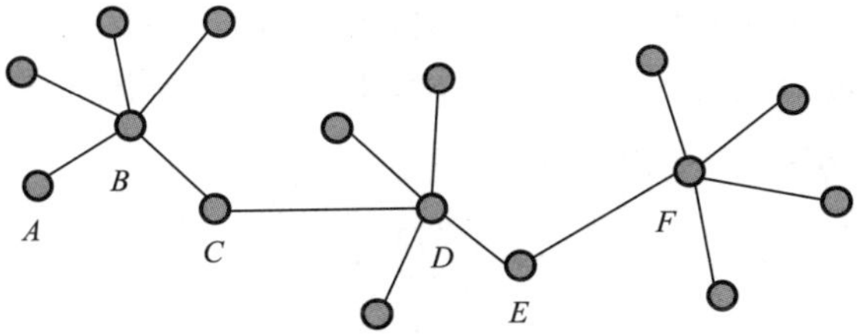

图 4-12　介数示意图

一个点对 X 和 Z 之间可能存在多个最短路径即捷径，一个点 Y 相对于一个点对 X 和 Z 的中间度(betweenness)指的是该点处于此点对的捷径上的能力。具体地说，我们可以利用“中间性比例”(betweenness proportion)这个概念来刻画这种“能力”，其定义为：经过点 Y 并且连接这两点的短程线占这两点之间的短程线总数之比。它测量的是 Y 在多大程度上位于 X 和 Z 的“中间”，这就是“中间中心度”。具体地说，假设点 j 和 k 之间存在的捷径数目用 g_{jk} 来表示。第三个点 i 能够控制此两点交往的能力用 $b_{jk}(i)$ 来表示，即 i 处于点 j 和 k 之间捷径上的概率。点 j 和 k 之间存在的经过点 i 的捷径数目用 $g_{jk}(i)$ 来表示。那么，$b_{jk}(i)=g_{jk}(i)/g_{jk}$。

如果计算点 i 的中间中心度(betweenness centrality)，我们仅仅需要把其相应于图中所有的点对的中间度加在一起。中间中心度的计算公式为：

$$C_{\mathrm{AB}}(i)=\sum_{j=1}^{n}\sum_{k=1}^{n}b_{jk}(i),j<k,j,k\neq i \tag{4-12}$$

4. 节点的接近中心度

有时候我们可能更关注一名行动者与网络中其他行动者的接近程度，这就引出了点的接近中心度或紧密中心度(closeness centrality)：一种对不受他人控制的测度。如果一个点与网络中所有其他点的距离都很短，则称该点具有较高的接近中心度。在图中，这样的点与许多其他点都“接近”。

在测量接近中心度的时候，我们关注的是捷径，而不是直接关系。如果一个点通过比较短的路径与许多其他点相连，我们就说该点具有较高的接近中心度。一个点的接近中心度定义为该点与图中其他点的捷径距离之和，其表达式为：

$$C_{\mathrm{AP}}(i)=\left(\frac{1}{n-1}\sum_{j=1,j\neq i}^{n}d_{ij}\right)^{-1} \tag{4-13}$$

其中，d_{ij} 是点 i 和 j 之间的捷径距离(即捷径中包含的线数)。

5. 网络平均路径长度

衡量网络节点间的紧密与否依靠平均路径长度。网络中任意节点对间的距离被定义为节点对间的最短路径所包含的边数目。对无向、无权网络中任意两个节点之间的最短路径长度进行平均，即可得到整个网络的平均路径长度(average path length)，其表达式为

$$L=\frac{\sum_{i=1,i\neq j}^{n} d_{ij}}{\frac{n(n-1)}{2}} \tag{4-14}$$

其中，n 为网络中的节点总数。

有向网络的平均最短路径长度表达式为

$$L=\frac{\sum_{i=1,i\neq j}^{n} d_{ij}}{n(n-1)} \tag{4-15}$$

6. 网络密度

网络“密度”(density)是图中实际存在的连线数占最大可能连线数的比例。在一幅有 n 个节点的无向图中，最大可能的连线数为 $n(n-1)/2$。设图中实际的连线数为 E，那么，无向图的密度计算公式为

$$\Delta=\frac{E}{\frac{N(N-1)}{2}} \tag{4-16}$$

在一幅有 N 个节点的有向图中，最大可能的连线数为 $N(N-1)$，设图中实际的连线数为 E，那么，有向图密度的计算公式为

$$\Delta=\frac{E}{N(N-1)} \tag{4-17}$$

7. 网络集聚系数

网络集聚系数是衡量网络集团化程度的重要参数，对网络中所有节点的集聚系数 C_i 取平均值就得到了整个网络的全局集聚系数，即

$$C=\frac{\sum_{i=1}^{N} C_i}{N} \tag{4-18}$$

8. 社区结构

许多真实的社会网络呈现一个共同的特征：网络中存在于组内的边远远稠密于组之间的边，这种结构称为网络的社区结构(community structure)。对于社区结构的划分评价，可以采用模块性(modularity)指标。

模块性是基于匹配混合模式(mixing pattern)来定义的。考虑某种划分形式,它将网络划分成 k 个社团。定义一个 $k\times k$ 维的对称矩阵 $\boldsymbol{E}=(e_{ij})$,其中,元素 e_{ij} 表示网络中连接 i 社区和 j 社区的边在所有边中所占的比例。设矩阵中对角线上各元素之和为 $\sum_i e_{ii}$,表示网络中某个社区内部各节点之间的边在所有边中所占的比例。定义每行(或每列)中各元素之和为 $a_i=\sum_j e_{ij}$,表示与第 i 个社区中节点相连的边在所有边中的比例。在此基础上定义模块性为

$$Q=\sum_i (e_{ii}-a_i^2) \tag{4-19}$$

可以看出,式(4-19)度量了社区内部边的比例与社区之间边的比例的差异。如果社区内部边的比例与社区之间边的比例相等,则有 $Q=0$,其含义是社区内部和外部边的比例并没有明显差异,不存在明显的社区划分。相反,如果 $Q\to 1$,则说明社区内部边的比例远远高于社区之间边的比例,说明社区划分非常明显。通常来说,当 $Q\geqslant 0.3$ 时,就可以认为存在明显的社区结构。

9. *度分布和强度分布*

网络中节点的度分布情况用节点度的分布函数 $P(k)$ 或累积分布函数 $P(>k)$ 描述。$P(k)$ 表示在网络中随机选择一个节点,该节点的度恰好为 k 的概率,或者网络中具有度为 k 的节点的比例。$P(>k)$ 表示度量网络中大于度为 k 的节点的比例,对于有向网络,一般需要计算出度分布 $P(k^{\text{out}})$ 和入度分布 $P(k^{\text{in}})$,分别度量网络中出度和入度大于 k 的节点比例。

当网络具有加权特征时,度分布的概念扩展为强度分布 $P(S)$ 和累积强度分布 $P(>S)$。对于有向网络,一般需要度量网络中出强度和入强度大于 S 的节点比例,即计算出强度分布 $P(S^{\text{out}})$ 和入强度分布 $P(S^{\text{in}})$。

在现实世界中,各种不同性质的复杂网络表现出的度(强度)分布特性和累积度(强度)分布特性主要包括无标度分布(scale-free distribution)、单标度分布(single-scale distribution)和宽标度分布(broad-scale distribution),分别对应着不同的分布曲线特征,有着不同的经济含义。小世界的无标度分布曲线见图4-13,分布图的横轴代表网络中节点的度 k,纵轴代表度为 k 的节点数量占网络节点总数的比例 $P(k)$,节点度服从幂律分布(power-law distribution):$P(k)=k^{-\gamma}$。幂律分布的图形没有峰值,大多数节点仅有少量连接,而少数节点拥有大量连接,不存在随机网络中的特征标度,于是人们称这种表现出幂律的度分布为无标度分布。

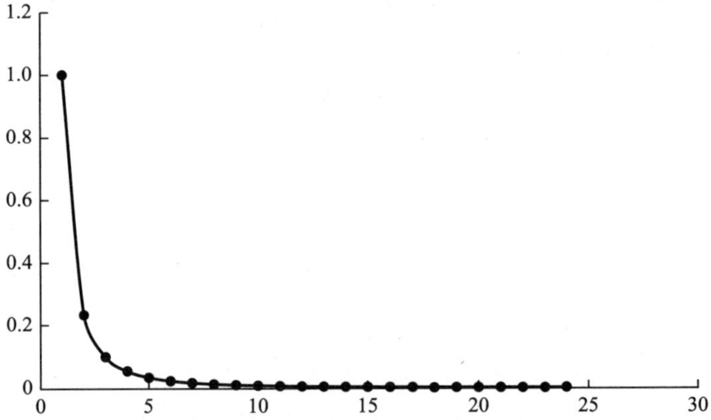

图 4-13 小世界的无标度分布

三、基于复杂网络的天然气管网结构特征分析

天然气从油气田的井口装置开始，经过矿场加工系统、干线和支干线输气管道、配气管网后到达用户。实际中，可以将天然气管网抽象成复杂网络。图 4-14 是天然气管网局部图，其中大的圆圈表示气源点，小的圆圈表示需气点。下面应用复杂网络的指标对该天然气管网开展整体特征分析和节点分析。

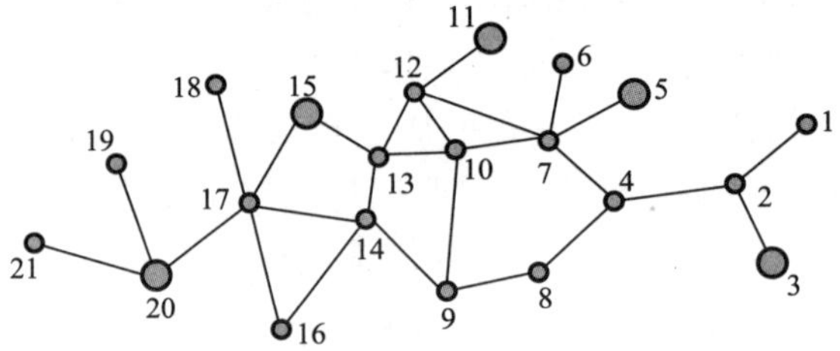

图 4-14 天然气管网图

将图 4-14 转换为邻接矩阵，输入 Ucinet 软件，得到该天然气管网的关联关系数为 51，平均路径长度为 3.516 7，网络密度为 0.121 4，网络聚集系数为 0.169。可见，网络总体较为稀疏，无论是密度还是聚集系数均比较小。该网络 21 个节点的节点度、中间中心度和接近中心度见表 4-11。

表 4-11 天然气管网节点特征值

节点序号	节点度	中间中心度	接近中心度
1	1	0.000 0	0.212 8
2	3	52.000 0	0.266 7

续表 4-11

节点序号	节点度	中间中心度	接近中心度
3	1	0.000 0	0.212 8
4	3	57.900 0	0.333 3
5	1	23.900 0	0.263 2
6	1	23.900 0	0.263 2
7	5	104.633 3	0.350 9
8	2	12.333 3	0.333 3
9	3	31.500 0	0.384 6
10	4	11.166 7	0.377 4
11	1	12.533 3	0.274 0
12	4	83.766 7	0.370 4
13	4	2.166 7	0.370 4
14	4	80.200 0	0.377 4
15	2	0.000 0	0.322 6
16	2	0.000 0	0.298 5
17	4	0.000 0	0.317 5
18	1	0.000 0	0.243 9
19	1	0.000 0	0.206 2
20	3	0.000 0	0.256 4
21	1	0.000 0	0.206 2
平均值	2.428 6	23.619 0	0.297 2

从节点度来看，2、4、7、9、10、12、13、14、17、20 的节点度均超过了平均值，特别是节点 7 的度数最大，有 5 条边与之相连，节点 10、12、13、14 和 17 的连接边数为 4，这些节点在天然气管网中的影响较大。

从中间中心度来看，节点 2、4、5、6、7、9、12、14 的中间中心度均超过了平均值，特别是节点 7、12、14 的中间功能较强，它们的中间中心度都超过了 80，表明它们在天然气管网中具有较强的信息传递控制能力，是保证管网稳定性及抗毁性的重要节点。

从接近中心度来看，节点 4、7、8、9、10、12、13、14、15、16、17 的接近中心度均超过了平均值，特别是节点 9、10、14 的接近中心度排在前三位，表明它们在天然气管网中具有较强的交互效率和快速连接能力，也反映出它们不通过中间节点与其他节点连接的非受控能力。

本章 小结

本章主要讨论了系统模型与模型化的含义，重点分析了系统结构模型，包括解释结构模型、DEMATEL 模型、MICMAC 模型和复杂网络模型。同时，结合能源系统案例，给出各种模型的具体应用。当然，系统结构模型还有很多，理论上，只要能用包含节点、边的网络图表示的模型均为系统结构模型，如项目管理中的单代号、双代号网络图，图论中的各种图等。除了系统结构模型外，还有大量其他的系统模型被广泛研究与应用，如系统聚类模型、状态空间模型、结构方程模型(SEM)等。此外，求解 DEMATEL、ISM、MICMAC 模型可以直接用 Excel 中的函数，主要包括：单位矩阵函数 Munit、矩阵相乘函数 Mmult、矩阵的转置函数 Transpose 等；求解复杂网络可以用 Ucinet 软件等。

本章 习题

1. 系统模型化的本质和作用是什么？

2. 简述解释结构模型的特点、作用及适用范围。

3. 简要说明 DEMATEL、ISM、MICMAC 等模型的联合使用方法。

4. 已知 7 个节点 $N_1 \sim N_7$ 的邻接矩阵如下，给出其可达矩阵，确定其系统递阶结构模型。

$$\boldsymbol{A}=\begin{bmatrix} 0 & 0 & 0 & 0 & 1 & 0 & 1 \\ 0 & 0 & 0 & 0 & 0 & 0 & 0 \\ 0 & 0 & 0 & 0 & 1 & 1 & 0 \\ 0 & 1 & 0 & 0 & 0 & 0 & 0 \\ 0 & 0 & 0 & 0 & 0 & 0 & 0 \\ 0 & 0 & 1 & 0 & 1 & 0 & 0 \\ 0 & 0 & 0 & 0 & 1 & 0 & 0 \end{bmatrix}$$

5. 已知某系统结构的有向图如图 4-15 所示，建立其邻接矩阵和可达矩阵。

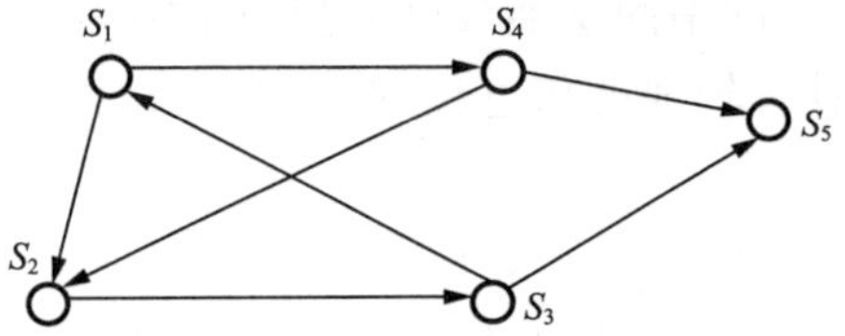

图 4-15　某系统的结构有向图

6. 系统 $S=\{a,b,c,d\}$ 中各要素的关系如图 4-16 所示，图中弧线上的数字表示要素之间关系的强弱，其中 3 表示强，2 表示中，1 表示弱。请用 DEMATEL 方法进行因素分析与识别。

7. 给定描述系统基本结构的有向图，如图 4-17 所示，建立邻接矩阵和可达矩阵，并用规范化方法和实用方法建立其递阶结构模型。

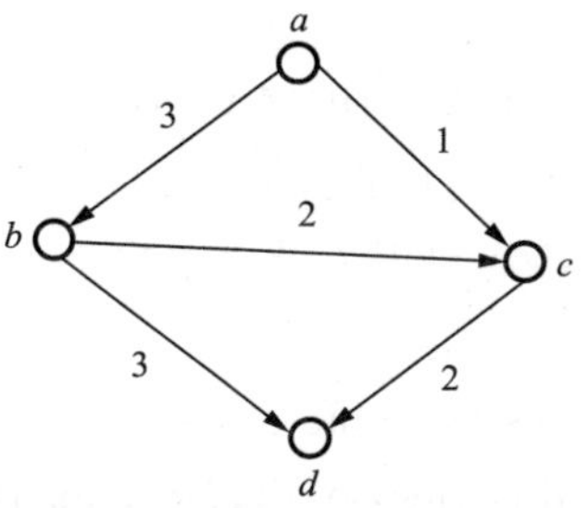

图 4-16　系统各要素关系图

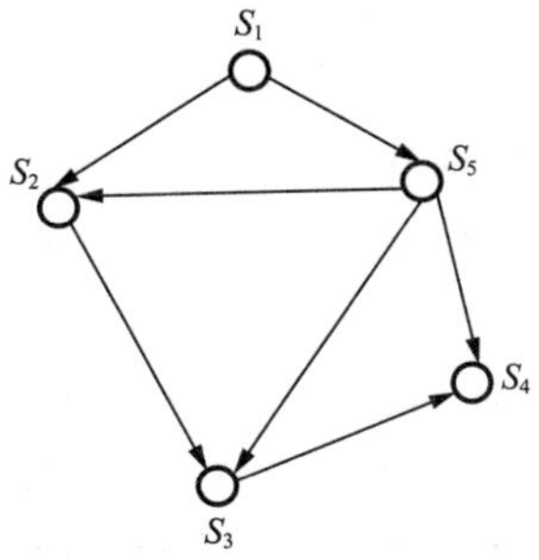

图 4-17　系统基本结构的有向图

8. 造成城市交通拥堵的原因是多方面的，经过调研分析，总结出的原因主要包括城市功能结构与布局、交通出行组织、公共交通系统、城市路网结构、信息化水平、停车设施、交通基础设施、道路通行能力、交通出行结构、交通量空间分布、人口空间分布。得到这 11 个因素的邻接矩阵如下：

$$\boldsymbol{A}=\begin{bmatrix}0&1&1&1&0&1&1&1&1&1&1\\0&0&0&0&0&0&0&0&0&1&0\\0&0&0&0&0&0&0&0&1&1&0\\0&1&1&0&0&1&0&1&0&0&1\\0&0&1&0&0&0&0&1&1&0&0\\0&0&0&0&0&0&0&0&1&0&0\\0&0&0&0&0&0&0&1&0&1&0\\0&0&0&0&0&0&0&0&1&1&0\\0&0&0&0&0&0&0&0&0&0&0\\0&0&0&0&0&0&0&0&0&0&0\\0&0&0&0&0&0&0&0&1&1&0\end{bmatrix}$$

请用 ISM-MICMAC 模型分析各因素的类别。

9. 对第 8 题中的 11 个因素构建复杂网络，分析网络的结构特征度量指标值。

10. 阐述复杂网络的节点特征与网络全局特征指标间的差异。

11. 结合文献，分析复杂网络与社会网络的区别，并补充复杂网络的特征指标。

延伸阅读

[1] 晋良海,张荣昊,明华军,等.基于 DEMATEL-ISM 方法的水电站机组检修作业安全事故致因链分析[J].水利水电科技进展,2024,44(1):37-43,51.

[2] 郭慧敏,成连华,李树刚.基于 DEMATEL-ISM-MICMAC 的煤矿瓦斯爆炸致因研究[J].矿业安全与环保,2023,50(2):114-119.

[3] 张益畅,何沙,庞敏.基于 DEMATEL-ISM 的中国石油进口安全影响因素分析[J].油气储运,2023,42(6):713-720.

[4] Y SUN,Z HUANG,F CHI. Analysis of systemic factors affecting carbon reduction in Chinese energy-intensive industries: A dual-driven DEMATEL model[J]. Energy,2023,285,129319. https://doi. org/10. 1016/j. energy. 2023. 129319.

[5] R AGARWAL,A BHADAURIA,H KAUSHIK,et al. ISM-MICMAC-based study on key enablers in the adoption of solar renewable energy products in India[J]. Technology in Society,2023,75,102375. https://doi. org/10. 1016/j. techsoc. 2023. 102375.

第五章 能源系统评价

导入

针对一次能源安全问题，从能源的可得性、经济性、清洁性和可持续性四个维度构建中国能源安全评价指标体系。以熵权法-TOPSIS距离函数模型对中国2005—2024年的能源安全水平进行定量测度和评价，并通过灰色关联分析法探究与中国能源安全关联程度较高的影响因素。研究表明，2005—2019年，有6年时间中国能源安全处于预警等级，整体而言能源安全水平呈先下降后上升的态势，且2020—2024年能源安全水平仍有进一步提升的空间。通过对能源安全水平及其影响因素的关联度分析，发现人口自然增长率、石油进口集中度、中国创新指数、石油进口经济承载力、产业结构是与能源安全水平关联程度最高的5个因素。根据分析结果和存在的薄弱环节，应将能源可获得性作为预防能源风险的重要内容，处理好能源短期安全与长期安全的关系，把“稳价格”“降成本”作为提高能源安全保障的重要途径，坚定推进能源清洁化、可持续发展。

（资料来源：史丹，薛钦源. 中国一次能源安全影响因素、评价与展望[J]. 经济纵横，2021(1)：31-45，2.）

评价一般是指按照明确的目标测定对象的属性，并把它变成主观效用（满足主体要求的程度）的行为，即明确价值的过程。系统评价是系统工程的重要内容，通过系统评价可以将反映系统的各个属性综合为一个数值，为总体把握评价对象及对不同对象进行排序、对比提供依据。能源系统评价是运用系统评价的工具对能源相关领域的对象开展评价，为能源系统决策提供现状分析，或者对系统开发方案提供决策支持。

第一节 系统评价概述

一、系统评价的定义

系统评价是系统工程中的一种基本处理方法，也是系统分析中的一个重要环节。系统工程的基本方法是指把所研究的对象当作系统来分析，对分析结果加以综合后完成系统设计，然后再对系统设计的方案进行评价，评价的同时也要考虑分析中的定性因素。如果评价未能达到系统的要求，则需要返回重新分析或综合，直至能有效实现预定要求为止。图 5-1 反映了评价、分析和综合的关系。

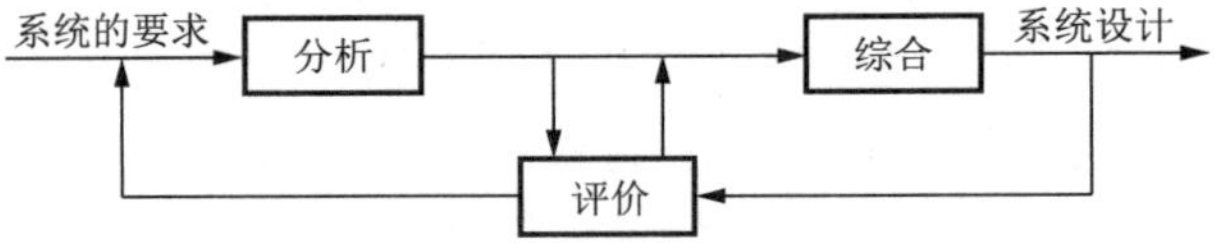

图 5-1 评价、分析和综合的关系

系统评价就是根据预定的系统目标，在系统分析的基础上，从技术、经济、社会、生态等各个方面，就系统设计的各种方案运用科学、适用的评价方法进行评审和选择，得到最优或满意的方案。

二、系统评价的分类

系统的评价可以分阶段进行，特别是对于复杂的大系统，在可行性研究、计划、设计、实施等各个重要环节都要做出评价工作。系统评价可以按以下几种方式分类：

1. 按评价的时间顺序划分

(1) 事前评价。事前评价是在着手系统开发之前进行的评价，是为了提高系统成果、合理确定系统计划的有效手段。

(2) 中间评价。中间评价是在系统开发过程中进行的评价，是用来判断是否有必要变更开发目标及为发现系统开发中的问题、尽早采取对策提供决策支持的有效手段。

(3) 事后评价。事后评价是在系统开发完成之后进行的评价，是对开发结果是否达到预期目标的评价，同时也是确认目标以外取得的成果的重要手段。

(4) 跟踪评价。跟踪评价用来研究系统的真实波及效果，对整个系统进行评价的一种方法。

上述四个阶段的排序如图 5-2 所示。

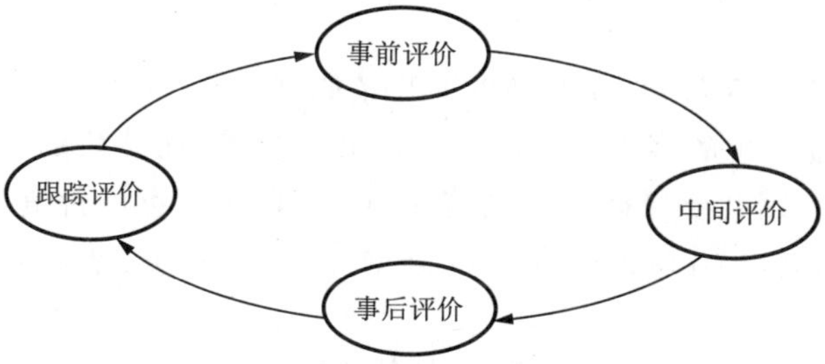

图 5-2 评价的时间排序

2. 按评价内容划分

系统评价按照内容主要分为如下类型：

(1) 技术评价。技术评价是围绕系统功能进行的，评定系统方案能否实现所需的功能及实现程度。

(2) 经济评价。经济评价是围绕经济效益进行的，内容主要是以成本、收益、净现值、内部收益率、投资回收期等为代表的经济可行性分析。

(3) 社会评价。社会评价是针对系统给社会带来的利益或影响而进行的评价。

(4) 综合评价。综合评价是在单方面评价的基础上对系统方案价值的大小所做的综合评定。

系统的评价分为许多阶段，甚至在每个阶段还可以分为若干小的阶段进行评价，以便及时采取正确的对策解决问题。事前评价是设想所研究的系统建成后将会处于怎样一种环境之中，将来如何进行，可获得怎样的经济效益，产生什么社会影响。可行性研究是一种事前评价方法。事后评价不仅是为了确认系统的开发成果，也是为了总结经验，改进今后的开发工作，并使之定型化。

计划阶段的评价也是一种事前评价，是在着手设计之前对系统进行比较全面的评价，通过这种评价选定理想的替代方案，制订出切实可行的计划，将对以后系统的最终运行起到重要作用。另外，也可以通过对系统的事前评价考虑各种可能导致系统失败的因素，即设想的缺陷，并探讨对这些缺陷的评价及采取的对策。

系统设计是系统工程的核心问题，比系统计划还要重要。因为系统的性能可否达到设想的目标，在很大程度上取决于系统设计。所以对系统设计的评价主要是评价系统的特性，也就是通对系统的有效性评价，考察系统设计适合目标的情况；通过对系统功能和性能的评价，考察系统设计适合特性的情况；另外还包含对系统结构和系统运用的评价等。

三、系统评价的原则

为了做好系统评价，必须遵循以下几条原则：

(1) 要保证评价的客观性。评价的目的是决策，而评价的质量直接影响着决策的正确性。因此要保证评价的客观性，就必须注意评价资料的全面性、可靠性和正确性，防止出现评价人员的倾向性，评价人员的组成也要具有代表性等。

(2) 要保证方案的可比性。替代方案在保证实现系统的基本功能方面要有可比性。个别功能突出或方案内容新，只能说明其相关方面，而不能代替其他方面。

(3) 评价指标要成系统。评价指标体系是由若干个评价指标组成的整体。它应当包括系统目标所涉及的一切方面，而且对定性问题要有恰当的评价指标，以保证评价不出现片面性。

(4) 评价指标必须与国家的方针、政策、法令法规等的要求相一致。

四、系统评价的步骤

系统评价的步骤是有效地进行评价的保证，一般包括以下内容：

1. 明确系统目标，熟悉系统方案

为了进行科学的定量评价，必须反复调查了解建立这个系统的目标，完成系统目标所考虑的具体事项，熟悉系统方案，进一步分析和讨论已经考虑到的各个因素。

2. 分析系统要素

根据评价目标，集中收集有关资料和数据，对组成系统的各个要素及系统的性能、特性进行全面分析，找出评价的项目。

3. 确定评价指标体系

指标是衡量系统总体目标的具体标志。对于所评价的系统，必须建立能对照和衡量各个方案的统一尺度，即评价指标体系。评价指标体系必须科学、客观、尽可能全面地考虑各种因素，包括组成系统的主要因素及有关系统性能、费用、效果等方面，这样就可以明确地对各方案进行对比和评价，并对其缺陷提出适当的对策。

4. 制定评价结构和评价准则

在评价过程中，如果只是定性地描述系统达到的目标，而没有定量的表述，

就难以做出科学的评价。因此,要对所确定的指标进行定量化处理。有些原来只有定性的描述,就要进行分析研究,制定和选择评价的定量依据,这里往往需要借助于模糊理论的概念和方法。评分就是最常用的一种简单方法,即把具体情况人为地分成若干等级,进行相对比较。

5. 确定评价方法

评价方法根据对象的具体要求不同而有所区别。总的来说,要依据系统目标与系统结果、费用、效果的测定方法,成功可能性的分析方法及评价准则等进行确定。

6. 单项评价

单项评价是对系统的某一特殊方面进行详细评价,以突出系统的特征。单项评价不能解决最优方案的判定问题,只有综合评价才能解决最优方案或方案优先顺序的确定问题。

7. 综合评价

综合评价是按照评价标准,在单项评价的基础上,从不同的观点和角度对系统进行全面评价。综合评价就是利用模型资料,用技术经济的观点对比各种可行方案,从系统整体观点出发,综合分析问题,选择适当并且可能实现的优化方案。

第二节　评价指标的选取及其量化方法

一、评价指标的选取

评价指标是系统评价的基础。选取系统评价指标时,通常应遵循如下原则:

(1) 全面性。选取的评价指标应能满足评价目的的需要,相对独立地反映评价对象的某个方面,并从总体上构成涵盖全面的评价指标体系。

(2) 明确性。评价指标应该有具体、清晰的含义,不能有歧义。

(3) 可测性。评价指标应该可以通过直接或间接的方法获取指标值。如果指标值无法获取,就不能作为评价指标。

(4) 可比性。通常系统评价是针对系统自身或者与其他系统之间进行比较,或者系统多个方案之间进行评价,那么评价指标应该便于不同对象间的比较。

(5) 典型性。评价指标不宜过多,所以选取的指标应该能够反映出系统的主要方面。

(6) 动态性。评价指标不是一成不变的,随着时间的推移,可以适当增删。

评价指标的选取可以采用文献查阅法、逻辑分析法、头脑风暴法、专家意见法等,或者综合使用这些方法。下面给出一个示例说明专家意见法的量化应用。

【例 5-1】 对油气勘探中反映油气资源的评价指标进行设计。通过文献查阅,获得了如下初步指标:勘探程度、油气储量丰度、单井探明储量、单位二维地震探明储量、单位三维地震探明储量、单位钻井进尺探明储量、探井成功率、可采系数。邀请 10 位高级工程师或经济师对初步指标体系按照 Likert 五级量表方式,从“非常重要”“比较重要”“一般”“不重要”“直接舍弃”五个等级中选取单项,收集各位专家的评价结果,将上述 5 个等级分别赋值 5、4、3、2、1,计算所有专家分值的平均值和变异系数:

$$d_j=\frac{\sum_{i=1}^{n}d_{ij}}{n},v_j=\frac{\sqrt{\sum_{i=1}^{n}(d_{ij}-d_j)^2/(n-1)}}{d_j} \tag{5-1}$$

其中,d_{ij} 为第 i 位专家给出的第 j 项指标的等级分值,n 为专家人数;d_j 和 v_j 分别为第 j 项指标的平均值和变异系数。如果 $d_j<3.5$ 或者 $v_j>0.25$,表明该指标的重要性不足或者专家意见过于分散,应当舍弃,只保留 $d_j\geqslant 3.5$ 且 $v_j\leqslant 0.25$ 的指标。筛选结果见表 5-1。

表 5-1 对初步指标体系的筛选

指　　标	平均值	变异系数
勘探程度	4.456 5	0.161 9
油气储量丰度	4.260 9	0.206 6
单井探明储量	3.847 8	0.299 9
单位二维地震探明储量	2.826 1	0.449 5
单位三维地震探明储量	2.869 6	0.473 9
单位钻井进尺探明储量	2.717 4	0.456 8
探井成功率	3.347 8	0.379 0
可采系数	4.608 7	0.133 2

按照指标筛选原则,得到的最终评价指标为勘探程度、油气储量丰度、可采系数。

二、评价指标的量化方法

除了某些指标能够直接给出定量数值外,还有一些指标无法给出具体数值，这类指标的量化方法主要有评价等级赋分法、排队打分法、体操计分法、专家计分法、两两比较法、连环比率法等。

1. 评价等级赋分法

该方法就是对不同的评价等级赋予相应的分值，如"优秀""良好""较好""及格""差"，在百分制中分别赋予 95、85、75、65、55，在 5 分制中分别赋予 5、4、3、2、1。

2. 排队打分法

设有 n 种方案，则可采取 n 级计分制：最优者计 n 分，最劣者记 1 分，中间各方案可以等步长计分（步长为 1 分），也可以不等步长计分，应根据具体情况灵活安排；或者各项指标均采用 10 分制，最优者满分为 10 分。

3. 体操计分法

体育比赛中的许多计分法也可以用于系统评价工作中。例如，体操计分法就是请 6 位裁判员各自独立地对运动员按 10 分制评分，然后舍去最高分和最低分，将中间的 4 个分数取平均值，就得到运动员的最后得分。在系统评价工作中，也可以采用这种体操计分法得到系统各评价指标的最后得分。

4. 专家计分法

这是一种利用专家经验的感觉评分法。例如，要对多台设备的操作性进行评价，可以请若干专家，即有经验的实际操作者来试车，专家根据主观感觉和经验，对每台设备按一定的计分制打分，再将每台设备的得分相加，最后将总和除以操作的人数，就得到了各台设备的得分数。

5. 两两比较法

两两比较法也是一种依靠经验的感觉评分法，是将方案两两比较打分，然后对每一种方案的得分求和，并进行百分化处理等。打分时可以采用 0～1 打分法、0～4 打分法、多比例打分法等。

(1) 0～1 打分法。

设有 n 种方案，我们排成一个 $n\times n$ 的方阵，其元素

$$a_{ij}=\begin{cases}1,\text{当方案 } i \text{ 比 } j \text{ 优时}\\0,\text{当方案 } i \text{ 比 } j \text{ 劣时}\\\text{空白，当方案 } i \text{ 与 } j \text{ 相当时}\end{cases}\tag{5-2}$$

很明显，有 $a_{ij}=1-a_{ji}$，即当 $a_{ij}=1$ 时，$a_{ji}=0$；当 $a_{ij}=0$ 时，$a_{ji}=1$。a_{ij} 总是表示第 i 种方案得到的分数。有时，当第 i 种方案与第 j 种方案相当，分不出优劣时，还可以令 $a_{ij}=a_{ji}=0.5$，有的还规定 $a_{ii}=0.5$，当然上述两种情形的赋值并不会改变结果。

(2) 0～4 打分法。

这种打分法比 0～1 打分法详细一些。当两种方案 i 与 j 同等优越时，令 $a_{ij}=a_{ji}=2$；当方案 i 比 j 稍微优越时，令 $a_{ij}=3$，$a_{ji}=1$；当方案 i 比 j 显著优越时，令 $a_{ij}=4$，$a_{ji}=0$。

(3) 多比例打分法。

0～4 打分法可以看成是一种比例打分法，两种方案的得分比例分别为：4∶0，3∶1，2∶2，两者得分之和为 4。在多比例打分中，两者得分之和为 1，其比例可为：1∶0，0.9∶0.1，0.8∶0.2，0.7∶0.3，0.4∶0.6，0.5∶0.5。这样的分档就更细了。

6. 连环比率法

连环比率法也称古林(A. J. KLEE)法，是一种确定得分系数或加权系数的方法，我们用表 5-2 来说明。此方法可分以下三个步骤进行：

表 5-2　连环比率法示例

方　案	暂定分数	修正分数 f_i	得分系数 f_j
A_1	2.0	4.50	0.33
A_2	0.5	2.25	0.16
A_3	3.0	4.50	0.33
A_4	1.5	1.50	0.11
A_5	1.0	1.00	0.07
合　计	—	13.75	1.00

(1) 填写暂定分数列(由上而下)。

对比 A_1 和 A_2，设 A_1 的优越性是 A_2 的 2 倍，则对应 A_1 填写 2.0；对比 A_2 与 A_3，设 A_2 的优越性仅为 A_3 的一半，则对应 A_2 填写 0.5；类似地，对应 A_3 与 A_4 分别填写 3.0 与 1.5；最后对应 A_5 填写 1.0。

(2) 填写修正分数列(自下而上)。

取 A_5 为基础值，其修正分数为 1.00；用 1.00 乘以 A_4 的暂定分数 1.5，得到 A_4 的修正分数为 1.50；用 1.50 乘以 A_3 的暂定分数 3.0，得到 A_3 的修正分数为 4.50；类似地，得到 A_2 与 A_1 的修正分数为 2.25 与 4.50。

对所有修正分数求和：

$$\sum_{i=1}^{5}(A_i\text{ 的修正分数})=13.75$$

(3) 计算得分系数 f_i：

$$f_i=\frac{A_i\text{ 的修正分数}}{\sum_{i}(A_i\text{ 的修正分数})} \tag{5-3}$$

例如，$f_1=\frac{4.5}{13.75}=0.33$，$f_2=\frac{2.25}{13.75}=0.16$。很显然，$f_i$满足如下关系式：$0\leqslant f_i\leqslant 1$，$\sum_{i=1}^{n} f_i=1$。这正是统计学中对于权系数的定义，用连环比率法确定权系数时，只需要把“优越性”的比较换为“重要性”的比较即可。

第三节 评价指标综合的基本方法

将各评价指标数量化，得到各种可行方案所有评价指标的无量纲统一得分后，就可以进行指标的综合，得到每一种方案的综合评价值，再根据综合评价值的高低就能够排出方案的优劣顺序了。

一、指标规范化方法

由于不同指标的数值范围可能不同，需要对各个指标进一步规范化。设$\mathbf{A}=\{A_1,A_2,\cdots,A_n\}$为评价或决策方案集，$\mathbf{U}=\{u_1,u_2,\cdots,u_m\}$为指标集。对方案$x_i$按指标$u_j$进行测度，可得到$x_i$关于$u_j$的指标值$a_{ij}$，从而构成决策矩阵$\mathbf{A}=[a_{ij}]_{n\times m}$，见表5-3。

表5-3 决策矩阵A

集	u_1	u_2	…	u_m
A_1	a_{11}	a_{12}	…	a_{1m}
A_2	a_{21}	a_{22}	…	a_{2m}
⋮	⋮	⋮	⋮	⋮
A_n	a_{n1}	a_{n2}	…	a_{nm}

指标类型一般为效益型（正向型）、成本型（逆向型）、固定型（居中型）、区间型等，其中效益型属性是指属性值越大越好的属性，成本型是指属性值越小越好的属性，固定型是指属性值很接近某个固定值的属性，区间型是指属性值很接近某个固定区间的属性。下面对不同类型指标进行预处理，常用的预处理方法包括线性比例法、极值处理法、标准化处理法、归一化处理法等。

对效益型和成本型指标做线性比例法处理如下：

$$z_{ij}=\begin{cases}\dfrac{a_{ij}}{\max\limits_{i} a_{ij}}, i\in N, j\in I_1\\[2ex] \dfrac{\min\limits_{i} a_{ij}}{a_{ij}}, i\in N, j\in I_2\end{cases} \tag{5-4}$$

其中，I_1和 I_2分别为效益型指标集和成本型指标集。

极值处理法如下：

$$z_{ij}=\begin{cases}\dfrac{a_{ij}-\min\limits_i a_{ij}}{\max\limits_i a_{ij}-\min\limits_i a_{ij}}, i\in N, j\in I_1 \\ \dfrac{\max\limits_i a_{ij}-a_{ij}}{\max\limits_i a_{ij}-\min\limits_i a_{ij}}, i\in N, j\in I_2\end{cases} \tag{5-5}$$

对效益型指标的标准化处理法如下：

$$z_{ij}=\frac{a_{ij}-\overline{a}_j}{\sigma_j}, i\in N \tag{5-6}$$

其中，$\overline{a}_j$ 表示第 j 个指标的平均值，σ_j表示其样本标准差。

对效益型指标的归一化处理法如下：

$$z_{ij} = \frac{a_{ij}}{\sum\limits_i a_{ij}}, i\in N \tag{5-7}$$

对于固定型指标，可做如下处理：

$$z_{ij}=1-\frac{a_{ij}-\alpha_j}{\max\limits_i |a_{ij}-\alpha_j|}, i\in N \tag{5-8}$$

其中，α_j是要靠近的固定值。

对于区间型指标，可做如下处理：

$$z_{ij}=\begin{cases}1-\dfrac{\alpha_j^0-a_{ij}}{\alpha_j^0-\alpha_j^1}, \alpha_j^1<a_{ij}<\alpha_j^0 \\ 1, \alpha_j^0\leqslant a_{ij}\leqslant \alpha_j^* \\ 1-\dfrac{a_{ij}-\alpha_j^*}{\alpha_j^2-\alpha_j^*}, \alpha_j^*<a_{ij}<\alpha_j^2 \\ 0, \text{其他}\end{cases} \quad i\in N \tag{5-9}$$

其中，$[\alpha_j^0, \alpha_j^*]$是最优属性区间，α_j^1是无法容忍的下限，α_j^2是无法容忍的上限。

当然，也可以先对成本型指标值正向化，如采用相反数或倒数的形式，将其变为越大越好的效益型指标值，再用预处理的有关方法进行处理。

二、加权平均法

加权平均法是指标综合的基本方法，它有两种形式，分别称为加法规则（也称线性加权综合法）与乘法规则（也称非线性加权综合法）。

1. *加法规则*

加法规则是采用加权算术平均算子对各指标评价信息进行集结。设方案

A_i的指标 u_j 的得分或标准化后的数值为 a_{ij}，其综合评价值 φ_i 按公式(5-10)计算：

$$\varphi_i=\sum_{j=1}^{m} w_j a_{ij}, i=1,2,\cdots,n \tag{5-10}$$

其中，w_j 为权系数，满足关系式：$0\leqslant w_j\leqslant 1, \sum_{i=1}^{n} w_i=1$。

2. 乘法规则

乘法规则采用公式(5-11)计算各个方案的综合评价值 φ_i：

$$\varphi_i=\prod_{j=1}^{m} a_{ij}^{w_j}, i=1,2,\cdots,n \tag{5-11}$$

乘法规则使用的场合要求各项指标尽可能取得较好的水平，才能使总的评价值相同，它不允许哪一项指标处于最低水平上。只要有一项指标的得分为零，不论其余的指标得分多高，总的评价值都将是零，因而该方案将被淘汰。例如，一个系统的各项指标虽然很好，但是由于有碍于政治因素，最后还是要被否决。

相反，在加法规则中，各项指标的得分可以线性互补。一项指标的得分比较低，其他指标的得分都比较高，总的评价值仍然比较高，任何一项指标的改善，都可以使总的评价值提高。

【例 5-2】 对用于水力发电的水库大坝溃坝后果进行评估，现有 5 座大坝作为评估对象，从生命损失、经济损失、环境影响、社会影响 4 个评价指标来考虑，有关数据见表 5-4。其中，环境影响和社会影响的调查数值越小越好。已知 4 项指标的权重依次为 0.38、0.35、0.10、0.17，用乘法规则进行评估。

表 5-4　5 座大坝的指标数据

大　坝	生命损失/人	经济损失/亿元	环境影响	社会影响
A	322	36	1.32	18.33
B	705	30	1.50	12.65
C	932	40	1.18	8.35
D	862	24	1.42	31.21
E	1 507	20	1.39	8.72

解：4 项指标均为越小越好的指标，采用线性比例法得到预处理后的数据，见表 5-5。

表 5-5　5 座大坝的指标预处理后的数据

大　坝	生命损失	经济损失	环境影响	社会影响
A	1.000 0	0.555 6	0.893 9	0.455 5
B	0.456 7	0.666 7	0.786 7	0.660 1
C	0.345 5	0.500 0	1.000 0	1.000 0
D	0.373 5	0.833 3	0.831 0	0.267 5
E	0.213 7	1.000 0	0.848 9	0.957 6

将表 5-5 的数据代入公式(5-11)，得到 A～E 5 座大坝的综合评价值依次为 0.704 3、0.586 1、0.523 9、0.506 3、0.543 2。因此溃坝严重性后果由好到差的排名为：A>B>E>C>D。

三、功效系数法

设系统具有 n 项指标 $f_1(x),f_2(x),\cdots,f_n(x)$，其中 k_1 项越大越好，k_2 项越小越好，其余 $n-k_1-k_2$ 项要求适中。现在分别给这些指标赋予一定的功效系数 d_i，即 $0\leqslant d_i\leqslant 1$，其中 $d_i=0$ 表示最令人不满意，$d_i=1$ 表示最令人满意。一般地，$d_i=\phi_i(f_i(x))$，对于不同的要求，函数 ϕ_i 有着不同的形式，如图 5-3 所示。当 f_i 越大越好时选用图 5-3(a)，f_i 越小越好时选用图 5-3(b)，f_i 适中时选用图 5-3(c)。

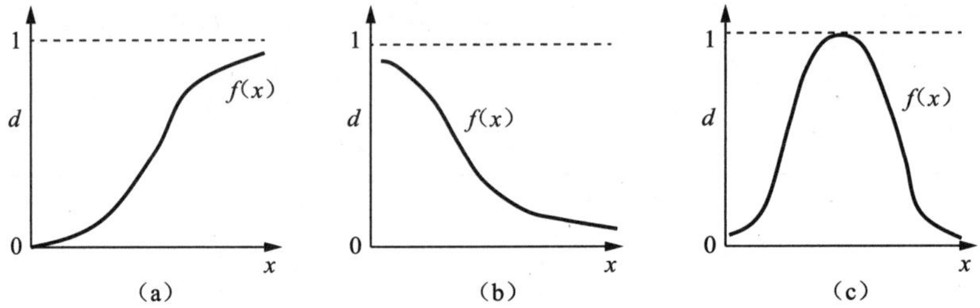

图 5-3　不同形式的函数 ϕ_i 示意图

总的功效系数为：

$$D=\sqrt[n]{d_1 d_2\cdots d_n} \tag{5-12}$$

作为单一评价指标，希望 D 越大越好$(0\leqslant D\leqslant 1)$。$D$ 的综合性很强，如当某项指标 d_k 令人很不满意时，$d_k=0$，则 $D=0$。如果各项指标都令人满意，均接近于 1，则 $D\approx 1$。其实，功效系数法是加权平均法中乘法的特例，即 $w_1=w_2=\cdots=w_n=1/n$。

四、主次兼顾法

设系统具有 n 项指标 $f_1(x),f_2(x),\cdots,f_n(x),x\in\mathbf{R}$,如果其中某一项最为重要,设为 $f_1(x)$,希望它取最小值,则可以让其他指标在一定的约束范围内变化来求取 $f_1(x)$的极小值,也就是说,将问题化为单指标的数学规划:

$$\min f_1(x),x\in R' \tag{5-13}$$

$$R'=\{x|f'_k\leqslant f_k(x)\leqslant f''_k,k=2,3,\cdots,n,x\in\mathbf{R}\} \tag{5-14}$$

例如,对于一座石油化工厂,要求产品成本低、质量好,同时要求污染少。如果降低成本是当务之急,则可以让质量指标和污染指标满足一定的约束条件而求取成本的极小值;如果控制污染、保护环境是当务之急,则可以让成本指标和质量指标满足一定的约束条件而求取污染的极小值。

五、效益成本法

在系统评价中,所有评价指标可以划分为两类:一类是效益,另一类是成本。前者是我们实现方案后能够获得的结果,后者是为实现方案必须支付的投资。将每个方案的效益与成本分别计算后,再比较它们的效益/成本,就可以评价方案的优劣,显然,效益/成本越大,方案越好。

【例 5-3】 某厂为了扩大生产,准备新建厂房,提出了三个方案,见表 5-6,请用效益成本法对三个方案进行评价。

对三个方案进行比较后,发现它们各有优、缺点。为了便于进一步判断,应把目标适当集中。由于在系统评价中最关心的是成本和效益两大类,因此应该首先集中注意这两类指标。已知建成后发挥效益的时间是 10 年,则可以计算出三个方案的 10 年总利润及全部投资额,其中,每年的利润为年产值与产值利润率的乘积。比较结果见表 5-7。

表 5-6 建厂方案指标比较

序号	指 标	第一方案	第二方案	第三方案
1	造价/万元	100	86	75
2	建成年限/年	5	4	3
3	建成后所需流动资金/万元	45.8	33.3	38.5
4	建成后发挥效益的时间/年	10	10	10
5	年产值/万元	260	196	220
6	产值利润率/%	12.0	15.0	12.5
7	环境污染程度	稍 重	最 轻	轻

表 5-7　各方案投资利润率比较

指　标	第一方案	第二方案	第三方案
总利润/万元	312	294	275
全部投资额/万元	145.8	119.3	113.5
投资利润率/%	214	246	242

从表 5-7 可以看出，第二方案最为理想。方案一的总利润虽高于方案二、三，但投资额也高于它们，结果是投资率低于方案二、三，而且环境保护效果差，因此应放弃此方案。同理，进一步分析方案二、三以后可以看出，方案三的放弃也是理所当然的。

六、分层系列法

分层系列法又称指标分层法，其基本思想是把多指标评价问题化为一串单指标评价问题来处理，主要做法是将指标按其重要程度排好顺序，重要的排在前面，然后依顺序求其最优。例如，设指标已排成 $f_1(x), f_2(x), \cdots, f_n(x)$，然后对第一个指标求最优，找出所有最优解的集合，用 R_1 表示；再在 R_1 内求第二个指标的最优解，此时的最优解集合用 R_2 表示，以此类推，直到求出第 n 个指标的最优解为止。显然，最后得到的结果对所有指标都是最优的。

第四节　评价指标赋权方法

一、指标赋权的类型

指标权重是指研究对象各个考察指标相对重要程度和相对价值的大小及其在总评价系统中所占比重的量化值。借助统计学原理，将每个指标的权重记为一个 0～1 的数，将 1(100%)视为被测对象所有指标权重之和，这样每个指标对应的小数就称为“权重系数”，在任何多指标综合评价或群体评价系统中，若各评价指标对决策目标的重要程度发生变化，则评价结果也随之改变，合理地分配指标权重是任何评价系统都无法回避的重要环节。

权重系数的确定方法可以依照其特点划分为最基本的两大类：

(1) 主观赋权法(subjective weighting method)。在某些评价系统中，可以直接由专家根据经验和实际情况辨别指标的重要性程度。主观赋权法是相对成熟的方法，包括德尔菲法、层次分析法、特征值法、序关系分析法等。主观赋权法在很多应用背景中经常被称为基于“功能驱动”原理的赋权法，赋权的侧重点在于直观反映评价者对评价指标重要程度的比较，并以此为基础获取权重系数。

(2) 客观赋权法(objective weighting method)。在实际应用中，利用主观赋权法所确定的权重系数是否真的有意义？因为相关专家的知识、经验与偏好对其有很大程度的影响，所以为了弱化在确定权重系数时专家人为因素的影响，可选择偏重数学推理的客观赋权法。客观赋权法区别于主观赋权法，该方法的核心思想在于“差异驱动”原理，主要包括熵值法、均方差法、极差法等。

二、主观赋权法

主观赋权法包括两两比较法、古林法、序关系分析法、层次分析法和网络层次分析法等。前面已介绍了两两比较法、古林法，下面主要介绍其余三种赋权方法。

1. 序关系分析法

序关系是表示相互重要程度的一种方式，基本操作步骤如下：

(1) 确定序关系。确定序关系可以按照下列步骤进行：首先，决策者在指标集$\{x_1,x_2,\cdots,x_m\}$中选出认为最重要的一个(唯一一个)指标记为x_1^*；其次，决策者在剩余$m-1$项指标的指标集中选出认为最重要的一个(唯一一个)记为x_2^*；经过$m-1$次挑选，剩下最后一项评价指标，记为x_m^*。至此，对于指标集$\{x_1,x_2,\cdots,x_m\}$就唯一确定了一个序关系：$x_1^*>x_2^*>\cdots>x_m^*$。为方便记忆，仍记x_k^*为x_k。

(2) 给出x_{k-1}与x_k间相对重要程度的比较判断。假定专家关于评价指标x_{k-1}与x_k的重要程度之比w_{k-1}/w_k的理性判断为：

$$w_{k-1}/w_k=r_k,k=m,m-1,\cdots,3,2 \tag{5-15}$$

式中，r_k的赋值可以参考表5-8。

表5-8 赋值参考表

r_k	定　义
1.0	指标x_{k-1}与指标x_k同等重要
1.2	指标x_{k-1}比指标x_k稍微重要
1.4	指标x_{k-1}比指标x_k明显重要
1.6	指标x_{k-1}比指标x_k强烈重要
1.8	指标x_{k-1}比指标x_k极端重要

(3) 权重系数的计算。根据公式(5-16)和(5-17)可得到各指标的权重：

$$w_m = \left(1 + \sum_{k=2}^{m} \prod_{i=k}^{m} r_i\right)^{-1} \tag{5-16}$$

$$w_{k-1} = w_k r_k, k = m, m-1, \cdots, 3, 2 \tag{5-17}$$

2. *层次分析法*

层次分析法(Analytic Hierarchy Process,AHP)是萨蒂(T. L. Saaty)于 20 世纪 70 年代提出来的,它通过两两比较各种关联因素的重要性来为分析、决策提供定量依据。其特点是思路简单明了,紧密地将决策者的主观判断和推理联系起来,应用比较方便。

层次分析法是把复杂的问题分为若干有序的层次,然后根据对一定客观现实的判断,就每一层次各元素的相对重要性给出定量表示,也即所谓的构造判断矩阵。AHP 的关键在于利用判断矩阵,通过求解最大特征值及其对应的特征向量来确定表达每一层次元素相对重要性的权值,通过各层次的分析,进而导出对整个问题的分析。其主要的实施流程如图 5-4 所示。

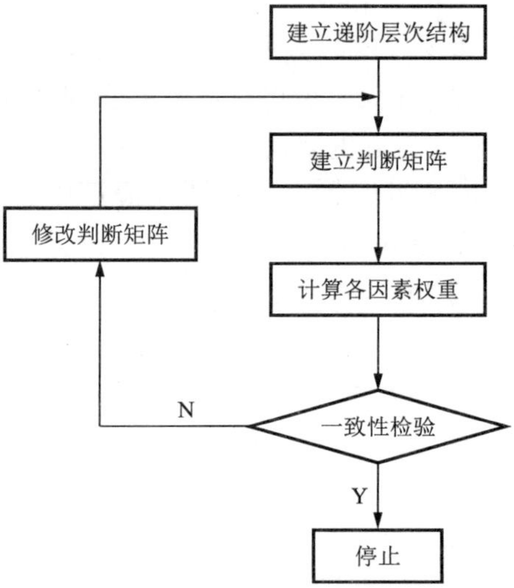

图 5-4　AHP 实施流图

(1) 明确问题。在分析社会、经济及科学管理等领域的问题时,首先要对问题有明确的认识,弄清问题的范围,了解问题所包含的因素,确定出因素之间的关联关系和隶属关系。

(2) 建立递阶层次结构。根据对问题的分析和了解,将问题所包含的因素按照是否具有某些特征归纳成组,并把它们之间的共同特性看成是系统中新的层次中的一些因素,而这些因素本身也按照另外的特性组合起来,形成更高层次的因素,直到最终形成单一的最高层次因素。如果是进行指标赋权,那么递阶层次结构包括目标层、准则层、指标层；如果直接用以进行评价，那么最底层应为方案层。

(3) 建立两两比较的判断矩阵。判断矩阵表示针对上一层次某单元(元素)，本层次与它有关单元之间相对重要性的比较。这些判断通过引入合适的标度进行定量化，就形成了判断矩阵。在层次分析法中，为了使判断定量化，关键在于设法使任意两个方案对于某一准则的相对优越程度得到定量描述。一般对单一准则来说，两个方案进行比较总能判断出优劣，层次分析法采用 1～9 标度方法(见表 5-9)对不同情况的评比给出数量标度。

表 5-9　判断矩阵标度的含义

标　度	含　　义
1	两个要素相比，具有同样的重要性
3	两个要素相比，前者比后者稍微重要
5	两个要素相比，前者比后者明显重要
7	两个要素相比，前者比后者强烈重要
9	两个要素相比，前者比后者极端重要
2,4,6,8	上述相邻判断的中间值
1/2,1/3,…,1/9	两个要素相比，后者比前者的重要程度

(4) 计算各因素权重。计算各因素权重的方法主要有和积法、方根法、幂法、最小二乘法等，实际中常用前两种方法。

① 和积法。

首先将判断矩阵 $\mathbf{A}=[a_{ij}]_{n\times n}$ 的每一列元素做归一化处理，元素一般项为：

$$\bar{a}_{ij}=\frac{a_{ij}}{\sum_{k=1}^{n}a_{kj}},i,j=1,2,\cdots,n \tag{5-18}$$

其次，将归一化后的矩阵中的同一行元素相加，即

$$\widetilde{w}_i=\sum_{j=1}^{n}\bar{a}_{ij},i=1,2,\cdots,n \tag{5-19}$$

最后，用 $\widetilde{w}_i$ 除以指标个数 n，即得到指标权重：

$$w_i=\widetilde{w}_i/n \tag{5-20}$$

② 方根法。

首先，将判断矩阵的每一行元素相乘：

$$u_i=\prod_{j=1}^{n}a_{ij} \tag{5-21}$$

其次，计算 u_i 的 n 次方根：

$$v_i = \sqrt[n]{u_i} \tag{5-22}$$

最后,归一化 v_i,即得指标权重:

$$w_i = v_i / \sum_{k=1}^{n} v_k \tag{5-23}$$

(5) 检验两两比较判断矩阵的一致性。首先,计算判断矩阵的最大特征根 $\lambda_{\max}$:

$$\lambda_{\max} = \sum_{i=1}^{n} \frac{\sum_{j=1}^{n} a_{ij} w_j}{n w_i} \tag{5-24}$$

其次,计算一致性指标 CI:

$$\mathrm{CI} = \frac{\lambda_{\max} - n}{n-1} \tag{5-25}$$

CI 的值越大,矩阵偏离完全一致性的程度越大;CI 的值越小,矩阵越接近完全一致性。一般来说,判断矩阵的阶数越多,造成偏离的可能性就越大,阶数越小造成偏离的可能性就越小,当 $n<3$ 时,判断矩阵永远具有完全一致性。对于多阶判断矩阵,可引入平均随机一致性指标 RI(Random Index)。表 5-10 给出了 1~9 阶正互反矩阵计算 1 000 次得到的平均随机一致性指标。

表 5-10 平均随机一致性指标 RI

n	1	2	3	4	5	6	7	8	9
RI	0	0	0.58	0.90	1.12	1.24	1.32	1.41	1.45

接着计算随机一致性比率 CR:CR=CI/RI。当 CR<0.10 时,便认为判断矩阵具有可以接受的一致性;当 CR≥0.10 时,就需要调整和修正判断矩阵,使其满足 CR<0.10,从而具有满意的一致性。

【例 5-4】 石油企业海外投资项目面临着政治风险、社会风险、自然风险、经济风险、市场风险、地质风险、技术风险、管理风险等。其中,经济风险是指在项目实施过程中由于经济方面各因素的变化和不可预料的事件而造成经济损失的可能性,是项目投资风险的重要组成部分。概括起来说,它包括利率风险、汇率风险、税收风险、通货膨胀风险和经济危机五个方面的内容。通过两两比较,得到的判断矩阵见表 5-11。试计算五项风险的权重大小。

表 5-11 石油企业海外投资项目经济风险两两比较判断矩阵

风险类别	利率风险	汇率风险	税收风险	通货膨胀风险	经济危机
利率风险	1	1/2	1/3	1/3	1
汇率风险	2	1	1/2	1	3

续表 5-11

风险类别	利率风险	汇率风险	税收风险	通货膨胀风险	经济危机
税收风险	3	2	1	1/2	3
通货膨胀风险	3	1	2	1	2
经济危机	1	1/3	1/3	1/2	1

解：利用和积法，根据公式(5-18)～(5-20)，得到五个风险因素的权重依次为：0.101、0.224、0.279、0.295、0.101，代入公式(5-24)，得到最大特征根 λ_{max}＝5.197，代入公式(5-25)，得到 CI＝0.049，计算 CR＝0.049/1.12＝0.044＜0.1，一致性检验通过。那么，上述指标权重就是五项风险因素的最终权重。

3. *网络层次分析法*

1996 年，萨蒂又提出了一种适应复杂结构的科学决策方法——网络层次分析法(Analytic Network Process，ANP)，用类似网络的结构表示系统内各元素的关系，代替 AHP 方法中简单的递阶层次结构，改善了 AHP 只考虑上一层次元素对下一层次元素的支配和影响、忽略同一层次元素之间的关系限制。ANP 更准确地描述了客观事物之间的联系，是一种更加有效实用的决策方法。

ANP 就是利用超矩阵对相互影响的因素进行综合分析得出其综合权重。原理是通过比较每组内的元素对某一元素的影响，得出该组内的元素对某一元素所在组影响的判断矩阵，从而形成整个系统的超矩阵，最终形成加权超矩阵、极限超矩阵，整个过程考虑了一个超级矩阵中各种可能的路径，得到任一元素对最高目标的最终影响。一般而言，网络层次分析法的操作步骤如下：

(1) 构造 ANP 的典型结构，如图 5-5 所示。第一部分控制层包括目标层和准则层，其内所有准则彼此相互独立。第二部分为网络层，网络层中每个元素集或元素彼此不独立，某一元素可能影响整个网络系统中的任一元素，反之亦可能受其他元素的影响。

图中，C_i 表示元素组；e_{ij} 表示元素；连线表示元素间的关系，包括内、外依赖关系，箭尾元素组中的元素影响箭头所指向的元素组中的元素。

(2) 构建无权重超矩阵。在每一项控制准则下，构建无权重超矩阵 $\boldsymbol{W}_S$，即应用两两比较法对元素进行两两比较。在构建过程中，首先将构建网络时选取的准则 $P_S(S=1,2,\cdots,m)$ 作为主准则，以该网络中某一元素组 C_j 中的元素 $e_{jl}(l=1,2,\cdots,n_j)$ 作为次准则，按照元素组 C_i 中各元素对元素 e_{jl} 的影响程度或者按照元素 e_{jl} 对于元素组 C_i 中各元素的影响程度构建判断矩阵，并求得归一化特征向量 $(\boldsymbol{W}_{i1}^{jl},\boldsymbol{W}_{i2}^{jl},\cdots,\boldsymbol{W}_{in_i}^{jl})^{\mathrm{T}}$。如此，依次将 C_j 中的各元素作为次准则，将元素组 C_i 与元素组 C_j 中的元素两两比较，得到各自的判断矩阵。最后，将各判断矩

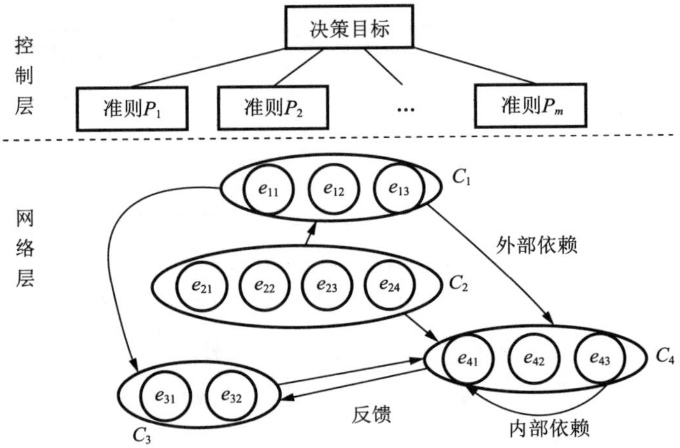

图 5-5 典型的 ANP 结构模型

阵的归一化特征向量汇总到一个矩阵 $\boldsymbol{W}_{ij}$ 中，则该矩阵表示元素组 C_i 中的元素与元素组 C_j 中的元素之间的影响关系。如此，以 P_S 为主准则，依次将各元素组元素之间的内外关系进行比较，最终可得到无权重超矩阵 $\boldsymbol{W}_S$：

$$\boldsymbol{W}_S=\begin{array}{cc} & \begin{array}{cccc} \quad C_1 & \quad C_2 & \cdots & \quad C_N \\ e_{11}\,e_{12}\cdots e_{1n_1} & e_{21}\,e_{22}\cdots e_{2n_2} & & e_{N1}\,e_{N2}\cdots e_{Nn_N} \end{array} \\ \begin{array}{cc} C_1 & \begin{array}{c} e_{11}\\ e_{12}\\ \vdots\\ e_{1n_1}\end{array} \\ C_2 & \begin{array}{c} e_{21}\\ e_{22}\\ \vdots\\ e_{2n_2}\end{array} \\ \vdots & \vdots \\ C_N & \begin{array}{c} e_{N1}\\ e_{N2}\\ \vdots\\ e_{Nn_N}\end{array} \end{array} & \begin{bmatrix} \boldsymbol{W}_{11} & \boldsymbol{W}_{12} & \cdots & \boldsymbol{W}_{1N} \\ \boldsymbol{W}_{21} & \boldsymbol{W}_{22} & \cdots & \boldsymbol{W}_{2N} \\ \vdots & \vdots & \vdots & \vdots \\ \boldsymbol{W}_{N1} & \boldsymbol{W}_{N2} & \cdots & \boldsymbol{W}_{NN} \end{bmatrix} \end{array}$$

其中，

$$\boldsymbol{W}_{ij}=\begin{bmatrix} W_{i1}^{j1} & W_{i1}^{j2} & \cdots & W_{i1}^{jn_j} \\ W_{i2}^{j1} & W_{i2}^{j2} & \cdots & W_{i2}^{jn_j} \\ \vdots & \vdots & \ddots & \vdots \\ W_{in_i}^{j1} & W_{in_i}^{j2} & \cdots & W_{in_i}^{jn_j} \end{bmatrix}$$

同理，以其他准则为主准则，分别构造无权重超矩阵，共有 m 个。这里称矩阵 $\boldsymbol{W}_S$ 为无权重超矩阵，主要是因为该超矩阵不是列归一的，只有各个子块 $\boldsymbol{W}_{ij}$

是列归一的。因而，该矩阵不能显示各元素的优先权，还需要对元素组进行成对比较，以使得无权重超矩阵转化为权重超矩阵。

(3) 构建权重超矩阵。以 P_S 为主准则，以元素组 C_j 为次准则，对元素组进行成对比较，构造判断矩阵 a_j，得到归一化特征向量 $(\boldsymbol{a}_{1j},\boldsymbol{a}_{2j},\cdots,\boldsymbol{a}_{Nj})^{\mathrm{T}}$。由此可得在某一准则下反映元素间关系的权重矩阵 A_S，即

$$\boldsymbol{A}_S=\begin{bmatrix} a_{11} & a_{12} & \cdots & a_{1N} \\ a_{21} & a_{22} & \cdots & a_{2N} \\ \vdots & \vdots & \ddots & \vdots \\ a_{N1} & a_{N2} & \cdots & a_{NN} \end{bmatrix}$$

以权重矩阵 $\boldsymbol{A}_S$ 乘以无权重矩阵 $\boldsymbol{W}_S$，可得到权重超矩阵 $\boldsymbol{W}_S^w$，即

$$\boldsymbol{W}_S^w=\boldsymbol{A}_S\boldsymbol{W}_S \tag{5-26}$$

(4) 求得极限超矩阵。在 ANP 中由于引入了反馈、相互依赖关系，使得元素优先权的确定比较复杂，两个元素之间既可以直接进行比较，也可以间接进行比较，如 W_{ij} 反映元素 i 和 j 的直接比较关系，$\sum_{k=1}^{N} w_{ik}w_{kj}$ 可以反映元素 i 和 j 的间接比较关系，并且元素 i 和 j 的间接复杂关系还可以通过超矩阵的迭代反映出来。因而，在 ANP 方法中，要通过求极限超矩阵的方法确定稳定的元素优先权。即

$$\boldsymbol{W}_S^l=\lim_{k\to\infty}\boldsymbol{W}^k \tag{5-27}$$

其中，$\boldsymbol{W}_S^l$ 为极限超矩阵，$\boldsymbol{W}^k$ 为权重超矩阵。极限超矩阵中的元素即指标权重。

由于 ANP 的计算过程比较复杂，所以其计算过程可考虑使用超级决策软件 Super Decisions 等完成。

三、客观赋权法

1. 熵值法

熵值法(entropy method)是通过对各项指标所能提供信息量的大小进行比较来确定该指标对应权重大小的方法。熵的概念是从热力学中引入的，在信息论中，熵用来度量不确定程度，也被称为平均信息量，其拥有的信息量越大，对目标的了解就越全面，不确定程度越小，相应的目标熵值也越小；反之亦然。为了精确地度量这个不确定程度的大小，借用信息论的定义，一个信息通道所能传输的第 i 个信号的信息量 I_i 为

$$I_i=-\ln P_i \tag{5-28}$$

式中，P_i 为该信号出现的概率。因此，如果一个信息通道中存在 n 个信息，则这

n 个信号所携带的平均信息量，即熵为 $-\sum_{i=1}^{n} P_i \ln P_i$。

如果针对某一确定的 j 项指标，不同被测对象的状态值 x_{ij} 之间存在很大的差异，此时，可以认为该项指标区分被测对象的能力很强，该指标包含和传输的信息量很大，即在总体评价系统中要突出该指标所占的比重。信息的增加对应着熵的减少，熵可以用来度量这种信息量的大小变化带来的差异。

设对 n 个评价单元 p 个评价指标进行综合评价（如果 p 个指标中有逆向指标，则将其正向化），原始数据矩阵 $\boldsymbol{X}=[x_{ij}]_{n\times p}$。用熵值法确定指标权重的基本步骤如下：

(1) 对原始数据归一化，得到规范化决策矩阵 $\boldsymbol{Z}=[z_{ij}]_{n\times p}$。

(2) 对规范化决策矩阵 $\boldsymbol{Z}$ 求在第 j 项指标下，第 i 个评价对象的特征比重 P_{ij}，即

$$P_{ij}=\frac{|z_{ij}|}{\sum_{i=1}^{n}|z_{ij}|}, i=1,2,\cdots,n; j=1,2,\cdots,p \tag{5-29}$$

(3) 求第 j 个指标输出的熵，即

$$E_j=-K\sum_{i=1}^{n} P_{ij}\ln P_{ij}, j=1,2,\cdots,p \tag{5-30}$$

其中，$K=(\ln n)^{-1}$。

(4) 求偏差度，即

$$d_j=1-E_j, j=1,2,\cdots,p \tag{5-31}$$

从而可得各目标的客观权系数，即决策者没有明显偏好时的权系数为

$$w_j=\frac{d_j}{\sum_{j=1}^{p} d_j} \tag{5-32}$$

2. *均方差法*

用均方差法确定指标权重的基本步骤如下：

(1) 对规范化决策矩阵 $\boldsymbol{Z}$ 求第 j 项指标的方差和，即

$$s_j=\sqrt{\frac{1}{n}\sum_{i=1}^{n}(z_{ij}-\bar{z}_j)^2}, \bar{z}_j=\frac{\sum_{i=1}^{n} z_{ij}}{n}, j=1,2,\cdots,p \tag{5-33}$$

(2) 确定指标权重，即

$$w_j=\frac{s_j}{\sum_{j=1}^{p} s_j}, j=1,2,\cdots,p \tag{5-34}$$

四、组合赋权法

由于不同的赋权方法理论基础不同，侧重点不同，所以在获得每种方法的指标赋权结果后，可以对其进行组合赋权。如第 j 项指标的主观赋权结果为 w_j，客观赋权结果为 τ_j，可以采用主客观修正方法组合赋权，如：

$$w'_j=\frac{\tau_j w_j}{\sum_{j=1}^{p}\tau_j w_j} \tag{5-35}$$

还经常对主客观赋权方法分别赋权 a 和 $1-a$，用 $aw_j+(1-a)\tau_j$ 表示其组合权重。其中 a 可以主观给定，或以组合权重与主观、客观权重的偏差二次方和最小为目标函数，通过非线性最优化方法给出，见公式(5-36)：

$$\min\sum_{j=1}^{p}\{[aw_j+(1-a)\tau_j]-w_j\}^2+\{[aw_j+(1-a)\tau_j]-\tau_j\}^2 \tag{5-36}$$

第五节 理想点法和 VIKOR 法

一、理想点法

理想点法也称逼近理想解法(Technique for Order Preference by Similarity to Ideal Solution，TOPSIS)，是一种含义明确的简单评价方法。对 n 个评价单元的 p 个指标进行综合评价(如果指标中有逆向指标，则将其正向化)，原始数据矩阵 $\boldsymbol{X}=[x_{ij}]_{n\times p}$。TOPSIS 的分析步骤如下：

(1) 对原始数据归一化，得到规范化决策矩阵 $\boldsymbol{Z}=[z_{ij}]_{n\times p}$。

(2) 对规范化决策阵 $\boldsymbol{Z}$ 中的元素进行加权 $u_{ij}=w_j z_{ij}$，可得加权规范化决策矩阵 $\boldsymbol{U}=[u_{ij}]_{n\times p}$。

(3) 由各项指标最优值和最劣值分别构成正理想点 $\boldsymbol{u}^+$ 和负理想点 $\boldsymbol{u}^-$：

$$\boldsymbol{u}^+=(u_1^+,u_2^+,\cdots,u_p^+),\boldsymbol{u}^-=(u_1^-,u_2^-,\cdots,u_p^-) \tag{5-37}$$

其中，

$$u_j^+=\max\{u_{1j},u_{2j},\cdots,u_{nj}\},u_j^-=\min\{u_{1j},u_{2j},\cdots,u_{nj}\},j=1,2,\cdots,p \tag{5-38}$$

(4) 计算各评价单元与负理想点 $\boldsymbol{u}^-$ 的相对接近度：

$$d_i=\frac{<\Delta\boldsymbol{u}_i,\Delta\boldsymbol{u}>}{\|\Delta\boldsymbol{u}\|^2},i=1,2,\cdots,n \tag{5-39}$$

其中，$\Delta\boldsymbol{u}=\boldsymbol{u}^+-\boldsymbol{u}^-$；$\Delta\boldsymbol{u}_i=\boldsymbol{u}_i-\boldsymbol{u}^-$，$i=1,2,\cdots,n$；$<\Delta\boldsymbol{u}_i,\Delta\boldsymbol{u}>$为向量 $\Delta\boldsymbol{u}_i$ 和 $\Delta\boldsymbol{u}$

的内积；$\|\Delta \boldsymbol{u}\|$ 为向量 $\Delta \boldsymbol{u}$ 的欧氏范数，即

$$\|\Delta \boldsymbol{u}\| = \left\{ \sum_{j=1}^{p} (u_j^+ - u_j^-)^2 \right\}^{\frac{1}{2}} \tag{5-40}$$

可见，TOPSIS 法是一种按相对接近度 d_i 的大小来权衡评价对象的评价方法，d_i 值越大，评价对象的评价结果越好。

二、VIKOR 法

Opricovic 和 Tzeng 教授在 TOPSIS 的基础上提出了 VIKOR 方法，其可以兼顾群体效用和个体遗憾，评价更为客观。首先确定正理想解和负理想解，再根据评价值与理想解的距离大小来对被评价对象进行排序。基本分析步骤如下：

(1) 对原始数据归一化，得到规范化决策矩阵 $\boldsymbol{Z} = [z_{ij}]_{n \times p}$，由各项指标最优值和最劣值分别构成正理想点 $\boldsymbol{Z}^+$ 和负理想点 $\boldsymbol{Z}^-$：$\boldsymbol{Z}^+ = (z_1^+, z_2^+, \cdots, z_p^+)$，$\boldsymbol{Z}^- = (z_1^-, z_2^-, \cdots, z_p^-)$，其中：

$$z_j^+ = \max\{z_{1j}, z_{2j}, \cdots, z_{nj}\}, z_j^- = \min\{z_{1j}, z_{2j}, \cdots, z_{nj}\}, j = 1, 2, \cdots, p \tag{5-41}$$

(2) 计算第 i 个评价对象距离正理想点的群体效用值 P_i 与个体遗憾值 N_i 为：

$$P_i = \sum_{j=1}^{p} \frac{w_j (z_j^+ - z_{ij})}{z_j^+ - z_j^-}, N_i = \max_j \frac{w_j (z_j^+ - z_{ij})}{z_j^+ - z_j^-}, i = 1, 2, \cdots, n \tag{5-42}$$

其中，w_j 为第 j 个指标的权重。

(3) 计算利益比率值 Q_i：

$$Q_i = \gamma \frac{P_i - \min\limits_k P_k}{\max\limits_k P_k - \min\limits_k P_k} + (1-\gamma) \frac{N_i - \min\limits_k N_k}{\max\limits_k N_k - \min\limits_k N_k}, i = 1, 2, \cdots, n \tag{5-43}$$

其中，γ 是群体效用与个体遗憾之间的折中系数，$0 \leqslant \gamma \leqslant 1$；$\gamma > 0.5$ 表示从众原则。这样取值可以最大化群体效用，最小化个体遗憾。

(4) 在对评价对象进行排序时，若满足以下两个条件，则可以根据 $Q_i (i = 1, 2, \cdots, n)$ 由小到大的顺序对评价对象进行排序：

① $Q'' - Q' \geqslant 1/(n-1)$。$Q''$ 是指根据值排序之后第二个方案的 Q 值，Q' 为第一个方案的 Q 值，该条件表示排序相邻的两个方案之间的 Q 值之差必须大于 $1/(n-1)$ 才能确定排名较前的方案比排名较后的方案具有显著优势。

② 根据 Q 值排序后，排序第一的方案的 P 值（或 N 值）必须比排序第二的方案的 P 值（或 N 值）小。若存在多个方案，则依次比较方案之间是否符合本条件。

三、基于 VIKOR 法的油气管道工程招标

在油气管道工程招标中，如何基于投标单位的经营情况、最近业绩、报价和施工设计等主要指标筛选出最佳的投标单位将决定工程是否能够按时完成及工程质量等。假设某项大型油气管道工程有四家工程施工企业 B_1、B_2、B_3、B_4 参与竞标，这四家工程施工企业的每项指标具体评价值见表 5-12，并且各指标权重构成的权重向量 $\boldsymbol{w}=(0.49,0.10,0.31,0.04,0.06)^{\mathrm{T}}$。采用 VIKOR 法对四家企业做出评价，折中系数取 0.5。

表 5-12　某大型工程投标单位的各指标值

企　业	投标报价/万元	施工设计/分	综合业绩/分	质量因素/分	工期/周
B_1	700	85	76.3	60	45
B_2	920	82	82.1	72	60
B_3	950	84	89.0	62	40
B_4	800	90	86.5	70	36

解：(1) 采用线性规范法对决策矩阵进行无量纲化处理，规范化决策矩阵为：

$$\boldsymbol{Z}=\begin{bmatrix} 1.0000 & 0.9444 & 0.8573 & 0.8333 & 0.8000 \\ 0.7609 & 0.9111 & 0.9225 & 1.0000 & 0.6000 \\ 0.7368 & 0.9333 & 1.0000 & 0.8611 & 0.9000 \\ 0.8750 & 1.0000 & 0.9719 & 0.9722 & 1.0000 \end{bmatrix}$$

(2) 最优解向量 $\boldsymbol{Z}^{+}=(1,1,1,1,1)^{\mathrm{T}}$，最劣解向量 $\boldsymbol{Z}^{-}=(0.7368,0.9111,0.8573,0.8333,0.6000)^{\mathrm{T}}$。

(3) 计算四家企业的 P、N 和 Q 值，见表 5-13。

表 5-13　四家投标单位的相关数值

企　业	B_1	B_2	B_3	B_4
P	0.4425	0.7737	0.6133	0.3004
N	0.3100	0.4453	0.4900	0.2328
Q	0.3002	0.9130	0.8306	0

(4) 分别按照 P、N 和 Q 值对四家企业进行排序的结果见表 5-14。

表 5-14　四家投标单位的相关数值排序

企　业	B_1	B_2	B_3	B_4
P	2	4	3	1
N	2	3	4	1
Q	2	4	3	1

由 VIKOR 法排序的门槛条件 $Q''-Q'\geqslant 1/(4-1)=0.3333$，$B_4$与 B_1之间、B_3与 B_2之间不满足该条件，B_3与 B_1之间则满足该条件。而按照 P、N 值，B_4均优于 B_1，因此，四家企业中可优先考虑 B_4，B_1可作为备选企业。

第六节　灰色关联分析

为了定量地研究两个事物间的关联程度，人们提出了各种形式的指数，如相关系数和相似系数等。这些指数大多以数理统计原理为基础，需要足够的样本个数或者要求数据服从一定的概率分布。但在客观世界中存在着不同类型的系统，每种系统都由许多因素组成。即使在同一系统内部，许多因素之间的关系也是非常复杂的，我们往往分不清哪些因素关系密切，哪些不密切，这样就难以找到主要矛盾和主要特征，我们称这种因素之间的关系是灰色的。灰色关联分析的目的是定量地表征诸因素之间的关联程度，从而揭示灰色系统的主要特性。

一、原始数据转变

关联分析是一种相对性的排序分析，用以分析两个事物的关联程度，其衡量指标为关联度(correlative degree)。例如，在粮食产量的预测中，用关联度衡量影响粮食产量的诸多因素中，哪些为主要因素，哪些为次要因素。从思路上看，关联分析源于几何直观表现，几何形状越接近，关联程度也就越大。当然，直观分析对于稍微复杂的问题则显得难以进行。因此，需要给出一种计算方法来衡量因素间关联度的大小。

计算关联度须先计算关联系数，而计算关联系数之前通常必须先进行原始数据的变换，消除量纲对数列之间关系的影响，使序列转换为可以进行比较的数列。原始数列变换的方法通常有以下三种：

(1) 初值化变换。用一组序列中的每个数分别除以相应序列中的第一个数，得到一组新的序列，称为初值化数列，初值化数列即消除了量纲。

(2) 均值化变换。用各个序列的均值除以相应序列中的每个数据，得到一组新的序列，新的序列中没有了量纲且每个数都分布在 1 左右。

(3) 先分别求出各个序列的平均值和标准差，然后以各个原始数据减去平均值后再除以标准差，这样得到的新数据序列即为标准化序列。

一般情况下，对于较稳定的社会经济系统数列做动态序列的关联度分析时，多采用初值化变换，因为这样的数列多数呈增长趋势。若对原始数列只做数值间的关联比较，可用均值化变换，譬如进行产业结构变化的关联分析、自然因素周期性变化的关联分析等。

二、关联度计算

设参考序列(也称母序列)为 $X_1=(x_1(1),x_1(2),\cdots,x_1(N))$，比较序列(也称子序列)为 $X_i=(x_i(1),x_i(2),\cdots,x_i(N))$，则数列 X_i 与 X_1 在第 k 时刻的关联系数定义为：

$$r_{1i}(k)=\frac{\min\limits_{j}\min\limits_{l}\left|x_1(l)-x_j(l)\right|+\rho\max\limits_{j}\max\limits_{l}\left|x_1(l)-x_j(l)\right|}{\left|x_1(k)-x_j(k)\right|+\rho\max\limits_{j}\max\limits_{l}\left|x_1(l)-x_j(l)\right|} \tag{5-44}$$

式中，ρ 称为分辨系数，$0<\rho<1$，一般取值 0.5，ρ 越大，分辨率越大；ρ 越小，分辨率越小。

联系数描述的是比较序列与参考序列在某时刻关联程度的一种指标，为了从总体上了解两个序列的关联程度，必须求出它们的时间平均值，即关联度，计算关联度的公式为

$$R_{1i}=\frac{1}{N}\sum_{k=1}^{N}r_{1i}(k) \tag{5-45}$$

关联度具有以下三种性质：

(1) 自反性。一个时间序列自身的关联度 $R_{11}=1$。

(2) 对称性。两个序列 $X_1(t)$、$X_2(t)$之间的关联度 $R_{12}=R_{21}$。

(3) 传递性。有三个序列 $X_1(t)$、$X_2(t)$和 $X_3(t)$，若 $R_{12}>R_{13}$，$R_{13}>R_{23}$，则 $R_{12}>R_{23}$。

【例 5-5】 设有四组时间序列：$X_1^{(0)}=(39.5,40.3,42.1,44.9)$，$X_2^{(0)}=(46.7,47.3,48.2,47.5)$，$X_3^{(0)}=(5.4,5.8,6.1,6.3)$，$X_4^{(0)}=(6.1,6.0,5.8,6.4)$。

以 $X_1^{(0)}$ 为母序列，其余数列为子序列，计算各序列对母序列的关联度。

解：首先将原始数据做初值化处理，则

$$X_1^{(1)}=(39.5/39.5,40.3/39.5,42.1/39.5,44.9/39.5)$$
$$=(1.00,1.02,1.07,1.14)$$

$$X_2^{(1)}=(46.7/46.7,47.3/46.7,48.2/46.7,47.5/46.7)$$

$=(1.00, 1.01, 1.03, 1.02)$

$X_3^{(1)}=(5.4/5.4, 5.8/5.4, 6.1/5.4, 6.3/5.4)=(1.00, 1.07, 1.13, 1.17)$

$X_4^{(1)}=(6.1/6.1, 6.0/6.1, 5.8/6.1, 6.4/6.1)=(1.00, 0.98, 0.95, 1.05)$

(3) 计算各子序列同母序列在同一时刻的绝对差，结果见表 5-15。

表 5-15　两比较序列的绝对差值

t	1	2	3	4
$\lvert x_1^{(1)}(t)-x_2^{(1)}(t)\rvert$	0	0.01	0.03	0.12
$\lvert x_1^{(1)}(t)-x_3^{(1)}(t)\rvert$	0	0.05	0.06	0.03
$\lvert x_1^{(1)}(t)-x_4^{(1)}(t)\rvert$	0	0.04	0.12	0.09

表 5-15 中的最小值和最大值分别为 0 和 0.12，取 $\rho=0.5$，根据式(5-44)计算出的关联系数见表 5-16。

表 5-16　关联系数计算值

t	1	2	3	4
$r_{12}(t)$	1	0.89	0.64	0.33
$r_{13}(t)$	1	0.53	0.48	0.67
$r_{14}(t)$	1	0.62	0.34	0.41

按照式(5-45)计算关联度：

$R_{12}=(1+0.89+0.64+0.33)/4=0.72$

$R_{13}=(1+0.53+0.48+0.67)/4=0.67$

$R_{14}=(1+0.62+0.34+0.41)/4=0.59$

则三个子序列对母序列的关联度为：$R_{12}>R_{13}>R_{14}$。

三、灰色关联分析的评价步骤

应用灰色关联分析法进行评价时，一般先引入一个“投入”最小、“产出”最大的理想对象作为参考序列(母序列)，再求出各评价对象(子序列)相对于参考序列(母序列)的关联度。灰色关联分析法的评价步骤如下：

(1) 确定参考序列。通常，对于正向指标选取其最大值，对于逆向指标选取其最小值，对于居中型指标选取居中值，由此构成参考序列。由定义可知，由于选取的参考序列为最优序列，故最终得到各子序列相对于参考序列的关联度越大，则认为该子序列越优。

(2) 应用初值化、均值化等方法对原始数据进行预处理。

(3) 求取子序列和母序列元素间的灰色关联系数。对于 m 项指标和 n 个评价对象，设有母序列 $X_0(t)=\{x_0(1),x_0(2),\cdots,x_0(m)\}$ 和子序列 $X_i(t)=\{x_i(1),x_i(2),\cdots,x_i(m)\}$，$i=1,2,\cdots,n$，则对应的灰色关联系数为：

$$\xi_i(j)=\frac{\min\limits_i\min\limits_j|x_0(j)-x_i(j)|+\rho\max\limits_i\max\limits_j|x_0(j)-x_i(j)|}{|x_0(j)-x_i(j)|+\rho\max\limits_i\max\limits_j|x_0(j)-x_i(j)|}\quad j=1,2,\cdots,m \tag{5-46}$$

(4) 求取加权灰色关联度。设指标权重向量 $\boldsymbol{W}=(w_1,w_2,\cdots,w_m)^{\mathrm{T}}$，则 $X_i(t)$ 对母序列 $X_0(t)$ 的关联度（即第 i 个待评价对象的评价值）为

$$r_i=\sum_{j=1}^{m}w_j\xi_i(j),i=1,2,\cdots,n \tag{5-47}$$

根据关联度 r_i 进行排序，由之前参考序列的定义可知灰色关联度大的评价对象优于灰色关联度小的评价对象。

四、油田开发管理绩效的灰色关联分析

在实际生产中，衡量油田开发生产管理绩效的指标很多。按照评价指标体系构建原则，借鉴行业的相关标准和学者的研究成果，构建了油田开发生产管理绩效评价指标体系，包括产量完成率（C_1）、储量替代率（C_2）、开发成本（C_3）、产能建设达标率（C_4）、新区达产率（C_5）、自然递减率（C_6）、含水上升率（C_7）和油水井利用率（C_8）8 项指标。

选取国内 $A_1 \sim A_9$ 9 个油田 2012 年的绩效进行实例分析。经过调研，现收集到 9 个油田的 8 项指标值列于表 5-17。

表 5-17　9 个油田 8 项指标原始数据

油　田	$C_1/\%$	$C_2/\%$	C_3 /($ · bbl^{-1})	$C_4/\%$	$C_5/\%$	$C_6/\%$	$C_7/\%$	$C_8/\%$
A_1	100.18	52.41	10.50	98.81	85.90	16.60	0.30	85.10
A_2	100.00	193.92	7.20	96.43	92.00	16.37	3.00	64.70
A_3	130.00	108.81	14.86	94.80	85.80	11.90	0.38	91.80
A_4	113.00	76.96	16.49	89.42	73.30	16.40	0.64	88.00
A_5	100.00	65.04	18.00	99.60	96.80	14.30	1.30	95.30
A_6	100.25	86.83	15.90	94.81	85.20	14.40	0.16	93.10
A_7	100.00	90.00	20.30	54.77	67.00	25.80	2.00	94.70
A_8	100.00	175.00	25.00	94.94	89.40	18.00	1.50	87.00
A_9	108.00	125.00	19.63	41.80	90.00	17.58	4.17	80.00

运用灰色关联评价模型进行评价，首先确定评价序列的母序列。本次灰色关联评价的子序列选取 9 个油田无量纲化得到的 8 个指标的数据(采用原始值除以 9 个油田平均值的方法)，母序列的选取采用对正向指标取各油田最大值、逆向指标取各油田最小值的方法加以构建，由此得到的子序列相对于母序列的关联度大小即代表其绩效水平，即关联度越大，其绩效水平越高。表 5-18 为灰色关联评价的母序列和子序列，其中 A_0 为母序列。

表 5-18 灰色关联评价母序列与子序列

序 列	C_1	C_2	C_3	C_4	C_5	C_6	C_7	C_8
A_1	0.947 6	0.484 3	0.639 0	1.161 9	1.010 1	0.987 1	0.200 7	0.982 3
A_2	0.945 9	1.791 9	0.438 2	1.133 9	1.081 8	0.973 4	2.007 4	0.746 8
A_3	1.229 7	1.005 5	0.904 4	1.114 7	1.008 9	0.707 6	0.254 3	1.059 6
A_4	1.068 9	0.711 2	1.003 6	1.051 5	0.861 9	0.975 2	0.428 3	1.015 8
A_5	0.945 9	0.601 0	1.095 5	1.171 2	1.138 2	0.850 3	0.869 9	1.100 0
A_6	0.948 3	0.802 4	0.967 7	1.114 9	1.001 8	0.856 3	0.107 1	1.074 6
A_7	0.945 9	0.831 6	1.235 5	0.644 0	0.787 8	1.534 2	1.338 3	1.093 1
A_8	0.945 9	1.617 1	1.521 5	1.116 4	1.051 2	1.070 4	1.003 7	1.004 2
A_9	1.021 6	1.155 1	1.194 7	0.491 5	1.058 3	1.045 4	2.790 3	0.923 4
A_0	1.229 7	1.791 9	0.438 2	1.171 2	1.138 2	0.707 6	0.107 1	1.100 0

采用灰色关联分析模型进行计算，所得灰色关联系数矩阵见表 5-19。

表 5-19 灰色关联系数矩阵

关联系数	C_1	C_2	C_3	C_4	C_5	C_6	C_7	C_8
A_1	0.826 3	0.506 4	0.869 8	0.993 1	0.912 8	0.827 6	0.934 7	0.919 3
A_2	0.825 4	1.000 0	1.000 0	0.973 0	0.959 6	0.834 6	0.413 8	0.791 6
A_3	1.000 0	0.630 4	0.742 1	0.959 6	0.912 1	1.000 0	0.901 1	0.970 8
A_4	0.893 0	0.553 8	0.703 5	0.918 1	0.829 2	0.833 7	0.806 8	0.940 9
A_5	0.825 4	0.529 8	0.671 2	1.000 0	1.000 0	0.903 9	0.637 5	1.000 0
A_6	0.826 6	0.575 5	0.717 0	0.959 7	0.907 7	0.900 2	1.000 0	0.981 4
A_7	0.825 4	0.582 8	0.627 3	0.717 9	0.792 9	0.618 8	0.521 5	0.994 9
A_8	0.825 4	0.884 7	0.553 3	0.960 8	0.939 1	0.787 2	0.599 4	0.933 3
A_9	0.865 7	0.678 1	0.639 4	0.663 7	0.943 8	0.798 9	0.333 3	0.883 7

设采用层次分析法得到 8 个指标的权重依次为 0.318 5、0.318 5、0.051 7、

0.051 7、0.027 0、0.066 7、0.154 9、0.011 0，对灰色关联系数矩阵的元素进行加权平均，得到各油田的加权灰色关联度见表 5-20。

表 5-20　各油田加权灰色关联度

A_1	A_2	A_3	A_4	A_5	A_6	A_7	A_8	A_9
0.755 5	0.837 8	0.848 9	0.758 0	0.715 1	0.783 5	0.672 5	0.803 9	0.699 2

由表 5-20 可知，A_3 油田关联度最大，由选取的母序列的特点可知，A_3 油田的绩效最好，其次是 A_2 油田，绩效最差的是 A_7 油田。由此可以得出采用灰色关联评价模型评价的 9 个油田的绩效排序为：$A_3 > A_2 > A_8 > A_6 > A_4 > A_1 > A_5 > A_9 > A_7$。

第七节　模糊综合评价

一、模糊综合评价的基本步骤

在评价中，经常会遇到不少指标因不宜精确地描述、具有极大的模糊性而给评价带来困难的情况。比如，"政府工作效率明显提高""使人民群众生活得到极大改善"等指标，经常是由决策者主观提出的价值目标，较为模糊。对于这类问题，常用的方法是模糊综合评价。应用模糊评价法进行系统评价的主要步骤有：

(1) 确定因素集和评语集。例如，m 个评价指标构成因素集 $A=\{A_1, A_2, \cdots, A_m\}$，$n$ 个评语构成评语集 $V=\{v_1, v_2, \cdots, v_n\}$，如将各指标划为 3 个档次：优、中、差，则得到评语集 $V=\{v_1, v_2, v_3\}=\{$优，中，差$\}$。

(2) 确定评价因素的权重向量 $\boldsymbol{W}=(w_1, w_2, \cdots, w_m)^{\mathrm{T}}$。

(3) 确定各因素属于 n 个评语的隶属度。隶属度即评价对象的某个因素属于某个评语的可能性大小(或可能性程度)。通常，对于定量指标可以采用隶属度函数的方法加以确定，如正态分布、梯形分布、岭形分布、抛物线形分布等；对于定性指标则可以用模糊统计法确定，即邀请一定数量的人员对指标进行各等级评价，统计不同等级的结果并进行归一化，得到相应评语的隶属度值。由此建立模糊综合评价矩阵：

$$\boldsymbol{R}=\begin{bmatrix} r_{11} & r_{12} & \cdots & r_{1n} \\ r_{21} & r_{22} & \cdots & r_{2n} \\ \vdots & \vdots & \ddots & \vdots \\ r_{m1} & r_{m2} & \cdots & r_{mn} \end{bmatrix} \tag{5-48}$$

注：如果得到的行向量元素之和不为1，则需要进行归一化处理，使得 $\sum_{j=1}^{n} r_{ij}=1$。

(4) 按照模糊合成算子"∘"进行合成运算。主要的合成算子有：

① 主因素决定型 $M(\wedge,\vee)$，它的结果只考虑最突出的因素，其他因素的作用被忽略，综合程度较差，较容易出现评价后果不易判别的情况，模型失效。

$$s_j = w_i \circ r_{ij} = \bigvee_{i=1}^{m} (w_i \wedge r_{ij}) = \max_{1 \leqslant i \leqslant m} \{\min(w_i, r_{ij})\}, j=1,2,\cdots,n \tag{5-49}$$

② 主因素突出1型 $M(\cdot,\vee)$，此模型比主因素决定型更准确一些，因为它考虑了所有因素，运用普通实数乘法然后取并集，但综合能力仍较弱。

$$s_j = w_i \circ r_{ij} = \bigvee_{i=1}^{m} (w_i r_{ij}) = \max_{1 \leqslant i \leqslant m} \{w_i r_{ij}\}, j=1,2,\cdots,n \tag{5-50}$$

③ 主因素突出2型 $M(\wedge,\oplus)$：

$$s_j = w_i \circ r_{ij} = \min\{1, \sum_{i=1}^{m} \min(w_i, r_{ij})\}, j=1,2,\cdots,n \tag{5-51}$$

这里运算"⊕"为有界和，即 $a \oplus b = \min\{l, a+b\}$，由于权重分配满足条件 $\sum_{i=1}^{m} w_i = 1$，因此有 $\sum_{i=1}^{m} \min(w_i, r_{ij}) \leqslant 1$，这里"⊕"运算与普通加法一致。

④ 加权平均型 $M(\cdot,+)$：

$$s_j = w_i \circ r_{ij} = \sum_{i=1}^{m} (w_i r_{ij}), j=1,2,\cdots,n \tag{5-52}$$

在面对现实问题的时候，可以从多方位考虑，选择恰当的合成算子进行计算。一般情况下，前三个合成算子比较粗略，它们重点用于考虑最主要因素的综合评价，加权平均算子更为精确，它适合考虑系统整体因素的综合评价。

(5) 最后通过对模糊评判向量 $\boldsymbol{S}=(s_1, s_2, \cdots, s_n)$ 的分析做出综合结论，一般可以采用以下方法：

① 按最大隶属度的原则来判定评语等级。

② 对于多个评价对象，可以采用模糊向量单值化办法进行综合评价、比较。计算公式为：

$$f = \sum_{j=1}^{n} s_j \mu_j \tag{5-53}$$

其中，μ_j 为第 j 个评语对应的分值。

二、能源装备企业精益生产效果的模糊综合评价

某能源装备企业推行精益生产，拟对一年来的推行效果进行评价，通常可以从基础管理、现场"6S"管理、全员生产维护(TPM)、物流管理、准时制(JIT)生产、品质管理、成本核算等方面展开。考虑到有的内容已经取得了很好的效果，

决定重点对尚待改善的 TPM、JIT 生产方面进行评价。评价指标体系见表 5-21，表中括号内的数值为权重。

表 5-21 评价指标体系

一级指标	二级指标
TPM (0.4)	日常点检符合度(0.2)
	设备完好率(0.3)
	团队改善(0.5)
JIT 生产 (0.6)	节拍准时性(0.3)
	看板使用频次(0.4)
	异常出现次数(0.3)

在评价指标中，设备完好率、看板使用频次是正向定量指标，异常出现次数是逆向定量指标。日常点检符合度、团队改善、节拍准时性是定性指标。评语集为 $v=\{v_1,v_2,v_3\}=\{优,中,差\}$。

由于包含两级指标，因此需要用多级模糊综合评价对该能源装备企业的精益生产效果进行评价。具体步骤如下：

首先对各二级指标进行单因素模糊评价，其中包括：

(1) 正向指标。

对于定量指标采用半梯形隶属度函数。当指标值 $u\geqslant d_i$ 时，该指标评价为优的隶属度绝对为 1，当指标值 $u\leqslant c_i$ 时，评价为差的隶属度绝对为 1，当指标值 $u=m_i$ 时，评价为中的隶属度绝对为 1，构造正向指标"优""中""差"三个等级的隶属度函数如下：

$$v_{1i}(u)=\begin{cases}1, & u\geqslant d_i\\(u-m_i)/(d_i-m_i), & u\in[m_i,d_i]\\0, & 其他\end{cases}$$

$$v_{2i}(u)=\begin{cases}(u-c_i)/(m_i-c_i), & u\in[c_i,m_i]\\(u-d_i)/(m_i-d_i), & u\in[m_i,d_i]\\0, & 其他\end{cases}$$

$$v_{3i}(u)=\begin{cases}1, & u\leqslant c_i\\(u-m_i)/(c_i-m_i), & u\in[c_i,m_i]\\0, & 其他\end{cases}$$

设备完好率的 c、m 和 d 值分别为 75%、85%、95%，看板使用频次的 c、m 和 d 值分别为 120、140、180。目前该企业的设备完好率、看板使用频次分别为 92%、145，代入上面三个式子中，得到设备完好率的隶属度向量为(0.7,0.3,0)，看板使用频次的隶属度向量为(0.125,0.875,0)。

(2) 逆向指标。

对于逆向指标,其评价为"优""中""差"三个等级的隶属度函数如下:

$$v_{1i}(u)=\begin{cases}1, & u\leqslant c_i\\(u-m_i)/(c_i-m_i), & u\in[c_i,m_i]\\0, & \text{其他}\end{cases}$$

$$v_{2i}(u)=\begin{cases}(u-c_i)/(m_i-c_i), & u\in[c_i,m_i]\\(u-d_i)/(m_i-d_i), & u\in[m_i,d_i]\\0, & \text{其他}\end{cases}$$

$$v_{3i}(u)=\begin{cases}1, & u\geqslant d_i\\(u-m_i)/(d_i-m_i), & u\in[m_i,d_i]\\0, & \text{其他}\end{cases}$$

异常出现次数的 c、m 和 d 值分别为 3、8、12,目前该企业的异常出现次数为 5,代入上式得到异常出现次数的隶属度向量为(0.6,0.4,0)。

(3) 定性指标。

采用模糊统计方法获得隶属度向量。通过 10 位专家的评定,得到定性指标的专家评价结果见表 5-22。

表 5-22 定性指标模糊统计结果

二级指标	优	中	差
日常点检符合度	8	2	0
团队改善	6	2	2
节拍准时性	5	4	1

根据表 5-22,日常点检符合度属于"优""中""差"的隶属度分别为 8/10、2/10、0/10,则模糊评价隶属度向量为(0.8,0.2,0)。同理,团队改善的隶属度向量为(0.6,0.2,0.2),节拍准时性的隶属度向量为(0.5,0.4,0.1)。

其次,对两个一级指标分别进行一级模糊综合评价,此处使用加权平均合成算子。

对于 TPM,有:

$$\boldsymbol{S}_1=\boldsymbol{W}_1^{\circ}\boldsymbol{R}_1=[0.2\quad 0.3\quad 0.5]\begin{bmatrix}0.8 & 0.2 & 0\\0.7 & 0.3 & 0\\0.6 & 0.2 & 0.2\end{bmatrix}=[0.67\quad 0.23\quad 0.10]$$

对于 JIT 生产,有:

$$\boldsymbol{S}_2=\boldsymbol{W}_2^{\circ}\boldsymbol{R}_2=[0.3\quad 0.4\quad 0.3]\begin{bmatrix}0.5 & 0.4 & 0.1\\0.125 & 0.875 & 0\\0.6 & 0.4 & 0\end{bmatrix}=[0.38\quad 0.59\quad 0.03]$$

可见,按照最大隶属度原则,TPM 属于"优",而 JIT 生产属于"中"。

最后，对现状进行总体的二级模糊综合评价，仍然采用加权平均合成算子，有：

$$S = W^{\circ}R = [0.4 \quad 0.6]\begin{bmatrix} 0.67 & 0.23 & 0.10 \\ 0.38 & 0.59 & 0.03 \end{bmatrix} = [0.496 \quad 0.446 \quad 0.058]$$

可见，目前该企业精益生产推行效果总体上属于“优”。

为了便于后续比较或与其他企业的精益生产推行效果比较，设置“优”“中”“差”的值分别为5、3、1，则该企业精益生产推行效果的模糊向量单值化结果为：

$$f = \sum_{j=1}^{3} s_j \mu_j = 0.496 \times 5 + 0.446 \times 3 + 0.058 \times 1 = 3.876$$

第八节　主成分价值函数法

一、主成分分析法的原理

在实际工作中，人们通常会通过许多指标多方面地描述一个技术经济系统，这些指标处理起来通常有两方面的困难：一是数目太多，难以处理；二是诸多指标间往往存在一定的相关性，包含的信息相互交叉重叠，不利于主要决策信息的取得。

主成分分析法（Principal Component Analysis，PCA）是多元统计分析中的一种，它是一种去掉重复信息、简化数据结构的有效方法。利用主成分分析法可以把多个相关的变量（指标）变换成少数几个互相无关的综合变量（主成分），这些综合变量中包含了原来所有变量的大部分信息，且每个综合变量只反映了经济系统一个独立方向上的信息。具体来说，主成分分析法的机理如下：借助一个正交变换T，将其分量相关的原随机向量 $\boldsymbol{x} = (x_1, x_2, \cdots, x_p)^{\mathrm{T}}$ 转化成其分量不相关的新随机向量 $\boldsymbol{u} = (u_1, u_2, \cdots, u_p)^{\mathrm{T}}$，这在代数上表现为将 x 的协方差阵变换成对角形阵，在几何上表现为将原坐标系变换成新的正交坐标系，使之指向样本点散布最开的 p 个正交方向，然后对多维变量系统进行降维处理，使之能以一个较高的精度转换成低维变量系统，再通过构造适当的价值函数，进一步将低维系统转化成一维系统。

1. 主成分的定义

设 $\boldsymbol{x} = (x_1, x_2, \cdots, x_p)^{\mathrm{T}}$ 为 p 维随机向量，它的第 i 主成分分量可表示成

$$\boldsymbol{u}_i = \boldsymbol{t}_i^{\mathrm{T}} \boldsymbol{x}, \boldsymbol{t}_i^{\mathrm{T}} \boldsymbol{t}_i = 1 \quad (i = 1, 2, \cdots, p) \tag{5-54}$$

并满足如下条件：

(1) u_1是式(5-54)中方差最大的随机变量；

(2) u_2是式(5-54)中与u_1不相关的其余变量中方差最大的随机变量；

(3) u_k是式(5-54)中与$u_1,u_2,\cdots,u_{k-1}$都不相关的其余变量中方差最大的随机变量，$k=3,4,\cdots,p$。

由主成分分析法的定义可以看出，主成分首先考虑了方差最大的指标，以变换后方差的大小决定第1,2,…,p主成分。

可以证明如下定理：设$\boldsymbol{x}$为p维随机向量，其协方差矩阵为$\boldsymbol{\Sigma}$。将$\boldsymbol{\Sigma}$的p个特征值按小到大的顺序排列：$\lambda_1 \geqslant \lambda_2 \geqslant \cdots \geqslant \lambda_p \geqslant 0$，则$\boldsymbol{x}$的第$i$主成分分量$\boldsymbol{u}_i$的系数向量$\boldsymbol{t}_i$是第$i$大特征值$\lambda_i$所对应的单位特征向量。这样，就找到了将原随机向量矩阵$\boldsymbol{x}$转换为新随机向量阵$\boldsymbol{u}$的正交矩阵$\boldsymbol{T}_{p\times p}$，且有$\boldsymbol{u}$的协方差矩阵为对角矩阵，即

$$\boldsymbol{\Lambda}=\begin{bmatrix} \lambda_1 & & & \\ & \lambda_2 & & \\ & & \ddots & \\ & & & \lambda_p \end{bmatrix} \tag{5-55}$$

2. 贡献率的概念

$\dfrac{\lambda_k}{\sum\limits_{i=1}^{p}\lambda_i}$称为第$k$主成分分量$u_k$的贡献率或方差贡献率，$\dfrac{\sum\limits_{i=1}^{k}\lambda_i}{\sum\limits_{i=1}^{p}\lambda_i}$称为前$k$个主成分分量$u_1 \sim u_k$的累计贡献率。通常所取$k$值使累计贡献率达70%～80%以上。

累计贡献率表达了k个主成分提取原来指标$x_1,x_2,\cdots,x_p$的信息量，但它没有表达某个变量x_i被提取的信息量。第k主成分分量u_k与原变量第i个分量x_i的相关系数

$$\rho(u_k,x_i)=\frac{\mathrm{Cov}(u_k,x_i)}{\sqrt{Du_k}\sqrt{Dx_i}} \tag{5-56}$$

为x_i在u_k中的负荷量。

实际中，随机向量$\boldsymbol{x}$的协方差矩阵往往是未知的，需要借助随机抽样的途径用样本进行估计；另外，$\boldsymbol{x}$的各个分量通常具有不同的量纲，而主成分分析法是通过方差大小来确定主成分等级的，因此在对数据进行处理以前，需要进行标准化预处理，以解决不可公度的问题。

二、主成分价值函数评价步骤

设已知由n个评价对象的p项指标数值组成的样本决策矩阵$\boldsymbol{X}=[x_{ij}]_{n\times p}$，

运用主成分价值函数法进行系统评价的步骤如下：

(1) 对样本矩阵 $\boldsymbol{X}$ 中的负效应指标元素进行正向变换（如取其相反数），得到矩阵 $\boldsymbol{Y}=[y_{ij}]_{n\times p}$。

(2) 对矩阵 $\boldsymbol{Y}$ 中的元素进行标准化变换，得到标准化矩阵 $\boldsymbol{Z}=[z_{ij}]_{n\times p}$。

(3) 对标准化矩阵 $\boldsymbol{Z}$ 求样本相关系数矩阵

$$\boldsymbol{R}=[r_{ij}]_{p\times p}=\frac{\boldsymbol{Z}^{\mathrm{T}}\boldsymbol{Z}}{n-1} \tag{5-57}$$

(4) 解样本相关系数矩阵 $\boldsymbol{R}$ 的特征方程：$|\lambda\boldsymbol{I}_p-\boldsymbol{R}|=0$，其中 $\boldsymbol{I}_p$ 为 p 阶单位矩阵，“$|\ |$”为矩阵的行列式，得 p 个特征值 $\lambda_1\geqslant\lambda_2\geqslant\cdots\geqslant\lambda_p\geqslant0$。

(5) 按照 $\dfrac{\sum_{j=1}^{m}\lambda_j}{\sum_{j=1}^{p}\lambda_j}\geqslant\alpha$，确定 m 值，使前 m 个主成分的累计贡献率即信息的利用率达 α（如取 0.85）以上；或者也可以根据 $\lambda_j>1$ 确定 m 值。对每个 λ_j，$j=1,2,\cdots,m$，解方程组 $(\lambda_j\boldsymbol{I}_p-\boldsymbol{R})b_j=0$，可得单位特征向量 $\boldsymbol{b}_j^0=\boldsymbol{b}_j/\|\boldsymbol{b}_j\|$。

(6) 求出 $\boldsymbol{z}_i=(z_{i1},z_{i2},\cdots,z_{ip})^{\mathrm{T}}$ 的 m 个主成分分量 $u_{ij}=\boldsymbol{z}_i^{\mathrm{T}}\boldsymbol{b}_j^0$，$j=1,2,\cdots,m$，可得主成分决策矩阵

$$\boldsymbol{U}=\begin{bmatrix}\boldsymbol{u}_1^{\mathrm{T}}\\ \boldsymbol{u}_2^{\mathrm{T}}\\ \vdots\\ \boldsymbol{u}_n^{\mathrm{T}}\end{bmatrix}=\begin{bmatrix}u_{11} & \cdots & u_{1m}\\ \vdots & \ddots & \vdots\\ u_{n1} & \cdots & u_{nm}\end{bmatrix} \tag{5-58}$$

其中，$\boldsymbol{u}_i$ 为第 i 个样本的主成分向量，$i=1,2,\cdots,n$，它的第 j 个分量 u_{ij} 是向量 $\boldsymbol{z}_i$ 在单位特征向量 $\boldsymbol{b}_j^0$ 上的投影。

(7) 选择适当的主成分价值函数模型，进一步把 m 维系统降成一维系统。

价值函数是一个纯量实值函数，常用的线性加权主成分价值函数模型有以下 7 种：

① 第 1 主成分价值函数模型，即

$$s_{1i}=u_{i1},\ i=1,2,\cdots,n \tag{5-59}$$

② 加权主成分最大项价值函数模型，即

$$s_{2i}=\max_{j}\{w_j u_{ij}\},\ i=1,2,\cdots,n \tag{5-60}$$

其中，w_j 是权系数，满足 $0<w_j<1$，$\sum_{j=1}^{m}w_j=1$。实际中经常取

$$w_j=\frac{\lambda_j}{\sum_{i=1}^{m}\lambda_i},\ j=1,2,\cdots,m \tag{5-61}$$

③ 加权主成分和价值函数模型，即

$$s_{3i}=\sum_{j=1}^{m}w_ju_{ij}\ ,i=1,2,\cdots,n \tag{5-62}$$

④ 主成分加权欧氏距离价值函数模型，即

$$s_{4i}=\sum_{j=1}^{m}(w_ju_{ij}^2)^{\frac{1}{2}}\ ,i=1,2,\cdots,n \tag{5-63}$$

⑤ 主成分加权 s 距离价值函数模型，即

$$s_{5i}=\sum_{j=1}^{m}w_j\frac{1}{2^j}\ \frac{u_{ij}}{1+u_{ij}},i=1,2,\cdots,n \tag{5-64}$$

⑥ 加权主成分内积价值函数模型。

记 $v_{ij}=w_ju_{ij}$，定义正理想点 $\boldsymbol{v}^+$ 和负理想点 $\boldsymbol{v}^-$ 为

$$\boldsymbol{v}^+=(v_1^+,v_2^+,\cdots,v_m^+)^{\mathrm{T}},v_j^+=\max_i\{v_{ij}\},j=1,2,\cdots,m \tag{5-65}$$

$$\boldsymbol{v}^-=(v_1^-,v_2^-,\cdots,v_m^-)^{\mathrm{T}},v_j^+=\min_i\{v_{ij}\},j=1,2,\cdots,m \tag{5-66}$$

计算每个点与正理想点 $\boldsymbol{v}^+$ 的内积

$$s_{6i}=<v_i,v^+>=\sum_{j=1}^{m}v_{ij}v_j^+\ ,i=1,2,\cdots,n \tag{5-67}$$

⑦ 加权主成分 TOPSIS 价值函数模型。

计算每个点 $\boldsymbol{v}_i$ 到正理想点 $\boldsymbol{v}^+$ 和负理想点 $\boldsymbol{v}^-$ 的距离

$$s_{7i}^+=\sqrt{\sum_{j=1}^{m}(v_{ij}-v_j^+)^2}\ ,i=1,2,\cdots,n \tag{5-68}$$

$$s_{7i}^-=\sqrt{\sum_{j=1}^{m}(v_{ij}-v_j^-)^2}\ ,i=1,2,\cdots,n \tag{5-69}$$

再计算每个点 $\boldsymbol{v}_i$ 到正理想点 $\boldsymbol{v}^+$ 的相对接近度：

$$s_{7i}=\frac{s_{7i}^-}{s_{7i}^++s_{7i}^-},i=1,2,\cdots,n \tag{5-70}$$

三、采油企业能源技术效率的主成分价值函数评价

对某油田公司下属的 10 个采油企业 $A_1\sim A_{10}$ 进行能源技术效率评价。能源技术效率指标包括机械采油系统平均运行效率、注水系统平均运行效率、输油系统平均运行效率、加热炉平均运行效率、锅炉系统平均运行效率、离心式注水泵机组平均运行效率、柱塞式注水泵机组平均运行效率和输油泵机组平均运行效率 8 项指标，记为 $C_1\sim C_8$。原始数据见表 5-23。

表 5-23　10 个采油企业能源技术效率评价的原始数据　　单位：%

企　业	C_1	C_2	C_3	C_4	C_5	C_6	C_7	C_8
A_1	23.95	46.10	59.30	77.10	46.32	49.80	84.13	80.50
A_2	28.20	55.70	70.70	80.80	41.50	43.20	82.80	81.60
A_3	28.78	45.20	64.95	79.80	40.00	49.21	81.24	83.15
A_4	29.37	51.58	74.51	62.13	45.20	45.40	82.00	79.60
A_5	29.90	54.19	74.83	87.70	32.40	36.87	80.50	80.35
A_6	26.73	52.20	76.40	66.20	38.10	51.30	71.98	85.20
A_7	26.80	52.50	74.60	77.30	48.00	56.10	75.20	83.70
A_8	29.60	53.40	75.20	70.00	29.03	49.19	75.00	79.13
A_9	27.04	53.30	70.20	78.97	41.00	49.63	76.56	79.01
A_{10}	32.83	56.90	69.20	85.20	42.80	45.10	84.50	79.20

所有指标均为正向指标，对其标准化后，计算得到 8 项指标的相关系数矩阵见表 5-24。

表 5-24　指标相关系数矩阵

指　标	C_1	C_2	C_3	C_4	C_5	C_6	C_7	C_8
C_1	1.000 0	0.572 9	0.363 4	0.251 6	−0.359 1	−0.518 6	0.249 6	−0.385 8
C_2	0.572 9	1.000 0	0.625 8	0.202 1	−0.235 7	−0.368 1	−0.101 2	−0.300 7
C_3	0.363 4	0.625 8	1.000 0	−0.337 4	−0.406 6	−0.089 7	−0.633 1	0.137 4
C_4	0.251 6	0.202 1	−0.337 4	1.000 0	−0.058 6	−0.417 4	0.431 5	−0.171 2
C_5	−0.359 1	−0.235 7	−0.406 6	−0.058 6	1.000 0	0.412 8	0.342 3	0.185 9
C_6	−0.518 6	−0.368 1	−0.089 7	−0.417 4	0.412 8	1.000 0	−0.525 3	0.445 3
C_7	0.249 6	−0.101 2	−0.633 1	0.431 5	0.342 3	−0.525 3	1.000 0	−0.448 4
C_8	−0.385 8	−0.300 7	0.137 4	−0.171 2	0.185 9	0.445 3	−0.448 4	1.000 0

可见，C_1 和 C_2、C_2 和 C_3、C_3 和 C_7 之间都存在较强的相关性。计算的特征值、贡献率和累计贡献率见表 5-25。

表 5-25　特征值、贡献率和累计贡献率

序号	特征值	贡献率/%	累计贡献率/%
1	2.900 0	36.250 2	36.250 2
2	2.375 1	29.688 8	65.939 0
3	0.862 0	10.775 5	76.714 5

续表 5-25

序号	特征值	贡献率/%	累计贡献率/%
4	0.819 3	10.241 8	86.956 3
5	0.524 5	6.555 8	93.512 1
6	0.395 7	4.945 9	98.458 0
7	0.104 7	1.308 9	99.766 9
8	0.018 6	0.233 1	100.000 0

由表 5-25 可以看出，第一主成分因子、第二主成分因子、第三主成分因子和第四主成分因子的累计贡献率已高达 86.956 3%，满足累计贡献率达 85%的要求，这样就把原先的八维向量简化为一个四维向量。前 4 个特征值对应的单位特征向量见表 5-26。

表 5-26　四个特征值对应的单位特征向量

指　标	因子 1	因子 2	因子 3	因子 4
C_1	0.479 8	0.096 5	0.193 5	0.012 7
C_2	0.402 8	0.283 4	0.467 8	0.220 0
C_3	0.158 1	0.591 8	0.188 8	0.041 7
C_4	0.278 1	−0.310 5	−0.190 4	0.718 3
C_5	−0.285 0	−0.311 7	0.757 0	0.133 0
C_6	−0.487 7	0.125 7	0.242 1	0.012 9
C_7	0.222 7	−0.560 9	0.173 9	−0.094 9
C_8	−0.369 5	0.190 2	−0.100 0	0.637 9

由表 5-26 可知，第一主成分的计算式为：

$$u_{i1}=0.479\,8z_1+0.402\,8z_2+0.158\,1z_3+0.278\,1z_4-0.285\,0z_5-0.487\,7z_6+0.222\,7z_7-0.369\,5z_8$$

各个指标在第一主成分中的权重系数相对比较均衡，C_1、C_2、C_6 相对较大。同理可得其他主成分计算式，在第二主成分中，C_3、C_7 的权重系数相对较大；在第三主成分中，C_5 的权重系数相对较大；在第四主成分中，C_4、C_8 的权重系数相对较大。进而得到 10 个采油企业的 4 个主成分分量形成的主成分决策矩阵，见表 5-27。

表 5-27　主成分决策矩阵

企　业	u_{i1}	u_{i2}	u_{i3}	u_{i4}
A_1	−1.978 5	−2.846 1	−0.455 1	−0.567 5
A_2	0.953 7	−0.489 0	0.373 0	0.657 7
A_3	−1.086 5	−1.287 7	−1.105 9	0.382 0
A_4	0.134 5	0.167 6	1.156 6	−1.678 7
A_5	2.609 0	0.161 9	−1.174 7	0.688 5
A_6	−1.804 9	2.445 2	−0.290 3	0.426 6
A_7	−1.932 8	0.904 4	1.101 8	1.137 8
A_8	0.804 2	1.880 8	−0.887 8	−1.204 1
A_9	−0.070 6	0.056 2	0.110 8	−0.269 5
A_{10}	2.371 9	−0.993 2	1.171 6	0.427 0

采用加权主成分 TOPSIS 价值函数模型求解主成分价值，对 10 家油田企业进行能源技术效率排序。第一、二、三、四主成分的贡献率权系数分别为 0.416 9、0.341 4、0.123 9 和 0.117 8，贡献率加权后的 4 个主成分分量值见表 5-28。

表 5-28　贡献率加权后的 4 个主成分分量值

企　业	v_{i1}	v_{i2}	v_{i3}	v_{i4}
A_1	−0.824 8	−0.971 7	−0.056 4	−0.066 8
A_2	0.397 6	−0.167 0	0.046 2	0.077 5
A_3	−0.452 9	−0.439 7	−0.137 0	0.045 0
A_4	0.056 1	0.057 2	0.143 3	−0.197 7
A_5	1.087 6	0.055 3	−0.145 6	0.081 1
A_6	−0.752 4	0.834 9	−0.036 0	0.050 2
A_7	−0.805 8	0.308 8	0.136 5	0.134 0
A_8	0.335 3	0.642 1	−0.110 0	−0.141 8
A_9	−0.029 4	0.019 2	0.013 7	−0.031 7
A_{10}	0.988 8	−0.339 1	0.145 2	0.050 3

正负理想解为：$\boldsymbol{v}^+=(1.087\ 6, 0.834\ 9, 0.145\ 2, 0.134\ 0)^{\mathrm{T}}$，$\boldsymbol{v}^-=(-0.824\ 8, -0.971\ 7, -0.145\ 6, -0.197\ 7)^{\mathrm{T}}$，计算各企业到正理想点的相对接近度和排序结果见表 5-29。可见，就这 10 家企业的能源综合利用技术水平而言，A_5、A_8、A_{10} 排前三，而 A_7、A_3、A_1 排在后三位。

表 5-29 主成分价值函数结果排序

企 业	相对接近度	排 序
A_1	0.056 5	10
A_2	0.551 3	4
A_3	0.255 3	9
A_4	0.509 4	5
A_5	0.724 1	1
A_6	0.496 9	6
A_7	0.407 7	8
A_8	0.697 4	2
A_9	0.479 9	7
A_{10}	0.623 8	3

第九节 数据包络分析

一、数据包络分析简介

数据包络分析(Data Envelopment Analysis,DEA),是由著名运筹学家A. Charnes 和 W. W. Cooper 等于 1978 年提出的。DEA 使用数学规划模型评价具有多个输入、多个输出的“部门”或“单位”(称为决策单元,Decision Making Unit,DMU)间的相对有效性(称为 DEA 有效)。根据 DMU 的观察数据判断 DMU 是否为 DEA 有效,本质上是判断 DMU 是否位于生产可能集的“生产前沿面”上。生产前沿面是经济学中单一产出的生产函数向多产出情况的一种推广。使用 DEA 方法和模型可以确定生产前沿面的结构,因此又可以将 DEA 看作一种非参数的统计估计方法。DEA 因与指标量纲无关,且无须设置指标权重,现已成为管理科学、系统工程和决策分析、评价技术等领域中一种常用而且重要的分析工具和研究手段。

DEA 评价中的基本概念包括:

1. 决策单元

一个经济系统或者一个生产过程都可以看成一个部门(或者一个单位)在一定可能的范围内,通过投入一定数量的生产要素并产出一定数量的“产品”的活动。虽然这种活动的具体内容各不相同,但其目的都是尽可能地使这一活动获得最大的“效益”。由于从“投入”到“产出”需要通过一系列决策才能够实现，或者说，“产出”是决策的结果，所以这样的部门（或单位）被称为决策单元（DMU）。因此，可以认为，每个DMU都代表或表现出一定的经济意义，它的基本特点是具有一定的输入和输出，并且在输入转化为输出的过程中，努力实现自身的决策目标。按照DEA系统的语言，“投入”被称为“输入”，“产出”被称为“输出”，那么一个决策单元就是一个将一定量“输入”转化为一定量“输出”的实体。在很多情况下，我们涉及多个同类决策单元的研究，所谓同类的决策单元是指具有以下特征的单元集合：(1) 它们具有相同的目标和任务；(2) 它们具有相同的外部环境；(3) 它们具有相同的输入、输出指标。

2. 生产可能集

设某个决策单元在一项生产活动中的输入向量 $\boldsymbol{X}=(X_1,X_2,\cdots,X_m)^{\mathrm{T}}$，输出向量 $\boldsymbol{Y}=(Y_1,Y_2,\cdots,Y_s)^{\mathrm{T}}$，于是我们可以用 $(\boldsymbol{X},\boldsymbol{Y})$ 来表示DMU的整个生产活动。称集合 $T=\{(X,Y)\mid$ 输出 Y 能用输入 X 生产出来$\}$ 为所有可能的生产活动构成的生产可能集。

3. 生产前沿面

生产前沿面是指由观察到的决策单元的输入数据和输出数据所确定的有效包络边界（这也是“数据包络分析”这一称谓的由来）。从多目标规划的角度看，如果以输入最小、输出最大为目标，那么生产前沿面就是以生产可能集作为约束集合的相应的线性多目标规划的Parato面，即数据包络面的有效部分。

DEA的基本模型包括CCR模型、BCC模型等，在此基础上又衍化出Malmquist指数模型、超效率模型、交叉效率模型、带有松弛变量的测度模型SBM、角度调整测度模型RAM等，考虑伴生的非期望产出如环境污染物，又衍生出带有非期望产出的DEA模型等。本书给出了较常用的CCR、BCC、DEA超效率及其投影模型。

二、CCR模型

Charnes、Cooper和Rhodes依据Farrell提出的“两投入一产出”模式，推广至“多投入多产出”模式，从而更加符合复杂的现实。CCR效率评估模型从投入面分析并假设每个DMU的生产技术为固定规模报酬，利用线性规划方法及对偶理论求得效率前沿边界并计算每个DMU的相对效率，凡落在边界上的DMU称为DEA有效率，其效率值为1；而其他未落在边界上的DMU则称为DEA无效率，其效率值介于0～1之间。

假设有 n 个决策单元，每个决策单元均使用 m 种投入生产 s 种产出。我们令 DMU_j 表示第 j 个决策单元，$j=1,2,\cdots,n$；$[x_{ij}]$ 表示 DMU_j 的 $m\times1$ 种投入

变量，$i=1,\cdots,m$；$[y_{rj}]$表示 DMU_j 的 $s\times1$ 种产出向量，$r=1,2,\cdots,s$。某一特定决策单元 DMU_{j0}（$j0\in\{1,2,\cdots,n\}$）的相对效率可由以下原始模型求得：

$$\max h_{j0}=\frac{\sum_{r=1}^{s}u_r y_{rj0}}{\sum_{i=1}^{m}v_i x_{ij0}} \tag{5-71}$$

$$\text{s.t.}\begin{cases}\dfrac{\sum_{r=1}^{s}u_r y_{rj}}{\sum_{i=1}^{m}v_i x_{ij}}\leqslant 1,j=1,\cdots,n\\ u_r,v_i\geqslant 0,i=1,2,\cdots,m;r=1,2,\cdots,s\end{cases}$$

式中，x_{ij} 表示第 j 个决策单元的第 i 项投入值；y_{rj} 表示第 j 个决策单元的第 r 项产出值；u_r 和 v_i 分别表示第 r 个产出项与第 i 个投入项的权重；h_{j0} 表示 DMU_{j0} 的相对效率值。可见，DEA 模型的目标是找到一组对 DMU_{j0} 最有利的投入和产出权重。

式(5-71)是最大化 DMU_{j0} 的相对效率，且此效率值大于 0，小于等于 1。由于式(5-71)是一个分数线性规划模式，其解(u^*,v^*)有无穷多组解[如果(u^*,v^*)是最优解，则(au^*,av^*)是最优解]。为了解决这一问题，实施 Charns-Cooper 转换将其转化为线性规划模式，即

$$\max h_{j0}=\sum_{r=1}^{s}u_r y_{rj0} \tag{5-72}$$

$$\text{s.t.}\begin{cases}\sum_{i=1}^{m}v_i x_{ij0}=1\\ \sum_{r=1}^{s}u_r y_{rj}-\sum_{i=1}^{m}v_i x_{ij}\leqslant 0,j=1,2,\cdots,n\\ u_r,v_i\geqslant 0,i=1,2,\cdots,m;r=1,2,\cdots,s\end{cases}$$

式(5-72)是考虑投入加权总和为 1 的限制后，使产出加权总和最大化。由于式(5-72)的限制式个数大于变量个数，因此可将式(5-72)转换成其对偶模式，转换后可表示为唯一的包络形式。标准化后的对偶模型如下：

$$\min h_{j0}=\theta \tag{5-73}$$

$$\text{s.t.}\begin{cases}\sum_{j=1}^{n}\lambda_j x_{ij}+s_i^-=\theta x_{ij0},i=1,2,\cdots,m\\ \sum_{j=1}^{n}\lambda_j y_{rj}-s_r^+=y_{rj0},r=1,2,\cdots,s\\ \lambda_j\geqslant 0,j=1,2,\cdots,n\\ s_i^-,s_r^+\geqslant 0,i=1,2,\cdots,m;r=1,2,\cdots,s\end{cases}$$

式中，θ 为第 j 个决策单位的相对效率值，而 λ_j 为第 j 个决策单元的权重，代表非负向量，由式(5-73)可知，$\lambda_j \neq 0$ 所对应的所有决策单位正好是第 j 个决策单位 B_j 的参考集合。s_i^-、s_r^+ 分别为松弛和剩余变量；目标函数值 θ 称为技术效率(Technological Efficiency，TE)。

若线性规划的最优值 $\theta^* = 1$，则称 DMU_{j0} 为弱 DEA 有效(CCR)；若最优值 $\theta^* = 1$，且对每个最优解 λ^*，都有 $s^{*-} = 0$，$s^{*+} = 0$，则称 DMU_{j0} 为 DEA 有效(CCR)；若最优值 $\theta^* < 1$，则称 DMU_{j0} 为非 DEA 有效(CCR)。另外，根据所参考的权数比重之和 $\sum_{j=1}^{n} \lambda_j$，可以判断 DMU_{j0} 的规模报酬处于何种状态，其判断如下：$\sum_{j=1}^{n} \lambda_j > 1$ 代表 DMU_{j0} 为规模报酬递减，$\sum_{j=1}^{n} \lambda_j = 1$ 代表 DMU_{j0} 为规模报酬不变，$\sum_{j=1}^{n} \lambda_j < 1$ 代表 DMU_{j0} 为规模报酬递增。

上述模型均为基于输入的 DEA 模型，如果将 θ 改为置于输出对应的第二个约束条件，则得到的 DEA 模型称为基于输出的 DEA 模型。

三、BCC 模型

CCR 模型蕴含了规模报酬不变的基本假设，即当投入量以等比例增加或减少时，产出量也等比例地增加或者减少，但这并不符合实际。Banker、Charnes 和 Cooper 剔除了该假设，构建了 BCC 模型：

$$\min h_{j0} = \theta \tag{5-74}$$

$$\text{s.t.} \begin{cases} \sum_{j=1}^{n} \lambda_j x_{ij} + s_i^- = \theta x_{ij0}, i = 1, 2, \cdots, m \\ \sum_{j=1}^{n} \lambda_j y_{rj} - s_r^+ = y_{rj0}, r = 1, 2, \cdots, s \\ \sum_{j=1}^{n} \lambda_j = 1 \\ \lambda_j \geqslant 0, j = 1, 2, \cdots, n \\ s_i^-, s_r^+ \geqslant 0, i = 1, 2, \cdots, m; r = 1, 2, \cdots, s \end{cases}$$

其中，目标函数值 θ 称为纯技术效率(Pure Technological Efficiency，PTE)。

与 CCR 模型类似，若 $\theta^* = 1$，则称 DMU_{j0} 为弱 DEA 有效(BCC)；若 $\theta^* = 1$，且对每个最优解 λ^*，都有 $s^{*-} = 0$，$s^{*+} = 0$，则称 DMU_{j0} 为 DEA 有效(BCC)；若 $\theta^* < 1$，则称 DMU_{j0} 为非 DEA 有效(BCC)。

定义规模效率(Scale Efficiency，SE)：

$$SE = TE/PTE \tag{5-75}$$

由于 BCC 模型所求得的 PTE 值不小于 CCR 模型所得到的 TE 值，则 SE 值小于等于 1，可用于比较某一特定决策单元在固定规模报酬下的技术效率与在变动规模报酬下的技术效率，两者若没有差异，则表示决策单元的无效率并非来自规模的因素；但是若两者之间存在差异，则表明决策单元的无效率有来自规模无效率的因素。

四、DEA 投影模型

利用 DEA 方法进行效率评价的一个重要作用就是要为今后决策单元提高生产效率和管理水平提供参考信息。定义(x'_{j0}, y'_{j0})为 DMU_{j0} 对应的(x_{j0}, y_{j0})在 DEA 相对有效平面上的“投影”。其中各分量分别为：

$$\begin{cases} x'_{ij0}=\theta^* x_{ij0} - s_i^{*-} = \sum_{j=1}^{n} \lambda_j^* x_{ij} \\ y'_{rj0}=y_{rj0} + s_r^{*+} = \sum_{j=1}^{n} \lambda_j^* y_{rj} \end{cases} \tag{5-76}$$

可以证明，(x'_{j0}, y'_{j0})所代表的新决策单元相对于原来的 n 个决策单元而言是 DEA 有效的。同时记$(\Delta x_{j0}, \Delta y_{j0})$为输入剩余和输出亏空，其中各分量分别为：

$$\begin{cases} \Delta x_{ij0} = x_{ij0} - x'_{ij0} = (1-\theta^*) x_{ij0} + s_i^{*-} \\ \Delta y_{ij0} = y'_{ij0} - y_{ij0} = s_r^{*+} \end{cases} \tag{5-77}$$

这样，(x_{j0}, y_{j0})和$(\Delta x_{j0}, \Delta y_{j0})$分别为非 DEA 有效的决策单元提供了改进目标和改进力度，且为决策者生产和经营管理指明了非有效原因，提供了一种可行性方案。

五、DEA 超效率模型

DEA 的 CCR 或 BCC 模型将决策单元分为两类：有效和无效。该模型对于多个同时有效的决策单元无法做出进一步评价与比较。扩展后的超效率 DEA 模型弥补了这一缺陷，使有效的决策单元之间也能进行比较，其基本思想是在评价某个决策单元时，将其排除在决策单元的集合之外。模型如下：

$$\min h_{j0} = \theta \tag{5-78}$$

$$\text{s. t.} \begin{cases} \sum_{j=1, j\neq j0}^{n} \lambda_j x_{ij} + s_i^- = \theta x_{ij0}, i=1,2,\cdots,m \\ \sum_{j=1, j\neq j0}^{n} \lambda_j y_{rj} - s_r^+ = y_{rj0}, r=1,2,\cdots,s \\ \lambda_j \geqslant 0, j=1,2,\cdots,n \\ s_i^-, s_r^+ \geqslant 0, i=1,2,\cdots,m; r=1,2,\cdots,s \end{cases}$$

其中，目标函数值 θ 称为超效率值。

一个有效的决策单元可以使其投入按比例增加，而效率值始终保持为 1，其投入增加比例即其超效率评价值。可见，超效率值越大，该决策单元的相对效率值越高。

六、油田开发单元生产效率的 DEA 评价

对 2019 年某油田的 9 个单元（用字母 A～I 表示）进行生产效率评价。选取采油井总开井数、含水上升率、注水开井数、新井投产井数、老井措施年累计井次、老井自然递减率、吨油操作成本 7 个输入指标，选取老井年产油、新井年产油、老井措施年增油、地质采油速度 4 个指标作为输出指标。输入、输出指标的原始数据见表 5-30。

表 5-30　油田开发单元 A～I 评价指标原始数据

油田单元	采油井总开井数/口	含水上升率/%	注水开井数/口	新井投产井数/口	老井措施年累井次/井次	老井自然递减率/%	吨油操作成本/(元·t^{-1})	老井年产油/万吨	新井年产油/万吨	老井措施年增油/万吨	地质采油速度/%
A	924	0.573 0	433	122	375	5.68	327.45	200.22	14.531	17.980	1.05
B	1 001	1.342 0	460	126	327	4.81	322.92	199.78	14.185	26.307	1.03
C	995	0.045 0	506	104	456	9.72	344.40	193.09	20.444	15.799	0.87
D	953	0.794 0	472	101	464	3.42	430.04	197.76	15.694	21.147	1.00
E	944	1.802 1	472	96	485	12.69	478.82	185.66	13.894	20.246	0.75
F	1 067	0.256 1	466	116	406	4.50	608.96	177.08	16.836	22.890	0.82
G	1 086	0.444 0	458	86	515	6.00	609.04	176.70	13.775	21.956	0.72
H	1 148	0.267 7	486	68	398	9.11	682.88	172.50	14.282	18.491	0.69
I	1 208	0.667 5	498	96	335	7.90	718.69	170.23	11.106	19.618	0.67

1. 基于 CCR 模型的评价

首先构建 CCR 模型，得到的评价结果见表 5-31 和表 5-32。

表 5-31　油田开发单元生产效率评价结果(一)

油田单元	θ^*	DEA有效性	s_1^{*-}	s_2^{*-}	s_3^{*-}	s_4^{*-}	s_5^{*-}	s_6^{*-}	s_7^{*-}	s_1^{*+}	s_2^{*+}	s_3^{*+}	s_4^{*+}
A	1.000 0	有效	0.00	0.00	0.00	0.00	0.00	0.00	0.00	0.00	0.00	0.00	0.00

续表 5-31

油田单元	θ^*	DEA有效性	s_1^{*-}	s_2^{*-}	s_3^{*-}	s_4^{*-}	s_5^{*-}	s_6^{*-}	s_7^{*-}	s_1^{*+}	s_2^{*+}	s_3^{*+}	s_4^{*+}
B	1.000 0	有效	0.00	0.00	0.00	0.00	0.00	0.00	0.00	0.00	0.00	0.00	0.00
C	1.000 0	有效	0.00	0.00	0.00	0.00	0.00	0.00	0.00	0.00	0.00	0.00	0.00
D	1.000 0	有效	0.00	0.00	0.00	0.00	0.00	0.00	0.00	0.00	0.00	0.00	0.00
E	0.981 1	非有效	0.00	1.06	14.99	0.00	27.36	8.83	35.85	0.00	0.81	0.00	0.17
F	1.000 0	有效	0.00	0.00	0.00	0.00	0.00	0.00	0.00	0.00	0.00	0.00	0.00
G	1.000 0	有效	0.00	0.00	0.00	0.00	0.00	0.00	0.00	0.00	0.00	0.00	0.00
H	1.000 0	有效	0.00	0.00	0.00	0.00	0.00	0.00	0.00	0.00	0.00	0.00	0.00
I	0.989 1	非有效	257.05	0.00	74.46	0.00	0.00	2.08	287.93	0.00	2.01	0.00	0.14

表 5-32　油田开发单元各年生产效率评价结果(二)

油田单元	λ_1^*	λ_2^*	λ_3^*	λ_4^*	λ_5^*	λ_6^*	λ_7^*	λ_8^*	λ_9^*	$\sum\lambda$	规模报酬
A	1.000 0	0.000 0	0.000 0	0.000 0	0.000 0	0.000 0	0.000 0	0.000 0	0.000 0	1.000 0	不变
B	0.000 0	1.000 0	0.000 0	0.000 0	0.000 0	0.000 0	0.000 0	0.000 0	0.000 0	1.000 0	不变
C	0.000 0	0.000 0	1.000 0	0.000 0	0.000 0	0.000 0	0.000 0	0.000 0	0.000 0	1.000 0	不变
D	0.000 0	0.000 0	0.000 0	1.000 0	0.000 0	0.000 0	0.000 0	0.000 0	0.000 0	1.000 0	不变
E	0.000 0	0.000 0	0.000 0	0.820 2	0.000 0	0.000 0	0.128 5	0.004 3	0.000 0	0.953 0	递增
F	0.000 0	0.000 0	0.000 0	0.000 0	0.000 0	1.000 0	0.000 0	0.000 0	0.000 0	1.000 0	不变
G	0.000 0	0.000 0	0.000 0	0.000 0	0.000 0	0.000 0	1.000 0	0.000 0	0.000 0	1.000 0	不变
H	0.000 0	0.000 0	0.000 0	0.000 0	0.000 0	0.000 0	0.000 0	1.000 0	0.000 0	1.000 0	不变
I	0.180 9	0.339 4	0.000 0	0.000 0	0.000 0	0.087 1	0.000 0	0.294 4	0.000 0	0.901 8	递增

由表 5-31、表 5-32 的评价结果可以得知：

(1) 油田开发单元 A～D 和 F～H 的开发技术效率值都为 1，s^{*-}、s^{*+} 均为 0，为 DEA 有效(CCR)。说明这 7 个油田开发单元在投入产出上均达到了相对均衡状态。

(2) 油田开发单元 E 和 I 的开发技术效率值小于 1，为非 DEA 有效(CCR)。说明这个油田开发单元的开发生产活动在投入产出上未能达到相对均衡状态。

(3) 由于油田开发单元 E 和 I 的 $\sum\lambda$ 值分别等于 0.953 0 和 0.901 8，均小于 1，说明这两个油田开发单元的开发生产活动均处于规模报酬递增阶段，即适当扩大一定比例的投入规模，可以获得更高比例的产出。

2. DEA 投影分析

基于 CCR 模型评价结果，计算非 DEA 有效决策单元 E 和 I 在相对有效面上的“投影”、输入冗余和输出亏空，结果见表 5-33。

表 5-33　DEA“投影”分析结果

指　标	油田开发单元 E		油田开发单元 I	
	“投影”	输入冗余/输出亏空	“投影”	输入冗余/输出亏空
采油井总开井数/口	926.16	17.84	937.78	270.22
含水上升率/%	0.71	1.092 1	0.66	0.007 5
注水开井数/口	448.09	23.91	418.11	79.89
新井投产井数/口	94.19	1.81	94.95	1.05
老井措施年累计井次/井次	448.47	36.53	331.35	3.65
老井自然递减率/%	3.62	9.07	5.73	2.17
吨油操作成本/(元 · t^{-1})	433.93	45.07	422.91	295.75
老井年产油/万吨	185.66	0.00	170.23	0.00
新井年产油/万吨	14.70	0.81	13.11	2.01
老井措施年增油/万吨	20.25	0.00	19.62	0.00
地质采油速度/%	0.92	0.17	0.81	0.14

以油田开发单元 E 为例，在现有状态下，为使其达到 DEA 有效，应当缩减其相应的输入值，即各个指标按照输入冗余进行缩减；输出方面，老井年产油和老井措施年增油两项保持不变，而新井年产油和地质采油速度两项指标的松弛变量为 0.81 和 0.17，这说明在提高新井产油和地质采油速度方面还有很大的潜力，理论上可以达到新井年产油 14.70 万吨和地质采油速度 0.92%。这样，通过投影分析就为无效的决策单元通过增大产出和减少投入达到 DEA 有效提供了目标和方向，为决策单元今后提高生产效率和管理水平提供了可靠的参考信息。

3. 基于 BCC 模型的评价

构建 BCC 模型，计算各油田开发单元开发纯技术效率值，并计算各油田开发单元的规模效率，结果见表 5-34。

表 5-34　各油田开发单元的纯技术效率与规模效率评价结果

油田开发单元	技术效率 TE	纯技术效率 PTE	规模效率 SE	效率评价
A	1.000 0	1.000 0	1.000 0	技术、规模均有效

续表 5-34

油田开发单元	技术效率 TE	纯技术效率 PTE	规模效率 SE	效率评价
B	1.000 0	1.000 0	1.000 0	技术、规模均有效
C	1.000 0	1.000 0	1.000 0	技术、规模均有效
D	1.000 0	1.000 0	1.000 0	技术、规模均有效
E	0.981 1	1.000 0	0.981 1	技术有效,规模无效
F	1.000 0	1.000 0	1.000 0	技术、规模均有效
G	1.000 0	1.000 0	1.000 0	技术、规模均有效
H	1.000 0	1.000 0	1.000 0	技术、规模均有效
I	0.989 1	1.000 0	0.989 1	技术有效,规模无效

由表 5-34 的评价结果可以看出:非 DEA 有效(CCR)单元 E 和 I 的 BCC 纯技术效率值都为 1,规模效率值都小于 1。这说明 E 和 I 的技术有效,即两个油田开发单元在生产中投入的生产要素达到最佳组合,资源获得充分利用,获得了最大的产出效果。造成 E 和 I 开发无效的原因主要是规模无效。基于此,管理者需要重点对开发单元的规模进行调整,使其达到规模有效。通过上述的 CCR 模型规模报酬分析可知,E 和 I 均处于规模报酬递增阶段,所以可以适当扩大它们的投入规模使其达到规模有效。

4. 基于超效率模型的评价

为了对 7 个有效油田开发单元进行有效排序,应用超效率评价模型对所有油田开发单元的生产效率进行评价,结果见表 5-35。

表 5-35　油田开发单元超效率评价结果

油田开发单元	超效率值	排　名	油田开发单元	超效率值	排　名
A	1.099 0	6	F	1.093 5	7
B	1.625 7	1	G	1.104 6	5
C	1.471 7	2	H	1.257 5	4
D	1.433 5	3	I	0.989 1	8
E	0.981 1	9			

从表 5-35 可以看出:对于 CCR 模型中非 DEA 有效的单元 E 和 I,超效率 DEA 值仍然是非有效的,与 CCR 中的 DEA 效率值相同。但是对于 CCR 模型中有效的决策单元,超效率值可以区分其有效程度。9 个油田开发单元中 B 单元的超效率值最高,达到了 1.625 7(表示投入指标值最大可以扩大 1.625 7 倍并保持相对有效),接下来依次为 C、D、H、G、A、F、I 和 E。

第十节　组合评价

一、组合评价简介

适用于同一对象的评价方法很多，这些评价方法得到的结论未必一致，因此产生了将单一评价方法组合的思想。更一般地，评价问题涉及评价指标体系、评价方法和评价专家等多个因素，对应有三类组合问题，即基于评价指标赋权的组合问题、基于多方法的组合问题、基于多专家评价的组合问题。可见，组合赋权实际上就是第一类组合评价问题，群决策可视为第三类组合评价问题，第二类组合评价问题又可以分为基于综合评价值的组合评价、基于评价排序的组合评价。

1. 基于评价值的组合评价

对一组评价对象进行综合评价，均可得到一个综合评价值，但是，不同的评价方法所得到的评价值往往是不同的。基于评价值的组合评价就是按照一定的原则对多种单一评价方法的综合评价值进行组合的一种方法，它力图通过组合使所得到的组合评价值的相对大小更接近客观实际。

实际上，将每种单一评价方法的结果作为属性值，都可以用综合评价模型继续评价，这意味着综合评价模型本身就是基于评价值的组合评价模型。例如，不考虑权重的简单平均模型，考虑权重的熵权模型、最优赋权模型等。此外，还有学者提出了漂移度赋权模型、合作博弈赋权模型等。

2. 基于评价排序的组合评价

对一组评价对象进行综合评价，我们总可以得到关于它们评价结果的优劣排序，但这些排序结果也可能是不一致的。基于评价排序结果的组合评价就是按照一定的原则对多种单一评价方法的评价排序结果做进一步组合，得到较为一致的组合评价排序结果。

本书主要介绍基于评价排序的组合评价模型。

二、组合评价的基本流程

通过单一方法的评价，所得到的评价结论可能不同，如有的评价对象在某种评价方法结论中排第一，但在另一种评价方法结论中有可能排在最后，这就需要对不同的单一评价方法结论进行事前的一致性或相容性检验，以确定它们是否适合组合，对通过事前检验的单一评价方法结论，应用组合评价方法进行组合，并对组合评价结论进行事后一致性检验，输出通过检验的最终评价值。基于多种单一评价方法的组合评价的基本流程如图 5-6 所示。其中，事前相容性检验是组合评价的前提，只有单一评价方法的结论具有相容性，方可进行组合评价。事后一致性检验是组合评价结果的检验，只有组合评价结果与单一评价模型的结果满足一致性，才可视为有效的组合评价结果。

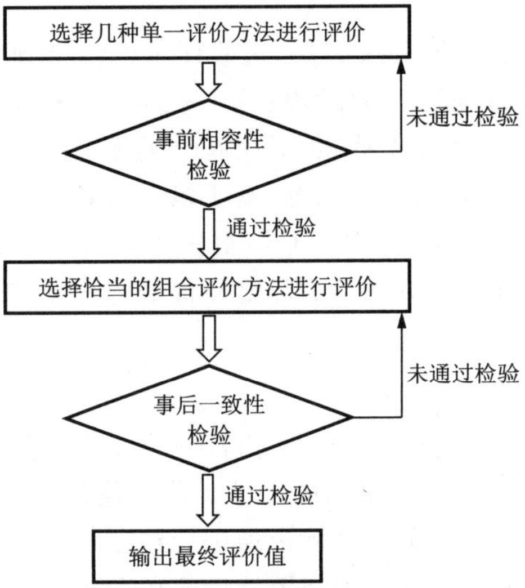

图 5-6　组合评价的基本流程

1. 事前相容性检验

设有 m 种单一评价方法对 n 个评价对象的评价结果，组合评价的事前检验主要是为了验证这些单一评价方法的结果是否具有一致性，通常可以采用 Kendall 协和系数法来衡量。

当 $n\leqslant 7$ 时，计算统计量：

$$s=\sum_{i=1}^{n}R_i^2-\frac{1}{n}\Big(\sum_{i=1}^{n}R_i\Big)^2 \tag{5-79}$$

其中，s 为 Kendall 协和系数；$R_i=\sum_{j=1}^{m}y_{ij}$，y_{ij} 为第 i 个评价对象在第 j 种评价方法下的排序值。给定显著性水平 α，查 Kendall 一致性系数 s 的临界值表，可得临界值 s_α。当 $s\geqslant s_\alpha$ 时，判定这 m 种方法具有相容性；否则逐一剔除待组合的单一评价方法，直至找到大于临界值且 s 统计量值大的相容模型。

当 $n>7$ 时，计算统计量：

$$\chi^2=m(n-1)W \tag{5-80}$$

其中，$W=\dfrac{12\sum_{i=1}^{n}R_i^2}{m^2n(n^2-1)}-\dfrac{3(n+1)}{n-1}$，$\chi^2$ 服从自由度 $n-1$ 的 χ^2 分布。给定显著性水平 α，若 $\chi^2\geqslant\chi_\alpha^2(n-1)$，可认为这 m 种评价方法的评价结果之间具有一致性；否则，逐一删除某一种评价方法，直至找到大于临界值且 χ^2 统计量值大的相容模型。

2. 事后一致性检验

可用的组合评价方法很多，如何选取最佳组合排序方法，亦即组合评价结论与单一评价结论排序最为一致的组合评价方法，就需要进行事后检验。当前，事后检验主要有相对有效性分析方法和 Spearman 等级相关系数法两种方法。由于 Spearman 等级相关系数法应用简捷、广泛，且其本身由相对有效性分析方法的核心内容组成，本书选择该方法进行介绍，基本步骤如下：

步骤 1，列出 n 个评价对象在 m 种单一评价方法的评价结论下构成的排序矩阵，即

$$\boldsymbol{Y}=[y_{ij}]_{n\times m}=\begin{bmatrix}y_{11} & y_{12} & \cdots & y_{1m}\\ y_{21} & y_{22} & \cdots & y_{2m}\\ \vdots & \vdots & \ddots & \vdots\\ y_{n1} & y_{n2} & \cdots & y_{nm}\end{bmatrix} \tag{5-81}$$

其中，y_{ij} 为第 i 个对象在第 j 种单一评价方法下的排序。

步骤 2，列出 n 个评价对象在 p 种组合评价方法的评价结论下构成的排序矩阵，即

$$\boldsymbol{Z}=[z_{ik}]_{n\times p}=\begin{bmatrix}z_{11} & z_{12} & \cdots & z_{1p}\\ z_{21} & z_{22} & \cdots & z_{2p}\\ \vdots & \vdots & \ddots & \vdots\\ z_{n1} & z_{n2} & \cdots & z_{np}\end{bmatrix} \tag{5-82}$$

其中，z_{ik} 为第 i 个方案在第 k 种组合评价方法下的排序。

步骤 3，计算第 k 种组合评价方法的排序结论与第 j 种单一评价结论的等级相关系数，即

$$\eta_{kj}=1-\frac{6\sum_{i=1}^{n}(z_{ik}-y_{ij})^2}{n(n^2-1)} \tag{5-83}$$

步骤 4，计算第 k 种组合评价方法的期望等级相关系数值，即

$$\eta_k=\frac{1}{m}\sum_{j=1}^{m}\eta_{kj} \tag{5-84}$$

步骤 5，计算 t 统计量，即

$$t_k=\eta_k\sqrt{\frac{n-2}{1-\eta_k^2}} \tag{5-85}$$

一般认为，在 n 足够大时，t_k服从自由度为 $n-2$ 的 t 分布。给定显著性水平 α，查临界值$t_\alpha(n-2)$，如果$t_k<t_\alpha(n-2)$，则意味着第 k 种组合评价方法的结论与单一评价方法的结论不满足一致性检验；否则，满足一致性检验。输出满足一致性检验而且最大 t 统计量数值所对应的组合评价方法结论为最终组合评价结论。

三、基于评价排序的组合评价

基于评价排序的组合评价方法很多，本节介绍比较常用的平均值模型、Borda 模型、Copeland 模型、模糊 Borda 模型等。

1. 平均值模型

将评价对象 i 在第 j 种相容评价方法下的评价排序 y_{ij} 转换为分值：

$$f_{ij}=n-y_{ij}+1, i=1,2,\cdots,n; j=1,2\cdots,m \tag{5-86}$$

计算每个评价对象的所有评价方法分值的平均值 f_i，按平均值由大到小优先排序。如果出现多个评价对象的平均值相同的情形，则计算它们所有评价方法分值的方差，方差小者优先。

2. Borda 模型

若所有评价方法中评价对象 i 的排序优于评价对象 k 的数量大于评价对象 k 优于评价对象 i 的数量，则记 $b_{ik}=1$；否则 $b_{ik}=0$。计算评价对象 i 的 Borda 得分：

$$b_i=\sum_{k=1}^{n}b_{ik}, i=1,2,\cdots,n \tag{5-87}$$

按照 Borda 得分由大到小对评价对象进行优先排序，若多个评价对象的得分相同，方差小者优先。

3. Copeland 模型

Copeland 模型是 Borda 模型的扩展，除了定义优序值外，还定义了等价值和劣序值。若所有评价方法中评价对象 i 的排序优于评价对象 k 的数量大于评价对象 k 优于评价对象 i 的数量，则 $c_{ik}=1$；若二者相等，则 $c_{ik}=0$；若前者小于后者，则 $c_{ik}=-1$。计算评价对象 i 的 Copeland 得分：

$$c_i=\sum_{k=1}^{n}c_{ik}, i=1,2,\cdots,n \tag{5-88}$$

按照 Copeland 得分由大到小对评价对象优先排序，若有多个评价对象的得分相同，则方差小者优先。

4. 模糊 Borda 模型

模糊 Borda 模型兼顾了各种单一评价方法得分的差异和排序中位次的差异，计算步骤如下：

步骤 1，计算评价对象 i 在第 j 种评价方法下属于“优”的隶属度，即

$$u_{ij}=\frac{x_{ij}-\min\limits_{1\leqslant k\leqslant n}\{x_{kj}\}}{\max\limits_{1\leqslant k\leqslant n}\{x_{kj}\}-\min\limits_{1\leqslant k\leqslant n}\{x_{kj}\}}\times 0.9+0.1, i=1,2,\cdots,n; j=1,2\cdots,m \tag{5-89}$$

其中，x_{ij} 为评价对象 i 在第 j 种评价方法下的评价值。

步骤 2，统计评价对象 i 第 j 种方法的隶属度在所有评价方法中的相对比例，即

$$t_{ij}=\frac{u_{ij}}{\sum\limits_{j=1}^{m}u_{ij}}, i=1,2,\cdots,n; j=1,2,\cdots,m \tag{5-90}$$

步骤 3，为拉开得分差距，将评价对象的位次转换为相应的得分，即

$$f_{ij}=\frac{1}{2}(n-h_{ij})(n-h_{ij}+1) \tag{5-91}$$

其中，h_{ij} 表示评价对象 i 在第 j 种评价方法中所排的位次。

步骤 4，计算模糊 Borda 数，即

$$\mathrm{FB}_i=\sum_{j=1}^{m}t_{ij}f_{ij}, i=1,2,\cdots,n \tag{5-92}$$

按照各评价对象的模糊 Borda 数由大到小进行排序。

四、油田开发管理绩效的组合评价

以某石油集团公司下属的 11 家油田分公司 A_1、A_2、…、A_{11} 作为评价对象，对它们的开发管理绩效进行评价，评价指标选取了产量完成率、开发成本、储量替代率、产能建设达标率、新区达产率、自然递减率、含水上升率和油水井利用率等。采用加权平均法、加权主成分和价值函数、DEA 超效率模型、模糊 Borde 模型进行单一评价，结果见表 5-36。

表 5-36 油田开发管理绩效评价结果汇总

油 田	加权平均法	排 序	加权主成分和价值函数	排 序	DEA 超效率模型	排 序	模糊 Borda 模型	排 序
A_1	1.001 9	5	0.565 8	2	1.237 7	2	33.636 6	3
A_2	1.011 9	3	1.434 8	1	3.343 7	1	48.783 9	1

续表 5-36

油　田	加权平均法	排　序	加权主成分和价值函数	排　序	DEA 超效率模型	排　序	模糊 Borda 模型	排　序
A_3	1.014 4	2	0.285 7	6	0.977 3	8	30.218 6	5
A_4	0.969 6	8	0.065 4	7	0.982 4	7	8.059 0	9
A_5	0.960 7	9	0.501 2	4	1.203 2	3	18.908 2	6
A_6	1.017 0	1	0.427 4	5	1.085 1	5	38.626 0	2
A_7	0.992 9	6	−0.442 8	9	0.799 7	10	10.032 6	7
A_8	1.007 1	4	0.548 0	3	1.153 7	4	31.085 5	4
A_9	0.850 1	11	−1.699 1	10	0.745 5	11	0.337 8	11
A_{10}	0.876 2	10	−1.706 1	11	0.817 0	9	1.321 2	10
A_{11}	0.984 2	7	0.019 6	8	1.018 9	6	9.128 9	8

对三种单一评价方法的结果采用 Kendall 协和系数法进行相容性检验，计算 χ^2 值为 23.333 3，查得 $\chi^2_{0.05}(10)=18.307$，可见三种单一评价方法具有相容性。对它们的结果分别运用平均值模型、Borda 模型、Copeland 模型、模糊 Borda 模型进行组合评价，结果见表 5-37(括号内数值为方差)。

表 5-37　油田开发管理绩效评价模型结果汇总

油　田	平均值模型	排　序	Borda 模型	排　序	Copeland 模型	排　序	模糊 Borda 模型	排　序
A_1	9.000 0	2	9	2	8	2	33.636 6	3
A_2	10.333 3	1	10	1	10	1	48.783 9	1
A_3	6.666 7 (2.494 4)	5	3 (0.445 4)	8	−4 (0.881 4)	8	30.218 6	5
A_4	4.666 7	8	4 (0.481 0)	6	−2 (0.936 0)	6	8.059 0	9
A_5	6.666 7 (2.624 7)	6	7 (0.481 0)	3	4 (0.881 4)	3	18.908 2	6
A_6	8.333 3 (1.885 6)	4	6	5	2	5	38.626 0	2
A_7	3.666 7	9	3 (0.445 4)	8	−4 (0.881 4)	8	10.032 6	7
A_8	8.333 3 (0.471 4)	3	7 (0.481 0)	3	4 (0.881 4)	3	31.085 5	4

续表 5-37

油　田	平均值模型	排　序	Borda 模型	排　序	Copeland 模型	排　序	模糊 Borda 模型	排　序
A_9	1.333 3	11	0	11	−10	11	0.337 8	11
A_{10}	2.000 0	10	2	10	−6	10	1.321 2	10
A_{11}	5.000 0	7	4 (0.481 0)	6	−2 (0.936 0)	6	9.128 9	8

运用 Spearman 等级相关系数进行事后一致性检验，得到上述四种组合评价模型的 t 统计量依次为 5.362 8、4.021 2、4.021 2 和 4.749 3，均大于显著性水平为 0.05 时的 $t_{0.05}(9)=2.262\ 2$，这表明四种组合评价模型均通过一致性检验，其中平均值模型的 t 统计量值最大，将其排序结果作为最终评价结果输出。

本章小结

本章主要讨论了系统评价的相关理论与方法，并给出了各种方法在能源企业中的应用案例。涉及的内容主要有：评价指标的选取及量化，指标的基本综合方法，指标赋权方法，需要指标权重的理想点法、VIKOR 法、灰色关联分析方法、模糊综合评价方法，无须指标赋权的主成分价值函数法和数据包络分析方法。当然，系统评价的方法层出不穷，如灰色综合评价、物元可拓评价、突变级数法、神经网络评价等。感兴趣的读者可以自行查阅、学习有关的决策或评价方法。此外，本章的多数方法可以通过 Excel 求解，主成分分析及组合评价中的相容性和一致性检验可以通过 IBM SPSS Statistics 软件求解，DEA 可以通过 DEAP 软件求解。

本章习题

1. 层次分析法有什么特点？它适宜解决什么问题？

2. 应用层次分析法分析问题时要经过哪些步骤？为什么一致性检验是其中必不可少的一个步骤？

3. 对比理想点法、VIKOR 法及灰色关联分析方法的异同之处。

4. 查找文献说明基于评价方法的不同组合评价模型的差异。

5. 某能源集团企业 2012—2017 年人均产值及三大板块的从业人员比重见表 5-38。请用灰色关联分析方法确定哪个板块的从业人员比重对人均产值影响最大，并给出三个板块人员比重的具体影响程度。

表 5-38　某能源集团企业 2012—2017 年的人均产值及三大板块的从业人员比重

年　份	2012 年	2013 年	2014 年	2015 年	2016 年	2017 年
人均产值/元	16 200	18 933	20 357	28 924	30 058	32 179
第一板块人员比重/%	32.6	32.4	30.5	30.1	28.6	26.5
第二板块人员比重/%	22.1	24.6	27.9	28.4	30.6	31.4
第三板块人员比重/%	45.3	43.0	41.6	41.5	40.8	42.1

6. 对国内 10 家炼油企业的绩效进行系统评价，选取 6 项综合指标，即投资资本回报率、操作费用增值指数、人工费用增值指数、资产增值指数、人工费用指数和操作费用指数，其中 EDC 表示当量蒸馏能力，UEDC 表示已利用当量蒸馏能力，具体指标数据见表 5-39，其中人工费用指数和操作费用指数是逆向指标。

表 5-39　炼油企业绩效评价指标原始数据

企业代号	投资资本回报率/%	操作费用增值指数	人工费用增值指数	资产增值指数/(元 · $UEDC^{-1}$ · d^{-1})	人工费用指数/(元 · EDC^{-1} · d^{-1})	操作费用指数/(元 · EDC^{-1} · d^{-1})
1	5.33	3.39	31.69	3.68	−0.10	−1.08
2	−10.34	3.55	20.93	4.57	−0.16	−1.29
3	−1.14	2.71	32.45	3.54	−0.08	−1.31
4	−12.62	1.83	18.33	2.49	−0.10	−1.36
5	−4.15	1.89	40.18	2.70	−0.05	−1.43
6	−11.76	2.53	20.25	3.97	−0.17	−1.57
7	−8.61	2.86	9.98	4.78	−0.31	−1.67
8	0.11	3.92	31.64	6.67	−0.14	−1.70
9	9.58	4.23	40.86	7.63	−0.13	−1.81
10	14.65	4.71	51.29	9.22	−0.13	−1.96

(1) 应用熵权法进行指标赋权。

(2) 分别应用熵权-TOPSIS 法、VIKOR 法、加权主成分法和价值函数法进行系统评价。

(3) 对上述评价结果进行组合评价。

7. 项目管理中主要包括项目范围管理、质量管理、成本管理、进度管理，现在要对某类施工项目进行后评价，这 4 个方面的两两判断矩阵见表 5-40。

表 5-40 项目后评价方面的两两判断矩阵

指 标	范围管理	质量管理	成本管理	进度管理
范围管理	1	1/5	1/3	1/3
质量管理		1	3	2
成本管理			1	1
进度管理				1

(1) 请应用 AHP 计算 4 个方面的权重,已知阶数为 4 时,平均随机一致性指标 R.I. =0.90。

(2) 已知上述 4 个方面中,范围管理、质量管理由项目管理领导小组按照 5 分制进行评定,并分别依据"好""合格""较差"三个评语的隶属度函数:

$$v_1(x)=\begin{cases}1 & x\geqslant 5\\ x-4 & 4\leqslant x\leqslant 5\\ 0 & x\leqslant 4\end{cases}$$

$$v_2(x)=\begin{cases}x-3 & 3\leqslant x\leqslant 4\\ 5-x & 4\leqslant x\leqslant 5\\ 0 & \text{其他}\end{cases}$$

$$v_3(x)=\begin{cases}1 & x\leqslant 3\\ 4-x & 3\leqslant x\leqslant 4\\ 0 & x\geqslant 4\end{cases}$$

给出评语隶属度。成本管理、进度管理则由同项目群的其他 10 个项目组对照项目合同和标杆项目进行评价,采用模糊统计的方式获得三个评语的隶属度。

现在对某个具体项目进行后评价,项目管理领导小组对其范围管理、质量管理的评价分值分别为 4.2、3.8;10 个项目组的评价统计结果见表 5-41。

表 5-41 某个施工项目后评价的单因素评价统计

因 素	好	合 格	较 差
成本管理	8	2	0
进度管理	7	2	1

请给出该项目的单因素模糊评价向量。

(3) 请对该项目进行模糊综合后评价,模糊合成算子采用 M(·,+),并按照最大隶属度原则给出相应的评语等级。

(4) 对上述模糊综合评价向量进行单值化,设"好""合格""较差"的分值分别是 0.9、0.6、0.3,请给出该项目后评价的单值化数值。

8. 对某石化企业的 10 家供应商进行绩效评价,选取运输出错比例、运输成本、价格波动幅度作为输入指标,满意度(百分制)、订单响应程度(十分制)作为输出指标。各供应商的指标历史数据见表 5-42。

表 5-42　10 家供应商的指标历史数据

供应商编号	运输出错比例 /%	运输成本 /万元	价格波动幅度 /%	满意度	订单响应程度
X_1	0.90	903.73	1.24	90	7
X_2	0.86	334.96	3.91	86	5
X_3	0.67	267.42	4.91	77	9
X_4	0.72	163.63	2.75	82	10
X_5	0.92	1 003.26	1.54	93	6
X_6	0.75	456.21	2.13	66	6
X_7	0.85	632.67	2.02	75	5
X_8	0.71	210.20	3.35	81	10
X_9	0.82	478.95	1.32	83	4
X_{10}	0.68	126.45	1.78	89	8

(1) 运用 DEA-CCR 模型、BCC 模型和超效率模型分别对 10 家供应商的绩效进行评价，给出评价结果。

(2) 对非 CCR 有效的供应商进行投影分析，说明改进目标与方向。

延伸阅读

[1] 李明真，张之峣，林晓言，等. 服务于重大铁路项目决策的综合效益评价方法研究[J]. 技术经济，2023，42(8)：53-63.

[2] 李逸，赵媛，夏四友. 中国跨境油气运输管道安全性评价与类型区划分[J]. 自然资源学报，2024，39(3)：547-563.

[3] 黄绮煜，张妍，李涛. 基于“三流合一”视角的碳中和贡献力评价研究——以传统能源企业为例[J]. 科技管理研究，2023，43(2)：186-196.

[4] X Q ZHANG，Q L CHENG，W SUN，et al. Research on a TOPSIS energy efficiency evaluation system for crude oil gathering and transportation systems based on a GA-BP neural network[J]. Petroleum Science，2024，21(1)：621-640. https://doi. org/10. 1016/j. petsci.

[5] Y J LENG，H ZHANG，X S LI. A novel evaluation method for renewable energy development based on improved sparrow search algorithm and projection pursuit model[J]. Expert Systems with Applications，2024，244，122991. https://doi. org/10. 1016/j. eswa. 2023. 122991.

第六章 能源系统仿真

导入

油藏管理是实现油田高效开发的重要途径，是一项系统工程。引入系统工程中的系统动力学方法研究油藏管理，将油藏管理视为一个系统，开展系统分析和系统结构研究，指出油藏管理系统由油藏资源、生产（管理）、技术（管理）、组织管理4个分系统组成。选取油藏资源与生产管理分系统作为研究重点，对其相互作用机理进行研究，并在此基础上构建生产-资源复合系统的系统动力学仿真模型，以SL等油田的实际数据和资料进行仿真实验，分析采收率、年勘探开发总投资、新增探明地质储量、年原油产量、储采平衡率等油藏管理关键指标之间的关系，就如何确定合理的原油产量和储量目标、提升油藏管理水平，提出了“合理原油产量目标是关键、优化勘探开发投资比例和聚焦提高采收率”的相关建议。

（资料来源：范智慧，李阳．用系统动力学方法研究油藏管理[J]．石油实验地质，2017，39(3)：390-396．）

系统仿真也称系统模拟，是系统工程、管理科学、运筹学等学科广泛采用的研究方法。系统仿真是模仿现有系统或未来系统运行状态的一种技术手段，特别是对于能源系统、社会经济系统中的问题，无法通过试验手段验证方案的可行性或最优性，仿真就成为必然的选择。本章介绍系统仿真的有关知识和方法，并重点介绍蒙特卡罗模拟和系统动力学模型，同时给出系统仿真在能源系统中的有关应用。

第一节　系统仿真概述

一、系统仿真的概念与作用

1. 系统仿真的定义

1961 年，摩根斯勒(G. W. Morgenthater)首次给出了仿真的技术性定义："仿真意指在实际系统尚不存在的情况下，对于系统或活动本质的实现。"

1978 年，科恩(G. A. Korn)在《连续系统仿真》一书中定义仿真为"用能代表所研究的系统的模型做实验"。

1984 年，奥伦(T. Oren)提出"仿真是基于模型的活动"，并给出了仿真的基本概念框架即"建模—实验—分析"。

所谓系统仿真(System Simulation)，就是根据系统分析的目的，在分析系统各要素性质及其相互关系的基础上，建立能描述系统结构或行为过程的、具有一定逻辑关系或数学方程的仿真模型，据此进行试验或定量分析，以获得正确决策所需的各种信息。

2. 系统仿真的实质

(1) 仿真是一种对系统问题求数值解的计算技术，尤其当系统无法建立数学模型求解时，仿真技术能有效地处理这类问题。

(2) 仿真是一种人为的试验手段，可进行类似于物理实验、化学实验的实验。它和现实系统实验的差别在于，仿真实验不是依据实际环境，而是作为实际系统映像的系统模型在相应的"人造"环境下进行的，这是仿真的主要功能。

(3) 在系统仿真时，尽管要研究的是某些特定时刻的系统状态或行为，但仿真过程也恰恰是对系统状态或行为在时间序列内的全过程进行描述。换句话说，仿真可以比较真实地描述系统的运行、演变及其发展过程。

3. 系统仿真的作用

(1) 仿真的过程是实验的过程，也是系统地收集和积累信息的过程。尤其是对一些复杂的随机问题，应用仿真技术是提供所需信息的唯一令人满意的方法。

(2) 对一些难以建立物理模型和数学模型的对象系统，可通过仿真模型顺利地解决预测、分析和评价等系统问题。

(3) 通过系统仿真，可以把一个复杂系统降阶成若干子系统，以便于分析。

(4) 通过系统仿真，不仅能启发新的思想或产生新的策略，还能暴露出原系统中隐藏的一些问题，以便及时解决。

二、系统仿真分类

系统仿真可以根据不同的维度和特性进行分类，下面给出了一些常见的系统仿真分类方式：

1. 按模型类型分类

物理仿真：使用物理实体或物理过程模拟系统的行为。

数学仿真：基于数学模型和算法在计算机上模拟系统的动态行为。

混合仿真：将物理仿真和数学仿真结合，部分系统组件使用物理模型，其他部分使用数学模型。

2. 按仿真目的分类

设计与开发仿真：用于辅助系统设计和开发过程，评估不同的设计方案。

运营与决策仿真：用于模拟系统运营过程，支持决策的制定，如资源分配、调度优化等。

训练与教育仿真：用于提供模拟环境，帮助用户学习系统操作、应急处理等技能。

3. 按仿真时间尺度分类

实时仿真：仿真时间与真实时间一致，常用于控制系统、飞行模拟器等。

超实时仿真：仿真时间快于真实时间，用于加速测试或模拟长时间过程。

亚实时仿真：仿真时间慢于真实时间，用于详细分析或复杂计算。

4. 按系统特性分类

连续系统仿真：模拟连续变化的系统，如流体动力学、电路分析等。

离散事件系统仿真：模拟由一系列离散事件驱动的系统，如排队网络、生产线等。

混合系统仿真：同时包含连续和离散特性的系统仿真。

5. 按仿真环境分类

单机仿真：在单台计算机上运行的仿真系统。

分布式仿真：在多台通过网络连接的计算机上协同运行的仿真系统。

虚拟现实仿真：结合虚拟现实技术，提供沉浸式仿真体验。

6. 按仿真粒度分类

宏观仿真：模拟系统整体行为，关注高层次、大规模的交互。

微观仿真：模拟系统中个体或组件的详细行为，关注细节和局部交互。

这些分类不是互斥的，一个仿真系统可以同时属于多个分类。选择合适的仿真类型取决于仿真的目标、系统的特性和可用的资源。

三、系统仿真方法

系统仿真的基本方法是建立系统的结构模型和数学模型，并将其转换为适合在计算机上编程的仿真模型，然后对模型进行仿真实验。由于连续系统和离散系统的数学模型有很大差别，所以系统仿真方法基本上分为两大类，即连续系统仿真方法和离散系统仿真方法。

连续系统是指系统中的状态变量随时间连续变化的系统。由于连续系统数学模型主要描述每个实体的变化速率，故数学模型通常由微分方程组成。当系统比较复杂，尤其是包含非线性因素时，这种微分方程的求解就非常困难，故要借助仿真技术，其基本思想为：将用微分方程所描述的系统转变为能在计算机上运行的模型，然后进行编程、运行或其他处理，以得到连续系统的仿真结果。连续系统仿真方法根据仿真时所采用的计算机不同，可分为模拟仿真法、数字仿真法及混合仿真法。在连续系统仿真中，还需要解决仿真任务分配、采样周期选择和误差补偿等特殊问题。

离散系统是离散事件动态系统的简称，指的是系统状态变量只在一些离散的时间点上发生变化的系统。这些离散的时间点称为特定时刻。在这些特定时刻，由于有事件发生所以才引起系统状态发生变化，而其他时刻系统状态保持不变。离散系统的另一个主要特点是随机性。因为这类系统中有一个或多个输入量是随机变量而不是确定量，所以它的输出往往也是随机变量。描述这类系统的模型一般不是一组数学表达式，而是一幅表示数量关系和逻辑关系的流程图，可分为三部分，即“到达”模型（输入）、“服务”模型（输出）和“排队”模型（系统活动）。前两者一般用一组不同概率分布的随机数来描述，而系统活动则通常由一个运行程序来描述。对这类系统问题，主要使用数字计算机进行仿真实验。这种仿真实验的步骤包括：画出系统的工作流程图；确定“到达”模型、“服务”模型和“排队”模型；编制描述具体系统活动的运行程序并在计算机上运行。这些模型大多在“生产运作管理”或“运筹学”等课程中进行介绍，限于篇幅，此处不再赘述。

一般而言，在管理领域中经常遇到的往往是离散事件动态系统，常见的有库存控制系统、随机服务系统等。

在以上两类基本方法的基础上，还有一些用于系统（特别是社会经济和管理系统）仿真的特殊而有效的方法，如系统动力学方法、蒙特卡罗法等。系统动力学方法通过建立系统动力学模型（流图等），利用 DYNAMO 仿真语言在计算机上实现对真实系统的仿真实验，从而研究系统结构、功能和行为之间的动态关系。该方法不仅仅是一种系统仿真方法，其方法论还充分体现了系统工程方法的本质特征。

四、系统仿真的步骤

系统仿真通常包括以下步骤：

1. 系统建模

这是系统仿真的第一步，主要是根据研究目的建立实际系统的模型，包括明确系统的边界、确定系统的输入和输出、定义系统的状态变量等。

2. 仿真建模

在建立了实际系统的模型之后，需要根据系统及模型的特点选择合适的仿真算法，将实际系统的模型转换为可执行的仿真模型。这一步需要考虑如何描述系统的动态行为、如何处理随机因素等。

3. 程序设计

这是将仿真模型以合适的方式转换为可执行的计算机程序，包括选择合适的编程语言、设计数据结构、实现仿真算法等。

4. 程序检验

在完成了程序设计之后，需要对仿真程序进行检验，以确保程序的正确性和可靠性。这可以通过运行一些简单的测试用例来实现，也可以通过与其他已知的仿真程序进行比较来验证。

5. 仿真试验

仿真试验是指运行仿真程序，得到输出数据。这一步需要设定合适的仿真参数，如仿真时间、仿真步长等，并收集和分析仿真结果。

6. 结果分析

根据仿真运行的结果，对系统进行分析并形成报告，包括对仿真结果的统计分析、对系统性能的评估、对系统行为的预测等。

以上是系统仿真的基本步骤，但在实际应用中，可能会根据具体情况进行调整和扩展。例如，在一些复杂的系统仿真中，可能需要进行模型的验证和校准，以确保模型的准确性和可靠性；在一些优化问题中，可能需要根据仿真结果对系统设计进行优化，以提高系统的性能和效率。

此外，还需要注意，系统仿真需要综合运用数学、计算机科学、工程学等多学科知识，是一项复杂而重要的技术。在进行系统仿真时，需要充分考虑系统的特点和仿真的目的，选择合适的仿真方法和工具，才能得到准确可靠的仿真结果。

第二节　蒙特卡罗模拟

一、蒙特卡罗模拟的定义与原理

蒙特卡罗(Monte Carlo)方法属于计算数学的一个分支，是在20世纪40年代中期为了适应当时原子能事业的发展而发展起来的。传统的经验方法由于不能逼近真实的物理过程，很难得到满意的结果，而蒙特卡罗方法由于能够真实地模拟实际物理过程，故解决问题与实际非常符合，可以得到圆满的结果。这也是我们采用该方法的原因。

1. 定义

蒙特卡罗模拟也称为随机抽样法或统计实验法，是一种通过设定随机过程，反复生成时间序列，计算参数估计量和统计量，进而研究其分布特征的方法。

2. 基本原理

当所要求解的问题是某种事件出现的概率，或者是某个随机变量的期望值时，它们可以通过某种“试验”的方法，得到这种事件出现的频率，或者这个随机变量的平均值，并用它们作为问题的解。这就是蒙特卡罗方法的基本思想。

二、蒙特卡罗模拟的主要步骤

蒙特卡罗模拟的主要步骤如图6-1所示。

步骤1:问题定义。在进行蒙特卡罗模拟之前，需要明确所要解决的问题。问题应该具体明确，包括问题背景、目标和需要考虑的变量。

步骤2:数据采集与统计。在蒙特卡罗模拟中，需要确定模型中各个参数的概率分布。参数分布可以根据实际数据来确定，也可以根据经验或专家知识来确定。常见的参数分布包括正态分布、均匀分布、三角分布等。

步骤3:建立模型。在蒙特卡罗模拟中，需要建立一个模型来描述问题。模型可以是数学模型、统计模型或者计算机模型，应该能够描述问题中各个变量之间的关系。

步骤4:生成随机样本。蒙特卡罗模拟的核心是生成符合参数分布的随机样本。可以使用随机数生成器来生成随机样本，确保样本的分布与参数分布一致。

步骤5:仿真模拟。在蒙特卡罗模拟中,需要多次运行模拟,以获取足够多的样本。每次运行模拟时,根据随机样本和模型计算得到一个结果。多次运行模拟的结果可以用于统计分析,得出问题的解。

步骤6:统计分析与结果检验。在蒙特卡罗模拟的最后,需要对多次模拟的结果进行统计分析,可以计算均值、方差、置信区间等统计指标,以评估模拟结果的可靠性和稳定性。

步骤7:结果分析。根据统计分析得到的结果,可以解读问题的答案,也可以得出问题的预测结果、风险评估等。同时,还可以通过对结果的敏感性分析,评估不同变量对结果的影响。

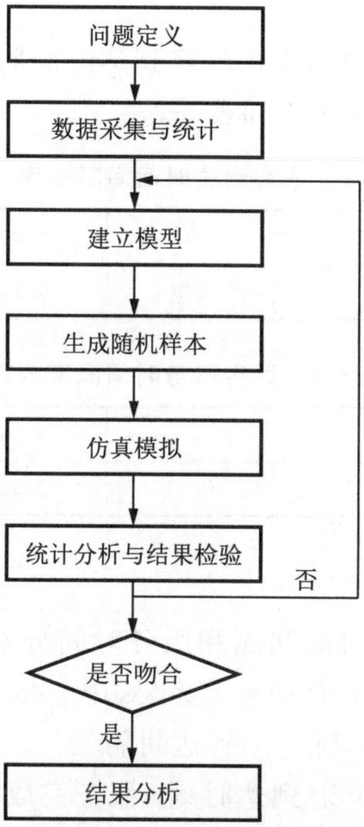

图6-1　蒙特卡罗模拟的主要步骤

三、蒙特卡罗模拟在加油站排队中的应用

某自助型加油站采取单队单服务台模式,即只有一台加油机,顾客随机到达,排为一队,按照先到先服务的原则,当加油机空闲时接受服务并付费,完成加油后离开加油站,如图6-2所示。

图 6-2　自助加油机排队系统示意图

1. 问题定义

排队系统的研究属于运筹学排队论范畴，且就其加油服务而言，当前顾客未被服务完毕时，后面的顾客必须等待，直到前面的顾客离开，后面的顾客才能被服务，完全符合排队系统中的动态模拟模型。我们对本案例利用 Excel 进行蒙特卡罗模拟，并进行统计分析。

2. 数据采集与统计

对历史统计资料进行分析，得出顾客到达时间间隔和服务时间均服从离散分布，概率分布数据分别见表 6-1 和表 6-2。

表 6-1　顾客到达时间间隔概率分布

顾客到达时间间隔/min	1	5	10	20	30
概　率	0.45	0.36	0.16	0.02	0.01

表 6-2　顾客服务时间概率分布

顾客服务时间/min	2	3	4	5	6
概　率	0.12	0.31	0.38	0.15	0.04

3. 建立模型

在本案例中，顾客到达时间间隔和服务时间分别服从表 6-1 和表 6-2 中参数的离散分布，其他各项指标有如下关系（式中 i 表示第 i 名顾客）：

（1）到达时刻$_i$ = 到达时刻$_{i-1}$ + 到达间隔$_i$。

（2）开始服务时刻$_i$ = max(到达时刻$_i$，服务完成时刻$_{i-1}$)。

（3）服务完成时刻$_i$ = 服务开始时刻$_i$ + 服务时间$_i$。

（4）等待时间$_i$ = 服务开始时间$_i$ − 到达时刻$_i$。

（5）总逗留时间$_i$ = 服务完成时刻$_i$ − 到达时刻$_i$。

4. 生成随机样本

在 Excel 中进行蒙特卡罗动态模拟时，首先用随机数产生到达时间间隔和服务时间这两个变量的抽样值，步骤如下：

（1）输入已知数据。

首先根据表 6-1 和表 6-2 在 Excel 工作表中输入已知数据，见表 6-3。

(2) 生成一系列随机数,得到抽样值。

在单元格 B11:B1010 中产生 1 000 名顾客到达时间间隔的抽样值,在单元格 F11:F1010 中产生 1 000 名顾客服务时间的抽样值,用以进行 1 000 次模拟。其产生方法是:在单元格 B11 中输入公式"=VLOOKUP(RAND(),\$A\$3:\$C\$7,3)",得到顾客到达时间间隔的一个抽样值,将此公式复制到单元格 B12:B1010,得到其他 999 个抽样值。同理,在单元格 F11:F1010 中输入公式"=VLOOKUP(RAND(),\$E\$3:\$G\$7,3)",得到服务时间的抽样值。

表 6-3　随机变量生成基础数据表

序号	A	B	C	D	E	F	G
1	顾客到达时间间隔				服务时间		
2	随机数下限	随机数上限	到达时间间隔/min		随机数下限	随机数上限	服务时间/min
3	0.00	0.45	1		0.00	0.12	2
4	0.45	0.81	5		0.12	0.43	3
5	0.81	0.97	10		0.43	0.81	4
6	0.97	0.99	20		0.81	0.96	5
7	0.99	1.00	30		0.96	1.00	6

5. 仿真模拟

在第 4 步已经得到了到达时间间隔和服务时间的抽样值,下面对顾客开始服务时刻、等待时间、完成服务时刻、总逗留时间进行模拟。

(1) 到达时刻。

设开始模拟的时钟为 0,则在 C11 中输入"=B11",在 C12 中输入"=C11+B12",再将此公式复制到 C13:C1010。

(2) 开始服务时刻。

在 D11 中输入"=C11",在 D12 中输入"=MAX(C12,G11)",再将此公式复制到 D13:D1010。

(3) 等待时间。

在 E11 中输入"=D11−C11",再将此公式复制到 E12:E1010。

(4) 完成服务时刻。

在 G11 中输入"=D11+F11",再将此公式复制到 G12:G1010。

(5) 总逗留时间。

在 H11 中输入"=G11−C11",再将此公式复制到 H12:H1010。模拟结果见表 6-4。

表 6-4　自助加油机服务状况仿真　　单位:min

序号	A	B	C	D	E	F	G	H
10	顾客序号	到达时间间隔	到达时刻	开始服务时刻	等待时间	服务时间	完成服务时刻	总逗留时间
11	1	10	10	10	0	4	14	4
12	2	1	11	14	3	4	18	7
13	3	1	12	18	6	3	21	9
14	4	10	22	22	0	5	27	5
15	5	10	32	32	0	4	36	4
…	…	…	…	…	…	…	…	…
1005	995	10	4 515	4 515	0	3	4 518	3
1006	996	5	4 520	4 520	0	4	4 524	4
1007	997	1	4 521	4 524	3	4	4 528	7
1008	998	5	4 526	4 528	2	3	4 531	5
1009	999	5	4 531	4 531	0	4	4 535	4
1010	1 000	1	4 532	4 535	3	3	4 538	6

6. 统计分析与结果检验

进行了 1 000 次模拟,得到了 1 000 名顾客的模拟结果。下面对运行结果进行统计分析。由于在模拟开始时加油机为空闲状态,所以,前若干名顾客的模拟结果往往不能确切反映加油机达到稳定工作状态时的行为。为此,在进行结果分析时,不计前 100 名顾客的运行结果,而仅对后 900 名顾客的运行结果进行统计分析。

(1) 在 E1013 中输入公式“=COUNTIF(E111:E1010,">0")”,表示需等待的顾客数。

(2) 在 E1014 中输入公式“=E1013/900”,表示需等待的概率。

(3) 在 E1015 中输入公式“=AVERAGE(E111:E1010)”,表示顾客平均等待时间。

(4) 在 E1016 中输入公式“=AVERAGE($H$111:$H$1010)”,表示顾客平均逗留时间。

(5) 在 E1017 中输入公式“=MAX(E111:E1010)”,表示最大等待时间。

(6) 在 E1018 中输入公式“=SUM(F111:F1010)/(G1010−G110)”,表示加油机的利用率。

(7) 在 E1019 中输入公式“=COUNTIF(E111:E1010,">5")”,表示等待

时间超过 5 min 的顾客数。

(8) 在 E1020 中输入公式"＝E1019/900",表示顾客等待时间超过 5 min 的概率。

上述统计分析的结果见表 6-5。

表 6-5　自助加油机服务状况仿真统计结果

统计分析	结　果
需等待的顾客数/人	711
需等待的概率	0.79
顾客平均等待时间/min	7.27
顾客平均逗留时间/min	10.96
最长等待时间/min	35
加油机利用率	0.809 4
等待时间超过 5 min 的顾客数/人	430
顾客等待时间超过 5 min 的概率	0.477 8

7. 结果分析

根据模拟结果可做出如下分析:当前在加油站只有一台加油机的情况下,利用率高达 80.94%,顾客的平均等待时间超过 7 min,其中约有 47.78%的顾客需等待 5 min 以上才能被服务。所以,极有可能失去部分顾客。可以看出,该加油站在当前只有一台加油机的情况下,难以满足日益增长的需求,应增加加油机数量。

第三节　系统动力学

系统动力学(System Dynamics, SD)是 20 世纪 50 年代末由福雷斯特(J. W. Forrester)教授提出来的,是社会科学的重要实验手段。目前,它已广泛应用于社会、经济、管理、科技和生态等领域。福雷斯特教授及其助手运用系统动力学方法对全球问题、城市发展、企业管理等领域进行了卓有成效的研究,接连出版了《工业动力学》《城市动力学》《世界动力学》《增长的极限》等著作,受到世界各国政府和科学家的普遍关注。

系统动力学在我国的研究始于 1980 年,目前已经发展成熟,并正向深入和全面应用的方向延伸。系统动力学在我国社会、经济、科技、管理、能源和生态等领域的研究中发挥着显著作用。

一、系统动力学概述

系统动力学是一门分析研究复杂反馈系统动态行为的系统科学方法，是系统科学的一个分支，也是一门沟通自然科学和社会科学领域的横向学科。其实质就是分析研究复杂反馈大系统的计算仿真方法。

系统动力学的研究对象主要是社会经济系统，该系统的突出特点是：

(1) 社会经济系统中存在大量决策环节。社会经济系统的行为总是经过信息采集、加工处理，做出决策之后才产生的。其决策过程需要多次比较、反复选择、不断优化。特别是对于大规模复杂的社会经济系统而言，其决策环节需要的信息量非常大，决策也更加复杂。

(2) 社会经济系统具有一定的自律性。自律性即自主决策、自我管理、自行控制。社会经济系统内部固有的因政策、决策等而形成的“反馈机构”具有自律性，因此，研究社会经济系统的结构与行为，首先也是最重要的就在于认识和发现社会经济系统中存在的由因果关系形成的反馈机制。

(3) 社会经济系统具有非线性特征。社会经济系统中原因和结果相互作用的多样性、复杂性导致该系统具有明显的非线性特征，具体而言，有两方面的成因：一是社会经济问题的原因和结果在时间、空间上的滞后；二是社会经济系统中存在着多重反馈结构。

SD 方法就是要把社会经济系统作为非线性多重反馈系统来研究，进行社会经济问题的模型化，对社会经济现象进行预测，对社会系统结构和行为进行分析，为组织、地区、国家等制定发展战略、进行决策提供有用的信息。

二、系统动力学的工作程序

系统动力学以模型化方式解决问题，一般的工作程序如图 6-3 所示。

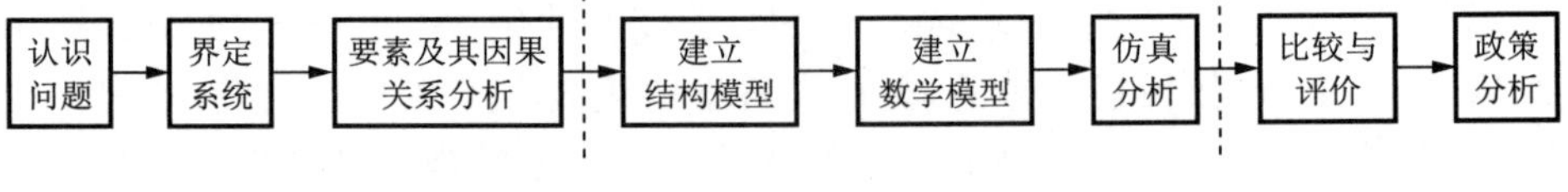

图 6-3　系统动力学工作程序示意图

三、系统动力学模型化原理

1. 系统动力学的基本原理

首先通过对实际系统进行观察，采集有关对象系统状态的信息，随后使用有关信息进行决策。决策的结果是采取行动。行动又作用于实际系统，使系统的状态发生变化。这种变化又为观察者提供了新的信息，从而形成系统中的反馈回路（图 6-4）。这个过程可用系统动力学流图表示（图 6-5）。

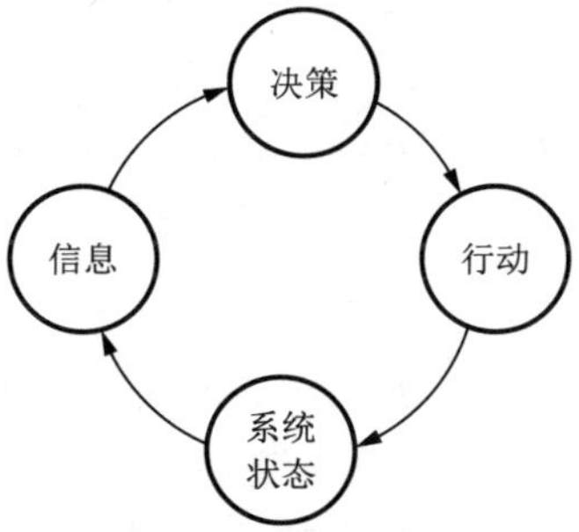

图 6-4　反馈回路

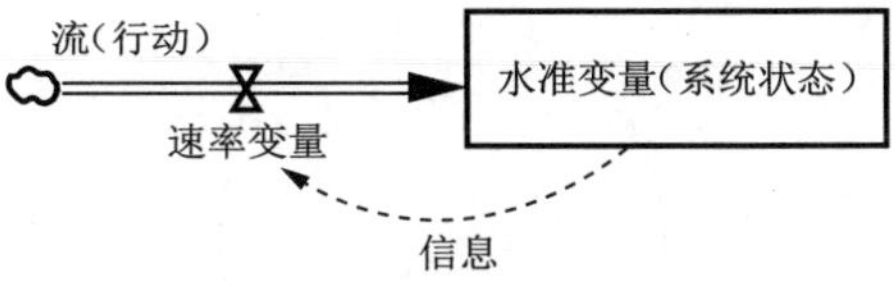

图 6-5　系统动力学流图

据此可归结出 SD 的四个基本要素、两个基本变量和一个基本（核心）思想。

（1）SD 的四个基本要素：状态或水准、信息、决策或速率、行动或实物流。

（2）SD 的两个基本变量：水准变量（也称水平变量，Level）、速率变量（Rate）。

（3）SD 的一个基本（核心）思想：反馈控制。

2. 因果关系图

因果关系是系统动力学方法的核心和基础。

（1）因果箭。

连接因果要素的有向线段称为因果箭。箭尾始于原因，箭头终于结果。因果关系有正负极性之分，正（+）为加强，负（−）为削弱。如图 6-6 所示，原油价格上升，油公司原油收入会增加，反映为加强的正极性；而图 6-7 中的原油成本与油公司效益呈现为削弱的负极性。

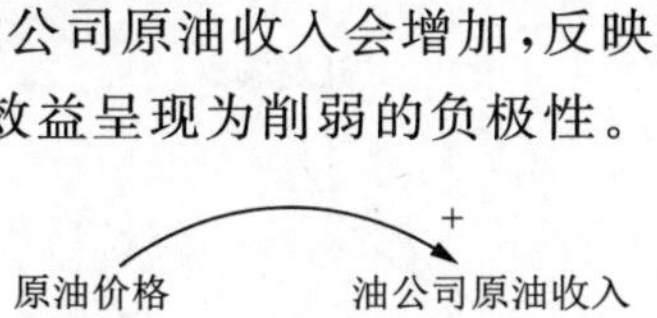

图 6-6　正极性因果箭

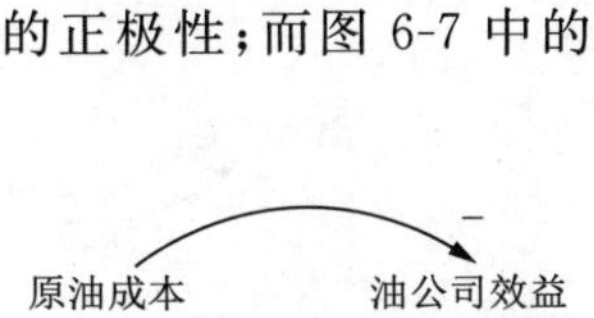

图 6-7　负极性因果箭

（2）因果链。

因果关系具有传递性，用因果箭对具有递推性质的因果关系加以描绘即得到因果链。

因果链极性的判别规则为：在同一因果链中，若含有奇数条极性为负的因果箭，则整条因果链是负的因果链；否则，该条因果链的极性为正。如图 6-8 所示，原油价格经油公司原油收入传递至油公司效益，呈现为正的因果链。

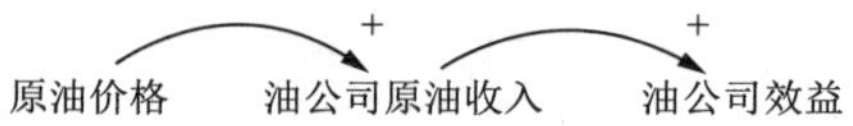

图 6-8　因果链

(3) 因果反馈回路。

原因和结果的相互作用形成因果关系回路，也称因果反馈回路、环。它是一种特殊的(封闭的、首尾相接的)因果链，其极性判别准则同因果链一样。如图 6-9 所示，其中极性为负的因果箭的个数为 0，所以该因果反馈回路为正极性。

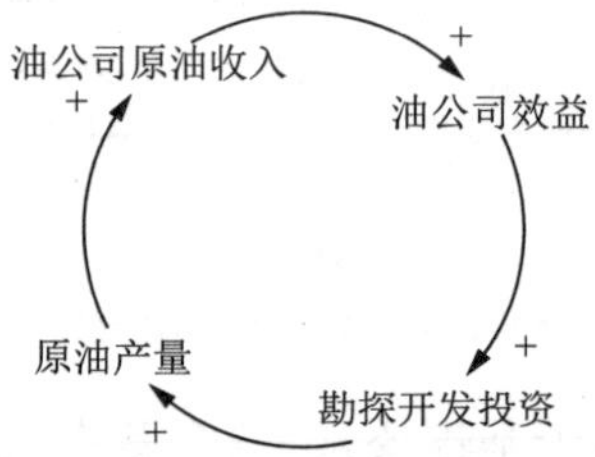

图 6-9　因果反馈回路

社会系统中的因果反馈环是系统中各要素的因果关系本身所固有的。正反馈回路起到自我强化的作用，使回路中变量的偏离增强；负反馈回路具有“内部稳定器”的作用，力图控制回路的变量趋于稳定。社会系统的动态行为由系统本身存在着的许多正反馈和负反馈回路决定，从而形成多重反馈回路。图 6-10 包含双重反馈回路，左边的反馈回路为正反馈回路，右边的为负反馈回路。

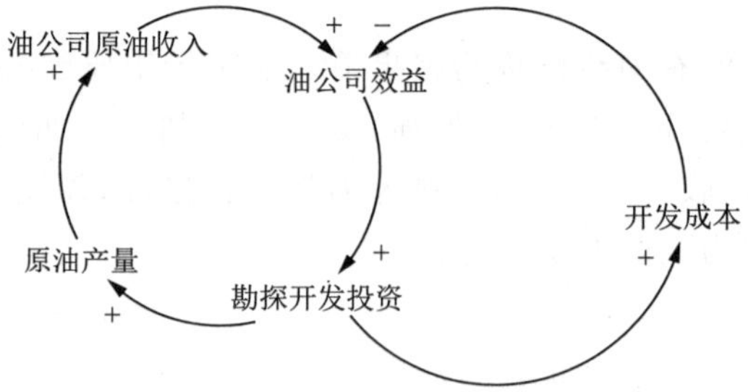

图 6-10　双重因果反馈回路

系统动力学方法认为，系统的性质和行为主要取决于系统中存在的反馈回路，系统的结构主要是指系统中反馈回路的结构。

3. 流图

流图(Flow Diagram)是 SD 结构模型的基本形式,绘制流(程)图是 SD 建模的核心内容。流图通常由以下各要素构成:

(1) 流(flow)。它是系统中的活动和行为,通常只区分出实物流和信息流,其符号如图 6-11 所示。

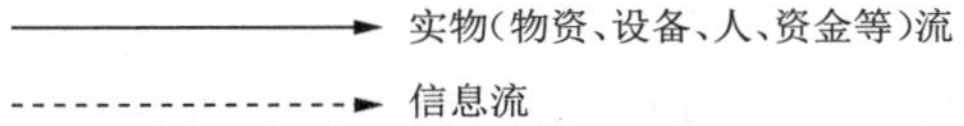

图 6-11 流的表示形式

(2) 水准(level),也称水平,是系统中子系统的状态,表示实物流的积累,其含义源自流体在容器中积存的液面高度,如水位。水准的符号如图 6-12 所示。

(3) 速率(rate),也称变化率,表示系统中流的活动状态,是流的时间变化,即随着时间的推移,使水准的值增加或减少,其符号如图 6-13 所示。

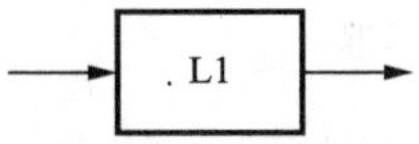

图 6-12 水准

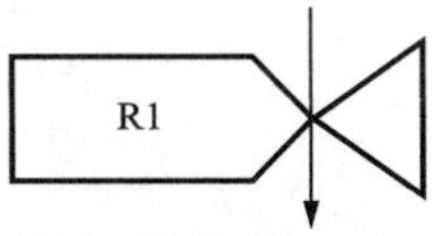

图 6-13 速率

(4) 参数或参量(parameter),即系统中的各种常数,或者是在一次运行中保持不变的量,其符号如图 6-14 所示。

(5) 辅助变量(auxiliary variable),其作用在于简化 R 的表示,使复杂的决策函数易于理解,其符号如图 6-15 所示。

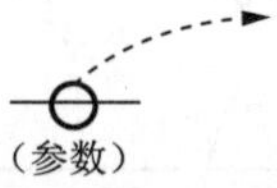

图 6-14 参数(量)

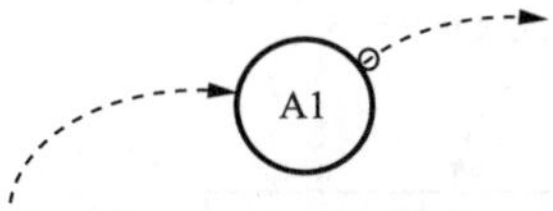

图 6-15 辅助变量

(6) 源(source)与漏(sink)。二者表示环境,源表示流入;漏也称汇、洞、沟等,表示流出。源和漏的含义和符号如图 6-16 所示。

图 6-16 源和漏

(7) 信息(information)。常见的信息取出情况及其符号如图 6-17 所示。

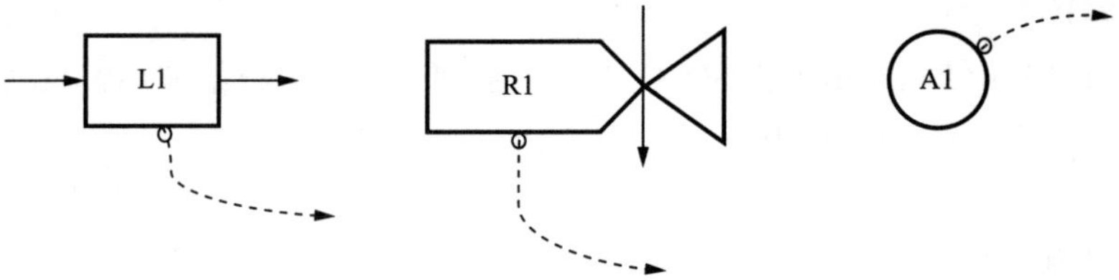

图 6-17　信息的取出

(8) 滞后或延迟(delay)。由于信息和物质运动需要一定的时间,于是就带来原因和结果、输入和输出、发送和接收等之间的时差,并有实物流和信息流滞后之分。在 SD 中有如下四种情况:

① DELAY1,即对实物流速率进行一阶指数延迟运算(一阶指数物质延迟),符号如图 6-18 所示。

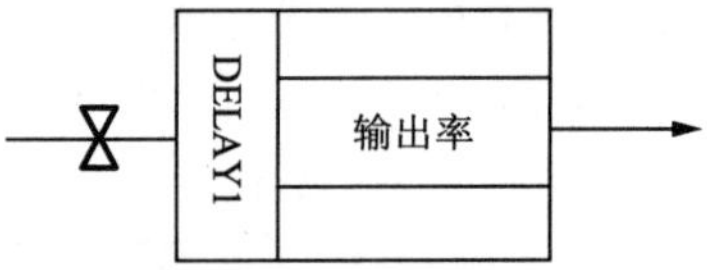

图 6-18　物质延迟

② DELAY3,即三阶指数物质延迟。符号与图 6-18 类似,将 DELAY1 改为 DELAY3 即可。

③ SMOOTH,即对信息流进行一阶平滑(一阶信息延迟),符号如图 6-19 所示。

④ DLINF3,即三阶信息延迟,符号如图 6-20 所示。

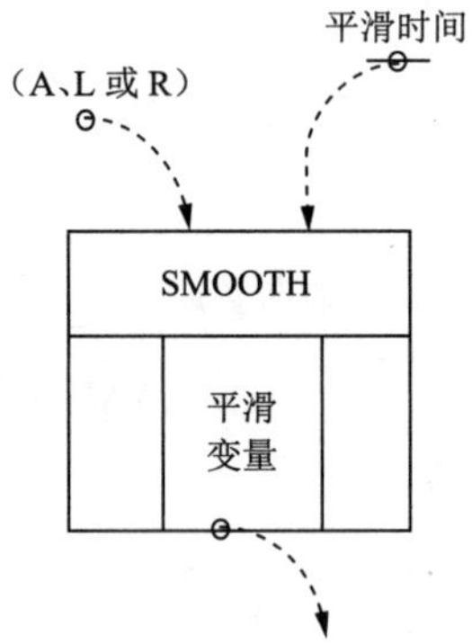

图 6-19　一阶信息延迟

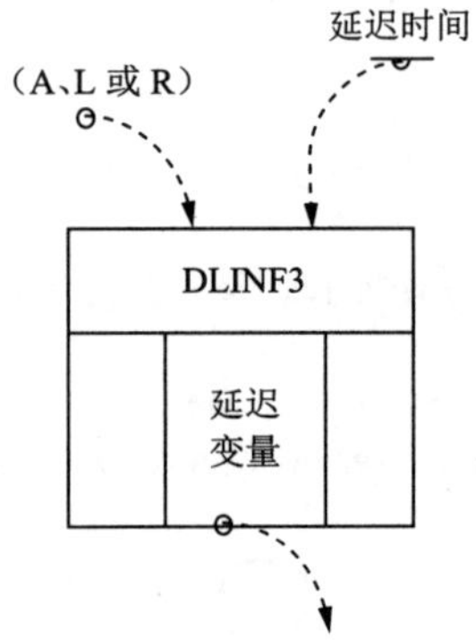

图 6-20　三阶信息延迟

4. 基本 DYNAMO 方程

SD 的主要过程之一是通过确定对象系统的水准变量、速率变量、参量、辅助变量等，分析各变量之间存在的函数关系，建立 DYNAMO(DYNAMIC MODELS)仿真模型，进行人工或计算机仿真。这也是得到描述系统内部反馈机制的流图后建立数学模型并进行定量分析的主要工作。DYNAMO 方程就是 SD 的数学模型或量化分析模型。

DYNAMO 是主要采用差分方程式描述有反馈的社会系统的宏观动态行为，并通过对差分及代数方程式的求解(简单迭代)进行计算机仿真的专用语言。其最大特点是简单明了，容易使用。

SD 的对象系统是随时间变化的动态系统。在 DYNAMO 方程中，变量一般带有时间标号，如图 6-21 所示。

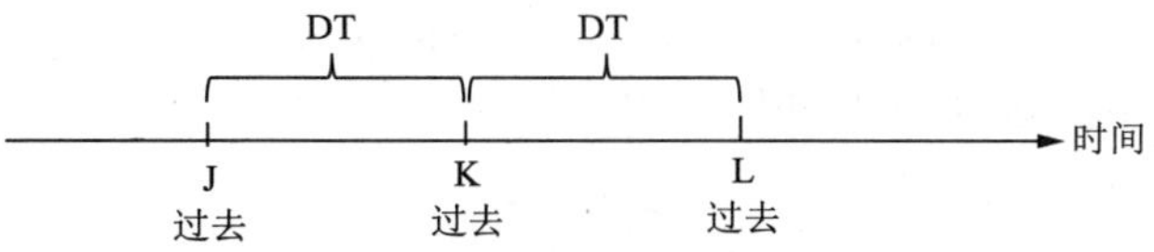

图 6-21　DYNAMO 方程时间标号及其含义

SD 使用逐步(step by step)仿真的方法，仿真的时间步长记为 DT。DT 一般取值为 0.1～0.5 模型最小时间常数(学习中可取作单位时间)。

SD 中的基本 DYNAMO 方程主要有：

(1) 水准方程。

它是计算水准变量的方程，其标准形式为：

L　LEVEL・K=LEVEL・J+DT＊(RIN・JK−ROUT・JK)

(2) 速率方程。

它是计算速率变量的方程，是决策函数的具体形式，即

R　RATE・KL=f(L・K,A・K,C,…)

速率方程的特点有：

① 无标准形式(f 不定)。

② 速率的值在 DT 内不变。速率方程是在 K 时刻进行计算，而在 K～L 的时间间隔(DT)中假定保持不变。

(3) 辅助方程。

它是辅助说明速率变量或简化决策函数的方程，即

A　AUX・K=g(A・K,L・K,R・JK,C,…)

辅助方程的特点有：

① 没有统一的标准格式。

② 时间标识总是 K。

③ 可由现在时刻的其他变量(A、L、R 等)求出。

(4) 赋初值方程。

赋初值方程的标准形式为:

N　LEVEL=…

(5) 常量方程。

常量方程的标准形式为:

C　CON=…

在以上各方程中:L 方程是积累(或差分)方程,R、A 方程通常是代数运算方程,C、N 为模型运行提供参数值。

5. 几种典型的反馈回路

(1) 一阶正反馈回路(以简单的人口增加机理为例)。

① 结构模型,见图 6-22 和图 6-23。

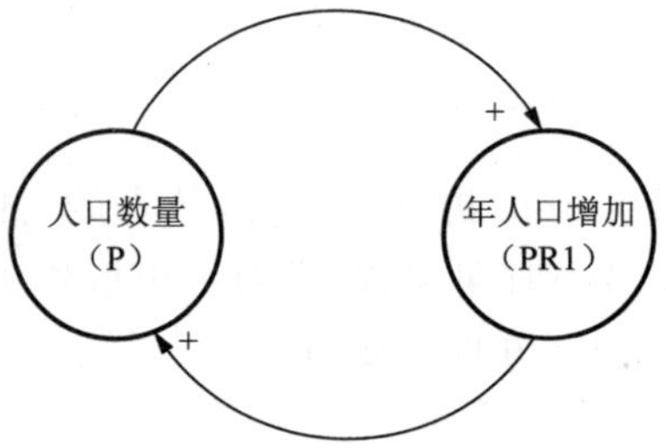

图 6-22　简单人口系统因果关系图

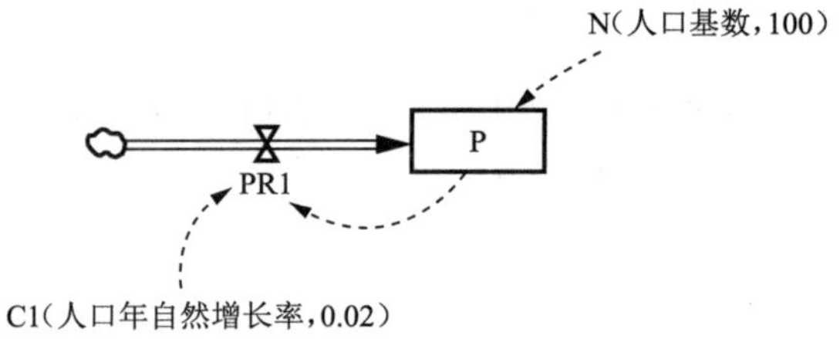

图 6-23　简单人口系统流图

② 量化分析模型及仿真计算。

L　P·K=P·J+DT*(PR1·JK-0)

N　P=100

R　PR1·KL=C1*P·K

C　C1=0.02

仿真计算结果见表 6-6 和图 6-24。

表 6-6　简单人口系统仿真结果

时间/a	P	PR1
0	100	2
1	102	2.04
2	104.04	2.080
3	106.12	2.122
…	…	…

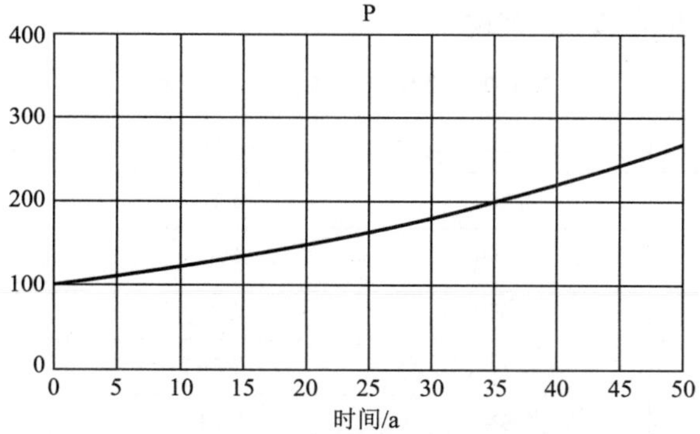

图 6-24　简单人口系统仿真计算结果

(2) 一阶负反馈回路(以简单库存系统为例)。

① 结构模型,见图 6-25 和图 6-26。

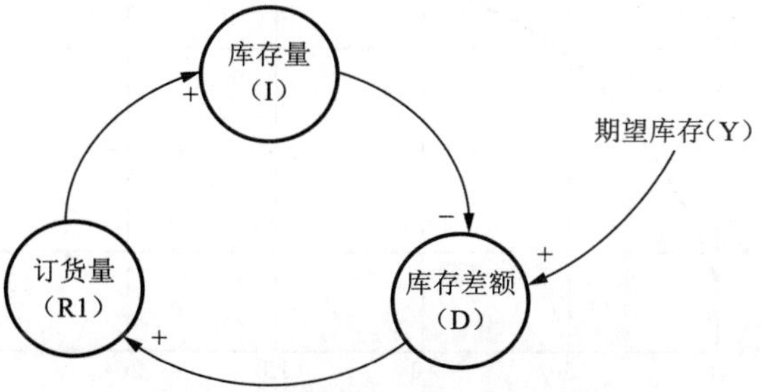

图 6-25　简单库存系统因果关系图

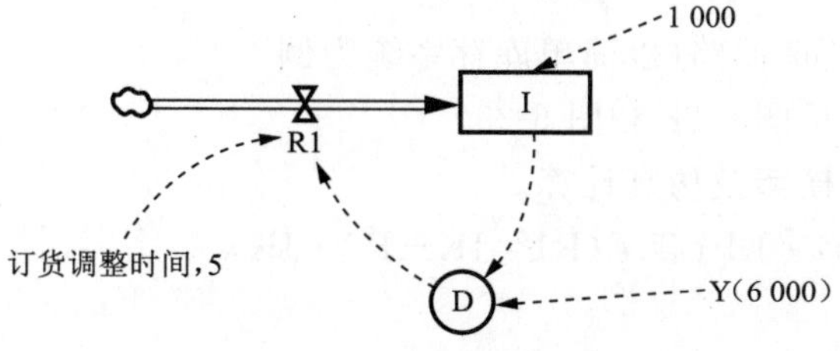

图 6-26　简单库存系统流图

② 量化分析模型及仿真计算。

L　I·K=I·J+DT*R1·JK

N　I=I0

C　I0=1 000

R　R1·KL=D·K/Z

A　D·K=Y−I·K

C　Z=5

C　Y=6 000

仿真计算结果见表 6-7 和图 6-27。

表 6-7　简单库存系统仿真结果

时间/周	I	D	R1
0	1 000	5 000	1 000
1	2 000	4 000	800
2	2 800	3 200	640
3	3 440	2 560	512
4	3 952	2 048	409.60
…	…	…	…

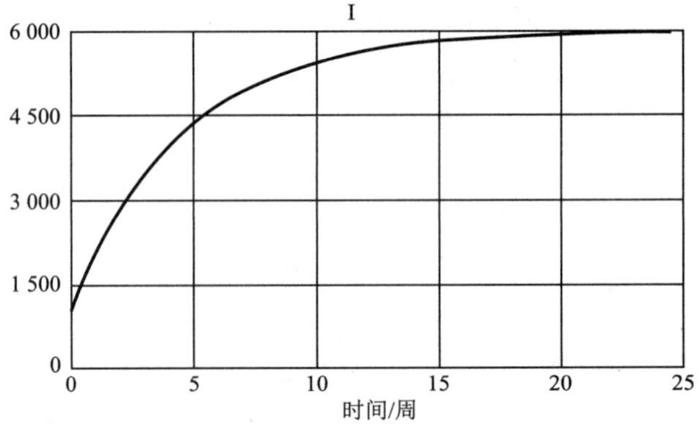

图 6-27　简单库存系统仿真计算结果

(3) 二阶负反馈回路(以简单库存系统为例)。

① 结构模型见图 6-28 和图 6-29。

② 量化分析模型及仿真计算。

L　G·K=G·J+DT*(R1·JK−R2·JK)

N　G=G0

C　G0=10 000

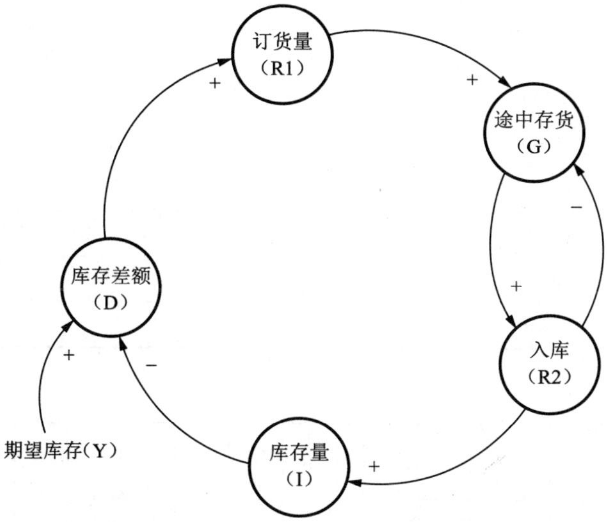

图 6-28　二阶库存系统因果关系图

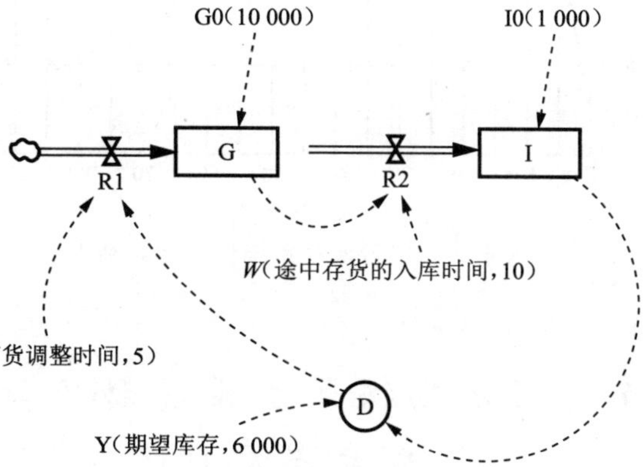

图 6-29　二阶库存系统流图

R　R1・KL=D・K/Z

A　D・K=Y−I・K

C　Z=5

C　Y=6 000

R　R2・KL=G・K/W

C　W=10

L　I・K=I・J+DT * R2・JK

N　I=I0

C　I0=1 000

仿真计算结果见表 6-8 和图 6-30。

表 6-8　二阶库存系统仿真结果

时间/周	G·K	R2·KL	I·K	D·K	R1·KL
0	10 000	1 000	1 000	5 000	1 000
1	10 000	1 000	2 000	4 000	800
2	9 800	980	3 000	3 000	600
3	9 420	942	3 980	2 020	404
4	882	888.20	4 922	1 078	215.60
…	…	…	…	…	…

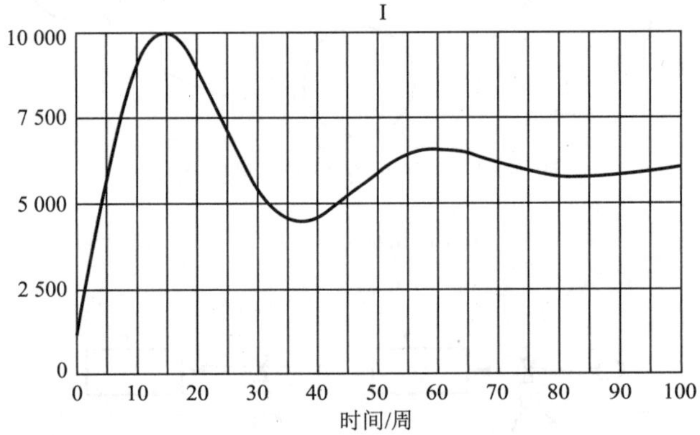

图 6-30　二阶库存系统仿真计算结果

第四节　石油勘探开发系统动力学模型的建立与应用

一、案例背景

石油勘探开发是一个复杂的系统，勘探与开发之间存在着必然的有机联系。本案例运用系统动力学方法分析了勘探与开发之间的内部运行机制，收集指标历史数据建立了石油勘探开发系统动力学模型，并运用该模型进行仿真预测。

二、模型的主要变量

通过对 X 油田勘探、开发等相关部门的调研，确立了模型的主要变量：

(1) 状态变量,包括累计探明储量(万吨)、累计动用储量(万吨)、累计采出量(万吨)、总投资(万元)。

(2) 速率变量,包括新增探明储量(万吨/年)、新增动用储量(万吨/年)、采油量(万吨/年)、年投资增加量(万元/年)。

(3) 辅助变量,包括累计可采储量(万吨)、累计剩余可采储量(万吨)、采出程度(%)、采油速度(%)、储采比、每万吨探明储量直接投资(万元/万吨)、开发直接投资比例(%)、开发直接投资(万元)、勘探直接投资(万元)。

(4) 常量,包括采收率(%)和年投资增加率(%)。

其中,主要决策变量包括新增探明储量、采油量和储采比,它们分别反映了勘探目标、开发目标及勘探与开发之间的协调与可持续性。

三、仿真模型流图

根据石油勘探开发系统内部反馈机制,应用 Vensim 系统动力学软件编制石油勘探开发模型仿真流图,如图 6-31 所示。

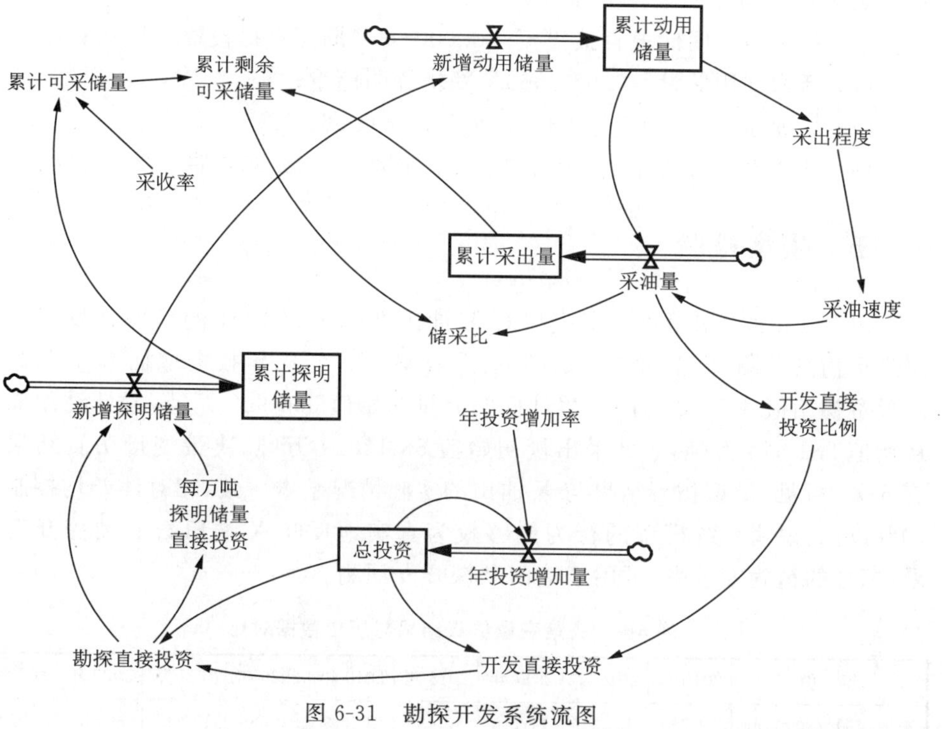

图 6-31　勘探开发系统流图

四、模型涉及的主要方程

调研收集了 X 油田 2005—2023 年石油勘探开发基础数据，建立的主要方程式如下：

（1）累计可采储量＝累计探明储量×采收率；

（2）累计剩余可采储量＝累计可采储量－累计采出量；

（3）采出程度＝累计采出量/累计动用储量；

（4）采油量＝累计动用储量×采油速度；

（5）储采比＝累计剩余可采储量/采油量；

（6）开发直接投资＝总投资×开发直接投资比例；

（7）勘探直接投资＝总投资－开发直接投资；

（8）新增探明储量＝勘探直接投资/每万吨探明储量直接投资。

数据统计分析表明，每万吨探明储量直接投资与勘探直接投资、新增动用储量与新增探明储量、采油速度与采出程度、开发直接投资比例与储采比和采油量之间均呈明显的强相关性，即

（1）每万吨探明储量直接投资＝0.000 08×勘探直接投资＋1.208 5；

（2）新增动用储量＝0.953 563×新增探明储量；

（3）采油速度＝－0.244 03×采出程度＋0.060 92；

（4）开发直接投资比例＝0.000 5×采油量＋0.082 86×储采比－1.343 65。

五、模型检验

以 2015 年为初始年运用模型对 X 油田 2015—2023 年的勘探开发指标数据进行仿真预测，模型所选参数如下：采收率 28.75%，年投资增加率 5.594%，总投资初始值 625 600 万元，累计探明储量初始值 350 902 万吨，累计动用储量初始值 281 974 万吨，累计采出量初始值 58 128.4 万吨，决策变量仿真结果见表 6-9。可见，模型仿真结果与 X 油田的实际情况基本一致，相对误差均控制在 10%以内，说明系统模型的行为能够较为真实地反映 X 油田石油勘探开发效果，拟合的精确度较高，可用于油田勘探开发预测。

表 6-9　决策变量仿真结果与历史数据对比

年　份	2015 年	2016 年	2017 年	2018 年	2019 年	2020 年	2021 年	2022 年	2023 年
新增探明储量/百吨	12 729	10 396	11 710	10 430	10 418	10 669	12 547	11 885	12 315
模拟新增探明储量/百吨	12 988	11 321	11 499	10 808	10 681	10 738	11 770	11 797	11 817

续表 6-9

年　份	2015 年	2016 年	2017 年	2018 年	2019 年	2020 年	2021 年	2022 年	2023 年
相对误差/%	2.03	8.89	−1.80	3.62	2.52	0.65	−6.19	−0.74	−4.00
采油量/百吨	3 000.30	2 911.64	2 901.16	2 731.00	2 665.23	2 675.99	2 668.01	2 671.51	2 665.51
模拟采油量/百吨	2 992.8	2 874.9	2 785.9	2 718.5	2 667.6	2 629.1	2 600.0	2 578.0	2 561.4
相对误差/%	−0.25	−1.26	−3.97	−0.46	0.09	−1.75	−2.55	−3.50	−3.91
储采比	7.82	7.88	8.23	8.45	8.87	8.91	8.97	8.99	9.06
模拟储采比	8.07	8.26	8.44	8.62	8.79	8.94	9.09	9.23	9.36
相对误差/%	3.19	4.82	2.55	2.01	0.90	0.34	1.34	2.67	3.31

六、模型预测

以建立的系统动力学模型为基础，以 2023 年的实际勘探开发数据为初始值，总投资 924 900 万元，累计探明储量 441 272 万吨，累计动用储量 361 434 万吨，累计采出量 79 918.1 万吨，总投资仍以 5.594%的增长率递增，采收率保持 28.78%，向前模拟，得到 X 油田 2024—2030 年的石油勘探开发预测结果见表 6-10。

表 6-10　模型预测结果　　单位：万吨

年　份	2024 年	2025 年	2026 年	2027 年	2028 年	2029 年	2030 年
新增探明储量	11 873.3	11 880.7	11 886.8	11 889.3	11 891.2	11 880.7	11 872.1
采油量	2 516.2	2 514.6	2 513.5	2 512.6	2 511.4	2 510.1	2 508.7

可见，如果按照现有的总投资增长率和采收率水平，X 油田预测新增探明储量将在 2028 年以前逐年增加，2028 年以后有所回落，采油量逐年减少，但截至 2030 年仍将保持在 2 500 万吨以上。

本章小结

系统仿真也称系统模拟，系统仿真技术以系统论、控制论、计算机科学的发展为前提。本章介绍了系统仿真的概念、主要方法和步骤，重点介绍了蒙特卡罗模拟和系统动力学仿真，并给出了这两种仿真技术在能源系统中的应用示例。实际上，系统仿真技术很多，特别是与专业领域相结合，形成了各种各样的专业仿真工具。例如，面向技术经济评价、项目管理等领域的风险分析工具 Crystal Ball，面向排队系统仿真的 GPSS 语言，面向多主体建模仿真的 Netlogo、Swarm，面向离散事件流过程的 Flexsim 等。本章的蒙特卡罗模拟是通过 Excel 实现的，Excel 中经常用于模拟的函数包括：Rand()函数用于产生[0,1]上均匀分布的随机数；[a,b]上均匀分布的随机数可以用“(b−a) * rand()+a”产生；Norminv(rand(),mean,standard_dev)用于产生均值为 mean，标准差为 standard_dev 的正态分布随机变量。系统动力学是通过 Vensim 软件实现的。

本章习题

1. 阐述系统仿真的作用和基本步骤。

2. 阐述系统动力学的工作程序。

3. 已知某化工销售公司销售某种特殊产品的售价为 1 250 元/t，进货价格为 750 元/t，单位存储费用为 150 元/t，单位缺货费用为 300 元/t，需求量服从均值为 500 t、标准差为 50 t 的正态分布，设其补充水准为 500 t，试模拟其盈利情况。

4. 某加油站设有一台加油机，顾客到达时间间隔为[0,5](min)上的均匀分布，交易时间服从均值为 5 min、标准差为 1 min 的正态分布，对此系统进行模拟，分析顾客必须等待的概率、平均等待时间、最长等待时间、等待超过 2 min 的概率等问题。

5. 某项长期风险投资，初期投资 100 万元，分 4 年回收。资金贴现率为 5%。每年的投资回收是随机的，服从正态分布。4 年回收的期望值和方差见表 6-11。求该项目的平均净现值和内部收益率。

表 6-11　长期风险投资 4 年回收的期望值和方差

时间/年	1	2	3	4
期望值/万元	40	30	25	20
标准差/万元	3	2	4	4

6. 请用系统动力学仿真牛鞭效应模型，即考虑物质延迟的两级供应链模型。

7. 请说明系统动力学在能源系统中还有哪些具体应用？并就其中一个方面建立基本的 DYNAMO 方程。

8. 请查阅文献，梳理系统仿真技术的发展趋势。

延伸阅读

[1]　高军，吴欣桐. 基于系统动力学模型的工程项目风险演化评价[J]. 统计与

决策,2020,36(4):185-188.

[2] 仲冉,吴洁,史纯子,等.基于蒙特卡罗的储能配置模式决策模型研究[J].建筑经济,2022,43(S2):480-484.

[3] 王宇奇,曲云玉.环境扰动下进口原油供应链网络柔性的系统动力学仿真[J].系统管理学报,2019,28(5):983-990.

[4] J R LOH,S BELLAM. Towards net zero:Evaluating energy security in Singapore using system dynamics modelling[J]. Applied Energy,2024,358,122537. https://doi.org/10.1016/j.apenergy.2023.122537.

[5] J WU,Y CHEN,L YU,et al. Has the evolution of renewable energy policies facilitated the construction of a new power system for China? A system dynamics analysis[J]. Energy Policy,2023,183,113798. https://doi.org/10.1016/j.enpol.2023.113798.

第七章　能源系统预测

导入

2023 年 5 月 17 日，在国家发展改革委召开的新闻发布会上，国家发展改革委政策研究室副主任、新闻发言人孟玮介绍，近年来，在多方面因素共同作用下，我国新能源汽车产业快速发展。2012—2022 年，新能源汽车销量年均复合增速达到 87.2%，产销量连续 8 年居全球首位。据中国汽车工业协会统计，2023 年前 4 个月产销量分别达到 229.1 万辆和 222.2 万辆，同比均增长 42.8%。从月度走势看，我国新能源汽车产销量增速呈现低开高走、不断加快的态势；前 2 个月新能源汽车产销量分别增长 16.3%、20.8%，3 月份产销量分别增长 44.8%、34.8%，4 月份产销量均增长 1.1 倍，可以说总体依然延续快速增长态势。“回顾我国新能源汽车产业发展历程，特别是最近几年，新能源汽车产业发展内生动力不断增强。”她指出，从需求侧看，交通出行模式、能源消费结构等正在发生深刻变革，14 亿多人口的生产生活方式向绿色低碳转型，催生了对新能源汽车的巨大需求，为产业发展提供了巨大的潜在市场空间。从供给侧看，经过多年持续努力，我国新能源汽车产业技术水平显著提升、产业体系日趋完善、企业竞争力大幅增强，不断推出顺应消费升级趋势的新产品、新服务，供给体系对需求的适配性不断提升，新能源汽车越来越得到消费者认可。

（资料来源：新能源汽车能否延续高增长？国家发改委回应 21 记者：多措并举扩大新能源汽车消费[EB/OL].(2023-05-17)https://www.sfccn.com/2023/5-17/5OMDE1MjJfMTgyNzc5OA.html.）

预测是根据对事物的已有认识，做出对未知事物的预估。通过预测，能够寻求系统发展的规律，推测出未来的发展趋势，为科学决策提供依据。能源系统预测是能源管理的重要组成部分，是指运用科学、适用的预测理论与方法对项目、企业、区域、国家等不同尺度范围内所涉及的能源问题进行预测，为能源决策提供前提与基础。

第一节　系统预测概述

一、系统预测的定义

系统预测就是根据系统发展变化的实际数据和历史资料，运用科学的理论、方法和各种经验、判断、知识去推测、估计、分析事物或现象在未来一定时期内的可能变化情况。系统预测建立在对事物历史与现状调查的基础上，以及对主要因素分析的基础上。

系统预测是一种科学活动，这是由预测前提的科学性、预测方法的科学性和预测结果的科学性决定的。

(1) 预测前提的科学性包含三层含义：一是预测必须以反映客观事实的历史与现实资料、数据为依据进行判断；二是这些现实资料与数据必须上升到规律性的认识，并以其作为预测的指导依据；三是预测必须以正确反映客观规律的成熟的科学理论作为指导。

(2) 预测方法的科学性包含两层含义：一是各种预测方法是通过理论证明与实践检验的科学方法，包括预测对象所处学科领域的方法及统计学方法；二是预测方法的应用必须根据预测对象的特点合理选择并正确运用。

(3) 预测结果的科学性包含两层含义：一是预测结果是以已经认知的客观对象的发展的规律性和事实资料为依据，采用定性与定量相结合的方法做出的科学推断；二是预测结果在允许的误差范围内验证了预测对象已经发生的事实，同时在条件不变的情况下，预测结果能够经受实践的检验。

二、系统预测的步骤

系统预测必须有计划、有组织地开展，其程序或步骤如图 7-1 所示。

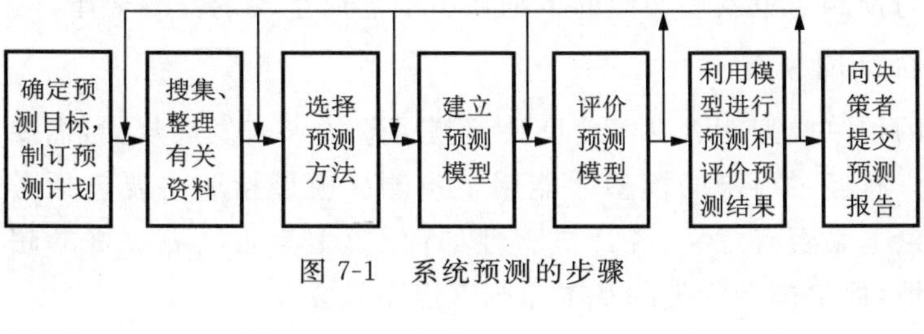

图 7-1　系统预测的步骤

1. 确定预测目标，制订预测计划

预测是为决策服务的，要根据决策的需要确定预测目标，包括预测对象、预测精度、采取定性还是定量预测及预测时限等。结合预测目标，制订预测计划，包括预测内容、预测所需资料、计划选用的预测方法，以及预测实施的进程、预算、人员组织等。

2. 搜集、整理有关资料

预测是根据有关历史资料推断未来，应根据预测目标的具体要求搜集资料。预测中所需的资料通常包括三类：一是预测对象本身发展的历史资料：二是对预测对象的发展变化具有影响的各相关因素的历史资料；三是形成上述资料的历史背景、影响因素在预测期内可能表现的状况。筛选资料的标准有三个：一是直接相关性；二是可靠性；三是最新性。

准确无误的资料是确保预测准确性的前提之一。为了保证资料的准确性，要对资料进行审核和整理。对资料进行审核，主要是审核其来源是否可靠、资料是否可比，其中，资料的可比性是指资料在时间间隔、内容范围、计算方法、计量单位和计算价格上应保持前后一致。资料的整理包括：对准确的资料进行查证核实或删除，把不可比的资料调整为可比，对缺失的资料进行核算、补充，对资料进行必要的分类组合。

3. 选择预测方法

在占有资料的基础上选择科学的预测方法，建立预测模型，这是预测准确与否的关键。预测方法很多，不同的方法有着不同的适用范围、不同的前提条件及不同的要求。对于特定的预测对象很可能有多种方法可用，而有的预测对象因为受到人、财、物、时间等因素的限制只能采用一种或少数几种方法。

4. 建立预测模型

预测模型是对预测对象发展变化的客观规律的近似，预测结果是否有效取决于模型对预测对象发展规律的近似程度。对数学模型，要获得其模型形式和具体参数值。例如，用趋势外推法，要求出反映发展趋势的公式；如用类推法，则要寻求与预测对象发展类似的事物在历史上所呈现的发展规律。

5. 评价预测模型

建立的预测模型能否真实地反映预测对象的未来发展规律，需要对模型进行评价。只有经过检验的模型才能用于预测。模型检验主要包括考察参数估计值在理论上是否有意义、统计显著性如何、模型是否具有良好的超样本特性等。一般地，评价模型优劣的基本原则有以下几条：

(1) 理论上合理。参数估计值的正负号、大小应和有关理论相一致，所建立的模型应该能够恰当地描述预测对象。

(2) 统计可靠性高。模型及其参数估计值应通过必要的统计检验,预测误差低。

(3) 预测能力强。预测效果好坏是鉴别模型优劣的根本标准。为保证模型的预测能力,一般要求参数估计值有较高的稳定性,模型外推检验精度较高。稳定性是指,预测模型能够在较长的时期内准确地反映预测对象的发展变化情况;当建模数据发生变动或模型外部条件发生变化时,模型仍具有较强的预测能力,其参数和预测能力都不会受到较大影响。

(4) 简单适用。一个模型只要能够正确地描述系统的变化规律,其数学形式越简单,计算过程就越简便,模型也越好。

当预测模型评价较差时,需要返回至前面的步骤,如重新搜集整理有关资料、重新选择预测方法、重新建立预测模型等。

6. 利用模型进行预测和评价预测结果

预测模型经过评价被认为可以用于未来预测后,就可以根据搜集到的有关资料计算或推测所预测对象的未来结果。由于建立的模型只是实际情况的近似,利用模型得到的预测结果通常不会与事物发展的实际情况完全相符。这就需要分析预测值偏离实际的程度及其产生的原因。如果预测误差未超出允许的范围,则可以认为模型的预测效果合乎要求,否则,就需要查找原因,对模型进行修正和调整,甚至返回前面的步骤,如重新搜集整理有关资料等。

7. 向决策者提交预测报告

在预测结果取得预期的效果后,可以预测报告的形式提交给决策者,其中应明确说明假设的前提、所采用的方法及预测结果合理性判断的依据等。

三、系统预测方法的分类

系统预测方法的分类有很多种。例如,按照所涉及的领域,可以分为科学预测、技术预测、经济预测、社会预测、军事预测、需求预测等;按照预测时间长短,可以分为短期预测、中期预测、长期预测等。根据预测方法本身的性质特点,可以将系统预测方法分为三类:

1. 定性预测

定性预测是根据人们对系统过去和现在的经验、判断和直觉进行预测,其中以人的逻辑判断为主,仅要求提供系统发展的方向、状态、形势等定性结果。

该方法适用于缺乏历史统计数据的系统对象,采用市场调查、专家打分、主观评价等手段进行预测。

2. 时间序列分析

时间序列分析是根据系统对象随时间变化的历史资料，考虑系统变量随时间的变化规律，对系统未来的表现按照时间顺序进行定量预测，主要包括移动平均法、指数平滑法、趋势外推法等。

该方法适用于利用简单统计数据来预测研究对象随时间变化的趋势，如企业的总产值、商品的销售额、城市的用电量、地区的降雨量等。

3. 因果关系预测

因果关系预测是系统变量之间存在某种因果关系，找出影响结果的相关因素，建立结果（因变量）与影响因素（自变量）之间的数学模型，代入自变量的值预测因变量的值。通常，因果关系模型中因变量与自变量在时间上既可以是同步的，也可以是滞后的。

因果关系预测主要包括线性回归分析、概率统计方法、计量经济学方法、系统动力学仿真、神经网络技术等。

四、预测的精度

预测误差就是预测结果与实际结果的偏差，决定了预测的精确性。误差越大，精度就越低，因而通常由误差指标来反映预测精度。定量预测方法精确性的衡量指标很多，主要有以下几种：

1. 预测误差（Error）

设某一项预测指标的实际值为 X，预测值为 $\hat{X}$，令

$$e=X-\hat{X} \tag{7-1}$$

式中，e 是预测误差，又称为偏差。$e>0$，表示 $\hat{X}$ 为低估预测值；$e<0$，表示 $\hat{X}$ 为高估预测值。

预测误差 e 是对预测结果误差最直接的衡量，但其大小受到预测对象计量单位的影响，不适于作为预测精确性的最终衡量指标。

2. 相对误差（Percentage Error，PE）

预测误差在实际值中所占比例的百分数称为相对误差，记为 ε，即

$$\varepsilon=\frac{e}{X}=\frac{X-\hat{X}}{X}\times 100\% \tag{7-2}$$

该指标克服了预测指标本身量纲的影响，通常把 $1-\varepsilon$ 称为预测精度。

预测误差和相对误差这两个指标只表示了预测点上预测的误差，而要衡量模型整体预测的精确性，就必须考虑所有预测点上总的误差量。

3. 平均误差(Mean Error,ME)

n 个预测误差的平均值称为平均误差或平均预测误差(Mean Forecast Error, MFE),记为 $\bar{e}$。计算公式为

$$\bar{e}=\frac{1}{n}\sum_{i=1}^{n}e_i=\frac{1}{n}\sum_{i=1}^{n}(X_i-\hat{X}_i) \tag{7-3}$$

显然,如果预测模型是无偏的,则 MFE 接近于 0。由于每个点上的预测误差可为正值,也可为负值,求它们的代数和时将有一部分互相抵消,所以 $\bar{e}$ 值无法真正反映预测误差的大小,但它反映了预测的平均偏差状况,可作为修正预测值的依据。$\bar{e}$ 为正,说明预测值总体平均比实际值低;反之,说明预测值总体平均比实际值高。因此,如果用某一种方法求得的预测值为 $\hat{X}_{n+1}$,运用该方法时预测值的平均误差为 $\bar{e}$,则修正的预测值为 $\hat{X}'_{n+1}=\hat{X}_{n+1}+\bar{e}$。

4. 平均绝对误差(Mean Absolute Error,MAE)

平均绝对误差,也称平均绝对偏差(Mean Absolute Deviation,MAD),预测误差的累积值会因正负误差相互抵消而减弱总的误差量,但预测误差绝对值的累积则能避免正负误差的相互抵消,其计算公式为

$$\text{MAE}=\frac{1}{n}\sum_{i=1}^{n}|e_i|=\frac{1}{n}\sum_{i=1}^{n}|X_i-\hat{X}_i| \tag{7-4}$$

由于每个 $|e_i|$ 皆为正值,故可用于表示预测误差的大小。

平均绝对误差依然会受到预测对象计量单位大小的影响,所以引入相对平均绝对误差。

5. 平均绝对相对误差(Mean Absolute Percentage Error,MAPE)

n 个预测相对误差绝对值的平均数称为平均绝对相对误差、平均绝对百分误差或平均相对误差绝对值,以 $|\bar{\varepsilon}|$ 表示,即

$$|\bar{\varepsilon}|=\frac{1}{n}\sum_{i=1}^{n}\left|\frac{e_i}{X_i}\right|\times 100\%=\frac{1}{n}\sum_{i=1}^{n}\left|\frac{X_i-\hat{X}_i}{X_i}\right|\times 100\% \tag{7-5}$$

在评价模型的预测精度时,经常使用的评价指标是 MAPE,一般认为,若 MAPE 小于 10%,则模型预测精度较高。

6. 预测误差的二次方和、均方误差和均方根误差

预测误差的二次方和(Sum of Squared Error,SSE)的计算公式为

$$\text{SSE}=\sum_{i=1}^{n}e_i^2 \tag{7-6}$$

均方误差(Mean Squared Error,MSE)的计算公式为

$$\text{MSE}=\frac{1}{n}\sum_{i=1}^{n}e_i^2 \tag{7-7}$$

均方根误差(Root Mean Square Error,RMSE)的计算公式为

$$\mathrm{RMSE}=\sqrt{\frac{1}{n}\sum_{i=1}^{n}e_i^2} \tag{7-8}$$

均方误差和均方根误差比较好地反映了预测结果的精确性,它们的值越大,预测准确度越低。相比平均绝对误差,它们对较大的预测点的误差更为敏感。

上述各项误差指标的功能相近,但又有各自的特点:$\bar{e}$ 计算方便;$|\varepsilon|$ 不受量纲的影响;MSE 和 RMSE 对预测误差的反应较为灵敏。其中,RMSE 不仅保留了 MSE 灵敏度高的优点,还克服了 MSE 数值大的不足,它和 $|\bar{\varepsilon}|$ 是衡量预测准确度最常用的两个指标。

第二节　定性预测方法

一、定性预测概述

定性预测,也称为判断预测或调研预测,是指预测者通过调查研究,了解实际情况,凭借自己的经验,对事物发展的前景、方向和程度做出判断和预测的方法。其特点是:需要的数据量少,能考虑无法定量的因素,实施起来较为简单可行。

当我们掌握的数据信息不够丰富和准确或者主要的影响因素难以用数据刻画,难以进行定量分析时,定性预测就是一种行之有效的预测方法。例如,对新建企业的生产经营前景、新产品的市场需求、消费者心理变化对产品供需变化的影响等问题的预测,由于缺少历史资料,宜采用定性预测方法进行预测。此外,为了提高预测质量,在进行定量预测时,还要进行定性预测。

定性预测主要靠预测者的经验和判断能力,易受主观因素影响,并且主要目的不在于数量估计。为了提高定性预测的准确程度,应该注意以下问题:

(1) 要加强调查研究,掌握影响事物发展的有利条件、不利因素和各种变动情况,从而使预测者对事物发展前景的分析判断更加接近实际。

(2) 在进行调查研究、搜集资料时,应做到数据和情况并重,努力使定性分析定量化,提高定性预测的说服力。

(3) 应将定性预测和定量预测相结合,提高预测质量。在预测过程中,应先进行定性分析,再进行定量预测,最后进行定性分析,对预测结果进行调整。

定性预测的方法很多,如调查预测法(包括用户需求意见调查预测法、业务人员意见调查预测法、主管人员意见调查预测法等)、集合意见法、头脑风暴法、

德尔菲法、主观概率法、交叉概率法等。

二、头脑风暴法

1. 头脑风暴法概述

头脑风暴法(Brain Storming),也称为智力激励法,是美国创造学家 A. F. 奥斯本首创的一种集体创意技术,是针对某一问题,召集由有关人员参加的小型会议,在融洽轻松的会议气氛中,与会者敞开心扉、各抒己见、自由联想、畅所欲言、互相启发、互相激励,使创造性设想产生连锁反应,从而获得众多解决问题的方法。

实践已经证明,利用头脑风暴法对预测对象进行定性预测,通过专家之间直接交换信息,可引起较强的思维共振,充分发挥创造性思维的活动能力,有可能在较短的时间内取得较为明显的创造性成果。头脑风暴法还可以排除折中方案,对所提问题通过客观连续的分析,找到一组切实可行的方案。因而在各类预测中得到了广泛的应用。

头脑风暴法有两种基本形式:直接头脑风暴法和质疑头脑风暴法。

(1) 直接头脑风暴法。该方法是根据一定的规则,通过共同讨论具体问题进行创造性思维活动的一种专家集体预测方法。其规则包括:每个人的思路都自由奔放,不受约束;不允许批评别人的设想,不管这种设想是否合理;限制每个人的发言时间,内容要精练,允许一个人多次发言;不允许私下交谈,以免影响整体聚谈气氛;参加聚谈的人员不分等级;对于各种设想,不分巨细好坏,都应尽可能记录备查。

(2) 质疑头脑风暴法。质疑头脑风暴法是一种同时召开两个会议的集体产生设想的方法。第一个会议完全遵从直接头脑风暴法原则,第二个会议对第一个会议提出的设想进行质疑。

2. 头脑风暴法应遵循的原则

采用头脑风暴法组织专家会议时,应遵守如下原则:

(1) 严格限制预测对象的范围,便于参加者将注意力集中于所涉及的问题。

(2) 要认真对待和研究专家提出的任何一种设想,而不管这种设想是否适合与可行,不能对别人的意见提出质疑。

(3) 鼓励参加者对已经提出的设想进行补充、改进和综合。

(4) 使参加者能够消除思想顾虑,创造一种自由抒发见解的气氛,以利于激发参加者的积极性。

(5) 发言力求简短精练,无须详细论述,因为延长发言时间会妨碍创造性思维活动的进行。

(6) 不允许参加者重演事先准备好的发言稿。

经验证明，专家小组人员以10～15人为宜，会议时间一般以30～60 min效果最佳。理想的专家预测小组应由如下人员组成：方法论学者——预测学家；设想产生者——专业领域专家；分析者——专业领域的高级专家，他们应该追溯过去，并及时评价预测对象的现状和发展趋势；演绎者——对所讨论的问题具有充分推断能力的专家。

三、德尔菲法

1. 德尔菲法概述

德尔菲法是专家会议预测法的一种发展。它以匿名方式通过几轮函询，征求专家的意见。预测领导小组对每一轮的意见都进行汇总整理，再作为参考资料发给每位专家，供他们分析判断，提出新的论证。如此反复，统一专家的意见，最终形成可靠的结论。概括地说，德尔菲法就是采用函询调查，向与所预测问题有关领域的专家分别提出问题，而后将他们回答的意见予以综合、整理、反馈，这样多次反复循环，最终得到大致相同且可靠性也较高的意见。

德尔菲法具有如下三个特点：

(1) 匿名性。德尔菲法采用匿名函询的方式征求意见，即每位专家的分析判断是在背靠背的情况下进行的，消除了心理因素对专家判断客观性的影响。由于德尔菲法的匿名性，使得专家无须担心充分表达自己的想法是否会有损于自己的威望，而且也使得专家的想法不会受到口头表达能力的影响和时间的限制。因此，德尔菲法的匿名性有利于各种不同的观点得到充分抒发。

(2) 反馈性。德尔菲法在预测过程中征询专家意见要进行几轮(3～5轮)。预测组织对每一轮的预测结果做出统计、汇总，并提供有关专家的论证依据和资料，作为反馈材料发给每一位专家，供下一轮预测时参考。专家从多次的反馈资料中进行分析选择，参考有价值的意见，深入思考，反复比较，以更好地提出预测意见。

(3) 统计性或收敛性。为了科学地综合专家的预测意见和定量表示预测结果，德尔菲法采用统计方法对专家意见进行处理，使专家意见逐渐趋于一致，预测值趋于收敛。

2. 预测过程的基本步骤

(1) 确定预测主题，归纳预测事件。预测主题就是所要研究和解决的问题，是对研究对象今后的发展有重要影响而又有意见分歧的问题。一个主题可以包括若干事件，事件是用来说明主题的重要指标。

(2) 选择专家。德尔菲法所要求的专家，应当是对预测主题和预测问题有比较深入的研究、知识渊博、经验丰富、思路开阔、富于创造性和判断力的人。专家的选择事关预测的成败。

(3) 预测过程。当针对某一项预测的专家小组成立之后，在预测领导小组的组织领导下，即可开始预测工作。经典德尔菲法的预测过程一般分为四轮，各轮内容大致如下：

① 第一轮，确定预测事件。询问调查表要求各成员根据所要预测的主题以各种形式提出有关的预测事件。也可以由领导小组先征求少数专家的意见，集中后产生预测事件作为草案供进一步讨论，完成后寄给预测领导小组，由领导小组将所提出的事件进行综合整理，统一相同事件，排除次要事件，用准确的术语提出调查表或预测事件一览表。

② 第二轮，初次预测。将调查表发给专家小组各成员，要求他们对表中各事件做出评价，并相应地提出其评价及预测理由、为改进预测而再次征询时还需补充的资料。调查表收回后，领导小组要对专家意见进行统计处理。

③ 第三轮，修改预测。预测领导小组将第二轮预测的统计资料寄给每位专家，请专家据此补充资料，再一次进行预测并充分陈述理由。应特别注意让持极端意见的专家充分陈述理由，这是因为他们的依据可能是其他专家忽略的外部因素或未曾研究过的问题，而这些依据往往会对其他专家的重新判断产生影响。

④ 第四轮，最后预测。专家小组各成员再次进行预测，并根据领导小组的要求，做出或不做出新的论证，领导小组根据回答，再次计算出每个事件的平均值、加权平均，或者中位数、四分位点，得出最终带有相应平均值、加权平均，或者中位数和四分位点，日期、数字或等级等结果的事件一览表。需要注意的是，最后一轮专家的意见必须趋于一致或基本稳定，即大多数专家不再修改自己的意见。因此，征询次数应根据专家意见的收敛性灵活掌握。

(4) 确定预测值，得出预测结论。对专家的回答结果进行量化分析和处理，是德尔菲法预测的最后阶段，也是最重要的阶段，处理方法和表达方式取决于预测问题的类型和对预测的要求。

3. 德尔菲法应遵循的原则

采用德尔菲法预测时，没有适用于所有情况的准则，但需要共同遵循如下原则：

(1) 对德尔菲法做出充分说明。为了使专家全面了解情况，调查表都要有前言，用以说明预测的目的和任务，以及专家的回答在预测中的作用。同时，还要对德尔菲法做出充分说明，阐明德尔菲法的实质、特点，以及轮间反馈对评价的作用。

(2) 问题要集中。问题要有针对性,不要过于分散。问题要按等级排队,先综合,后局部;同类问题中,先简单,后复杂。这样由浅入深地排列,易于引起专家回答问题的兴趣。

(3) 避免组合事件。如果一个事件包括两个方面,一方面是专家同意的,而另一方面是其不同意的,这时专家对此问题很难做出回答。例如,“一种技术的实现是建立在某种方法的基础上”是一个组合问题,包含“技术的实现”“技术建立在某种方法的基础上”两个单独的问题,对于这类组合问题应予以避免。

(4) 语义要清晰、明确。在制定预测问题时,要使用规范准确、语义边界清晰的技术术语或行业规范,不能使用类似“普遍”“广泛”“正常”等含糊不清的定性量词。

(5) 领导小组的意见不应强加于调查表中。将领导小组的观点加在调查表中,作为反馈材料为下一轮预测提供参考,可能会诱导专家的评价向领导小组的意图靠拢。

(6) 调查表要尽可能简化。调查表应有助于而不是妨碍专家做出评价,应该使专家的主要精力用于思考问题,而不是理解复杂和混乱的调查表。调查表的应答要求最好选择一个日期或填空。调查表还应留有足够的空间,以便专家阐明意见。

(7) 问题数量的限制。问题的数量不仅取决于应答要求的类型,还取决于专家可能做出应答的上限。问题简单,则问题数量可以多一些;否则,就应该少一些。一般认为,问题数量的上限以25个为宜。如果问题过多,则领导小组就要认真研究。

(8) 支付适当的报酬。在组织德尔菲法预测时,可以考虑酌情支付适当的报酬,以鼓励专家积极参与。

4. 结果的处理和表达方式

(1) 中位数和上下四分位点。

德尔菲法预测中较为常见的情形是:多位专家对同一单项事件进行预测,要求回答事件的完成时间或者给出事件结果的数量结论。处理这类问题的统计方法一般是中位数法。

中位数是将预测值按大小顺序排列后,处于数列中间位置的变量值。中位数代表专家预测意见的平均值,一般以它作为预测结果。如果预测不仅要求得到预测结果,还需要考虑预测结果的置信区间,就需要采用中位数和上下四分位点相结合的方法。置信区间越窄,即上下四分位点的间距越小,说明专家的意见越集中,用中位数代表预测结果的可信程度也越高。

若将 n 名专家的回答结果从小到大排序,则中位数为第 $0.5(n+1)$ 位次的数值，亦即第二个四分位数；第一个四分位数为第 0.25(n+1)位次的数值，也称“1/4 分位数”或“下四分位数”；第三个四分位数为第 0.75(n+1)位次的数值，也称“3/4 分位数”或“上四分位数”。如果 n+1 恰好是 4 的倍数，则 3 个四分位数的位次都是整数，这时，各个位次上的标志值就是相应的四分位数；如果 n+1 不是 4 的倍数，则 3 个四分位数位次就可能带有小数(也即一个带分数)，这时，有关的四分位数就应该是与该带分数相邻的两个整数位次上的标志值的某种加权算术平均数，权数的大小取决于两个整数位次与四分位数位次(带分数)距离的远近，距离越近权数越大，距离越远权数越小。

【例 7-1】 某企业采用德尔菲法预测 2032 年某车间的燃料油用量。16 位专家在最后一轮的预测值分别是(按从小到大的顺序排列)：2.04、2.05、2.06、2.08、2.08、2.09、2.10、2.11、2.13、2.14、2.14、2.16、2.16、2.18、2.19、2.23 万吨。试给出预测的期望值及上、下四分位点。

解：$0.5(n+1)=8.5$，则中位数 $x_{中}$ 是第 8 个数和第 9 个数的平均值，而第 8 个数和第 9 个数分别是 2.11 万吨和 2.13 万吨，则预测期望值是：

$$x_{中}=(2.11+2.13)/2=2.12(\text{万吨})$$

$0.25(n+1)=4.25$，位次更靠近 4，所以下四分位点值应为：

$$x_{下}=0.75x_4+0.25x_5=2.08(\text{万吨})$$

$0.75(n+1)=12.75$，位次更靠近 13，所以上四分位点值应为：

$$x_{上}=0.25x_{12}+0.75x_{13}=2.16(\text{万吨})$$

(2) 变异系数。

变异系数用来测度专家对同一单项事件认识的统一程度，计算公式为：

$$V=\frac{S}{M} \tag{7-9}$$

式中，V 表示变异系数，S 表示专家预测值的标准差，M 表示预测值的算术平均值。V 越小，说明专家的预测认识越统一。当 $V<0.3$ 时，可以认为专家意见比较一致；$V<0.15$ 则最为理想。

【例 7-2】 某企业组织专家对未来一年的能源需求量进行预测，三轮结果见表 7-1。以中位数为基础，将最可能需求量、最低需求量和最高需求量分别按 0.50、0.20 和 0.30 的概率进行加权平均，计算未来的预测值。

表 7-1 能源需求量预测结果 单位：万吨

专家编号	第一轮判断			第二轮判断			第三轮判断		
	最低	最可能	最高	最低	最可能	最高	最低	最可能	最高
1	500	750	900	600	750	900	550	750	900
2	200	450	600	300	500	650	400	500	650

续表 7-1

专家编号	第一轮判断			第二轮判断			第三轮判断		
	最　低	最可能	最　高	最　低	最可能	最　高	最　低	最可能	最　高
3	400	600	800	500	700	800	500	700	800
4	750	900	1 500	600	750	1 500	500	600	1 250
5	100	200	350	220	400	500	300	500	600
6	300	500	750	300	500	750	300	600	750
7	250	300	400	250	400	500	400	500	600
8	260	300	500	350	400	600	370	410	610
平均值	345	500	725	390	550	775	415	570	770
标准差	190.53	225.00	344.60	144.31	147.90	304.14	87.75	106.89	208.09
变异系数	0.55	0.45	0.48	0.37	0.27	0.39	0.21	0.19	0.27

解：计算三轮判断的变异系数，结果见表 7-1。可见，第三轮判断的变异系数均小于 0.3，以其为基础进行预测。最可能需求量、最低需求量和最高需求量的中位数分别为 400 万吨、550 万吨和 700 万吨，则加权预测值为：

$$550\times0.5+400\times0.2+700\times0.3=565(\text{万吨})$$

四、主观概率法

主观概率是指预测者对某一事件在未来发生或不发生的可能性的估计。对同一事物来说，不同的人因知识、阅历、看问题的角度不同等会造成对问题的估计也不同，这就是主观因素在起作用。系统预测中的主观概率法是指在调查专家主观概率的基础上，对各种预测意见进行集中整理，得出综合性预测结果的方法。

在估计主观概率时，各专家的估计值往往不同，一般采用主观概率加权平均法和累计概率中位数法进行计算处理。

1. 主观概率加权平均法

主观概率加权平均法是以主观概率为权重，对各种预测值进行加权平均，下面举例说明。

【例 7-3】 某企业的 2 名经理和 3 名销售人员对下一年某产品的销售量、概率进行了估计，其值见表 7-2，应用主观概率加权平均法对下一年的产品销售量进行预测。假设同类人员的预测值同等重要；经理人员的预测比较重要，占 60％，销售人员的预测占 40％。

表 7-2　下一年产品销售量及主观概率的估计

预测者	销售状态	销量/万件	概　率
销售人员 A	最高销量	100	0.3
	最可能销量	80	0.5
	最低销量	40	0.2
销售人员 B	最高销量	120	0.2
	最可能销量	90	0.6
	最低销量	60	0.2
销售人员 C	最高销量	100	0.2
	最可能销量	80	0.5
	最低销量	60	0.3
经理 D	最高销量	140	0.2
	最可能销量	100	0.6
	最低销量	80	0.2
经理 E	最高销量	120	0.2
	最可能销量	100	0.5
	最低销量	80	0.3

解：首先以主观概率为权重，计算每位人员对销售量的期望值。以销售人员 A 为例，销售量期望值为：

$$0.3\times100+0.5\times80+0.2\times40=78(\text{万件})$$

同理可得销售人员 B 和 C 的销售量期望值分别为 90 万件和 78 万件；经理 D 和经理 E 的销售量期望值分别为 104 万件和 98 万件。

进而计算综合预测值为：

$$0.6\times(104+98)/2+0.4\times(78+90+78)/3=93.4(\text{万件})$$

2. 累计概率中位数法

累计概率中位数法是根据累计概率确定不同意见的预测中位数，对预测值进行点估计和区间估计的方法。累计概率中位数法的基本过程如下：

(1) 对未来各种结果的概率与累计概率进行主观估计，建立概率分布函数。

(2) 根据概率分布函数进行预测。通常将累计概率分布的中位数确定为预测值的点估计值。

【例 7-4】 某石化销售企业过去 12 个月的产品销售量见表 7-3，现在采用累计概率中位数法对下个月的产品销售量进行预测。

表 7-3　某石化销售企业过去 12 个月的产品销售量统计表　　单位：万吨

月　份	1	2	3	4	5	6	7	8	9	10	11	12
销售量	50	52	55	58	57	61	63	66	70	75	78	80

(1) 为相关专家提供背景资料。

(2) 编制主观概率调查表。调查表中列出不同状态(销售额)可能实现的多个层次的概率，如 0.010，0.125，…，0.990 等，由调查人员填写各种状态下的预测值，见表 7-4。

表 7-4　主观概率调查表　　单位：万吨

累计概率	0.010	0.125	0.250	0.375	0.500	0.625	0.750	0.875	0.990
销售量									

其中第一列累计概率为 0.010 的商品销售量是可能的最小值，表示商品销售量小于该数量的可能性仅为 1%；而最后一列累计概率为 0.990 的商品销售量是可能的最大值，表示商品销售量小于该数量的可能性为 99%；累计概率 0.500 对应的商品销售量表示实际销售大于和小于该数量的可能性各为 50%；其余各列的含义依此类推。

(3) 汇总整理。本例共调查了 6 个人，对其填写的调查表进行汇总整理，并计算各列的算术平均数，主观概率预测汇总表见表 7-5。

表 7-5　销售量主观概率预测汇总表　　单位：万吨

被调查人员编号	累计概率								
	0.010	0.125	0.250	0.375	0.500	0.625	0.750	0.875	0.990
1	83	85	86	88	90	93	95	96	97
2	81	84	86	89	91	93	95	97	99
3	80	81	83	85	87	90	91	94	96
4	82	85	87	90	92	94	95	97	98
5	85	88	91	95	97	98	100	102	104
6	80	84	88	91	93	95	96	98	99
平均值	81.83	84.50	86.83	89.67	91.67	93.83	95.33	97.33	98.83

(4) 做出预测。由表 7-5 可见，该公司下个月销售量小于 81.83 万吨的可能性只有 1%，大于 98.83 万吨的可能性也只有 1%，而大于和小于 91.67 万吨的可能性各为 50%，可作为下个月销售量期望值的点估计值。

五、交叉概率法

交叉概率法又称交互影响分析法、交互影响矩阵法，是美国学者戈登（Gordon）和海沃德（Hayward）创立的一种定性预测方法，其通过主观估计每个事件在未来发生的概率，以及事件之间相互影响的概率，利用交互影响矩阵考察预测事件之间的相互作用，进而预测目标事件未来发生的可能性。

交叉概率法的预测步骤如下：

（1）主观判断估计各种有关事件发生的概率，即初始概率。

（2）构造交互影响矩阵，反映事件相互影响的程度。

设有一组预测事件 $D_1, D_2, \cdots, D_n$，估计各事件发生的初始概率分别为 P_1，$P_2, \cdots, P_n$，事件 D_i 的发生对事件 D_j 的影响程度为 a_{ij}，称为交互影响系数，其中 $a_{ii}=0$，$|a_{ij}|\leqslant 1$。若 $a_{ij}>0$，则表示有正影响；若 $a_{ij}<0$，则表示有负影响；若 $a_{ij}=0$，则表示没有影响。$|a_{ij}|$ 越接近 1，表示影响程度越大，影响程度的度量刻画见表 7-6。

表 7-6 交互影响系数

交互影响分类	无影响	弱负影响	弱正影响	强负影响	强正影响	很强负影响	很强正影响
a_{ij}	0	−0.5	+0.5	−0.8	+0.8	−1.0	+1.0

量化影响程度后，采用专家调查法或主观概率法定性估计由此构造的交互影响矩阵见表 7-7。如果采用专家估计 a_{ij} 时，可以专家估计序列值的众数、平均数或中位数作为判断依据。

表 7-7 交互影响矩阵

如果该事件发生	事件发生的概率	事件受影响程度			
		D_1	D_2	…	D_n
D_1	P_1	a_{11}	a_{12}	…	a_{1n}
D_2	P_2	a_{21}	a_{22}	…	a_{2n}
⋮	⋮	⋮	⋮	⋮	⋮
D_n	P_n	a_{n1}	a_{n2}	…	a_{nn}

（3）开展交互影响分析，获得校正概率。

第一步，在 $D_1, D_2, \cdots, D_n$ 中，随机选取一个事件，设为 D_i，其发生的概率为 P_i；从随机数字中取出一个随机数字 $k\in(0,1)$，如果 $k>P_i$，则事件 D_i 不发生；如果 $k\leqslant P_i$，则事件 D_i 发生。

第二步，如果随机抽取的事件 D_i 不发生，将不影响其他事件，其他事件的初始概率均不改变，如果随机抽取的事件 D_i 发生，将影响其他事件，受其影响的各事件的概率将按照交互影响矩阵，利用式(7-10)计算过程概率。此时，过程概率将在该次试验中取代交互影响矩阵中的初始概率。

$$P_j' = P_j + a_{ij}P_j(1-P_j),\ j \neq i;\ i,j=1,2,\cdots,n \tag{7-10}$$

式中，P_j' 为事件 D_i 发生后，事件 D_j 将要发生的概率；P_j 为本次修正前 D_j 将要发生的概率；a_{ij} 为交互影响系数。

第三步，从剩下的未被抽取的诸事件中随机选择一个事件，重复上述两个步骤，若该事件发生了，则对其他事件的概率进行调整计算。其中，在用随机数法确定选取事件是否发生时，如果该事件的初始概率已经被调整，则将新获取的随机数与该事件调整后的概率进行比较以判断其是否发生。继续进行上述模拟过程，直至 n 个事件都被随机抽取一次才算完成一次试验，称为第一轮模拟。

第四步，将过程概率视为初始概率，再进行下一轮模拟。通过多轮模拟，如 1 000 轮或更多轮的模拟后，由各事件发生的次数与试验总次数相比得到该事件发生的概率值，称为在交互影响作用下各事件的最终发生概率估计值，即事件的校正概率 P^*。试验次数越多，校正概率越稳定，预测效果也越理想。

交叉概率法能考虑每种新事物在某个特定时期内将要出现的概率、某一事物的出现对其他事件的影响程度及将要发生的概率。在具体预测时，应大量搜集资料，广泛征求专家意见，深入分析事件的内在关系。

六、基于交叉概率法的管道工程项目风险分析

某石油公司在管道工程项目建设过程中，通过调查分析，发现该项目存在的三大主要风险为工期延误、成本超支、质量缺陷。通过德尔菲法的专家估计，上述三个事件发生的概率分别为 0.2、0.3、0.1。若不考虑它们之间的交互影响，可能会认为该项目没有特别严重的风险而忽视风险防范和风险控制。如果考虑它们之间的交互影响，设交互影响矩阵见表 7-8，则可以利用交互影响分析法，对该项目的风险水平做出新的估算。

表 7-8　交互影响矩阵

如果该事件发生	事件发生的概率	事件受影响的程度		
		D_1	D_2	D_3
D_1	0.2	0	0.8	0.3
D_2	0.3	−0.5	0	−0.4
D_3	0.1	0.7	0.6	0

(1) 选取一个事件 D_i，由 P_i 模拟事件 D_i 是否发生。

例如，先选取 D_2，从 0～1 中抽取一个随机数 0.21，0.21<0.3，故事件 D_2 发生，计算过程概率为

$P_2'=0.3$

$P_1'=P_1+a_{21}P_1(1-P_1)=0.2+(-0.5)\times0.2\times(1-0.2)=0.12$

$P_3'=P_3+a_{23}P_3(1-P_3)=0.1+(-0.4)\times0.1\times(1-0.1)=0.064$

(2) 在剩下的事件中，再随机选取一个事件，考虑其是否发生。

假定该事件为 D_1，抽取随机数为 0.11，0.11<0.12，故事件 D_1 发生，同理可得各事件的过程概率为

$P_1'=0.12$

$P_2'=P_2+a_{12}P_2(1-P_2)=0.3+0.8\times0.3\times(1-0.3)=0.468$

$P_3'=P_3+a_{13}P_3(1-P_3)=0.064+0.3\times0.064\times(1-0.064)=0.082$

(3) 最后选取事件 D_3，考虑其是否发生。

假定抽取随机数为 0.56，0.56>0.082，故事件 D_3 不发生，其他事件的概率不发生改变。此时，第一轮模拟完成，三次的修正概率列于表 7-9。

表 7-9　修正概率

修正概率	D_2	D_1	D_3
P	1	1	0
P_1'	0.12	0.12	0.12
P_2'	0.3	0.468	0.468
P_3'	0.064	0.082	0.082

(4) 重复上述步骤。假设重复上述步骤 10 轮，合计各事件发生的次数，事件 D_1 发生了 3 次，事件 D_2 发生了 5 次，事件 D_3 发生了 1 次，于是事件 D_1、D_2、D_3 发生的模拟估计概率分别为 0.3、0.5 和 0.1。

与初始概率相比，事件 D_1 和 D_2 的概率分别提高了 10% 和 20%，D_2 的概率高达 0.5，应该引起足够的重视，而事件 D_3 的概率未发生变化。上述过程基本能够说明该方法如何使用，但在实际工作中，为了确保预测结果的准确性，理论上模拟应该在千轮以上，所以一般应用计算机进行模拟运算。

第三节　时间序列预测

一、时间序列预测概述

时间序列是按一定的时间间隔，把某种变量的数值按发生的先后顺序排列

成的序列。时间序列一般用 $y_1, y_2, \cdots, y_t$ 表示，t 为时间。

1. 时间序列的因素分析

通常，一个时间序列往往会受到许多不同因素的影响。例如，某商品月销售量受到居民的购买力、商品的价格、质量的好坏、顾客的爱好、季节的变化等因素的影响。根据各种因素的特点或影响效果，我们将这些因素分成长期趋势、季节变动、循环变动和不规则变动四大类，并认为时间序列是由这四大类变化形式构成或叠加的结果。

（1）长期趋势（secular trend，T）。

长期趋势是指由于某种根本性因素的影响，时间序列在较长时间内连续不断地朝着一定的方向发展（上升或下降），或停留在某一水平上的倾向。例如，我国的 GDP、能源消费量等随着时间的变化总体呈增长的趋势，单位 GDP 能耗呈下降的趋势，企业某产品的产量在较长时间内保持稳定等。

（2）季节变动（seasonal variation，S）。

季节变动是指受自然条件、社会条件或人们生活习惯的影响，时间序列在一年内随季节变化而呈现周期性变动。例如，受自然条件、气候条件的影响，蔬菜供应、某些商品销量有淡季与旺季之分；生活习俗会导致春季客运量增加等。

季节变动的本质为周期变化，一般以一年为周期变动。当然也有不到一年的周期变动，如银行储蓄具有月度周期性。

（3）循环变动（cyclical variation，C）。

循环变动是指社会经济现象以若干年为周期的变动。因为循环变动具有不稳定性，上次出现以后，下次何时出现难以预料，所以它有别于季节变动。例如，在市场经济条件下，由于竞争，在一个经济扩张期后会出现一个经济收缩期，接着又进入一个扩张期，而经济周期变动会影响到大多数经济部门，如对农产品的需求量、住宅的建设、汽车工业的发展等。这种循环往往是由高值到低值，再回到高值的波浪形模式。

（4）不规则变动（irregular variation，I）。

不规则变动是指由各种偶然性因素引起的无周期变动。不规则变动又可分为突然变动和随机变动。突然变动是指诸如战争、自然灾害、意外事故、方针、政策的改变所引起的变动。随机变动是指由于大量的随机因素所产生的影响，如股票价格的异动等。不规则变动的变动规律不易掌握，很难预测。

上述各类影响因素的共同作用使时间序列数据发生了变化。有的具有规律性，如长期趋势变动和季节性变动；有的不具有规律性，如不规则变动和循环变动（从较长时期观察也有一定的规律性，但短时间内的变动是不规律的）。

2. 时间序列的组合形式

由上面的分析可知，时间序列是由长期趋势、季节变动、循环变动和不规则变动四类因素组成的。记 y_t 为时间序列的整体变动，T_t 为长期趋势，S_t 为季节变动，C_t 为循环变动，I_t 为不规则变动。常见的组合形式有如下三类：

(1) 加法模式，其计算式为：

$$y_t = T_t + S_t + C_t + I_t \tag{7-11}$$

其中，y_t、T_t、S_t、C_t 和 I_t 均有相同的量纲，I_t 是满足正态分布的独立随机变量序列。

(2) 乘法模式，其计算式为：

$$y_t = T_t \cdot S_t \cdot C_t \cdot I_t \tag{7-12}$$

其中，y_t 与 T_t 有相同的量纲，C_t 和 I_t 两者皆为比例数，I_t 是满足正态分布的独立随机变量序列。

(3) 混合模式，其计算式为：

$$y_t = T_t \cdot S_t + C_t + I_t \tag{7-13}$$

其中，y_t、T_t、C_t 和 I_t 均有相同的量纲，S_t 为比例数，I_t 是满足正态分布的独立随机变量序列。

其中，一个具体的时间序列由哪几类变动组合，采取哪种组合形式，要根据所掌握资料、时间序列的性质及研究目的来确定。

二、移动平均法

移动平均法是根据时间序列资料逐项推移，依次计算包含一定项数的时序平均数，以反映长期趋势的方法。当时间序列的数值由于受周期变动和不规则变动的影响，起伏较大，不易显示出发展趋势时，可用移动平均法消除这些因素的影响，预测序列的未来趋势。

移动平均法分为简单移动平均法、加权移动平均法、趋势移动平均法等，下面分别加以介绍。

1. 简单移动平均法

设时间序列为 $y_1, y_2, \cdots, y_t$，简单移动平均的预测公式为

$$\hat{y}_t = \frac{y_{t-1} + y_{t-2} + \cdots + y_{t-N}}{N}, t \geqslant N \tag{7-14}$$

其中，N 为移动平均的项数。公式(7-14)表明，当 t 向前移动一个时期，就增加一个新近数据，去掉一个远期数据，得到一个新的平均数。

简单移动平均法只能用来对下一期进行预测，而且预测目标的发展趋势变化不大的情况，不能用于长期预测。如果目标的发展趋势存在其他变化，采用

简单移动平均法就会产生较大的预测偏差和滞后。

【例 7-5】 表 7-10 是某产品上一年度的月需求情况，采用移动平均法，分别按 $N=3$、$N=6$ 和 $N=9$ 逐期做出预测。

表 7-10 某产品上一年度的月需求情况

月 份	1	2	3	4	5	6	7	8	9	10	11	12
需求量	16	14	12	15	18	21	23	24	25	26	37	38

解：应用公式(7-14)计算得到简单移动平均法的结果，列于表 7-11。

表 7-11 简单移动平均法预测结果

月	需 求	$N=3$	$N=6$	$N=9$
1	16			
2	14			
3	12			
4	15	14.00		
5	18	13.67		
6	21	15.00		
7	23	18.00	16.00	
8	24	20.67	17.17	
9	25	22.67	18.83	
10	26	24.00	21.00	18.67
11	37	25.00	22.83	19.78
12	38	29.33	26.00	22.33
13		33.67	28.83	25.22

$N=3$、$N=6$ 和 $N=9$ 的均方根误差分别为 5.967 0、9.159 8 和 14.092 9，可见，$N=3$ 时误差最小，以其预测值 33.67 作为下个月的预测值。

2. 加权移动平均法

简单移动平均法对数据不分远近，同等对待。有时最近的趋势更为重要，此时可采用加权移动平均，计算公式为：

$$\hat{y}_t=\frac{w_{t-1}y_{t-1}+w_{t-2}y_{t-2}+\cdots+w_{t-N}y_{t-N}}{w_{t-1}+w_{t-2}+\cdots+w_{t-N}},t\geqslant N \tag{7-15}$$

其中，w_{t-i} 为第 $t-i$ 期的权数。

当存在可察觉的趋势时，可以用权数来强调最近数据。近期数据的权数越大，预测的响应性就越好，但稳定性越差；反之，预测的稳定性越好，但响应性越差。权数的选择带有一定的主观性,没有权数选择的既定公式。

3. 趋势移动平均法

简单移动平均法在时间序列没有明显的趋势变动时,有可能较为准确地反映实际情况,但当时间序列出现直线增加或减少变动趋势时,用简单移动平均法来预测就会出现滞后偏差。因此,需要进行修正,修正的方法是做二次移动平均,利用移动平均滞后偏差的规律来建立直线趋势的预测模型,这就是趋势移动平均法。

一次移动平均数为

$$M_t^{(1)}=\frac{y_t+y_{t-1}+\cdots+y_{t-N+1}}{N} \tag{7-16}$$

在一次移动平均的基础上再进行一次移动平均就是二次移动平均,其计算公式为

$$M_t^{(2)}=\frac{M_t^{(1)}+M_{t-1}^{(1)}+\cdots+M_{t-N+1}^{(1)}}{N}=M_{t-1}^{(2)}+\frac{M_t^{(1)}-M_{t-N}^{(1)}}{N} \tag{7-17}$$

设时间序列$\{y_t\}$从某时期开始具有直线趋势,且认为未来时期亦按此直线趋势变化,则可设此直线趋势预测模型为

$$\hat{y}_{t+T}=a_t+b_tT,T=1,2,\cdots \tag{7-18}$$

式中,t为当前时期数,T为由t至预测期的时期数,$\hat{y}_{t+T}$为第$t+T$期预测值,a_t为截距,b_t为斜率,则有:

$$a_t=y_t,y_{t-1}=y_t-b_t,y_{t-2}=y_t-2b_t,\cdots,y_{t-N+1}=y_t-(N-1)b_t$$

由公式(7-16)可得:

$$\begin{aligned}M_t^{(1)}&=\frac{y_t+(y_t-b_t)+\cdots+[y_t-(N-1)b_t]}{N}\\&=\frac{Ny_t-[1+2+\cdots+(N-1)b_t]}{N}\\&=y_t-\frac{N-1}{2}b_t\end{aligned}$$

所以

$$y_t-M_t^{(1)}=\frac{N-1}{2}b_t \tag{7-19}$$

类似地,有:

$$y_{t-1}-M_{t-1}^{(1)}=\frac{N-1}{2}b_t \tag{7-20}$$

所以

$$y_t-y_{t-1}=M_t^{(1)}-M_{t-1}^{(1)}=b_t \tag{7-21}$$

类似式(7-20)的推导,有

$$M_t^{(1)}-M_t^{(2)}=\frac{N-1}{2}b_t \tag{7-22}$$

由公式(7-22)和(7-19)及 $a_t=y_t$ 可得

$$\begin{cases}a_t=2M_t^{(1)}-M_t^{(2)}\\ b_t=\dfrac{2}{N-1}(M_t^{(1)}-M_t^{(2)})\end{cases} \tag{7-23}$$

【例 7-6】 某市 2008—2017 年人均煤炭消费量见表 7-12,试用二次移动平均法($N=3$)计算 2010—2017 年该市人均煤炭消费量的理论预测值,并预测 2018—2020 年的人均煤炭消费量。

解:应用二次移动平均的计算公式(7-23)和(7-18)得到结果,见表 7-12。

表 7-12　二次移动平均结果　　单位:t/人

年　份	序号	人均煤炭消费量 y_t	一次移动平均 $M_t^{(1)}$	二次移动平均 $M_t^{(2)}$	a_t	b_t	预测值
2008 年	1	43.97					
2009 年	2	43.61					
2010 年	3	48.97	45.52				
2011 年	4	55.10	49.23				
2012 年	5	60.61	54.89	49.88	59.91	5.01	
2013 年	6	63.90	59.87	54.66	65.08	5.21	64.92
2014 年	7	65.65	63.39	59.38	67.39	4.00	70.28
2015 年	8	69.98	66.51	63.26	69.76	3.25	71.39
2016 年	9	69.89	68.51	66.13	70.88	2.37	73.02
2017 年	10	71.49	70.45	68.49	72.42	1.96	73.25
2018 年	11						74.38
2019 年	12						76.34
2020 年	13						78.31

要预测 2018—2020 年的人均煤炭消费量,需要根据最近一期即 2017 年的截距 a 和斜率 b 值,即 $a_{10}=2\times70.45-68.49=72.41$,$b_{10}=2/(3-1)\times(70.45-68.49)=1.96$,则预测模型为:

$$y_{10+T}=72.41+1.96T$$

按照上面的公式,可以计算各年份的预测值,如 2018 年,$T=1$,则有:$y_{11}=72.41+1.96=74.37$。

三、指数平滑法

移动平均法虽然简单易行，但其数据存储量较大，每计算一次移动平均值，就需要存储最近 N 个观察数据，此外，其仅考虑了最近 N 期的数据，对 $t-N$ 期以前的数据完全没有考虑。指数平滑(exponential smoothing)法可以弥补上述不足，既不需要存储很多历史数据，又考虑了全部历史数据，而且其考虑近期数据的影响要大于远期，因此它是移动平均法的改进和发展，应用较为广泛。

根据平滑次数不同，指数平滑法分为一次指数平滑法、二次指数平滑法、三次指数平滑法和高次指数平滑法。本节介绍一、二次指数平滑法。

1. 一次指数平滑法

设 $y_1, y_2, \cdots, y_t$ 为时间序列观察值，一次指数平滑法的预测公式为

$$\hat{y}_t = \alpha y_{t-1} + (1-\alpha)\hat{y}_{t-1} \tag{7-24}$$

式中，α 为权系数，$0<\alpha<1$。

可见，指数平滑法只需要最近期观察值 y_{t-1}、最近期预测值 $\hat{y}_{t-1}$ 和加权系数 α，即可计算出一个新的预测值，在进行连续预测时，计算量大大减少。

为了进一步理解指数平滑法的实质，把式(7-24)依次展开，有

$$\begin{aligned}\hat{y}_t &= \alpha y_{t-1} + (1-\alpha)\hat{y}_{t-1} = \alpha y_{t-1} + \alpha(1-\alpha)y_{t-2} + (1-\alpha)^2\hat{y}_{t-2} \\ &= \cdots = \alpha\sum_{j=0}^{t-2}(1-\alpha)^j y_{t-1-j} + (1-\alpha)^{t-1}\hat{y}_1\end{aligned}$$

可见，在指数平滑法中，一次指数平滑值与所有数据有关：$y_{t-1}, y_{t-2}, \cdots$ 的加权系数分别为 $\alpha, \alpha(1-\alpha), \cdots$，权重按几何级数衰减。由于加权系数符合指数规律，又具有平和数据的功能，故称为指数平滑。

(1) 权系数的选择。

在指数平滑法中，权系数的选择极其重要。由式(7-24)可以看出，α 的大小规定了在新预测值中新数据和原预测值所占的比重。α 值愈大，新数据所占的比重就愈大，原预测值所占比重就愈小，反之亦然。此外，式(7-24)可以改写为

$$\hat{y}_t = \hat{y}_{t-1} + \alpha(y_{t-1} - \hat{y}_{t-1}) \tag{7-25}$$

可见，新预测值仅是在原预测值基础上，加上权系数 α 与前次预测值误差 $(y_{t-1} - \hat{y}_{t-1})$ 的乘积。很明显，当 α 趋近于 1 时，新预测值将包括一个较大的调整；相反，当 α 趋近于 0 时，调整就很小。

综合上述分析可知，α 较大表示较倚重近期数据所承载的信息，预测修正的幅度也较大，采用的数据序列也较短；α 较小表示近期数据所占比例较小，预测修正的幅度也较小，采用的数据序列也较长。通常，α 的选择遵循下列原则：

① 如果预测误差是由某些随机因素造成的，即预测目标的时间序列虽有不规则起伏、波动，但基本发展趋势比较稳定，只是由于某些偶然变动使得预测产生或大或小的偏差，此时 α 值应取小一点(如 0.1～0.3)，以减小修正幅度，使预测模型能包含较长时间序列的信息。

② 如果预测目标的基本趋势已经发生了系统的变化，也就是说，预测误差是由于系统变化造成的，则 α 值应取大一点(如 0.6～0.8)，使预测模型灵敏度高一些，这样就可以根据当前的预测误差对原预测模型进行较大幅度的修正，以使模型迅速反映数据的变化。不过，α 取值过大，容易对随机波动反应过度。

③ 如果原始资料不足，初始值选取比较粗糙，则 α 的取值也应该大一些。这样，会加重模型对以后逐步得到的近期资料的依赖，应提高模型的自适应能力，以便经过最初几个周期的校正后，迅速逼近实际过程。

④ 假如有理由相信用以描述时间序列的预测模型仅在某一段时间内能较好地表达这个时间序列，则应选择较大的 α 值，以减少对早期资料的依赖程度。

在实际中，选取 α 的一种比较有效的方法如下：

如果历史数据很多，可以将已知时间序列分成两段，选取一系列 α 值，用前一段数据建立模型，对后一段数据进行事后预测，以事后预测误差为评价标准，从中选取最优的 α 值，再建立真正的预测模型。

如果观察数据不是太多，可以类似移动平均法，多取几个 α 值进行试算，然后选择均方误差最小的 α 值作为正式预测时的平滑系数。

(2) 初始值的确定。

用一次指数平滑法进行预测，除了要选择合适的 α 外，还要确定初始值 $\hat{y}_1$。初始值由预测者估计或指定，当时间序列的数据较多，例如在 20 个以上时，初始值对以后的预测值影响很小，可选用第一期数据作为初始值。如果时间序列的数据较少(在 20 个以下时)，初始值对以后的预测值影响较大，这时，就必须认真研究如何正确确定初始值。一般以最初几期实际值的平均值作为初始值。

【例 7-7】 某煤矿机械集团公司 2020 年的装备产量数据见表 7-13，拟选用三个平滑系数 $\alpha=0.3$、0.5 和 0.7，运用一次指数平滑法进行预测，计算均方误差，选择使其最小的 α 对 2021 年 1 月的产量进行预测，取第 1 期的初始预测值作为实际值。

表 7-13　某煤矿机械集团公司 2020 年的装备产量数据　　单位：百台

时　间	序号	实际观测值	平滑系数		
			$\alpha=0.3$	$\alpha=0.5$	$\alpha=0.7$
2020.01	1	203.8	203.80	203.80	203.80

续表 7-13

时　间	序号	实际观测值	平滑系数		
			α=0.3	α=0.5	α=0.7
2020.02	2	214.1	203.80	203.80	203.80
2020.03	3	229.9	206.89	208.95	211.01
2020.04	4	223.7	213.80	219.45	224.23
2020.05	5	220.7	216.77	221.55	223.85
2020.06	6	198.4	217.97	221.15	221.66
2020.07	7	207.8	212.05	209.75	205.36
2020.08	8	228.5	210.81	208.80	207.08
2020.09	9	206.5	216.11	218.65	222.08
2020.10	10	226.8	213.22	212.55	211.18
2020.11	11	247.8	217.28	219.70	222.12
2020.12	12	259.5	226.45	233.75	240.09

解：根据公式(7-24)或(7-25)，计算得到 2020 年 1～12 月的预测数据见表 7-13 右边三列。得到 $\alpha=0.3$、$\alpha=0.5$、$\alpha=0.7$ 对应的均方根误差(不考虑初始值)分别为 18.497 0、17.259 0、16.519 6，可选 $\alpha=0.7$ 作为预测时的平滑系数。2021 年 1 月的产量预测值为：$0.7\times259.5+0.3\times240.09=253.68$(百台)。

2. 二次指数平滑法

当时间序列的变动出现直线趋势时，用一次指数平滑法进行预测，仍和一次移动平均法一样存在着明显的滞后偏差，因此也必须加以修正。修正的方法与趋势移动平均法相同，即再做二次指数平滑，利用滞后偏差的值来建立直线趋势模型。这就是二次指数平滑法，其计算公式为：

$$\begin{cases}S_t^{(1)}=\alpha y_t+(1-\alpha)S_{t-1}^{(1)}\\S_t^{(2)}=\alpha S_t^{(1)}+(1-\alpha)S_{t-1}^{(2)}\end{cases}\tag{7-26}$$

式中，$S_t^{(2)}$ 为二次指数平滑值，$S_t^{(1)}$ 为一次指数平滑值。当时间序列 $\{y_t\}$ 从某时期开始具有直线趋势时，类似趋势移动平均法，可采用直线趋势模型：

$$\hat{y}_{t+T}=a_t+b_tT,T=1,2,\cdots\tag{7-27}$$

式中，t 为当前时期数，T 为由 t 至预测期的时期数，$\hat{y}_{t+T}$ 为第 $t+T$ 期预测值，a_t 为截距，b_t 为斜率，则有

$$\begin{cases}a_t=2S_t^{(1)}-S_t^{(2)}\\b_t=\dfrac{\alpha}{1-\alpha}(S_t^{(1)}-S_t^{(2)})\end{cases}\tag{7-28}$$

【例 7-8】 已知某地区 2004—2018 年的能源产业总产值见表 7-14，应用二次指数平滑法预测 2019—2020 年的能源产业总产值，取 $\alpha=0.2$，取初始预测值 $S_0^{(1)}=S_0^{(2)}=1\ 145$。

表 7-14　某地区各年的能源产业总产值　　单位：万元

年　份	序号	能源产业总产值	$S_t^{(1)}$	$S_t^{(2)}$	a_t	b_t	预测值
2004 年	1	1 344	1 184.80	1 152.96	1 216.64	7.96	
2005 年	2	1 650	1 277.84	1 177.94	1 377.74	24.98	1 224.60
2006 年	3	1 951	1 412.47	1 224.84	1 600.10	46.91	1 402.72
2007 年	4	1 641	1 458.18	1 271.51	1 644.85	46.67	1 647.01
2008 年	5	1 515	1 469.54	1 311.12	1 627.97	39.61	1 691.51
2009 年	6	1 982	1 572.03	1 363.30	1 780.77	52.18	1 667.57
2010 年	7	2 519	1 761.43	1 442.93	2 079.93	79.63	1 832.95
2011 年	8	2 818	1 972.74	1 548.89	2 396.59	105.96	2 159.55
2012 年	9	2 937	2 165.59	1 672.23	2 658.96	123.34	2 502.56
2013 年	10	3 142	2 360.87	1 809.96	2 911.79	137.73	2 782.30
2014 年	11	3 093	2 507.30	1 949.43	3 065.17	139.47	3 049.52
2015 年	12	3 500	2 705.84	2 100.71	3 310.97	151.28	3 204.64
2016 年	13	3 497	2 864.07	2 253.38	3 474.76	152.67	3 462.25
2017 年	14	3 944	3 080.06	2 418.72	3 741.40	165.34	3 627.43
2018 年	15	4 416	3 347.25	2 604.42	4 090.07	185.71	3 906.73

解：应用二次指数平滑法的计算公式(7-26)～(7-28)得到结果，见表 7-14。2018 年对应的参数为

$a_{15}=2\times3\ 347.25-2\ 604.42=4\ 090.08$

$b_{15}=0.2/(1-0.2)\times(3\ 347.25-2\ 604.42)=185.71$

预测模型为：$y_{15+T}=4\ 090.08+185.71T$

按照这一公式，可以计算各年份的预测值，如 2019 年，$T=1$，则有：$y_{16}=4\ 090.08+185.71=4\ 275.79$(万元)，2020 年为 $y_{17}=4\ 090.08+185.71\times2=4\ 461.5$(万元)。

四、乘法与加法模型

1. 乘法模型

乘法模型是应用较广的时间序列组合模型。当时间数列图显示的时间数

列的季节变动与时间数列的长期趋势大致成正比时，可以考虑采用乘法模型。此时，时间数列图大致呈喇叭状或放射状。乘法模型的预测步骤包括：

(1) 计算趋势值的预测方程：$\hat{y}=at+b$。

(2) 基于各季节的实际值除以趋势值得到的季节比值，计算季节因子 f_k。其中，k 为季节周期，例如，当按照 4 个季度考虑时，$k=1,2,3,4$；当按照月度考虑时，$k=1,2,\cdots,12$。

(3) 预测未来时刻 T 的趋势值 $\hat{y}=aT+b$，并乘以相应的季节因子得到相应季节的预测值。

【例 7-9】 某煤气公司记录了 2017 年和 2018 年的销售数据，见表 7-15。请根据这些数据预测 2019 年的销售情况。

表 7-15　某煤气公司 2017 和 2018 的销售记录　　单位：万立方米

2017 年	销售额	2018 年	销售额
1 季度	300	1 季度	520
2 季度	200	2 季度	420
3 季度	220	3 季度	400
4 季度	530	4 季度	700

解：将上述数据绘制为时间序列图形，见图 7-2。可见，煤气公司的销售总体上呈增长趋势，趋势方程为：$y=52.262x+176.07$，其中 x 为时间序号。

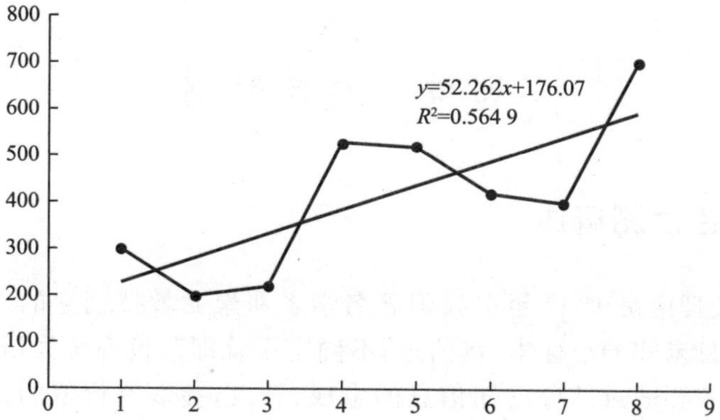

图 7-2　例 7-9 的时间序列图

不难发现，第 1、4 季度的趋势值均在实际值之上，而 2、3 季度的趋势值在实际值之下。计算这两年各季度实际值与趋势值的比值，结果见表 7-16。

表 7-16　2017 年和 2018 年各季度实际值与趋势值的比值

序号	趋势值	实际值/趋势值	序号	趋势值	实际值/趋势值
1	228.33	1.31	5	437.38	1.19
2	280.59	0.71	6	489.64	0.86
3	332.86	0.66	7	541.90	0.74
4	385.12	1.38	8	594.17	1.18

那么，第 1～4 季度的季节因子分别为：(1.31＋1.19)/2＝1.25、(0.71＋0.86)/2＝0.79、(0.66＋0.74)/2＝0.70、(1.38＋1.18)/2＝1.28。

2019 年 4 个季度的预测值依次为：

1 季度：(176.07＋52.262×9)×1.25＝808(万立方米)

2 季度：(176.07＋52.262×10)×0.79＝552(万立方米)

3 季度：(176.07＋52.262×11)×0.70＝526(万立方米)

4 季度：(176.07＋52.262×12)×1.28＝1 028(万立方米)

2. 加法模型

当时间数列图显示的时间数列的季节变动大致相等，或时间数列图随时间推移等宽推进时，就无法使用乘法模型，而应该采用加法模型。

与乘法模型类似，加法模型的预测步骤包括：(1) 计算趋势值的预测方程；(2) 基于各季节的实际值减去趋势值得到的季节残差计算季节因素值；(3) 预测未来时刻的趋势值，并加上相应的季节因素值得到相应季节的预测值。

第四节　灰色预测

一、灰色预测概述

灰色系统理论是 1982 年由我国著名学者邓聚龙教授创立的以“部分信息已知，部分信息未知的小样本、贫信息”不确定系统即灰色系统为研究对象的一门系统学科，主要通过部分已知信息的生成、开发，提取有价值的信息，实现对系统运行行为、演化规律的正确描述和有效监控。

灰色系统理论认为，尽管客观系统表现极为复杂，表征数据看似杂乱无章，但是系统内部存在必然的联系，潜藏着内在规律，因素具有整体功能。任何随机过程都是在一定范围内、一定时区内变化的灰色量，即灰色过程，将其过程变量进行细分之后，归结为一种连续、平稳、动态的随机过程。

灰色预测是指基于灰色系统理论的预测模型，其通过对原始数据的处理，使随机的无规律的数据变为较有规律的生成数列，进而建立灰色模型，对系统的未来状况做出科学的定量预测。灰色预测通过对原始数据的生成处理来寻求系统变动的规律，生成数据序列有较强的规律性，可以用它来建立相应的微分方程模型，从而预测事物未来的发展趋势和未来状态。

灰色预测具有如下优点：

(1) 计算简单，多数可用手工计算完成。

(2) 需要的原始数据少。有些统计方法需要大量的统计数据才能找出规律，而灰色预测需要的数据较少，只用四五个数据就可以建立模型并进行预测。

(3) 适用范围较广，不仅可以做短期预测，还可用于中长期预测。

二、灰色生成算子

将原始数据序列中的数据按照某种要求做数据处理称为生成。在灰色模型中，灰色生成技术贯穿灰色模型的始末。灰色生成中最常用的是累加生成、累减生成。

累加生成是使灰色过程由灰变白的一种方法，通过累加可以看出灰色变量积累过程的发展态势，使原始数据中蕴含的积分特性或规律充分显露出来。例如，一家生产重机械设备的工厂，由于产品生产周期长，其产量、产值若按天计算，没有什么规律，但若按年计算，规律就比较明显。累减生成与累加生成是一对互逆的序列算子，对累加生成起还原作用。

1. 累加生成算子 AGO(Accumulating Generation Operator)

记原始序列 $X^{(0)}=\{x^{(0)}(1),x^{(0)}(2),\cdots,x^{(0)}(N)\}$，$D$ 为序列算子，则有

$$X^{(0)}D=\{x^{(0)}(1)d,x^{(0)}(2)d,\cdots,x^{(0)}(N)d\} \tag{7-29}$$

其中，

$$X^{(0)}(k)d=\sum_{i=1}^{k}x^{(0)}(i),k=1,2,\cdots,N \tag{7-30}$$

则称 D 为 X 的一次累加生成算子，记为 1-AGO。习惯上表示为

$$X^{(0)}D=X^{(1)}=\{x^{(1)}(1),x^{(1)}(2),\cdots,x^{(1)}(N)\} \tag{7-31}$$

称 r 阶算子 D^r 为 $X^{(0)}$ 的 r 次累加生成算子，记为 r-AGO，表示为

$$X^{(0)}D^r=X^{(r)}=\{x^{(r)}(1),x^{(r)}(2),\cdots,x^{(r)}(N)\} \tag{7-32}$$

其中，

$$X^{(r)}(k)=\sum_{i=1}^{k}x^{(r-1)}(i),k=1,2,\cdots,N \tag{7-33}$$

例如，原始序列为 $X^{(0)}=\{x^{(0)}(1),x^{(0)}(2),\cdots,x^{(0)}(5)\}=\{6,3,8,7,10\}$，对其进行一次累加生成，得到：

$X^{(1)}=\{x^{(1)}(1),x^{(1)}(2),\cdots,x^{(1)}(5)\}=\{6,9,17,24,34\}$。

由图 7-3 可知，原始序列起伏波动，没有规律，但是，一次累加生成序列便具有指数特征规律。

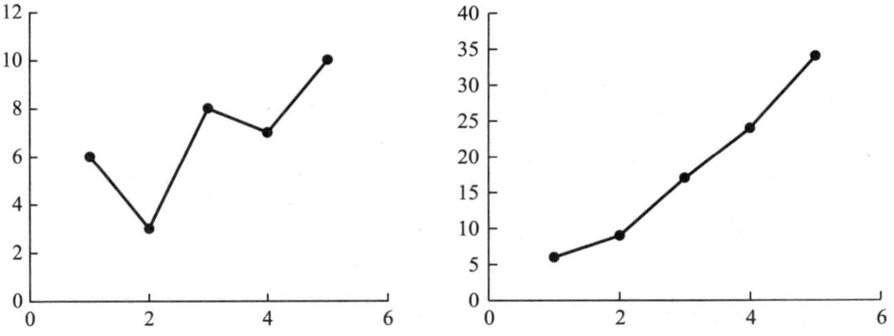

(a) 原始序列　　(b) 一次累加生成序列

图 7-3　原始序列与一次累加生成序列

一般地，经济数据序列等实际问题的数列多为非负序列，累加生成可使无规律的数列转化为非减的数列，累加的次数越多，数列呈现的规律性越强。这种规律如果能用一个函数表示出来，该函数就称为生成函数。一般情况下，非负序列经过累加生成后，都会减少随机性，呈现出近似的指数增长规律，生成函数为指数函数。

当然，有些实际问题的序列中有负数，对于这种情形，可以先进行移轴，再做累加生成。例如，给定原始序列 $X^{(0)}=\{1,-1,3,-4\}$，一次累加后得到 $X^{(1)}=\{1,0,3,-1\}$，还是没有规律可言。对于这种情形，我们可以先进行移轴，然后再做累加生成。先将原始数据 $+4$，相当于将横坐标轴向下平移 4 个单位，得到数据 $X^{(0)'}=\{5,3,7,0\}$，再进行累加生成，从而得到 $X^{(1)'}=\{5,8,15,15\}$，则序列 $X^{(1)'}$ 有较强的规律。

2. 累减生成算子 IAGO(Inverse Accumulating Generation Operator)

利用数的生成可以得到一系列有规律的数据，但生成序列并非具有原始含义、直接可用的序列，这就需要对生成序列进行还原。对累加生成，还原的办法是采用累减生成。

对原始序列 $X^{(0)}=\{x^{(0)}(1),x^{(0)}(2),\cdots,x^{(0)}(N)\}$ 进行一次累减生成，得到序列：$X^{(0)}D=\{x^{(0)}(2)d,\cdots,x^{(0)}(N)d\}$，其中：

$$X^{(0)}(k)d=x^{(0)}(k)-x^{(0)}(k-1),k=2,\cdots,N \tag{7-34}$$

则称 D 为 X 的一次累减生成算子，记为 1-IAGO。习惯上表示为

$$X^{(0)}D=\alpha^{(1)}X^{(0)}=\{\alpha^{(1)}x^{(0)}(2),\alpha^{(1)}x^{(0)}(3),\cdots,\alpha^{(1)}x^{(0)}(N)\} \tag{7-35}$$

称 r 阶算子 D^r 为 $X^{(0)}$ 的 r 次累减生成算子，记为 r-IAGO，可表示为

$$X^{(0)}D^r=\alpha^{(r)}X^{(0)}=\{\alpha^{(r)}x^{(0)}(r+1),\alpha^{(r)}x^{(0)}(r+2),\cdots,\alpha^{(r)}x^{(0)}(N)\} \tag{7-36}$$

其中，

$$\alpha^{(r)}x^{(0)}(k)=\alpha^{(r-1)}x^{(0)}(k)-\alpha^{(r-1)}x^{(0)}(k-1),k=r+1,r+2,\cdots,N \tag{7-37}$$

三、GM(1,1)模型

灰色模型(Grey Model,GM)是应用离散数据序列生成较有规律的生成数建立起的微分方程形式的模型。由 m 阶微分方程建立 n 个变量的灰色模型记为 GM(m,n),GM(1,1)模型是一阶线性微分方程模型。通常,系统的某行为特征量观测值未必具有灰指数律,这就需要通过某种途径生成 GM(1,1)模型,以累加生成建模法最为常用,这是由于正离散序列进行足够多次的累加生成总可以得到一个具有指数规律的生成函数。

1. GM(1,1)建模

设预测对象 N 个周期的非负数据构成的原始时间序列 $X^{(0)}=\{x^{(0)}(1),x^{(0)}(2),\cdots,x^{(0)}(N)\}$。考虑到原始序列通常并不具有指数规律,对其进行一次累加,生成 1-AGO 序列 $X^{(1)}=\{x^{(1)}(1),x^{(1)}(2),\cdots,x^{(1)}(N)\}$。进而构造 $X^{(1)}$ 的紧邻均值生成序列 $Z^{(1)}=\{z^{(1)}(2),z^{(1)}(3),\cdots,z^{(1)}(N)\}$,其中:

$$z^{(1)}(k)=\frac{1}{2}[x^{(1)}(k)+x^{(1)}(k-1)] \tag{7-38}$$

对 $X^{(1)}$ 建立下述形式的白化方程:

$$\frac{\mathrm{d}x^{(1)}}{\mathrm{d}t}+ax^{(1)}=b \tag{7-39}$$

即 GM(1,1)模型。称 $-a$ 为发展系数,其反映了序列的发展态势;b 为内生控制灰数或灰色作用量。

将白化方程离散化,使微分变差分,得到 GM(1,1)的灰微分方程模型为

$$x^{(0)}(k)+az^{(1)}(k)=b \tag{7-40}$$

若 $\hat{\boldsymbol{a}}=\begin{bmatrix}a\\b\end{bmatrix}$ 为参数序列,用最小二乘法估计求解,可得

$$\hat{\boldsymbol{a}}=(\boldsymbol{B}^{\mathrm{T}}\boldsymbol{B})^{-1}\boldsymbol{B}^{\mathrm{T}}\boldsymbol{Y} \tag{7-41}$$

其中,

$$\boldsymbol{B}=\begin{bmatrix}-z^{(1)}(2) & 1\\ -z^{(1)}(3) & 1\\ \vdots & \vdots\\ -z^{(1)}(N) & 1\end{bmatrix},\boldsymbol{Y}=\begin{bmatrix}x^{(0)}(2)\\ x^{(0)}(3)\\ \vdots\\ x^{(0)}(N)\end{bmatrix} \tag{7-42}$$

白化方程的解也称为时间响应函数：

$$\hat{x}^{(1)}(t)=\left(x^{(1)}(0)-\frac{b}{a}\right)e^{-at}+\frac{b}{a} \tag{7-43}$$

那么，灰微分方程(7-40)的时间响应序列为：

$$\hat{x}^{(1)}(k+1)=\left(x^{(1)}(0)-\frac{b}{a}\right)e^{-ak}+\frac{b}{a} \tag{7-44}$$

取 $x^{(1)}(0)=\hat{x}^{(0)}(1)=x^{(0)}(1)$，有：

$$\hat{x}^{(1)}(k+1)=\left(x^{(0)}(1)-\frac{b}{a}\right)e^{-ak}+\frac{b}{a} \tag{7-45}$$

还原值为：

$$\hat{x}^{(0)}(k+1)=\hat{x}^{(1)}(k+1)-\hat{x}^{(1)}(k),k=1,2,\cdots \tag{7-46}$$

2. 模型检验

灰色序列预测后，应对模型及其预测效果进行必要的检验，以判断精度是否合乎要求。若精度不符合要求，还需要采取残差修正等其他方法对模型进行修正。模型检验的方法通常有残差检验与后验差检验。

(1) 残差检验。

残差检验是一种逐点检验方法。首先计算 $\hat{X}^{(0)}$，然后计算 $\hat{X}^{(0)}$ 与原始序列 $X^{(0)}$ 的绝对残差序列：

$$\varepsilon^{(0)}=\{\varepsilon^{(0)}(k),k=1,2,\cdots,N\},\varepsilon^{(0)}(k)=\left|x^{(0)}(k)-\hat{x}^{(0)}(k)\right| \tag{7-47}$$

进而计算相对残差序列：

$$e=\{e_k,k=2,\cdots,N\},e_k=\frac{\varepsilon^{(0)}(k)}{x^{(0)}(k)}\times 100\% \tag{7-48}$$

最后计算平均相对残差：

$$\bar{e}=\frac{1}{N}\sum_{k=1}^{N}e(k) \tag{7-49}$$

(2) 后验差检验。

后验差检验通过对残差序列均值和标准差的计算，以均方差(即标准差)比值和小误差概率作为评判标准对模型进行检验。对于数列 $X^{(0)}$，其均值和标准差分别为

$$\bar{x}=\frac{1}{N}\sum_{k=1}^{N}x^{(0)}(k),S_1=\sqrt{\frac{1}{N}\sum_{k=1}^{N}(x^{(0)}(k)-\bar{x})^2} \tag{7-50}$$

残差 $\varepsilon^{(0)}$ 的均值和标准差分别为

$$\bar{\varepsilon}=\frac{1}{N}\sum_{k=1}^{N}\varepsilon^{(0)}(k),S_2=\sqrt{\frac{1}{N}\sum_{k=1}^{N}(\varepsilon^{(0)}(k)-\bar{\varepsilon})^2} \tag{7-51}$$

均方差比值 C 与小误差概率 P 分别为

$$C=S_2/S_1, p=P\{|\varepsilon^{(0)}(k)-\bar{\varepsilon}|<0.674\,5S_1\} \tag{7-52}$$

均方差比值越小，小误差概率值越大，模型精度越高，是合格模型。通过检验后，可用其预测。精度检验等级参照表见表 7-17。

表 7-17　精度检验等级参照表

精度等级	指　标		
	平均相对残差/%	均方差比值	小误差概率
1 级(好)	<1	<0.35	>0.95
2 级(合格)	<5	<0.50	>0.80
3 级(勉强合格)	<10	<0.65	>0.70
4 级(不合格)	≥10	≥0.65	≤0.70

【例 7-10】 某采油厂 A 油井 2012—2017 年的措施增产量见表 7-18，试建立 GM(1.1)预测模型，进行残差检验与后验差检验，并预测 2018 年的措施增产量。

表 7-18　A 油井 2012—2017 年的措施增产量　　单位：万吨

年　份	2012 年	2013 年	2014 年	2015 年	2016 年	2017 年
增产量	2.67	3.13	3.25	3.36	3.56	3.72

解：由 $X^{(0)}=\{2.67,3.13,3.25,3.36,3.56,3.72\}$构造一次累加生成序列：

$$X^{(1)}=\{2.67,5.80,9.05,12.41,15.97,19.69\}$$

构造数据矩阵 $\boldsymbol{B}$ 和数据向量 $\boldsymbol{Y}$：

$$\boldsymbol{B}=\begin{bmatrix}-[x^{(1)}(1)+x^{(1)}(2)]/2 & 1\\ -[x^{(1)}(2)+x^{(1)}(3)]/2 & 1\\ -[x^{(1)}(3)+x^{(1)}(4)]/2 & 1\\ -[x^{(1)}(4)+x^{(1)}(5)]/2 & 1\\ -[x^{(1)}(5)+x^{(1)}(6)]/2 & 1\end{bmatrix}=\begin{bmatrix}-4.235 & 1\\ -7.425 & 1\\ -10.73 & 1\\ -14.19 & 1\\ -17.83 & 1\end{bmatrix}, \boldsymbol{Y}=\begin{bmatrix}x^{(0)}(2)\\ x^{(0)}(3)\\ x^{(0)}(4)\\ x^{(0)}(5)\\ x^{(0)}(6)\end{bmatrix}=\begin{bmatrix}3.13\\ 3.25\\ 3.36\\ 3.56\\ 3.72\end{bmatrix}$$

计算参数序列：

$$\hat{\boldsymbol{a}}=\begin{bmatrix}a\\ b\end{bmatrix}=(\boldsymbol{B}^{\mathrm{T}}\boldsymbol{B})^{-1}\boldsymbol{B}^{\mathrm{T}}\boldsymbol{Y}=\begin{bmatrix}-0.043\,961\\ 2.925\,617\end{bmatrix}$$

时间响应式为：

$$\hat{x}^{(1)}(k+1)=\left(x^{(0)}(1)-\frac{b}{a}\right)\mathrm{e}^{-ak}+\frac{b}{a}=69.220\,302\mathrm{e}^{0.043\,961k}-66.550\,302$$

预测模型为：

$$\hat{x}^{(0)}(k+1)=\hat{X}^{(1)}(k+1)-\hat{X}^{(1)}(k)=69.220\,302[\mathrm{e}^{0.043\,961k}-\mathrm{e}^{0.043\,961(k-1)}],$$

$k=2,3,\cdots,6$，模型预测值及相对残差值见表 7-19。

表 7-19 模型预测值及残差值

年 份	2012 年	2013 年	2014 年	2015 年	2016 年	2017 年
预测量/万吨	2.67	3.110 9	3.250 7	3.396 8	3.549 4	3.708 9
相对残差/%	0.00	0.61	0.02	1.09	0.30	0.30

平均相对残差为 0.39%。均方差比值 $C=0.053\ 8$，小误差概率 $P=1.000\ 0$。可见，检验效果较好。对 2018 年进行预测：

$$\hat{x}^{(0)}(7)=\hat{x}^{(1)}(7)-\hat{x}^{(1)}(6)=3.875\ 6(\text{万吨})$$

第五节 马尔科夫预测

一、马尔科夫预测概述

马尔科夫预测是应用马尔科夫链的理论和方法来研究随机事件变化并借此分析预测未来变化趋势的一种方法。20 世纪初，俄国数学家马尔科夫(A. A. Markov)在研究中发现自然界中有一类事物的变化过程仅与事物的近期状况有关，而与事物的过去状态无关。例如，设备维修和更新、人才结构变化、资金流向、市场需求变化等许多经济行为都可用这一类过程来描述或近似。为此，他提出了马尔科夫链的概念。马尔科夫链是一种离散型随机时间序列，它在将来取什么值只与现在的取值有关，而与过去的取值无关，即无后效性。

马尔科夫预测涉及的基本概念包括：

1. 状态与状态变量

状态是指客观事物可能出现或存在的状况，如商品可能畅销也可能滞销，机器运转可能正常也可能存在故障等。同一事物的不同状态之间必须相互独立，不能同时存在两种状态。客观事物的状态不是固定不变的，它可能处于这种状态，也可能处于那种状态，往往条件变化，状态也会变化。例如，某种产品在市场上本来是滞销的，但由于销售渠道变化或者消费心理发生了变化等，它便可能变为畅销产品。

用状态变量$\{X_t=i\}$表示状态，它表示在时刻 $t(t=1,2,\cdots,N)$事物所处的状态为 $E_i(i=1,2,\cdots,N)$。状态转移表示客观事物从一种状态到另一种状态的变化，如由于产品质量或替代产品的变化，市场上的产品可能由畅销变为滞销。

2. 状态转移概率

客观事物可能有 $E_1, E_2, \cdots, E_N$ 共 N 种状态，其中每次只能处于一种状态，则每一状态都具有 N 个转向（包括转向自身），即 $E_i \to E_1, E_i \to E_2, \cdots, E_i \to E_N$。由于状态转移是随机的，因此，必须用概率来描述状态转移的可能性大小，将这种转移的可能性用概率描述，就是状态转移概率。将由状态 E_i 转移到状态 E_j 的概率记为 P_{ij}，有：

$$P_{ij} = P(E_i \to E_j) = P(E_j \mid E_i) = P(x_{n+1} = j \mid x_n = i)$$

它表示由状态 E_i 经过一步转移到状态 E_j 的概率。

【例 7-11】 甲、乙、丙三家化工产品销售企业销售同一种化工产品，共有 1 000 户用户（或购货点），假定在研究期间无新用户加入也无老用户退出，只有用户的转移。已知 2006 年 5 月份有 500 户是甲厂的顾客，400 户是乙厂的顾客，100 户是丙厂的顾客。6 月份，甲厂有 400 户原来的顾客，上个月的顾客有 50 户转至乙厂，50 户转至丙厂；乙厂有 300 户原来的顾客，上个月的顾客有 20 户转至甲厂，80 户转至丙厂；丙厂有 80 户原来的顾客，上个月的顾客有 10 户转至甲厂，10 户转至乙厂。计算其状态转移概率。

解：由题意得到 6 月份顾客转移表，见表 7-20。

表 7-20　顾客转移表

从＼到	甲	乙	丙	合　计
甲	400	50	50	500
乙	20	300	80	400
丙	10	10	80	100
合　计	430	360	210	1 000

$$P_{11} = \frac{400}{500} = 0.8, P_{12} = \frac{50}{500} = 0.1, P_{13} = \frac{50}{500} = 0.1$$

$$P_{21} = \frac{20}{400} = 0.05, P_{22} = \frac{300}{400} = 0.75, P_{23} = \frac{80}{400} = 0.2$$

$$P_{31} = \frac{10}{100} = 0.1, P_{32} = \frac{10}{100} = 0.1, P_{33} = \frac{80}{100} = 0.8$$

3. 状态转移概率矩阵

将事件 N 个状态的转移概率依次排列起来，就构成了一个 $N \times N$ 列的矩阵，这种矩阵就是状态转移概率矩阵，即

$$\boldsymbol{P}=\begin{bmatrix}\boldsymbol{P}_{11} & \boldsymbol{P}_{12} & \cdots & \boldsymbol{P}_{1N}\\ \boldsymbol{P}_{21} & \boldsymbol{P}_{22} & \cdots & \boldsymbol{P}_{2N}\\ \vdots & \vdots & \ddots & \vdots\\ \boldsymbol{P}_{N1} & \boldsymbol{P}_{N2} & \cdots & \boldsymbol{P}_{NN}\end{bmatrix} \tag{7-53}$$

通常称矩阵 $\boldsymbol{P}$ 为状态转移概率矩阵，没有特别说明步数时，一般均为一步转移概率矩阵。矩阵中的每一行称为概率向量。状态转移概率矩阵具有如下基本特征：

(1) $0\leqslant \boldsymbol{P}_{ij}\leqslant 1, i,j=1,2,\cdots,N$。

(2) $\sum\limits_{j=1}^{N}\boldsymbol{P}_{ij}=1, i=1,2,\cdots,N$。

对于状态转移概率的估算，主要有主观概率法和统计估算法两种方法。

4. 多步状态转移概率矩阵

若系统在时刻 t_0 处于状态 i，经过 n 步转移，在时刻 t_n 处于状态 j，对这种转移的可能性的数量描述称为 n 步转移概率，记为：$P(x_n=j\mid x_0=i)=P_{ij}^{(n)}$。记 n 步转移概率矩阵为：

$$\boldsymbol{P}^{(n)}=\begin{bmatrix}\boldsymbol{P}_{11}^{(n)} & \boldsymbol{P}_{12}^{(n)} & \cdots & \boldsymbol{P}_{1N}^{(n)}\\ \boldsymbol{P}_{21}^{(n)} & \boldsymbol{P}_{22}^{(n)} & \cdots & \boldsymbol{P}_{2N}^{(n)}\\ \vdots & \vdots & \ddots & \vdots\\ \boldsymbol{P}_{N1}^{(n)} & \boldsymbol{P}_{N2}^{(n)} & \cdots & \boldsymbol{P}_{NN}^{(n)}\end{bmatrix} \tag{7-54}$$

多步转移概率矩阵具有如下性质：

(1) $\boldsymbol{P}^{(n)}=\boldsymbol{P}^{(n-1)}\boldsymbol{P}$。

(2) $\boldsymbol{P}^{(n)}=\boldsymbol{P}^{n}$。

记 t_0 为过程的开始时刻，$p_i(0)=P\{X_0=X(t_0)=i\}$)，称 $\boldsymbol{P}(0)=[p_1(0)\quad p_2(0)\quad\cdots\quad p_N(0)]$ 为初始状态概率向量。已知马尔科夫链的转移矩阵 $\boldsymbol{P}^{(k)}=[p_{ij}^{(k)}]_{N\times N}$ 及初始状态概率向量 $\boldsymbol{P}(0)$，则任一时刻的状态概率分布就确定了。对于 $k\geqslant 1$，记 $p_i(k)=P\{X_k=i\}$)，根据全概率公式有：

$$p_i(k)=\sum_{j=1}^{N}p_j(0)\cdot p_{ji}^{(k)}, i=1,2,\cdots,N; k\geqslant 1 \tag{7-55}$$

记向量 $\boldsymbol{P}(k)=[p_1(k)\quad p_2(k)\quad\cdots\quad p_N(k)]$，式(7-55)可写为：$\boldsymbol{P}(k)=\boldsymbol{P}(0)\boldsymbol{P}^{(k)}=\boldsymbol{P}(0)\boldsymbol{P}^{k}$，由此可得 $\boldsymbol{P}(k)=\boldsymbol{P}(k-1)\boldsymbol{P}$。

【例 7-12】 机床运行存在正常和故障两种状态，分别记为状态 1 和 2，可看作马尔科夫链。对某种机床统计可知，从某月到下个月机床出现故障的概率为 0.2，即 $p_{12}=0.2$。保持正常状态的概率 $p_{11}=0.8$。在这一时间，故障机床经维修返回正常状态的概率为 0.9，即 $p_{21}=0.9$；不能修好的概率 $p_{22}=0.1$。若已知本

月机床的状态向量 $\boldsymbol{P}(0)=[0.85\quad 0.15]$，要求预测机床两个月后的状态。

解：首先，求出两步转移概率矩阵

$$\boldsymbol{P}^{(2)}=\boldsymbol{P}^2=\begin{bmatrix}0.8 & 0.2\\0.9 & 0.1\end{bmatrix}^2=\begin{bmatrix}0.82 & 0.18\\0.81 & 0.19\end{bmatrix}$$

那么，两个月后的状态向量为

$$\boldsymbol{P}(2)=\boldsymbol{P}(0)\boldsymbol{P}^2=[0.85\quad 0.15]\begin{bmatrix}0.82 & 0.18\\0.81 & 0.19\end{bmatrix}=[0.818\,5\quad 0.181\,5]$$

5. 平稳分布

设 $\boldsymbol{X}=[x_1\quad x_2\quad \cdots\quad x_N]$ 为一状态概率向量，$\boldsymbol{P}$ 为状态转移概率矩阵，若 $\boldsymbol{XP}=\boldsymbol{X}$，即

$$\sum_{i=1}^{N}x_ip_{ij}=x_j,j=1,2,\cdots,N \tag{7-56}$$

称 X 为该马尔科夫链的一个平稳分布。

若随机过程某时刻的状态概率向量 $\boldsymbol{P}(k)$ 为平稳分布，则称过程处于平衡状态。由公式(7-56)可知，一旦过程处于平衡状态，经过一步或多步状态转移之后，其状态概率分布仍然保持不变，即始终处于平衡状态。对于状态有限(即 N 个状态)的马尔科夫链，平稳分布必定存在。

二、马尔科夫预测的基本步骤

应用马尔科夫链预测的基本步骤如下：

第 1 步，从预测目的出发，考虑决策需要划分预测对象所处的状态。

第 2 步，根据实际问题分析历史资料，得到每种状态的初始概率，形成初始状态概率向量。

第 3 步，根据历史资料或实地调研，统计估算状态转移概率，或者在缺乏历史统计资料或资料不全的情形下使用主观概率法得到状态转移概率矩阵。

第 4 步，基于初始状态概率向量和转移概率矩阵，进行未来时刻的状态概率向量预测，或者预测平稳分布下的状态概率向量。

【例 7-13】　某市各加油站的成品油主要源自 A、B 和 C 三家炼厂，加油站组织人员进行市场调查，得到目前的市场占有情况是：A 占 40%，B、C 各占 30%。继而查清客户的流动情况：① 上个月加 A 油品的顾客，本月仍有 40%加 A 油品，各有 30%转向加 B 和 C 油品；② 上个月加 B 油品的顾客，本月有 60%转向加 A 油品，30%仍加 B 油品，10%转向加 C 油品；③ 上个月加 C 油品的顾客，本月有 60%转向加 A 油品，10%转向加 B 油品，30%仍加 C 油品。请预测该市加油站未来 3 年的市场占有情况；假设没有炼厂退出也没有新的炼厂加入，请预测长期市场分布状况。

解：初始市场占有分布 $\boldsymbol{P}(0)=[p_1(0) \quad p_2(0) \quad p_3(0)]=[0.4 \quad 0.3 \quad 0.3]$，3 个月以后的市场占有分布为：

$$\boldsymbol{P}(3)=[0.4 \quad 0.3 \quad 0.3]\begin{bmatrix}0.4 & 0.3 & 0.3\\0.6 & 0.3 & 0.1\\0.6 & 0.1 & 0.3\end{bmatrix}^3=[0.500\,8 \quad 0.249\,6 \quad 0.249\,6]$$

即 A、B 和 C 三家炼厂的市场占有率分别为 50.08%、24.96%和 24.96%。

设长期市场占有率 $\boldsymbol{X}=[x_1 \quad x_2 \quad x_3]$，则有

$$\begin{cases}[x_1 \quad x_2 \quad x_3]\begin{bmatrix}0.4 & 0.3 & 0.3\\0.6 & 0.3 & 0.1\\0.6 & 0.1 & 0.3\end{bmatrix}=[x_1 \quad x_2 \quad x_3]\\x_1+x_2+x_3=1\end{cases}$$

得 $\boldsymbol{X}=[x_1 \quad x_2 \quad x_3]=[0.50 \quad 0.25 \quad 0.25]$，即 A、B 和 C 三家炼厂长期平稳分布的市场占有率分别为 50%、25%和 25%。

三、基于马尔科夫预测的石油钻采设备公司机器维修策略

某石油钻采设备公司有一台冲压机，在生产过程中，其冲压模具很容易损坏，造成产品质量不合格，因此，每使用一天就要对其进行检查，并将检查后的结果分为 4 种状态记录备案，这 4 种状态见表 7-21。根据生产经验的积累，机器使用中的损坏过程有一定的规律。假设机器状态的转变过程是稳定的，其状态转移概率矩阵见表 7-22。

表 7-21 冲压机工作状态分类

状态分类	机器状态情况
0	没有一点损坏
1	轻微损坏，但可继续使用
2	重度损坏，但仍可使用
3	严重损坏，产品完全不合格

表 7-22 机器状态转移概率矩阵

状态分类	0	1	2	3
0	0	7/8	1/16	1/16
1	0	3/4	1/8	1/8
2	0	0	1/2	1/2
3	0	0	0	1

按照马尔科夫链的定义，第 3 状态是吸收状态，这种情况在实际生产过程中是不允许的，因此，当机器处于第 3 状态时，就应当立即更换以保证生产的连续性。故当机器处于第 3 状态时，就应采取更换新机器的策略，此时状态转移概率矩阵的变更见表 7-23。已知机器处于不同的使用状态时，造成不合格品的损失费用见表 7-24。

表 7-23　变更后的机器状态转移概率矩阵

状态分类	0	1	2	3
0	0	7/8	1/16	1/16
1	0	3/4	1/8	1/8
2	0	0	1/2	1/2
3	1	0	0	0

表 7-24　不合格品损失费用

状态分类	每天生产废品的损失费用/元
0	0
1	1 000
2	3 000
3	4 000+2 000(购置费及损失费)

假设机器的使用情况都是相同的，那么就评价一个长期维修策略而言，应当以一段较长时间内(如一年或更长)的平均损失费用最低为评价标准。为此应先求出机器处于各状态的稳定概率，则利用稳定状态概率方程可得：

$$\begin{cases}[\pi_0 \quad \pi_1 \quad \pi_2 \quad \pi_3]\begin{bmatrix}0 & 7/8 & 1/16 & 1/16\\0 & 3/4 & 1/8 & 1/8\\0 & 0 & 1/2 & 1/2\\1 & 0 & 0 & 0\end{bmatrix}=[\pi_0 \quad \pi_1 \quad \pi_2 \quad \pi_3]\\ \pi_0+\pi_1+\pi_2+\pi_3=1\end{cases}$$

解此方程组，可得 $[\pi_0 \quad \pi_1 \quad \pi_2 \quad \pi_3]=[2/13 \quad 7/13 \quad 2/13 \quad 2/13]$。因此，每天的平均损失费用为：

$$0\times 2/13+1\ 000\times 7/13+3\ 000\times 2/13+6\ 000\times 2/13=1\ 923.08(\text{元})$$

这一损失费用是当机器处于第 3 状态时就更换新的，而机器处于第 0、1、2 状态时不做任何维修工作时的每天平均维修费用。从可能的维修方案看，还可以有其他的维修策略。下面比较不同维修策略的优势。

假设有以下维修策略：

R_1——当机器处于状态 3 时，更换新的设备；处于其他状态时，设备继续使用(即前述维修策略)。

R_2——当机器处于状态 3 时，更换新的设备；处于状态 2 时，进行维修，恢复到状态 1；处于状态 1 时，设备继续使用。

R_3——当机器处于状态 2 和状态 3 时，更换新的设备；处于状态 1 时，设备继续使用。

R_4——当机器处于状态 1、2、3 时，都要更换新的设备。

由不同状态下不合格产品损失费用表 7-25 可得在不同状态下采用不同决策的损失费用，见表 7-26。

表 7-25　不同状态下不合格产品损失费用

决　策		损失费用	金额/元
1. 维持现状	在状态 1 下继续使用	不合格产品损失费	1 000
	在状态 2 下继续使用	不合格产品损失费	3 000
2. 维修：在 0、1、2 状态下维修		不合格产品损失费＋停工费	4 000
3. 更换新机器		购置费＋更新时停产损失费	6 000

表 7-26　不同决策的损失费用　　单位：千元

状　态	1	2	3
0	0	4	6
1	1	4	6
2	3	4	6
3	—	—	6

根据维修策略的不同，可以得到不同策略下的状态转移矩阵，其中策略 R_1 下的状态转移矩阵见表 7-23。策略 R_2、R_3、R_4 下的状态转移概率矩阵分别见表 7-27～7-29。

表 7-27　策略 R_2 下的状态转移概率矩阵

状　态	0	1	2	3
0	0	7/8	1/16	1/16
1	0	3/4	1/8	1/8
2	0	1	0	0
3	1	0	0	0

表 7-28　策略 R_3 下的状态转移概率矩阵

状　态	0	1	2	3
0	0	7/8	1/16	1/16
1	0	3/4	1/8	1/8
2	1	0	0	0
3	1	0	0	0

表 7-29　策略 R_4 下的状态转移概率矩阵

状　态	0	1	2	3
0	0	7/8	1/16	1/16
1	1	0	0	0
2	1	0	0	0
3	1	0	0	0

采用上面相同的方法，利用状态方程组可以直接求出 R_2、R_3、R_4 三种维修策略的稳定转移概率分别为：[2/21　5/7　2/21]、[2/11　7/11　1/11　1/11]、[1/2　7/16　1/32]。所以，各维修策略的每日损失值为 1 667 元、1 727 元、3 000 元。

又已知 R_1 的损失费用为 1 923.08 元，故维修策略 R_2 的损失费用为 1 667 元为最低费用，故 R_2 是最优维修策略。

第六节　回归分析预测

一、回归分析预测概述

回归分析预测是在掌握大量实验和观察数据的基础上，利用数理统计方法建立因变量与自变量之间的回归模型的一种预测方法。回归分析预测主要分为以下五个步骤：

(1) 分析影响预测目标(因变量)变化的主要因素(自变量)。

(2) 选择合理的预测模型，建立因变量与自变量之间数量关系近似表达的回归函数方程，对模型参数进行估计。

(3) 对回归方程及参数进行检验。

(4) 将自变量的值代入通过检验后的回归方程式预测因变量的值。

(5) 检验预测结果是否符合实际。

从不同的角度，回归分析预测方法有如下分类：

(1) 根据自变量的多少，回归模型可以分为一元回归模型和多元回归模型。

(2) 根据模型中自变量与因变量之间是否呈线性关系，回归模型可以分为线性回归模型和非线性回归模型。

(3) 根据回归模型是否带有虚拟变量，回归模型可以分为普通回归模型和带虚拟变量的回归模型。

二、线性回归预测

1. 一元线性回归

(1) 构建回归模型。

一元线性回归是指成对的两个变量数据分布大体上呈直线趋势时，运用合适的参数估计方法求出一元线性回归模型，然后根据自变量与因变量之间的关系预测因变量的趋势。一元线性回归模型可表示为：

$$y=\beta_0+\beta_1 x+\varepsilon \tag{7-57}$$

其中，β_0 和 β_1 称为模型的参数；ε 是随机误差项，又称随机干扰项，ε 服从期望值为 0、齐性方差的正态分布 $N(0,\sigma^2)$。

总体回归参数 β_0 和 β_1 是未知的，必须利用样本数据进行估计。用样本统计量 b_0 和 b_1 代替回归方程中的未知参数 β_0 和 β_1，就得到了估计的回归方程：

$$\hat{y}=b_0+b_1 x \tag{7-58}$$

其中，b_0 是估计的回归直线在 y 轴上的截距；b_1 是直线的斜率，亦即自变量 x 的值每变化一个单位，因变量平均变动 b_1 个单位。

设有 n 个自变量与因变量的观测值 $\{(x_1,y_1),(x_2,y_2),\cdots,(x_n,y_n)\}$，对其进行一元线性回归，$b_0$ 和 b_1 可以通过最小二乘法估计得到：

$$\begin{cases} b_1=\dfrac{\sum\limits_{i=1}^{n}(x_i-\bar{x})(y_i-\bar{y})}{\sum\limits_{i=1}^{n}(x_i-\bar{x})^2} \\ b_0=\bar{y}-b_1\bar{x} \end{cases} \tag{7-59}$$

其中，

$$\bar{x}=\frac{\sum\limits_{i=1}^{n}x_i}{n},\bar{y}=\frac{\sum\limits_{i=1}^{n}y_i}{n} \tag{7-60}$$

(2) 模型的统计检验。

一元线性回归方程的统计检验主要包括拟合优度检验、总体显著性检验和系数显著性检验等。

① 拟合优度检验。

我们把观测值与其平均值的偏差平方和 $\sum_{i=1}^{n}(y_i-\bar{y})^2$ 称为总离差平方和，记为 TSS(Total Sum of Squares)。TSS 来源于两个方面：一方面是由于自变量 x 的取值不同造成的回归变差；另一方面是除 x 以外的其他因素(如观测和实践中产生的误差等)的影响造成的剩余变差。不难证明，TSS 实际上就是这两部分的和，即

$$\text{TSS}=\sum_{i=1}^{n}(\hat{y}_i-\bar{y})^2+\sum_{i=1}^{n}(y_i-\hat{y}_i)^2 \tag{7-61}$$

其中，$\sum_{i=1}^{n}(\hat{y}_i-\bar{y})^2$ 称作离差平方和或回归变差(Explanation Sum of Squares, ESS)；$\sum_{i=1}^{n}(y_i-\hat{y}_i)^2$ 称作残差平方和或剩余变差(Residual Sum of Squares, RSS)。

在被解释变量的总变动中，被样本回归方程解释的部分越多，引入模型的解释变量对被解释变量的解释能力就越强。因此，可用回归变差占总变差的比重作为衡量模型解释变量对被解释变量的解释能力大小，亦即拟合优度的指标，该指标称为判定系数，记作 R^2，即

$$R^2=\frac{\text{ESS}}{\text{TSS}}=1-\frac{\text{RSS}}{\text{TSS}} \tag{7-62}$$

若记 $l_{xy}=\sum_{i=1}^{n}(x_i-\bar{x})(y_i-\bar{y})$，$l_{xx}=\sum_{i=1}^{n}(x_i-\bar{x})^2$，$l_{yy}=\sum_{i=1}^{n}(y_i-\bar{y})^2$，可以得到：

$$R^2=\frac{\text{ESS}}{\text{TSS}}=\frac{\sum_{i=1}^{n}(\hat{y}_i-\bar{y})^2}{\sum_{i=1}^{n}(y_i-\bar{y})^2}=\frac{b_1^2\sum_{i=1}^{n}(x_i-\bar{x})^2}{l_{yy}}=\frac{\frac{l_{xy}^2}{l_{xx}^2}l_{xx}}{l_{yy}}=\frac{l_{xy}^2}{l_{xx}l_{yy}} \tag{7-63}$$

可见，一元线性回归模型中的判定系数 R^2 实际上等于自变量 x 与因变量 y 的相关系数 $\frac{l_{xy}}{\sqrt{l_{xx}}\sqrt{l_{yy}}}$ 的二次方。

判定系数 R^2 的取值在 0～1 之间，即 $0<R^2<1$。判定系数 R^2 的值越接近于 1，样本回归方程对被解释变量的解释能力就越强，模型对样本数据的拟合优度也越高；反之，判定系数 R^2 的值越接近于 0，样本回归方程对被解释变量的解释能力就越弱，模型解释变量以外的随机干扰因素对被解释变量的影响也越大。

② 总体显著性检验。

总体显著性检验为 F 检验，即通过 F 统计量来完成。检验统计量 F 的计

算式为：

$$F=\frac{\text{ESS}/1}{\text{RSS}/(n-2)} \tag{7-64}$$

其中，分子中的分母1为其自由度，即自变量的个数；分母的自由度为 $n-2$，实际为样本个数减去自变量个数再减去1。

F 统计量服从 $F(1,n-2)$ 分布。给定显著性水平 α，根据分子自由度1和分母自由度 $n-2$ 找出临界值 $F_\alpha(1,n-2)$，若计算得到 $F \geqslant F_\alpha(1,n-2)$，则认为回归方程显著，可以用以预测；否则，回归方程无显著意义。

③ 系数显著性检验。

F 检验是将所有解释变量作为一个整体检验它们与被解释变量 Y 的相关程度及回归效果。但是通过了回归方程的显著性检验，并不意味着每个解释变量对被解释变量的影响都显著，这时还需要对回归模型的每个系数逐一进行 t 检验。一元线性回归中只有一个回归系数需要检验，而回归系数就是回归直线的斜率，所以检验总体显著性的 F 检验等价于回归系数的检验。回归系数的显著性检验方法为 t 检验。构造 t 统计量：

$$t=\frac{b_1}{\dfrac{\sigma}{\sqrt{l_{xx}}}}=\frac{b_1\sqrt{l_{xx}}}{\sqrt{\dfrac{\sum_{i=1}^{n}(y_i-\hat{y}_i)^2}{n-2}}}=\frac{b_1\sqrt{l_{xx}}}{\sqrt{\dfrac{\text{RSS}}{n-2}}} \tag{7-65}$$

其中，σ 是方程的估计标准误差，即

$$\sigma=\sqrt{\frac{\sum_{i=1}^{n}(y_i-\hat{y}_i)^2}{n-2}}=\sqrt{\frac{\text{RSS}}{n-2}}$$

t 统计量服从 $t(n-2)$ 分布。给定显著性水平 α，查找临界值 $t_{\alpha/2}(n-2)$，若计算得到的 $|t| \geqslant t_{\alpha/2}(n-2)$，则认为解释变量对被解释变量有显著的线性影响；否则，$|t| < t_{\alpha/2}(n-2)$，说明解释变量对被解释变量的线性作用不显著。

【例7-14】 为了更好地做好成本预算，A油田整理了2014—2022年的原油产量、单位操作成本数据，见表7-30，绘制出二者的关系曲线(图7-4)，发现随着原油产量的上升，单位操作成本呈下降趋势，且二者基本呈线性关系。预计2023年油田产油量为58 821 t，试预测相应的单位操作成本。

表7-30 A油田2014—2022年的单位操作成本

年份	2014年	2015年	2016年	2017年	2018年	2019年	2020年	2021年	2022年
原油产量/t	1 820	4 018	8 280	20 118	45 010	50 020	52 518	54 606	56 741
单位操作成本/(元·t^{-1})	548.8	473.9	437.5	375.2	258.3	211.4	184.8	172.9	158.2

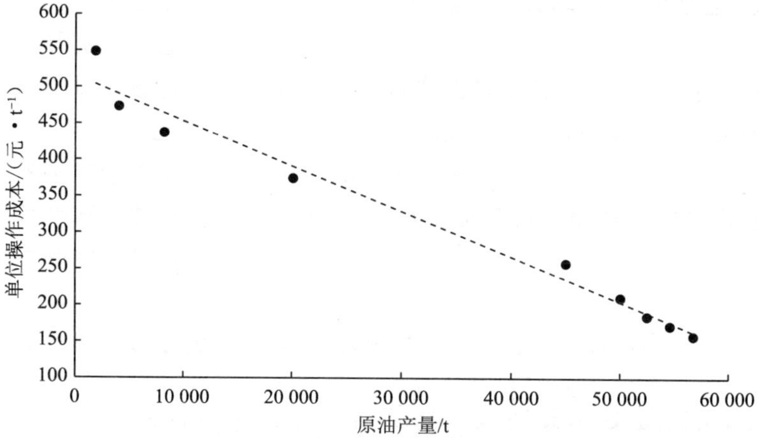

图 7-4　原油产量-单位操作成本

解：基于公式(7-58)和(7-59)，通过 Excel 的“数据分析”加载项或 SPSS 软件中的“线性回归”，得到一元线性回归方程为：$y=-0.006\ 2x+515.375\ 7$。计算判定系数 $R^2=0.978\ 2$，F 检验值$=313.366\ 8>F_{0.05}(1,9-2)=5.59$，可见该回归方程显著，可用于预测。同时，得到自变量系数的 t 统计量值为$-17.702\ 2$，给定显著性水平 0.05，查表得临界值 $t_{0.025}(7)=2.365$，可见，$|-17.702\ 2|>2.365$，认为原油产量对单位操作成本有着显著的线性影响。将 $x=58\ 821$ 代入回归方程，得到对应的 y 值为 150.69，即 2023 年预测原油单位操作成本为 150.69 元/t。

2. 普通多元线性回归

社会经济现象的变化往往受到多个因素的影响，因此，一般要进行多元回归分析。我们把包括两个或两个以上自变量的回归称为多元回归。多元回归与一元回归类似，可以用最小二乘法估计模型参数，也需要对模型及模型参数进行统计检验。

涉及多个自变量的多元线性回归模型可表示为：

$$y=\beta_0+\beta_1x_1+\beta_2x_2+\cdots+\beta_mx_m+\varepsilon \tag{7-66}$$

总体回归参数 β_0、β_1、…是未知的，必须利用样本数据估计。用样本统计量 $b_0\sim b_m$ 代替回归方程中的未知参数 $\beta_0\sim\beta_m$，就得到估计的回归方程：

$$\hat{y}=b_0+b_1x_1+b_2x_2+\cdots+b_mx_m \tag{7-67}$$

$b_0\sim b_m$ 可以通过最小二乘法估计得到。设$(x_{11},x_{12},\cdots,x_{1m},y_1)$，$(x_{21},x_{22},\cdots,x_{2m},y_2)$，…，$(x_{n1},x_{n2},\cdots,x_{nm},y_n)$是样本，记 $\boldsymbol{Y}=\begin{bmatrix}y_1\\y_2\\\vdots\\y_n\end{bmatrix}$，$\boldsymbol{X}=$

$\begin{bmatrix} 1 & x_{11} & x_{12} & \cdots & x_{1m} \\ 1 & x_{21} & x_{22} & \cdots & x_{2m} \\ \vdots & \vdots & \vdots & \ddots & \vdots \\ 1 & x_{n1} & x_{n2} & \cdots & x_{nm} \end{bmatrix}$，根据最小二乘法，有：

$$\boldsymbol{b}=\begin{bmatrix} b_0 \\ b_2 \\ \vdots \\ b_m \end{bmatrix}=(\boldsymbol{X}'\boldsymbol{X})^{-1}\boldsymbol{X}'\boldsymbol{Y} \tag{7-68}$$

得到回归方程的拟合结果后，计算判定系数 R^2 进行拟合优度检验。需要说明的是，在多元回归中 R^2 是模型中解释变量个数的非减函数，也就是说，随着模型中解释变量个数的增加，R^2 的值通常会变大。为了得到拟合优度较高的模型，似乎加入更多解释变量是合理选择，但是随着解释变量个数的增加，模型中待估计的参数也会增多，由此造成样本自由度减少，模型参数估计的准确性下降。因此，在多元回归模型中，直接依据 R^2 对模型作比较和选择会产生问题，在增加新的解释变量时，必须对由其带来的模型自由度下降这一“负面影响”做出“惩罚”，因此需要对 R^2 做出修正。修正的思路是：将残差平方和 RSS 及总离差平方和 TSS 分别除以各自的自由度 $n-m-1$ 和 $n-1$，带有校正判定系数的公式为：

$$\overline{R}^2=1-\frac{\text{RSS}/(n-m-1)}{\text{TSS}/(n-1)} \tag{7-69}$$

不难得到：

$$\overline{R}^2=1-\frac{n-1}{n-m-1}(1-R^2)=R^2-\frac{m}{n-m-1}R^2 \tag{7-70}$$

R^2 或 $\overline{R}^2$ 越大，说明样本回归方程对被解释变量的解释能力越强，模型对样本数据的拟合优度越高。当然，在针对不同解释变量个数的回归模型加以选择时，应比较 $\overline{R}^2$ 的数值大小，而非 R^2 的数值大小。

计算 F 统计量进行总体显著性检验，F 统计量的计算公式为：

$$F=\frac{\text{ESS}/m}{\text{RSS}/(n-m-1)} \tag{7-71}$$

F 统计量服从 $F(m,n-m-1)$ 分布，确定显著性水平 α，查找临界值 $F_\alpha(m,n-m-1)$，若计算得到的 $F\geqslant F_\alpha(m,n-m-1)$，则认为回归方程显著，可以用以预测；否则，回归方程无显著意义。

计算每个回归系数的 t 统计量进行系数的显著性检验，t 统计量的计算公式为：

$$t_j=\frac{b_j}{\sigma\sqrt{c_{jj}}} \tag{7-72}$$

其中，c_{jj} 是矩阵 $(\boldsymbol{X}'\boldsymbol{X})^{-1}$ 中第 j 个对角线元素；σ 是方程的估计标准误差：

$$\sigma=\sqrt{\frac{\sum_{i=1}^{n}(y_i-\hat{y}_i)^2}{n-m-1}}=\sqrt{\frac{\text{RSS}}{n-m-1}}$$

t 统计量服从 $t(n-m-1)$ 分布。给定显著性水平 α，查找临界值 $t_{\alpha/2}(n-m-1)$，若计算得到的 t 统计量值的绝对值 $|t_j|\geqslant t_{\alpha/2}(n-m-1)$，则第 j 个解释变量对于被解释变量有着显著影响；否则，没有显著影响，应考虑将其从回归模型中删除。

3. 主成分回归和岭回归

如果自变量之间存在高度相关，我们在进行多元回归分析的时候可能会得到难以解释的结果，如一元回归时某自变量的系数为正，但是二元回归时其系数变为负值，这主要是由变量间的多重共线性导致的。消除多重线性的方法很多，如主成分回归、偏最小二乘回归(Partial Least-Squares Regression)、岭回归、逐步回归、数据分组处理方法(Group Method of Data Handling，GMDH)、最小绝对收缩和选择算子(Least Absolute Shrinkage and Selection Operator，LASSO)回归等。逐步回归、GMDH 和 LASSO 回归通过对自变量进行筛选或将某些自变量系数置零，实现变量子集收缩，降低共线性。主成分回归仅对自变量进行分解，得到相互独立的主成分并给出回归方程；偏最小二乘回归可以同时对自变量和因变量进行分解，适用于多个因变量的情形。岭回归通过选取合适的偏移系数改善矩阵奇异性，提高模型稳健性。本节主要介绍主成分回归和岭回归。

(1) 主成分回归。

主成分回归(Principal Component Regression，PCR)结合了主成分分析和线性回归的优点，适用于多变量分析和预测问题。其思想是通过对数据进行主成分分析降维，将原来的多个自变量合成为少数几个主成分，使得合成的主成分之间不存在相关关系，从而消除了多变量共线性的问题，然后再将主成分作为新的自变量进行线性回归分析。

主成分回归建模包括以下步骤：

① 数据预处理。首先对数据进行标准化处理，以消除自变量之间的量纲差异。

② 主成分分析。对标准化后的数据进行主成分分析，以得到主成分和它们的方差贡献率，再根据累计方差贡献率达到一定的阈值或根据特征值等方法进行主成分的选择，得到选择后的主成分表达式、主成分得分变量。

③ 建立主成分得分变量回归模型。将选择出的主成分得分变量作为新的自变量，与因变量进行线性回归分析，得到因变量关于主成分得分变量的回归

模型，并检验模型的有效性。

④ 建立标准化自变量回归模型。将主成分的表达式代入检验通过的回归模型中，即可得到标准化自变量与因变量的回归模型。

⑤ 建立原自变量的回归模型。将标准化自变量转换为原自变量，得到原自变量与因变量的回归模型。

⑥ 预测新样本。代入新的样本自变量，用得到的回归模型对其进行预测。

当然，主成分回归也存在一些限制。由于主成分回归是一种无参方法，没有考虑自变量和因变量之间的潜在关系，因此可能会损失一些重要的解释变量。此外，主成分回归需要对每个主成分进行解释，可能增加了模型的复杂度。另外，主成分回归只适用于线性关系的建模，对于非线性关系的建模表现较差。

(2) 岭回归。

在普通多元线性回归中，系数的最小二乘估计值为 $\boldsymbol{b}=(\boldsymbol{X}'\boldsymbol{X})^{-1}\boldsymbol{X}'\boldsymbol{Y}$，当某一自变量 x_j 与其余自变量存在多重共线性时，$|\boldsymbol{X}'\boldsymbol{X}|\approx 0$，$b_j$ 的值很不稳定，在具体取值上与真值有较大偏差，甚至会出现与实际经济意义不符的正负号。

我们设想给 $\boldsymbol{X}'\boldsymbol{X}$ 加上一个正常数矩阵 $k\boldsymbol{I}$ $(k>0)$，那么 $\boldsymbol{X}'\boldsymbol{X}+k\boldsymbol{I}$ 接近奇异的程度就会比 $\boldsymbol{X}'\boldsymbol{X}$ 接近奇异的程度小得多。考虑到变量的量纲问题，我们先将数据标准化，为了使用方便，标准化后的设计矩阵仍然用 $\boldsymbol{X}$ 表示。

称

$$\boldsymbol{b}(k)=(\boldsymbol{X}'\boldsymbol{X}+k\boldsymbol{I})^{-1}\boldsymbol{X}'\boldsymbol{Y} \tag{7-73}$$

为 $\boldsymbol{b}$ 的岭回归估计，其中 k 称为岭参数。

此时，$\boldsymbol{b}$ 不再是无偏估计，即岭回归为有偏估计。由于假设 $\boldsymbol{X}$ 已经标准化，所以 $\boldsymbol{X}'\boldsymbol{X}$ 就是自变量样本相关矩阵，式(7-73)计算的实际上是标准化岭回归估计。

因为岭参数 k 不是唯一确定的，所以我们得到的岭回归估计 $\boldsymbol{b}(k)$ 实际上是回归参数 b 的一个估计族。为了选择较好的 k 值，可以采用岭迹法、方差扩大因子法、残差平方和法等，其中，岭迹法应用较为广泛。所谓岭迹，就是在平面坐标系上将各个回归系数的估计值 $b_j(k)$ 随 k 的变动情况绘制成曲线。在实际应用中，可以根据岭迹曲线的变化形状确定适当的 k 值，也可以选择自变量。岭迹法选择 k 值的一般原则是：

① 各回归系数的岭估计基本稳定；

② 岭估计得到的系数符号合理；

③ 残差平方和增大不太多。

三、非线性回归预测

在实际的社会经济现象中，被解释变量和解释变量之间不一定呈线性关系，这就要求选择合适的曲线建立非线性模型，进一步通过适当的变量置换将其转化为线性模型，然后进行预测。具体曲线形式的选择一方面可以根据理论和经验判断，另一方面也可以根据绘制的散点图来判断。

常见的非线性模型有以下几种：

(1) 指数曲线预测模型，即 $\hat{Y}=ae^{bX}$ 或 $\hat{Y}=ab^t$；

(2) 对数曲线模型，即 $\hat{Y}=\beta_0+\beta_1\ln X$；

(3) 幂函数模型，即 $\hat{Y}=aX^b$；

(4) 多项式模型，即 $\hat{Y}=\beta_0+\beta_1X+\beta_2X^2+\cdots+\beta_kX^k$；

(5) 双曲线模型，即 $\hat{Y}=\beta_0+\beta_1\dfrac{1}{X}$；

(6) 倒指数模型，即 $\hat{Y}=ae^{b/X}$；

(7) 龚柏兹生长曲线模型，即 $\hat{Y}=Kab^t$。

根据非线性回归模型线性化的不同性质，上述模型一般分为以下三种类型：

(1) 直接换元型。这类非线性回归模型通过简单的变量换元可以直接化为线性回归模型。由于这类模型的被解释变量没有变形，所以可以直接采用最小二乘法估计回归系数并进行检验和预测。

(2) 间接代换型。这类非线性回归模型经常通过对数变换间接地化为线性回归模型。由于这类模型在对数变形代换过程中改变了被解释变量的形态，使得变形后模型的最小二乘估计失去了原模型的残差平方和最小的意义，从而估计不到原模型的最佳回归系数，可能造成回归模型与原数列之间的偏差较大。

(3) 非线性型。这类非线性回归模型属于不可线性化的非线性回归模型。第一类和第二类非线性回归模型相对于第三类，又称为可线性化的非线性回归模型。

【例 7-15】 仍以例 7-14 的数据样本为例，采用非线性回归预测 2023 年的单位操作成本。

解：由图 7-4 可知，单位操作成本与原油产量满足指数规律，取单位操作成本的自然对数，进行对数操作成本-原油产量拟合，得到回归方程：$\ln y=-0.000\,02x+6.299\,387$，$R^2=0.972\,6$，$F$ 检验值$=248.85>F_{0.05}(1,9-2)=5.59$，可见该回归方程显著，可用以预测。同时，得到自变量系数的 t 统计量值为-15.775，绝对值大于 2.365，认为原油产量对单位操作成本有着显著的线性影响。对上述回归方程进行还原，得到因变量与原自变量的回归方程：

$$y=544.238\,3e^{-0.000\,02x}$$

将 $x=58\,821$ 代入回归方程，得到对应的 y 值为 167.466 7，即预测 2023 年原油单位操作成本为 167.466 7 元/t。

四、基于回归分析的山东省能源消费碳排放预测

STIRPAT(Stochastic Impacts by Regression on Population, Affluence and Technology)模型即基于回归方法考察人口、财富和技术对环境随机影响的模型,其中人口、财富、技术等因素均可扩展。借鉴该模型的相关因素,选取人口、城镇化率、人均 GDP、工业化率、单位 GDP 能耗 5 项影响因素作为山东省能源消费碳排放预测的自变量。其中,人口和城镇化率分别反映了人口总量和城镇人口(或城镇化水平)的影响,人均 GDP 和工业化率分别反映了人均财富和工业化财富的影响,单位 GDP 能耗则反映了能源节约与清洁化利用技术的影响。模型的基本形式如下:

$$C_t = AP_t^b U_t^c A_t^d I_t^e E_t^f$$

其中,P_t、U_t、A_t、I_t 和 E_t 分别表示人口、城镇化率、人均 GDP、工业化率、单位 GDP 能耗。取对数后,变为如下形式:

$$\ln C_t = \ln A + b\ln P_t + c\ln U_t + d\ln A_t + e\ln I_t + f\ln E_t$$

为了方便,可简化为:

$$y = a + bx_1 + cx_2 + dx_3 + ex_4 + fx_5$$

根据 IPCC(联合国政府间气候变化专门委员会)给出的碳排放系数法测算山东省 2000—2021 年能源消费碳排放数据,影响因素数据均来自历年山东省统计年鉴、山东省国民经济和社会发展统计公报,为消除价格因素的影响,对 GDP 按照 2015 年可比价格重新计算,并据此测算人均 GDP、单位 GDP 能耗。碳排放及其影响因素数据见表 7-31,其中序号 1～22 分别表示 2000—2021 年。

表 7-31　山东省碳排放及其影响因素数据

序号	人口/万人	城镇化率/%	人均 GDP/(万元·人$^{-1}$)	工业化率/%	单位 GDP 能耗/(吨标准煤·万元$^{-1}$)	碳排放量/(万吨 CO_2)
1	8 997	38.15	1.304 4	43.73	0.826 1	17 848
2	9 041	39.20	1.428 4	43.09	0.828 9	21 656
3	9 082	40.30	1.588 7	43.31	0.875 8	24 327
4	9 125	41.80	1.793 3	45.82	0.917 0	32 077
5	9 180	43.50	2.056 2	48.83	0.964 2	39 349
6	9 248	45.00	2.352 3	49.38	1.004 7	55 402
7	9 309	46.10	2.680 4	49.91	0.971 9	60 187
8	9 367	46.75	3.042 1	49.45	0.924 8	66 799

续表 7-31

序号	人口/万人	城镇化率/%	人均 GDP/(万元·人$^{-1}$)	工业化率/%	单位 GDP 能耗/(吨标准煤·万元$^{-1}$)	碳排放量/(万吨 CO_2)
9	9 417	47.60	3.389 0	49.11	0.862 7	71 082
10	9 470	48.32	3.781 2	47.39	0.812 9	73 317
11	9 588	49.70	4.194 0	45.54	0.778 5	80 430
12	9 665	50.95	4.614 1	44.24	0.748 9	84 191
13	9 708	52.43	5.043 9	42.88	0.714 3	89 379
14	9 746	53.75	5.506 5	41.14	0.682 6	79 242
15	9 808	55.01	5.947 7	39.74	0.648 6	81 814
16	9 866	57.01	6.385 8	38.27	0.624 3	85 132
17	9 973	59.02	6.797 4	36.92	0.592 1	86 572
18	10 033	60.58	7.256 8	35.73	0.550 7	83 613
19	10 077	61.18	7.687 5	33.93	0.523 9	92 526
20	10 106	61.51	8.087 0	32.26	0.506 4	95 020
21	10 165	63.05	8.329 5	31.60	0.497 6	92 355
22	10 170	63.94	9.016 4	32.50	0.486 5	93 137

现在根据历史数据建立预测模型对 2022 年的碳排放量进行预测。根据《山东统计年鉴 2023》，2022 年山东省人口为 10 163 万人，城镇化率 64.54%，人均 GDP 9.374 5 万元/人，工业化率 32.9%，单位 GDP 能耗 0.505 6 吨标准煤/万元，预测 2022 年山东省能源消费碳排放量。

首先，我们对表 7-31 的所有数据做对数化处理，然后应用普通多元线性回归模型进行回归，结果为：

$$y=-126.370\,6+14.821\,8x_1-1.743\,3x_2+0.918\,5x_3+0.406\,4x_4+1.805\,6x_5$$

F 统计量值为 366.980 1，确定显著性水平 0.05，临界值 $F_{0.05}(5,16)=2.852$，可见，回归方程的 F 统计量值远大于 F 检验临界值，回归方程总体显著。5 个自变量的 t 统计量值依次为 1.916 0、−1.449 3、2.451 7、0.576 0、3.413 8，给定显著性水平 0.05，查找临界值 $t_{0.025}(16)=2.120$，可见，除了人均 GDP、单位 GDP 能耗通过 t 检验外，其余 3 个自变量均未通过 t 检验。

我们对 5 个自变量进行相关性分析，结果见表 7-32。对 5 个自变量运用方差膨胀系数法(Variance Inflation Factor，VIF)进行检验，得到它们的 VIF 值依次为 697.813 2、261.400 0、373.580 2、78.349 7、110.038 6，所有因素的 VIF 值均大于 10。可见，数据之间存在严重的多重共线性问题。为此，我们采用主成分回归模型和岭回归模型进行回归。

表 7-32 两两变量间的关系数值

变量	x_1	x_2	x_3	x_4	x_5
x_1	1	0.995 5**	0.99**	−0.826 2**	−0.919 8**
x_2		1	0.991 6**	−0.795 6**	−0.891 1**
x_3			1	−0.744 8**	−0.864 5**
x_4				1	0.968 3**
x_5					1

注：**$P<0.01$。

5 个自变量的主成分分析结果见表 7-33。

表 7-33 自变量主成分分析

主成分序号	特征值	百分率/%	累计百分率/%
1	4.599 3	91.985 8	91.985 8
2	0.381 9	7.638 5	99.624 2
3	0.015 7	0.313 8	99.938 0
4	0.002 1	0.041 4	99.979 4
5	0.001 0	0.020 6	100.000 0

为了较大限度地避免信息损失，选取前两个主成分，它们的累计百分率达到 99.62%。22 个样本的两个主成分得分值见表 7-34。

表 7-34 自变量主成分得分

序号	主成分 F_1	主成分 F_2	序号	主成分 F_1	主成分 F_2
1	−2.689 0	−1.309 7	12	−0.010 3	0.517 6
2	−2.457 9	−1.221 6	13	0.360 3	0.447 7
3	−2.370 9	−0.949 3	14	0.738 1	0.322 2
4	−2.371 5	−0.426 3	15	1.122 6	0.222 1
5	−2.365 3	0.162 6	16	1.517 2	0.147 3
6	−2.199 3	0.490 7	17	1.980 3	0.077 6
7	−1.930 7	0.669 3	18	2.396 0	−0.052 9
8	−1.611 1	0.704 1	19	2.752 2	−0.282 4
9	−1.272 5	0.707 3	20	3.040 5	−0.503 9
10	−0.877 2	0.591 5	21	3.287 2	−0.520 4
11	−0.392 2	0.545 4	22	3.353 6	−0.338 8

对两个主成分和因变量进行线性回归，结果为：

$$y=11.031\,6+0.187\,5F_1+0.520\,2F_2$$

F 统计量值 705.729 3 $>F_{0.05}(2,19)=3.522$，回归方程总体显著。两个主成分的 t 统计量值依次为 29.341 7、23.463 2，均大于临界值 $t_{0.025}(19)=2.093$，全部通过 t 检验。

标准化回归方程为：

$$y=11.031\,6+0.213\,416z_1+0.257\,808z_2+0.317\,796z_3+0.281\,912z_4+0.115\,217z_5$$

其中，z_i 表示第 i 个自变量的标准化值，表达式为：

$$z_1=\frac{x_1-9.168\,4}{0.041\,1},z_2=\frac{x_2-0.683\,2}{0.161\,9},z_3=\frac{x_3-1.371\,2}{0.621\,4},$$

$$z_4=\frac{x_4-0.877\,3}{0.151\,1},z_5=\frac{x_5-0.323\,6}{0.238\,9}$$

还原得到原始自变量的主成分回归方程为：

$$y=-34.358\,539+5.188\,406x_1+1.592\,362x_2+0.511\,404x_3+1.865\,625x_4+0.482\,291x_5$$

计算 22 个样本的均方根误差为 0.058 363。将 2022 年的自变量值取对数后代入上式并还原为原始值，得到 2022 年山东省能源消费碳排放量的预测值为 104 469 万吨 CO_2。

下面我们进行岭回归，岭迹图如图 7-5 所示。同时，得到不同 k 值下的回归结果及其残差平方和和 R^2 值，表 7-35 给出了 k 在 0～0.1 对应的结果。

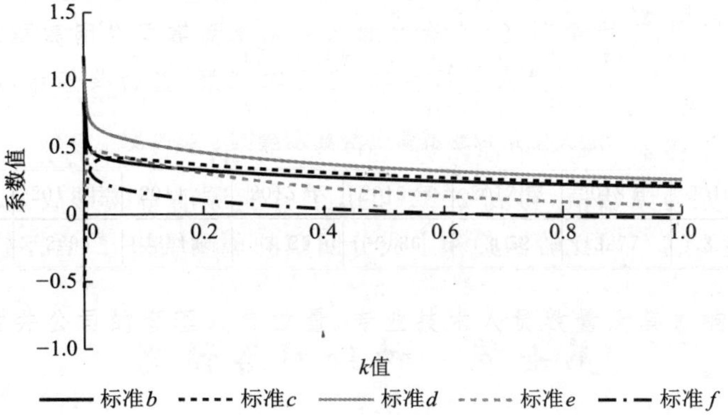

图 7-5　岭迹图

表 7-35　不同 k 值下的回归结果

k	a	b	c	d	e	f	残差平方和	R^2
0	−126.396 0	14.824 5	−1.743 6	0.918 4	0.406 5	1.805 6	0.092 3	0.991 4
0.005	−53.051 3	7.103 2	0.675 6	0.656 3	1.371 1	0.859 2	0.097 5	0.988 9
0.010	−44.385 5	6.204 4	1.042 8	0.590 6	1.528 5	0.691 8	0.103 2	0.987 9
0.015	−40.792 3	5.829 8	1.184 6	0.559 9	1.578 7	0.616 2	0.107 4	0.987 2
0.020	−38.724 4	5.612 2	1.255 5	0.541 0	1.594 4	0.570 3	0.111 8	0.986 5
0.025	−37.320 9	5.463 0	1.295 4	0.527 5	1.594 9	0.537 8	0.116 5	0.985 9
0.030	−36.268 3	5.350 0	1.318 8	0.516 8	1.587 6	0.512 7	0.121 8	0.985 2
0.035	−35.425 2	5.258 5	1.332 8	0.507 9	1.575 8	0.492 1	0.127 6	0.984 5
0.040	−34.718 0	5.181 1	1.340 6	0.500 2	1.561 3	0.474 4	0.134 0	0.983 6
0.045	−34.104 9	5.113 5	1.344 5	0.493 4	1.545 1	0.458 8	0.140 9	0.982 8
0.050	−33.560 2	5.052 9	1.345 6	0.487 1	1.527 9	0.444 7	0.148 2	0.981 8
0.060	−32.614 4	4.946 9	1.342 3	0.476 0	1.491 9	0.420 0	0.164 1	0.979 8
0.070	−31.800 4	4.854 7	1.334 6	0.466 1	1.45 5	0.398 4	0.181 5	0.977 6
0.080	−31.076 7	4.772 2	1.324 5	0.457 1	1.418 3	0.379 0	0.200 1	0.975 2
0.090	−30.419 3	4.696 8	1.312 8	0.448 7	1.382 2	0.361 3	0.219 6	0.972 7
0.100	−29.813 4	4.627 0	1.300 4	0.441 0	1.346 9	0.344 9	0.240 0	0.970 1

由图 7-5 和表 7-35 可知，当 $k=0.050$ 时，各回归系数的岭估计基本稳定且残差平方和增大不太多，R^2 值超过了 0.98，此外，F 值为 172.9735，大于 $F_{0.05}(5,16)$，可见回归方程总体显著，则得到岭回归方程：

$$y=-33.560\,2+5.052\,9x_1+1.345\,6x_2+0.487\,1x_3+1.527\,9x_4+0.444\,7x_5$$

计算 22 个样本的均方根误差为 0.082 075。将 2022 年的数值取对数后代入上式，并还原为原始值，得到 2022 年山东省能源消费碳排放量的预测值为 104 766 万吨 CO_2。对比岭回归和主成分回归的预测结果，二者差异不大。

第七节　神经网络预测

一、神经网络预测概述

1. 神经网络的基本概念

神经网络又称人工神经网络（Artificial Neural Network，ANN），是 20 世

纪40年代兴起的一种系统预决策技术。神经网络是由多个神经元组成的广泛互连的神经网络，能够模拟生物神经系统真实世界及物体之间所做出的交互反应。人工神经网络处理信息是通过信息样本对神经网络的训练，使其具有人的大脑的记忆和辨识力，用以完成各种信息处理功能，它不需要任何先验公式，就能从已有数据中自动归纳规则，获得这些数据的内在规律，具有良好的自学习、自适应、联想记忆、并行处理和非线性转换能力，特别适合于因果关系复杂的预测和分类问题。

神经元是构成神经网络的最基本单元（构件），它是对生物神经元的简化与模拟。神经元的特性在某种程度上决定了神经网络的总体特性。大量简单神经元相互连结构成了神经网络。一个典型的具有 n 维输入的神经元模型可以用图7-6加以描述。

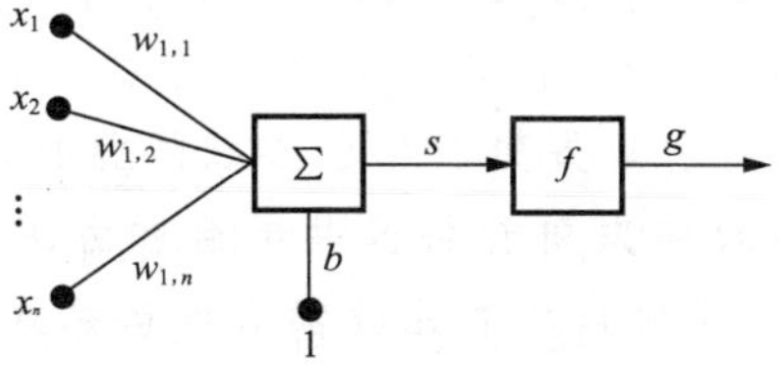

图7-6　神经元模型

由图7-6可见，一个典型的神经元模型主要由以下五部分组成：

(1) 输入。$x_1, x_2, \cdots, x_n$ 代表神经元的 n 个输入。

(2) 网络权值和阈值。$w_{1,1}, w_{1,2}, \cdots, w_{1,n}$ 代表网络权值，表示输入与神经元间的连结强度；b 为神经元阈值，可以看作一个网络权值恒为1的输入。值得注意的是，不论是网络权值还是阈值都是可调的。正是基于神经网络权值和阈值的动态调节，神经元乃至神经网络才得以表现出某种行为特性。因此，网络权值和阈值的可调性是神经网络学习特性的基本内涵之一。

(3) 求和单元。求和单元用以完成对输入信号的加权求和，即

$$s = \sum_{i=1}^{n} x_i w_{1,i} + b \tag{7-74}$$

这是神经元对输入信号处理的第一个过程。

(4) 激活函数。激活函数又称为激励函数、活化函数，用 f 表示，用于对求和单元的计算结果进行函数运算，即 $f(n)$，得到神经元的输出，这是神经元对输入信号处理的第二个过程。典型的激活函数包括阈值函数、线性函数、对数Sigmoid函数和正切Sigmoid函数等。

(5) 输出。$g=f(s)$ 表示神经元的输出。

2. 神经网络的拓扑类型

大量简单的神经元相互连结构成了神经网络，从网络拓扑结构的角度看，

神经网络可以分为以下四种基本形式：

（1）前向网络(前馈网络)。

网络中的神经元是分层排列的，每个神经元只与前一层神经元相连。最上一层为输出层，最下一层为输入层。输入层和输出层中间的层也称为隐含层。隐含层的层数可以是一层或多层，前向网络在神经网络中应用十分广泛，感知器、线性网络、BP网络都属于这种类型。

（2）从输出到输入有反馈的前向网络。

该网络本身是前向型的，但是与上一种不同的是从输出到输入有反馈回路。Fukushima网络就属于这种类型。

（3）层内互连前向网络。

通过层内神经元的相互连接，可以实现同一层神经元之间的相互制约，从而可以将层内神经元分为几组，将每组作为一个整体来动作。一些自组织竞争神经网络就属于这种类型。

（4）互联网络。

互联网络又分为局部互联网络和全互联网络两种。全互联网络中每个神经元的输出都与其他神经元相连，而在局部互联网络中，有些神经元之间没有连接关系。Hopfield网络和Boltzmann网络就属于这种类型。

上述四种神经网络中，以前向网络的应用最为广泛。下面以单隐含层前向网络为例介绍网络输入/输出关系。如图7-7所示，设有 n 个输入层神经元，m 个输出层神经元，s 个隐含层神经元，n 和 m 分别为输入矢量和输出矢量的维数，则隐含层神经元的输出为：

$$d_i = f\left(\sum_{j=1}^{n} w_{i,j} x_j + w_{i,0}\right), i=1,2,\cdots,s \tag{7-75}$$

其中，$w_{i,j}$ 为输入层神经元 j 对隐含层神经元 i 兴奋影响程度的权系数，$w_{i,0}$ 为隐含层神经元 i 的兴奋阈值，f 是输入层到隐含层的激励函数。

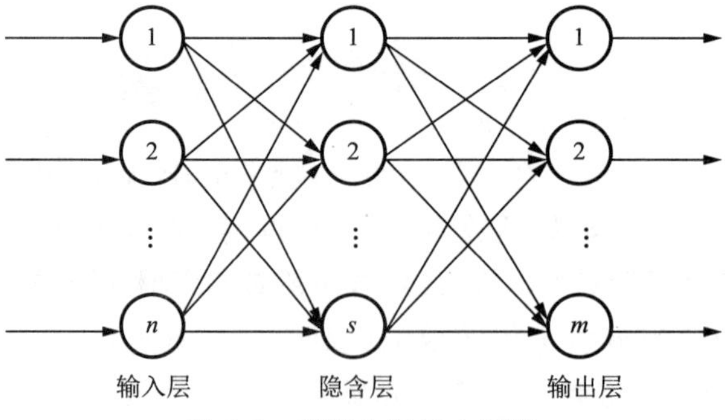

图7-7　单隐含层前向网络

同理，输出层神经元的输出为：

$$v_k=f\left(\sum_{i=1}^{s}w_{k,i}d_i+w_{k,0}\right),k=1,2,\cdots,m \tag{7-76}$$

其中，$w_{k,i}$ 为隐含层神经元 i 对输出层神经元 k 兴奋影响程度的权系数，$w_{k,0}$ 为输出层神经元 k 的兴奋阈值，f 是隐含层到输出层的激励函数。

二、BP 神经网络学习算法的原理与参数设置

1. BP 算法的基本原理与步骤

BP 神经网络通常是指基于误差反向传播(Back Propagation,BP)算法的多层前向神经网络。BP 算法是目前应用最为广泛的一种神经网络学习算法，其实质是运用梯度下降法修改权矢量。整个信息传递过程为由输入层到输出层单向传递，在对网络的训练中不断调节神经元之间的联系强度准则，使得网络的计算输出因变量向量与已知训练样本的因变量向量之差最小(即预测效果最佳)，相应的调整就是在训练过程中不断将此预测值和实测值之差(误差)反馈给网络做出的。

给定包含 N 个样本的训练样本集 $\{(\boldsymbol{x}^1,\boldsymbol{y}^1),(\boldsymbol{x}^2,\boldsymbol{y}^2),\cdots,(\boldsymbol{x}^N,\boldsymbol{y}^N)\}$，其中，$\boldsymbol{x}^l=(x_1^l,x_2^l,\cdots,x_n^l)$，$\boldsymbol{y}^l=(y_1^l,y_2^l,\cdots,y_m^l)$。对于包含 s 个隐含神经元的单隐含层，其 BP 算法的基本步骤如下：

(1) 用随机数初始化所有权系数，选定学习步长 $\eta>0$；

$l\leftarrow 1$，l 用于计迭代次数，最大的迭代次数取为 L；

$p\leftarrow 1$，p 用于计样本数；

$e\leftarrow 0$，e 用于累计误差，允许误差取为 $E_{\max}$。

(2) 输入一个样本 $(\boldsymbol{x}^p,\boldsymbol{y}^p)$，计算隐含层和输出层输出。先计算隐含层各神经元的输出 d_i：

$$o_i=\sum_{j=0}^{n}w_{i,j}x_j^p\text{，其中，}x_0^p=0;d_i=f(o_i),i=1,2,\cdots,s \tag{7-77}$$

再计算输出层各节点的输出 v_k：

$$u_k=\sum_{i=0}^{s}w_{k,i}d_i\text{，其中，}d_0=1;v_k=f(u_k),k=1,2,\cdots,m \tag{7-78}$$

(3) 计算输出层的误差：$e_k=y_k^p-v_k$。为了使函数连续可导，最小化误差平方和，令

$$e\leftarrow e+\frac{1}{2}\sum_{k=1}^{m}e_k^2$$

(4) 以 e 最小化为目标，采用梯度下降法对各个权系数进行修正。首先，对 $w_{k,i}$ 进行修正，其修正值 $\Delta w_{k,i}$ 正比于偏导数 $\frac{\partial e}{\partial w_{k,i}}$，根据链式法则：

$$\frac{\partial e}{\partial w_{k,i}}=\frac{\partial e}{\partial e_k}\cdot\frac{\partial e_k}{\partial v_k}\cdot\frac{\partial v_k}{\partial u_k}\cdot\frac{\partial u_k}{\partial w_{k,i}}=-e_kf'(u_k)d_i \tag{7-79}$$

偏导数代表一个敏感因子,决定了权系数 $w_{k,i}$ 在权空间的搜索方向。应用于 $w_{k,i}$ 的修正值 $\Delta w_{k,i}$ 定义为:

$$\Delta w_{k,i}=-\eta\frac{\partial e}{\partial w_{k,i}}=\eta e_kf'(u_k)d_i \tag{7-80}$$

其中,η 为误差反向传播的学习率,负号表示在权空间中的梯度下降。

定义输出层神经元 k 的局部梯度为:

$$\delta_k=-\frac{\partial e}{\partial u_k}=e_kf'(u_k),k=1,2,\cdots,m \tag{7-81}$$

则修正输出层权值可写为:

$$w_{k,i}\leftarrow w_{k,i}+\eta\delta_kd_i,k=1,2,\cdots,m;i=0,1,\cdots,s$$

(5) 继而对隐含层的权系数 $w_{i,j}$ 进行修正,即

$$\frac{\partial e}{\partial w_{i,j}}=\frac{\partial e}{\partial d_i}\cdot\frac{\partial d_i}{\partial o_i}\cdot\frac{\partial o_i}{\partial w_{i,j}}=\frac{\partial e}{\partial d_i}\cdot f'(o_i)\cdot x_j^p \tag{7-82}$$

由于隐含层没有期望输出值,所以隐含层的误差信号要根据所有与隐含层神经元直接相连的神经元误差信号向后递归确定。

$$\frac{\partial e}{\partial d_i}=\sum_{k=1}^{m}\left(\frac{\partial e}{\partial e_k}\cdot\frac{\partial e_k}{\partial d_i}\right)=\sum_{k=1}^{m}\left(e_k\cdot\frac{\partial e_k}{\partial d_i}\right)=\sum_{k=1}^{m}\left(e_k\cdot\frac{\partial e_k}{\partial u_k}\cdot\frac{\partial u_k}{\partial d_i}\right) \tag{7-83}$$

由于$\frac{\partial e_k}{\partial u_k}=-f'(u_k)$,$\frac{\partial u_k}{\partial d_i}=w_{k,i}$,所以

$$\frac{\partial e}{\partial d_i}=-\sum_{k=1}^{m}[e_k\cdot f'(u_k)\cdot w_{k,i}]=-\sum_{k=1}^{m}\delta_kw_{k,i} \tag{7-84}$$

那么,应用于 $w_{i,j}$ 的修正值 $\Delta w_{i,j}$ 定义为:

$$\Delta w_{i,j}=-\eta\frac{\partial e}{\partial w_{i,j}}=\eta\sum_{k=1}^{m}\delta_kw_{k,i}\cdot f'(o_i)\cdot x_j^p \tag{7-85}$$

定义隐含层神经元 i 的局部梯度为:

$$\delta_i=-\frac{\partial e}{\partial o_i}=f'(o_i)\sum_{k=1}^{m}w_{k,i}\delta_k,i=1,2,\cdots,s \tag{7-86}$$

则修正隐含层权值可写为:

$$w_{i,j}\leftarrow w_{i,j}+\eta\delta_ix_j^p,i=1,2,\cdots,s;j=0,1,\cdots,n$$

(6) 如果 $p<N$,$p\leftarrow p+1$,则转入步骤(2);否则转入步骤(7)。

(7) $l\leftarrow l+1$,若 $l>L$,迭代结束。否则:

如果 $e<E_{\max}$,迭代结束;

如果 $e\geqslant E_{\max}$,则 $e\leftarrow 0$,转入步骤(2),进入下一轮迭代。

BP 算法的基本框图如图 7-8 所示。

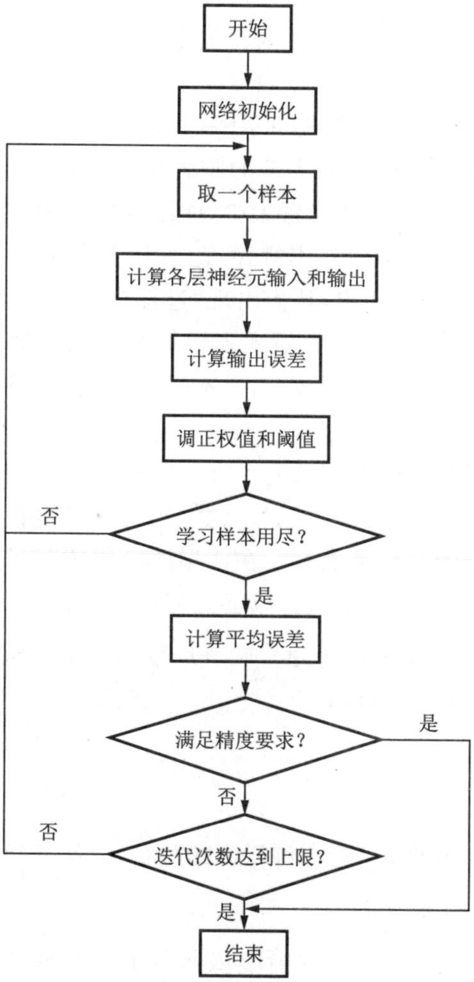

图 7-8 BP 算法的基本框图

2. BP 神经网络的参数设置

在进行 BP 神经网络的设计时，应从网络的层数、隐含层的神经元数、初始值的选取及学习速率等方面进行考虑。

(1) 网络的层数。

理论上已经证明，只含一个隐含层和足够数量的隐含节点的神经网络可以实现任意精度的非线性输入/输出映射关系，即单隐含层的三层 BP 神经网络能够逼近任何有理函数。这实际上给出了设计 BP 神经网络的基本原则。增加隐含层可以进一步降低误差，提高精度，但同时也会使网络复杂化，从而增加网络权值的训练时间。而误差精度的提高实际上也可以通过增加隐含层中的神经元数目来获得，其训练结果也比增加网络层数更容易观察和调整。所以，一般情况下，应优先考虑增加隐含层中的神经元数。

（2）隐含层的神经元数。

网络训练精度的提高可以通过采用一个隐含层增加神经元数的方法来获得。这在结构的实现上要比增加更多的隐含层简单得多。隐含层单元数并没有统一的理论指导，如果节点数设置太少，网络从样本中获取信息的能力就差，不足以概括和体现训练集中的样本规律；隐含层节点数设置过多，则有可能将非规律性的内容，如噪声也记牢，从而出现“过拟合”现象，反而降低了神经网络的泛化能力。此外，隐含层节点数量太多还会增加训练时间。因此，设置多少个隐含层节点取决于训练样本的多少、样本噪声的大小及样本中蕴含规律的复杂程度。

确定最佳隐含层节点数常用的一个方法为试凑法，即可以先设置较少的隐含节点训练网络，再逐渐增加隐含层节点数，用同一样本集进行训练，以确定网络误差最小时对应的隐含层节点数。在使用试凑法的时候，可以使用一些确定隐含层节点数的经验公式，主要包括以下几种：

① $s=\sqrt{n+m}+a$，其中，s 为隐含层节点数，n 和 m 分别为输入层和输出层节点的数量，a 为 0～10 的常数；

② $s=\log_2 n$；

③ $s=\sqrt{nm}$；

④ $s=\dfrac{N}{a(n+m)}$，其中，N 为训练样本的数量，a 为 0～10 的常数。

（3）初始权值的选取。

由于系统是非线性的，初始权值的选取对于学习是否达到局部最小、是否能够收敛及训练时间的长短有很大关系。初始值过大或过小都会影响学习速度，因此权值的初始值应选为均匀分布的小数经验值，一般取初始权值在(0,1)或(−1,1)之间的随机数，也可以选取在$[-2.4/n, 2.4/n]$之间的随机数，其中 n 为输入层节点数。为避免每步权值的调整方向是同向的，应将初始值设为随机数。

（4）学习速率。

学习速率决定了每次循环训练中所产生的权值变化量。高的学习速率可能导致系统不稳定，但低的学习速率会导致较长的训练时间，可能收敛很慢，不过能保证网络的误差值跳出误差表面的低谷而最终趋于最小误差值。在一般情况下，倾向于选取较小的学习速率以保证系统的稳定性，通常学习速率选取 0.01～0.80。在神经网络的设计中，网络可以经过几个不同的学习速率训练，通过观察每一次训练后误差平方和的下降速率来判断所选定的学习速率是否合适，若下降很快，则说明学习速率合适；若出现震荡现象，则说明学习速率过大。

(5) 期望误差的选取。

在网络的训练过程中，期望误差也应当通过对比训练来确定一个合适的值。所谓的“合适”，是相对于所需要的隐含层节点数来确定的，因为较小的期望误差要靠增加隐含层的节点及训练时间来获得。一般情况下，作为对比，可以同时对两个不同期望误差的网络进行训练，最后通过综合因素的考虑来确定采用其中较佳的期望误差。

三、BP 神经网络学习算法的改进

BP 神经网络学习算法存在如下不足：学习效率低，收敛速度慢；易陷入局部极值状态。为此，许多学者对 BP 学习算法进行广泛研究，提出了许多改进的算法，主要包括：

(1) 引入惯性项。

为了使收敛速度加快，可在输出层和隐含层加权系数修正公式的基础上增加一个惯性调整项，即在最近一次的权系数与上次权系数差值的基础上，乘以一个惯性系数 $\alpha(0<\alpha<1)$，使得加权系数变化更加平稳。

(2) 引入动量项。

标准 BP 算法实质上是一种简单的最速下降静态寻优算法，在修正权系数时，只是按该时刻的负梯度方式进行修正，而没有考虑以前积累的经验，即以前时刻的梯度方向，从而常常使学习过程发生振荡，收敛缓慢。为此，可将该时刻的梯度和以前时刻的梯度分别通过动量项因子 β 和 $1-\beta$ 进行加权。此时加入的动量项实质上相当于阻尼项，它减少了学习过程的振荡趋势，改善了收敛性。

(3) 变尺度法。

标准的 BP 学习算法所采用的是一阶梯度法，收敛较慢。若采用二阶梯度法，可以大大改善收敛性。但是，二阶梯度法需要计算二阶偏导数，计算量较大，实际中经常使用变尺度法或共轭梯度法。

(4) 变步长法。

标准 BP 算法寻优收敛较慢的一个重要原因是学习速率不好选择，因此可以考虑在迭代中采用自适应调整步长的算法，对于不同的连接权系数采用不同的学习速率，加快向极小值点逼近。

四、BP 神经网络预测的基本步骤

应用 BP 神经网络进行预测的基本步骤如下：

步骤 1,分析影响预测对象(因变量)的主要影响因素(自变量),获得所有指标的历史数据,并对数据进行标准化预处理。

步骤 2,将样本划分为训练集和测试(或验证)集。训练样本用于网络训练(学习),测试样本用于测试网络的泛化能力。一般地,训练集样本量占总样本量的 2/3～3/4,测试集样本量占总样本量的 1/4～1/3。

步骤 3,应用训练样本训练 BP 神经网络,包括设置隐含层节点数、隐含层和输出层的节点传递函数、网络学习函数等。

步骤 4,对训练样本运用得到的 BP 神经网络进行仿真输出并反归一化,对比网络输出与实际输出的误差大小,考察网络的拟合能力。同时,对网络进行多次调整,得到拟合能力较好的网络结构。

步骤 5,对测试样本运用得到的 BP 神经网络进行仿真输出并反归一化,对比网络输出与实际输出的拟合情况,考察网络的推广或泛化能力。如果拟合能力很好,但泛化能力不佳,表明前面训练的神经网络可能出现了过拟合现象,则返回步骤 3 继续调整网络结构,直至得到拟合能力和泛化能力都较好的神经网络。

步骤 6,将预测样本的自变量按照前述规则标准化后,代入神经网络得到因变量的网络预测值,进行反归一化后得到预测值。

五、基于 BP 神经网络的山东省能源消费碳排放预测

本节以第六节中的数据为例,应用 BP 神经网络对 2022 年山东省能源消费碳排放量进行预测,整个过程采用 Matlab 软件实现。

步骤 1:由于各个自变量及因变量的数据具有明显的递增或递减趋势,如果直接指定前面的部分样本做训练,后面的样本做测试,就会出现测试超出训练范围的问题,导致结果不准确。为了使学习样本和测试样本的学习范围基本一致,首先对原始数据随机产生训练集和测试集,并选取 16 个作为训练样本,其余 6 个作为测试样本。

步骤 2:对训练样本的所有自变量和因变量进行归一化,并用相应的归一化参数值对测试样本的自变量进行归一化。

步骤 3:创建网络,其输入节点数为 5,隐含层节点数为 3,输出层节点数为 1。设置:隐含层神经元的传输函数和输出层的传输函数均为正切 Sigmoid 函数;反向传播的训练函数采用梯度下降算法;期望误差停止目标为 10^{-6},学习率为 0.01,迭代次数为 5 000。对上述网络进行训练,得到训练样本的网络仿真输出,并进行反归一化,计算其与实际值的相对误差,结果见表 7-36,可见,误差最大为−11.99%,平均绝对相对误差为 4.16%,拟合能力较好。

表 7-36　训练样本的网络仿真输出及相对误差

样本序号	实际值	网络输出值	相对误差/%
1	84 191	87 436.38	3.85
2	21 656	19 539.17	−9.77
3	80 430	82 830.01	2.98
4	95 020	89 481.07	−5.83
5	79 242	83 682.90	5.60
6	60 187	58 443.56	−2.90
7	93 137	90 651.38	−2.67
8	39 349	40 182.43	2.12
9	85 132	84 713.61	−0.49
10	73 317	72 246.08	−1.46
11	89 379	85 784.73	−4.02
12	17 848	15 708.00	−11.99
13	92 526	89 339.42	−3.44
14	71 082	69 920.20	−1.63
15	32 077	30 244.00	−5.71
16	66 799	65 445.86	−2.03

步骤 4:将测试样本的归一化输入数据代入网络中进行仿真输出,并对其反归一化,计算与实际值的相对误差,结果见表 7-37,可见,最大相对误差为 8.36%,平均相对误差为 4.00%,网络的泛化能力较好。

表 7-37　测试样本的网络仿真输出及相对误差

样本序号	实际值	网络输出值	相对误差/%
1	81 814	85 246.17	4.20
2	83 613	88 880.50	6.30
3	86 572	88 610.37	2.35
4	24 327	24 210.53	−0.48
5	92 355	90 247.59	−2.28
6	55 402	50 769.96	−8.36

步骤 5:用训练时的归一化参数值对预测样本的自变量进行归一化,代入前面的神经网络进行预测,得到网络仿真值,并进行反归一化,得到碳排放量预测

值。2022 年基于 BP 神经网络的山东省能源消费碳排放量预测值为 104 263 万吨 CO_2。

第八节　支持向量回归预测

一、支持向量回归概述

Cortes 和 Vapnik 于 1995 年提出了支持向量机(Support Vector Machine, SVM),它是一种基于统计学习理论的机器学习方法,在解决小样本、非线性及高维模式识别中表现出许多特有的优势,并能够推广应用到函数拟合、回归分析等其他机器学习问题中,用于回归分析的分支称为支持向量回归(Support Vector Regression, SVR)。

给定训练集 $T=\{(\boldsymbol{x}_1,y_1),\cdots,(\boldsymbol{x}_n,y_n)\}$, $\boldsymbol{x}_i\in\mathbf{R}^m$, $y_i\in\mathbf{R}$, $i=1,\cdots,n$,如果能够用 $\mathbf{R}^m$ 上的一个线性函数 $f(\boldsymbol{x})=(\boldsymbol{w}\cdot\boldsymbol{x})+b$ 推断任一模式 $\boldsymbol{x}$ 所对应的 y 值,则称之为线性回归问题。其中,$\boldsymbol{w}$ 和 b 是待确定的模型参数。

假设我们能容忍 $f(\boldsymbol{x})$ 与 y 之间最多有 ε 的偏差,即仅当 $f(\boldsymbol{x})$ 与 y 之间的差别绝对值大于不敏感损失函数阈值 ε 时才计算损失,则 SVR 问题可形式化为:

$$\min_{w,b}\frac{1}{2}\|\boldsymbol{w}\|^2+C\sum_{i=1}^{n}l_\varepsilon(f(x_i),y_i) \tag{7-87}$$

其中,C 为正则化常数(也是惩罚因子),l_ε 是 ε-不敏感损失函数:

$$l_\varepsilon(z)=\begin{cases}0, & |z|\leqslant\varepsilon\\ |z|-\varepsilon, & \text{其他}\end{cases} \tag{7-88}$$

引入两个松弛变量 ξ_i 和 ξ_i^*,线性回归问题可以转换为求如下最优化问题:

$$\min_{w,b,\xi_i,\xi_i^*}\ \frac{1}{2}\|\boldsymbol{w}\|^2+C\cdot\frac{1}{n}\sum_{i=1}^{n}(\xi_i+\xi_i^*)$$

$$\text{s. t.}\quad\begin{cases}f(x_i)-y_i\leqslant\varepsilon+\xi_i, i=1,2,\cdots,n\\ y_i-f(x_i)\leqslant\varepsilon+\xi_i^*, i=1,2,\cdots,n\\ \xi_i,\xi_i^*\geqslant0, i=1,2,\cdots,n\end{cases} \tag{7-89}$$

通常并不直接求解模型(7-89),而是引入它的对偶问题:

$$\min_{\alpha_i,\alpha_i^*}\frac{1}{2}\sum_{i,j=1}^{n}(\alpha_i^*-\alpha_i)(\alpha_j^*-\alpha_j)(x_i\cdot x_j)+\varepsilon\sum_{i=1}^{n}(\alpha_i^*+\alpha_i)-\sum_{i=1}^{n}y_i(\alpha_i^*-\alpha_i) \tag{7-90}$$

$$\text{s.t.}\quad \sum_{i=1}^{n}(\alpha_i-\alpha_i^*)=0$$
$$0\leqslant\alpha_i,\alpha_i^*\leqslant\frac{C}{n},i=1,2,\cdots,n$$

如果得到的最优解 $\bar{\boldsymbol{\alpha}}=(\bar{\alpha}_1,\bar{\alpha}_1^*,\cdots,\bar{\alpha}_n,\bar{\alpha}_n^*)^{\mathrm{T}}$ 中 $\bar{\alpha}_i\neq0$ 或者 $\bar{\alpha}_i^*\neq0$，则称训练集中对应的输入 $\boldsymbol{x}_i$ 为支持向量。记 $S_1=\{i|\bar{\alpha}_i\in(0,C/n)\}$，$S_2=\{i|\bar{\alpha}_i^*\in(0,C/n)\}$，找到 $j\in S_1$ 或者 $k\in S_2$，可以计算

$$\bar{b}=y_j-\sum_{i=1}^{n}(\bar{\alpha}_i^*-\bar{\alpha}_i)(\boldsymbol{x}_i\cdot\boldsymbol{x}_j)+\varepsilon\text{ 或 }\bar{b}=y_k-\sum_{i=1}^{n}(\bar{\alpha}_i^*-\bar{\alpha}_i)(\boldsymbol{x}_i\cdot\boldsymbol{x}_k)-\varepsilon \tag{7-91}$$

最终得到线性回归函数为：

$$f(\boldsymbol{x})=\sum_{i=1}^{n}(\bar{\alpha}_i^*-\bar{\alpha}_i)(\boldsymbol{x}_i\cdot\boldsymbol{x})+\bar{b} \tag{7-92}$$

不难看出，对偶问题(7-91)和回归函数(7-92)均只涉及样本输入间的内积运算$(\boldsymbol{x}_i\cdot\boldsymbol{x}_j)$，因此可以引入核函数 $K(\boldsymbol{x}_i,\boldsymbol{x}_j)$，将线性回归问题转化为高维空间(Hilbert 空间)中的非线性回归问题。常用的核函数包括：

(1) 线性核函数：$K(\boldsymbol{x},\boldsymbol{y})=\boldsymbol{x}^{\mathrm{T}}\boldsymbol{y}$；

(2) 多项式核函数：$K(\boldsymbol{x},\boldsymbol{y})=(\gamma\boldsymbol{x}^{\mathrm{T}}\boldsymbol{y}+c)^q$；

(3) 径向基核函数(RBF)：$K(\boldsymbol{x},\boldsymbol{y})=\mathrm{e}^{-\gamma\|x-y\|^2}$；

(4) Sigmoid 核函数：$K(\boldsymbol{x},\boldsymbol{y})=\tanh[\gamma(\boldsymbol{x}^{\mathrm{T}}\boldsymbol{y})+c]$。

构建 ε-支持向量回归机模型(ε-SVR)：

$$\min_{\alpha_i,\alpha_i^*}\frac{1}{2}\sum_{i,j=1}^{n}(\alpha_i^*-\alpha_i)(\alpha_j^*-\alpha_j)K(\boldsymbol{x}_i,\boldsymbol{x}_j)+\varepsilon\sum_{i=1}^{n}(\alpha_i^*+\alpha_i)-\sum_{i=1}^{n}y_i(\alpha_i^*-\alpha_i) \tag{7-93}$$

$$\text{s.t.}\quad \sum_{i=1}^{n}(\alpha_i-\alpha_i^*)=0$$
$$0\leqslant\alpha_i,\alpha_i^*\leqslant\frac{C}{n},i=1,2,\cdots,n$$

求解得到最优解 $\bar{\boldsymbol{\alpha}}=(\bar{\alpha}_1,\bar{\alpha}_1^*,\cdots,\bar{\alpha}_n,\bar{\alpha}_n^*)^{\mathrm{T}}$，相应的回归函数变为：

$$f(\boldsymbol{x})=\sum_{i=1}^{n}(\bar{\alpha}_i^*-\bar{\alpha}_i)K(\boldsymbol{x}_i,\boldsymbol{x})+\bar{b} \tag{7-94}$$

选择位于 $\left(0,\frac{C}{n}\right)$ 中的 $\bar{\alpha}_j$ 或 $\bar{\alpha}_k^*$，相应的 $\bar{b}$ 为：

$$\bar{b}=y_j-\sum_{i=1}^{n}(\bar{\alpha}_i^*-\bar{\alpha}_i)K(\boldsymbol{x}_i,\boldsymbol{x}_j)+\varepsilon\text{ 或 }\bar{b}=y_k-\sum_{i=1}^{n}(\bar{\alpha}_i^*-\bar{\alpha}_i)K(\boldsymbol{x}_i,\boldsymbol{x}_k)-\varepsilon \tag{7-95}$$

二、支持向量回归的基本步骤

应用支持向量回归进行预测的基本步骤如下：

步骤 1,分析影响预测对象(因变量)的主要因素(自变量),获得所有指标的历史数据,并对数据进行标准化预处理。

步骤 2,将样本划分为训练样本和测试样本。对于训练样本,选择核函数,设置参数 ε 较小的初始值,构建 ε-SVR 模型,利用交叉验证方法寻找最佳的惩罚因子和核函数的其他参数。所谓交叉验证,就是将所有样本均分为 v 组,每次选择其中的 $v-1$ 组训练,另外的 1 组做验证。

步骤 3,运用获得的最佳参数值分别对训练样本和验证样本进行回归输出并反归一化,对比网络输出与实际输出的误差大小,考察 SVR 模型的拟合能力和泛化能力。如果模型具有良好的学习和推广能力,则 SVR 模型可以用于未知样本的预测;否则,调整训练样本数,返回步骤 2 继续求解,直到满意为止。

步骤 4,将预测样本的自变量按照前述规则标准化后,代入 SVR 模型得到因变量的预测值,反归一化后得到预测值。

三、基于支持向量回归的山东省能源消费碳排放预测

本节仍然以第六节中的数据为例,对 2022 年山东省能源消费碳排放量进行支持向量回归预测。整个过程采用 Matlab 软件实现,其中支持向量机部分调用 Chih-Chung Chang 和 Chih-Jen Lin 博士的 LIBSVM。

步骤 1:首先对原始数据随机产生训练集和测试集,并选取 15 个作为训练样本,其余 7 个作为验证样本。

步骤 2:对训练样本的所有自变量和因变量进行归一化,并用相应的归一化参数值对测试样本的自变量进行归一化。

步骤 3:对于训练样本,选择径向基核函数,利用交叉验证方法($v=5$)训练 SVR,寻找最佳的惩罚因子和核函数的其他参数。训练样本预测值和实际值的拟合结果见表 7-38。误差最大为−6.25%,平均绝对相对误差为 1.96%,训练效果很好。

表 7-38 训练样本的 SVR 仿真输出及相对误差

样本序号	实际值	SVR 输出值	相对误差/%
1	95 020	95 413.01	0.41
2	79 242	82 733.65	4.41

续表 7-38

样本序号	实际值	SVR 输出值	相对误差/%
3	85 132	84 093.71	−1.22
4	32 077	32 443.02	1.14
5	66 799	66 411.65	−0.58
6	24 327	24 715.84	1.60
7	17 848	18 232.31	2.15
8	86 572	86 974.58	0.47
9	81 814	82 886.59	1.31
10	83 613	89 061.10	6.52
11	21 656	21 264.47	−1.81
12	80 430	80 816.14	0.48
13	89 379	83 776.19	−6.27
14	92 526	92 141.46	−0.42
15	84 191	83 639.96	−0.65

步骤 4：将测试样本的归一化输入数据代入训练好的 SVR 中进行仿真输出，并进行反归一化，比较每个预测值与实际值的拟合结果，见表 7-39。最大误差为 10.25%，平均绝对相对误差为 4.88%，可见，SVR 的泛化能力较好。

表 7-39　测试样本的 SVR 仿真输出及相对误差

样本序号	实际值	SVR 输出值	相对误差/%
1	60 187	60 082.03	−0.17
2	55 402	51 828.79	−6.45
3	73 317	75 138.72	2.48
4	71 082	72 351.79	1.79
5	39 349	43 381.22	10.25
6	92 355	98 517.79	6.67
7	93 137	99 074.76	6.38

步骤 5：用训练时的归一化参数值对预测样本的自变量进行归一化，代入前面的 SVR 进行预测，得到仿真值，并进行反归一化，得到 2022 年山东省能源消费碳排放量预测值为 99 138 万吨 CO_2。

对比 SVR 与 BP 神经网络的预测结果，可以看出二者差异不大，且与回归分析的结果也相差不大，基本在 100 000 万吨 CO_2 左右。

本章小结

本章主要讨论了系统预测的理论与典型方法，给出了各种方法在能源系统中的应用案例。涉及的内容主要有：定性预测方法及时间序列预测、灰色预测、马尔科夫预测、回归预测、神经网络预测、支持向量回归预测等定量预测方法。当然，限于篇幅，本书介绍的系统预测方法并不全面，如时间序列中的ARIMA、消除多重共线性的偏最小二乘回归、计量经济学中的VAR、其他灰色预测模型、长短期记忆循环神经网络(LSTM)及各种叠加在一起的组合预测模型等均没有介绍。感兴趣的读者可以参考相关文献，掌握更多的系统预测工具，并寻求适用于能源问题的预测模型。本章中多数模型可以通过Excel求解，灰色预测、主成分回归、岭回归等可以通过唐启义教授等开发的DPS数据处理系统软件求解，神经网络、支持向量回归可以通过Matlab、Python等计算软件编程求解。

本章习题

1. 定性预测可用于怎样的情形？

2. 常用的预测精度指标有哪些？

3. 实际值和预测值的线性拟合可否用来说明拟合效果？如何使用？

4. 灰色预测适用于怎样的条件？

5. 比较时间序列预测与灰色预测方法的异同点。

6. 查找文献，找出消除多重共线性的预测方法，并对它们的原理和步骤进行比较。

7. 比较神经网络预测和支持向量回归预测的差异和适用条件。

8. 某化工产品销售企业连续12个月的销售量资料见表7-40，求$N=5$时的一次移动平均值和二次移动平均值，并预测下一期的销售量。

表7-40　某化工产品销售企业连续12个月的销售量　　单位：万吨

月　份	销售量	月　份	销售量
1	161.2	7	151.6
2	137.5	8	200.8
3	121.1	9	192.5
4	135.8	10	164.8
5	141.7	11	182.3
6	145.0	12	171.6

9. 考虑某地区可再生能源消费比例变动的三个状态，即“增加”“基本持平”和“下降”，分别记为 E_1、E_2 和 E_3。表 7-41 给出了该地区 1980—2019 年的状态变化。

表 7-41 1980—2019 年某地区可再生能源消费比例变动情况

年 度	状 态	年 度	状 态	年 度	状 态	年 度	状 态
1980 年	E_1	1990 年	E_3	2000 年	E_3	2010 年	E_1
1981 年	E_1	1991 年	E_1	2001 年	E_3	2011 年	E_3
1982 年	E_2	1992 年	E_2	2002 年	E_2	2012 年	E_2
1983 年	E_3	1993 年	E_3	2003 年	E_1	2013 年	E_1
1984 年	E_2	1994 年	E_1	2004 年	E_1	2014 年	E_1
1985 年	E_1	1995 年	E_2	2005 年	E_3	2015 年	E_2
1986 年	E_3	1996 年	E_1	2006 年	E_2	2016 年	E_2
1987 年	E_2	1997 年	E_3	2007 年	E_2	2017 年	E_3
1988 年	E_1	1998 年	E_3	2008 年	E_1	2018 年	E_1
1989 年	E_2	1999 年	E_1	2009 年	E_2	2019 年	E_2

(1) 计算该地区可再生能源消费比例变动的状态转移概率矩阵。

(2) 将 2019 年的可再生能源消费比例状态记为 $\boldsymbol{\pi}(0)=[0\ 1\ 0]$（因为 2019 年处于“基本持平”状态），计算 2020 年可能出现的各种状态的概率。

(3) 预测该地区可再生能源消费比例的长期状态分布状况。

10. 某能源集团公司某板块从业人数见表 7-42，试建立 GM(1,1) 模型并进行残差检验和后验差检验，预测其 2021 年的从业人数。

表 7-42 某能源集团公司某板块从业人数

年 度	2013 年	2014 年	2015 年	2016 年	2017 年	2018 年	2019 年	2020 年
人数/万人	2.95	3.12	3.21	3.36	3.52	3.77	3.83	3.86

11. 某钻井公司的管理人员数量、专业技术人员数量及其影响因素数据见表 7-43。

表 7-43 某钻井公司的有关数据

年 度	钻井数量/口	设备/套	生产率/(m·人$^{-1}$)	管理人员数量/人	专业技术人员数量/人
2008 年	190	18	541.96	101	136

续表 7-43

年　度	钻井数量/口	设备/套	生产率/(m·人$^{-1}$)	管理人员数量/人	专业技术人员数量/人
2009 年	200	20	579.24	113	167
2010 年	232	21	625.87	126	189
2011 年	254	23	669.43	130	221
2012 年	275	25	716.13	132	243
2013 年	300	25	775.97	142	274

管理人员数量是钻井数量、设备的线性函数，专业技术人员数量是钻井数量、设备、生产率的线性函数。现得知 2014—2018 年钻井数量每年增加 10 口，2014—2018 年设备分别添置 2 台、2 台、2 台、1 台、1 台，钻井生产率每年提高 50 m/人，现预测 2014—2018 年两类项目组人员的数量。

延伸阅读

[1] 刘春梅，钱啸吟."双碳"目标下中国能源消费碳排放量预测[J].资源科学，2023，45(10)：1931-1946.

[2] 张新生，曹昕，韩文超，等.基于参数优化 GM-Markov 模型的海底管道腐蚀预测[J].油气储运，2020，39(8)：953-960.

[3] 郑明贵，于明，范秋蓉，等.中国 2025—2035 年碳酸锂需求预测——基于灰色关联分析和 ARIMA-GM-BP 神经网络的组合模型[J].地球科学进展，2023，38(4)：377-387.

[4] B O ABISOYE，Y SUN，Z WANG. A survey of artificial intelligence methods for renewable energy forecasting：Methodologies and insights[J]. Renewable Energy Focus，2024，48，100529. https://doi.org/10.1016/j.ref.2023.100529.

[5] L XIA，Y REN，Y WANG. Forecasting China's total renewable energy capacity using a novel dynamic fractional order discrete grey model[J]. Expert Systems With Applications，2024，239，122019. https://doi.org/10.1016/j.eswa.2023.122019.

第八章 能源系统决策分析

导入

中国经济在经历了十多年高速增长后进入产业升级与市场体制改革深化的新常态，能源需求的增长步入稳态，但是对外依存度继续提升。因此，实行风险对冲的多元化国际石油投资模式以保证长期经济安全势在必行。抗衡长期系统性风险的合作共赢投资模式应该成为主导。合作共赢模式的形成过程中涉及参与各方的利益冲突与协调，博弈分析就是有力的分析框架。中国石油天然气集团有限公司在伊拉克的拉法亚油田项目和中国与韩国、印度合资的中缅石油管道项目都是成功的案例。在中国积极倡导"一带一路"国际合作发展的进程中，这些成功的商业模式成为海外投资的积极探索。以中国石油天然气集团有限公司在伊拉克拉法亚油田投资的国际合作模式为例，提出一个四方合作博弈模型，利用夏普利值分布的仿真方法为合作投资各方的风险责任与投资份额的调整提供依据，为石油、矿山、森林等资源类海外投资的共赢模式提供理论支撑，形成了中国特色对外投资的共赢模式，为"一带一路"的商业实践提供了理论参考。

（资料来源：韩立岩，甄贞，王单. 海外投资合作共赢模式的合作博弈分析[J]. 经济与管理研究，2018，39(4)：75-84.）

按照西蒙(H. A. Simon)的观点，"管理就是决策"。决策是系统工程工作的目的，系统分析实质上就是决策分析。科学化是对系统决策的集中要求，而规范化、民主化和系统化又是实现科学决策的重要基础，是系统决策及决策分析的基本原则。能源系统决策是指运用系统决策的理论与方法对能源问题进行决策分析。考虑到确定性的能源系统决策可以通过技术经济学、运筹学、系统评价等学科方法加以解决，本章重点介绍风险型决策、不确定型决策、博弈决策及不确定多属性决策等方法，并突出这些方法在能源问题中的具体应用。

第一节　系统决策概述

一、决策的概念

决策是为了实现特定的目标，根据客观的可能性，在占有一定信息和经验的基础上，借助一定的工具、技巧和方法，对影响目标实现的诸因素进行分析、计算和判断、选择后，对未来行动做出的决定。决策具有如下含义：

(1) 决策就是做出重大决定，包括宏观层面的战略和微观层面的策略问题。

(2) 决策是人们在日常生活和工作中普遍存在的一种活动，也是管理中经常发生的一种活动。

(3) 决策是有关如何解决问题的组成部分，即通过决策来缩小现实和人们希望出现的某种局面之间的差距。

(4) 决策是针对预期目标，在一定条件的约束下，从诸多方案中选择一个并付诸实施。

在管理领域，决策是管理的重要职能之一，是决策者对系统方案所做决定的过程和结果，是决策者的行为和职责。决策者的决策活动需要系统分析人员的决策支持。管理决策分析就是为帮助决策者在多变的环境条件下进行正确决策而提供的一套推理方法、逻辑步骤和具体技术，以及利用这些方法和技术规范选择满意的行动方案的过程。

决策分析的过程大致可以归纳成以下四个活动阶段：问题分析、诊断及信息活动；对目标、准则及方案的设计活动；对非劣备选方案进行综合分析、比较、评价的抉择或选择活动；将决策结果付诸实施并进行有效评估、反馈、跟踪、学习的执行或实施活动。

二、决策问题的基本模式和类型

决策问题的基本模式为：

$$W_{ij}=f(A_i,\theta_j),i=1,2,\cdots,m;j=1,2,\cdots,n$$

式中，A_i为决策者的第 i 种策略或第 i 种方案，属于决策变量，是决策者的可控因素；θ_j为决策者和决策对象（决策问题）所处的第 j 种环境条件或第 j 种自然状态，属于状态变量，是决策者不可控制的因素；W_{ij}为决策者在第 j 种状态下选择第 i 种方案的结果，是决策问题的价值函数值，一般称为损益值、效用值。

根据决策问题的基本模式划分的决策问题类型见表 8-1。常见的主要有：

对环境条件或自然状态通常按照把握程度进行分类，包括完全把握、不完全把握、完全不把握三种类型；按决策属性特征分类，包括单类型属性决策、混合类型属性决策；按决策者数量分类，包括个体决策和群决策。

表 8-1 决策问题的类型

决策问题的要素	分类依据	类　型
环境条件或自然状态 θ	完全把握	确定型决策
	不完全把握	风险型决策
	完全不把握	对自然不确定的称为不确定型决策
		对人不确定的称为对抗型决策（对策或博弈）
策略或方案 A	决策层次	战略决策、战术决策等
	决策领域	政治、经济、军事、能源、人口、教育等
损益值 W	决策属性特征	单类型属性决策，包括数值型决策、语言型决策、区间值型决策等
		混合类型属性决策，即包含两种及以上属性的决策
	目标数量	单目标决策、多目标决策
决策者	个　体	个体决策
	群　体	群决策

三、主要决策类型分析

下面对确定型决策、风险型决策、不确定型决策、对抗型决策、多目标决策问题的分析方法做简要介绍。

1. 确定型决策

所谓确定型决策，是决策者对某一系统问题的各种因素及采取行动后产生的结果都已确切了解而进行的决策过程。其前提条件是：① 存在决策者希望达到的明确目标（收益大或损失小等）；② 存在确定的自然状态；③ 存在可供选择的两个及以上的行动方案；④ 不同的行动方案在确定状态下的损益值可以计算出来。

确定型决策的问题很多，如损益平衡分析（量本利分析）问题、企业内部资源的分配问题等。大部分确定型决策的方法可通过技术经济学、运筹学、系统评价等方法解决。

2. 风险型决策

一个系统通常包含可控和不可控两类因素。在系统分析中，对不可控因素只能进行某种程度的估计。根据这种估计做出的决策必然存在着某些不可靠性即风险，因此，与确定型决策问题不同，风险型决策问题的自然状态具有不确定性，存在两个以上的自然状态，但决策者或分析人员可以根据过去的经验和科学理论等预先估算出自然状态的概率值 $P(\theta_j)$。

风险型决策问题的决策一般包括期望值法、决策树法等。同时，应注意把握完全信息的价值及其分析和决策者的效用价值观念等问题，有时候这些因素对决策者做出何种决策具有重要影响。

3. 不确定型决策

与风险型决策问题不同，不确定型决策问题不但自然状态不确定，而且各种自然状态出现的概率也不可知。不确定型决策的常用方法包括乐观法、悲观法、等概率法、后悔值法等。

4. 对抗型决策

对抗型决策的一般形式可表示为：

$$W_{ij}=f(A_i,B_j),i=1,\cdots,m;j=1,\cdots,n$$

其中，A 为决策者的策略集，B 为竞争对手的策略集。对抗型决策问题可采用对策论及其冲突分析等方法来分析解决。这类决策分析问题是当前管理、经济界比较关注的问题。

5. 多目标决策

管理决策通常需要考虑多个目标，且它们在很多情况下又是相互消长或矛盾的。目前分析多目标决策问题的方法主要包括化多目标为单目标的方法、重排次序法、目标规划法等。

第二节　风险型决策

对于系统决策中各种自然状态可能出现的概率，通常可以根据过去的统计资料和积累的工作经验，或通过一定的调查研究进行估算。这种在事前估算和确定的概率称为“主观”概率。获得了各自然状态的主观概率后，系统决策问题就成为风险型决策问题。

一、风险型决策的基本方法

1. 最大可能准则方法

顾名思义，最大可能准则是指在一次或极少数几次决策中，取概率最大的自然状态，然后按照确定型决策问题进行讨论。

【例 8-1】 已知某石油装备生产企业的产品销售状况存在三种状态：需求量大 θ_1、需求量一般 θ_2、需求量小 θ_3，三种状态的概率分别为 0.3、0.5、0.2，公司有大批量生产 A_1、中批量生产 A_2 和小批量生产 A_3 三种方案。在不同状态下各方案的收益值见表 8-2，采用最大可能准则进行决策。

表 8-2　例 8-1 的已知数据　　单位：万元

状态 / 方案	需求量大 θ_1 $P(\theta_1)=0.3$	需求量一般 θ_2 $P(\theta_2)=0.5$	需求量小 θ_3 $P(\theta_3)=0.2$
大批量生产 A_1	30	15	−20
中批量生产 A_2	20	12	−5
小批量生产 A_3	10	6	5

解：由于需求量一般的概率最大，将上述问题视为需求量一般状态下的确定型决策问题，选取收益值最大的方案作为决策方案。很明显，大批量生产的收益值 15 万元是最大的，所以选择大批量生产。

2. 期望值法

期望值即随机变量的数学期望。将每个行动方案视为离散的随机变量，则 m 个方案就对应 m 个离散随机变量，离散变量的取值就是行动方案相对应的损益值。离散随机变量 X 的数学期望为：

$$E(X)=\sum_{i=1}^{m}P_iX_i \tag{8-1}$$

式中，X_i 为随机离散变量 X 的第 i 个取值，$i=1,2,\cdots,m$；P_i 为 X 取 X_i 时的概率。

期望值法就是利用公式(8-1)算出每个行动方案的损益期望值并加以比较。若采用决策目标(准则)是期望收益最大，则选择收益期望值最大的行动方案为最优方案；反之，若决策目标是期望费用最小，则采用费用期望值最小的方案作为最优方案。

【例 8-2】 某石油公司在某区块的一项钻井工程中，决策是自行打钻、合作钻井还是直接外包，有关资料见表 8-3，求收益最大的决策方案。

表 8-3　例 8-2 的收益表　　单位：万元

状态 / 方案	出油量大(0.5)	出油量小(0.3)	干井(0.2)
自行打钻 A_1	8 000	−500	−2 000
合作钻井 A_2	800	−50	−300
直接外包 A_3	500	100	0

解：计算每种方案的期望收益为

方案 A_1：$E(A_1)=0.5\times8\ 000-500\times0.3-2\ 000\times0.2=3\ 450$(万元)

方案 A_2：$E(A_2)=0.5\times800-50\times0.3-300\times0.2=325$(万元)

方案 A_3：$E(A_3)=0.5\times500+100\times0.3+0\times0.2=280$(万元)

很明显，方案 A_1 的期望收益最大，所以选择自行打钻。

3. 决策树法

决策树法是将决策方案和有关数据用一种树状图形描述出来，然后从树的末梢逐步往前推算期望值，并逐段剪枝，做出方案取舍。该方法的本质是期望值比较的图算过程。其决策目标(准则)可以是损益期望值或经过变换的其他指标值。现以例 8-2 为例介绍决策树法。

(1) 绘制决策树。按表 8-3 中的各种行动方案和自然状态数及其相应的损益值和主观概率等信息，由左至右顺序画出决策树图，如图 8-1 所示。图中各节点的名称及含义如下：

□——决策节点，从它引出的分枝叫作方案分枝。分枝数量与行动方案数量相同。如例 8-2 中有 3 个行动方案，则图 8-1 中有 3 个方案分枝。决策节点表明，自它引出的行动方案需要进行分析和决策。

○——状态节点，从它引出的分枝叫作状态分枝或概率分枝，在每一分枝上注明自然物态的名称及概率。状态分枝数量与自然状态数量相同。

△——结果节点，即将不同行动方案在不同自然状态下的结果(如损益值)标注在结果节点的右端。

(2) 计算各行动方案的损益期望值，并将计算结果标注在相应的状态节点上。如图 8-1 所示，各树枝末端标注即为各个方案的损益期望值。

(3) 将计算所得的各行动方案的损益期望值加以比较，选择其中最大的期望值并标注在决策节点上方，如图 8-1 所示。然后，在其余的方案分枝上画上“//”符号，表明这些方案已被舍弃。可见，根据决策树方法，该石油公司应该自行打钻。

4. 多级决策树

由例 8-2 可知，如果只需做一次决策，其分析求解即完成，则这种决策分析问题就叫作单级决策问题。反之，有些决策问题需要经过多次决策才能完成，则这种决策问题就称为多级决策问题。应用决策树法进行多级决策分析叫作多级决策树。

【例 8-3】 某能源装备公司生产某型号的产品，由于现有的生产工艺比较落后，产品质量不易保证，且成本较高，若产品价格保持现有水平则无利可图，产品价格下降就会亏本，只有在产品价格上涨时才稍有盈利，为此，公司决定对该生产工艺进行改进，提出两种方案以供选择：一是引进一条自动化程度较高

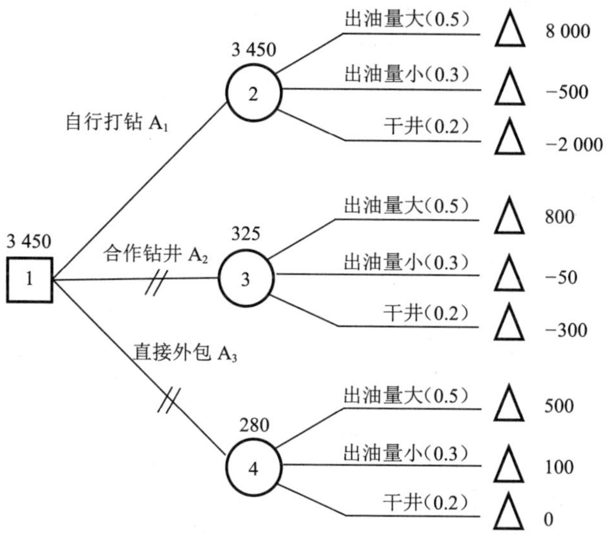

图 8-1 例 8-2 的决策树分析

的生产线；二是自行设计新的生产线。根据公司以往引进和自行设计的工作经验，引进生产线投资较大，但产品质量好，且成本较低，年产量大，引进技术的成功率为 80%。而自行设计生产线，投资相对较小，产品质量有保证，成本也较低，年产量也大，但自行设计的成功率只有 60%。进一步考虑到无论是引进还是自行设计生产线，产量都能增加，因此，公司生产部门又制定了两个生产方案：一是产量与过去相同(保持不变)，二是产量增加，为此又需要进行决策。最后，若引进或自行设计均不成功，公司只得采用原有生产工艺继续生产，产量自然保持不变。公司打算生产该产品 5 年。根据以往的价格统计资料和市场预测信息，该类产品在今后 5 年内价格下跌的概率为 0.1，保持原价的概率为 0.5，而涨价的概率为 0.4。通过估算，得到各种方案在不同价格状态下的收益值见表 8-4。

表 8-4 例 8-3 的收益表 单位：万元

方案 \ 自然状态		价格下跌 (0.1)	价格不变 (0.6)	价格上涨 (0.3)
按原工艺生产		−200	0	240
引进生产线 A_1 (成功率 0.8)	产量不变 B_1	−350	120	300
	产量增加 B_2	−700	220	550
自行设计生产线 A_2 (成功率 0.6)	产量不变 B_1	−300	60	350
	产量增加 B_2	−600	−350	720

解:本题的决策树及分析过程见图 8-2。由图可见,应该先引进生产线;若成功的话,就增加产量,若失败就按照原工艺生产。

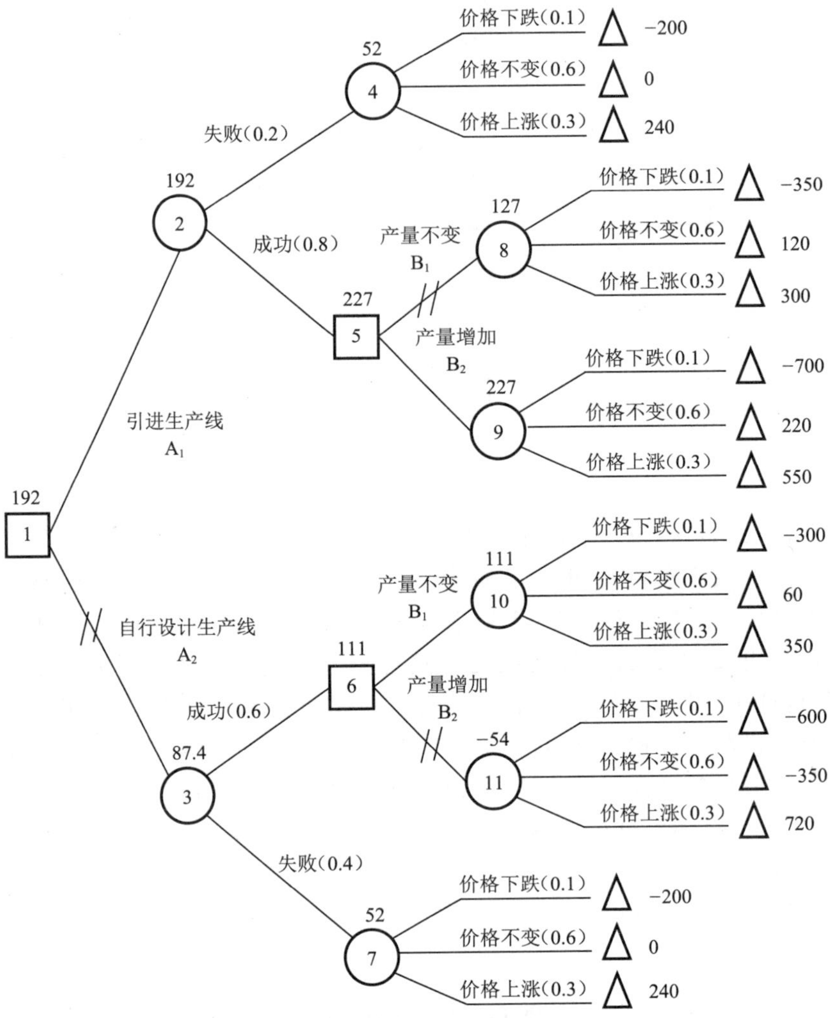

图 8-2　例 8-3 的多级决策树

二、信息的价值

信息和决策的关系十分密切。要获得正确的决策,就必须依赖足够和可靠的信息,但是为获取这些信息花费的代价也相当大。为此存在这样一个问题:是否值得花费一定的代价去获得更充足的信息?这样就出现了如何评价信息价值的问题。

决策所需的信息一般可以分为两类:一类是完全信息,即据此可以得到完全肯定的自然状态信息，这样有助于正确决策，从而使决策获得较大的收益。但为了获得完全信息的代价也相当大，而且在现实中，要获得这种完全信息也较为困难或根本不可能。另一类是抽样信息，这是一类不完全可靠的信息。通过抽样所获得的信息，采用统计方法来推断自然状态出现的概率，据此选择行动方案。抽样信息虽不十分可靠，但获得此类信息的代价也较小，且在现实中，也只可能获得这类信息以供决策之需。

1. 完全信息的价值

在风险型决策问题中，如果通过各种方法能够事先获得所有确定的信息，即可得到肯定的自然状态的信息，称为获得完全信息。完全信息的价值实际上就是补充完全信息的损益期望值与未补充信息的损益期望值的差值。

【例 8-4】 某石油机械装备厂生产一种产品，该产品属于批量生产，每批次 500 件。对统计资料的分析表明，该产品在生产中有五个等级的次品率，每个等级对应的次品率及概率见表 8-5。

表 8-5　五个等级对应的次品率及其概率值

等　级	S_1	S_2	S_3	S_4	S_5
次品率/%	2	5	10	15	20
概　率	0.3	0.3	0.1	0.2	0.1

次品率的高低与生产该产品所用设备的可靠性有很大关系。设备可靠性越高，次品率越低；反之，次品率越高。为此，企业主管生产的部门建议在生产该产品前，先对设备增加一道调整工序，通过调整工序，可使全部产品处于 S_1 状态，从而可以降低次品率。但增加调整工序就会增加工序费用。经过核算，每批产品的调整费用为 600 元。此外，在检出次品后需要对次品进行更换，费用为 20 元/件，那么，如果调整，则每批次的总费用为：$500\times2\%\times20+600=800$（元）。如果不对设备进行调整，那么 $S_1\sim S_5$ 这五个等级下的费用就是更换次品的费用，见表 8-6。现在的问题是：如果要调整设备，就要对调整前的设备委托第三方进行检测，那么可以接受的检测费用是多少？

表 8-6　例 8-4 的费用

等级(概率)	S_1(0.3)	S_2(0.3)	S_3(0.1)	S_4(0.2)	S_5(0.1)
调整 A_1	800	800	800	800	800
不调整 A_2	200	500	1 000	1 500	2 000

解：由表 8-6 可知，当处于 S_1、S_2 状态时，采用 A_2 方案，其费用值小于 A_1 方案；若处于其他三种状态时，则采用 A_1 方案的费用值小于 A_2 方案的。据此可计

算费用期望值为：0.3×200＋0.3×500＋0.1×800＋0.2×800＋0.1×800＝530(元)。如果没有经过调整工序，费用期望值为：0.3×200＋0.3×500＋0.1×1 000＋0.2×1 500＋0.1×2 000＝810(元)。

由于通过调整完全可以把握产品的状态信息，因此可得完全信息的价值为：810－530＝280(元)。

由该例可知，为获得完全信息所要付出的代价，不应大于完全信息所能得到的价值，本例中不应大于 280 元。这说明，如果检测费用小于 280 元，则增加检测工序是可取的。

2. 抽样信息的价值

下面举例说明抽样信息的价值。

【例 8-5】 某石化公司针对某一型号的油品有三种备选行动方案：S_1(大规模生产)、S_2(中规模生产)、S_3(小规模生产)。未来市场对这种产品的需求情况有两种可能发生的自然状态：N_1(需求量大)、N_2(需求量小)，且 N_1 的发生概率 $P(N_1)=0.3$，N_2 的发生概率 $P(N_2)=0.7$。经估计，采用某一行动方案而实际发生某一自然状态时，公司的收益见表 8-7。

表 8-7　不同方案在不同自然状态下的收益

方案＼自然状态	N_1	N_2
S_1	30	－6
S_2	20	－2
S_3	10	5

现在该公司欲委托一个咨询公司做市场调查。咨询公司调查的结果也有两种：I_1(需求量大)、I_2(需求量小)。由该咨询公司积累的资料统计可知，当市场需求量已知时，咨询公司调查结论的条件概率见表 8-8。

表 8-8　咨询公司调查结论的条件概率

调查结果＼自然状态	N_1	N_2
I_1	$P(I_1/N_1)=0.8$	$P(I_1/N_2)=0.1$
I_2	$P(I_2/N_1)=0.2$	$P(I_2/N_2)=0.9$

如果样本调查要价 3 万元，那么决策是否要使用这样的调查呢？

解：绘制多级决策树，如图 8-3 所示。由全概率公式求得：

$P(I_1)=P(N_1)P(I_1/N_1)+P(N_2)P(I_1/N_2)=0.3\times0.8+0.7\times0.1=0.31$

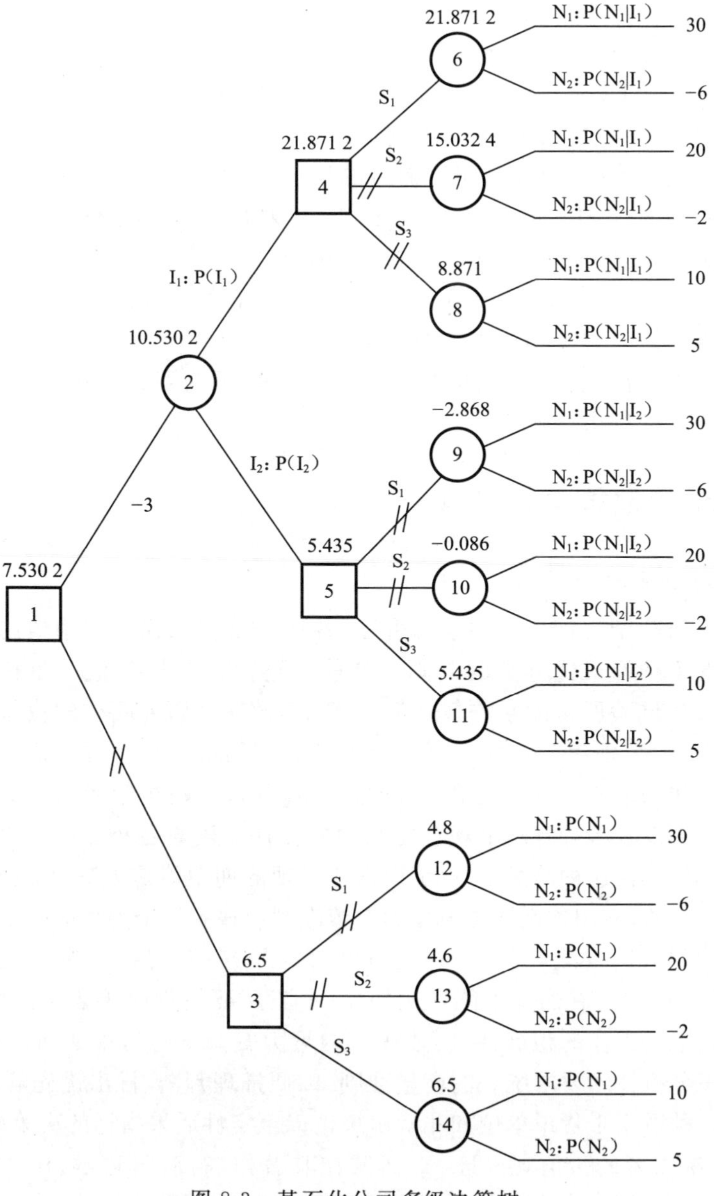

图 8-3 某石化公司多级决策树

$P(I_2)=P(N_1)P(I_2/N_1)+P(N_2)P(I_2/N_2)=0.3\times0.2+0.7\times0.9=0.69$

然后，由条件概率公式求得在调查结论已知时的条件概率：

$$P(N_1/I_1)=P(N_1\cap I_1)/P(I_1)=P(I_1/N_1)P(N_1)/P(I_1)$$
$$=0.24/0.31=0.774\ 2$$

$$P(N_2/I_1)=P(N_2\cap I_1)/P(I_1)=P(I_1/N_2)P(N_2)/P(I_1)$$
$$=0.07/0.31=0.225\ 8$$

$$P(N_1/I_2)=P(N_1\cap I_2)/P(I_2)=P(I_2/N_1)P(N_1)/P(I_2)$$
$$=0.06/0.69=.087\ 0$$
$$P(N_2/I_2)=P(N_2\cap I_2)/P(I_2)=P(I_2/N_2)P(N_2)/P(I_2)$$
$$=0.63/0.69=0.913\ 0$$

代入多级决策树，得到公司咨询后的期望收益可达到 10.530 2 万元，比不进行市场调查的公司收益 6.5 万元要高，其差额就是样本调查的价值，记为 EVSI(Expected Value of Sample Information)。

$$\text{EVSI}=10.530\ 2-6.5=4.030\ 2(\text{万元})$$

所以当咨询公司市场调查的要价低于 4.030 2 万元时，公司可考虑委托其进行市场调查，否则就不进行市场调查。在这里，因为咨询公司要价 3 万元，所以应该委托其进行市场调查。

三、效用曲线及其决策

1. 效用值问题的提出

由以上风险型决策分析的求解可知，各种决策都以损益期望值的大小作为在风险情况下选择最优方案的准则。如前所述，所讲“期望值”，是指在相同条件下通过大量试验所得的平均值。但在实际工作中，如果同样的决策分析只做一次或少数几次，则用损益期望值作为决策的准则就不尽合理。而在决策分析中需要反映决策者对决策问题的主观意图和倾向，反映决策者对决策结果的满意程度等。决策者所持有的主观意图和倾向往往又随着各种错综复杂的主观或客观因素变化。在这种情况下，以货币形式出现的期望值是无法反映这些客观或主观影响因素的，应用货币期望值作为决策准则会遇到两个棘手的问题：

第一，后果的多样性。每种行动方案都会带来多种后果，有的或者大多数可以用货币值衡量，有的却不能。例如，一个工厂要拨款改善职工的生活设施，目的是提高职工工作的积极性、增强职工内聚力等。不管后果如何多种多样，规范化的决策分析技术要求统一的衡量准则，以便推理判断，排出优先顺序。因此，需要建立一种适用于货币单位和非货币单位以至定性后果指标的决策准则。

第二，决策者的价值观。H. A. 西蒙在其著作《行政管理学》中讨论了事实与价值的区别问题。他指出，事实命题是关于现实世界的描述，价值命题则是陈述人的偏好。科学命题都是事实命题，事实命题存在“是非问题”，可以用实证办法证明其是真是假，即证明所描述的情况是否和现实世界符合。而价值命题难以用科学方法处理，不能用客观事实证明其是或非，因为它反映了人的主观偏好。在系统工程中，系统决策是由决策者做出的，所以决策技术需要一种能反映决策者价值观念的准则。因此，除了适合用损益期望值作为决策准则的情况外，有必要利用一些能反映上述主、客观因素的指标，作为决策时衡量行动方案优劣的准则。

效用值(utility value)就是为了处理上述问题而建立起来的一种概念。事实上,在18世纪克拉默(G. Gramer)和伯努利(D. Bernoulli)两位学者就提出了财富的效用值概念,认为财产的效用值将随财富的增加而增加,但增加的幅度递减。效用值理论已成为决策理论和决策分析的基础。通过效用函数及其效用曲线所确定的效用值就是一种有效的准则或尺度。效用实质上反映了决策者对风险所抱的态度。

2. 效用曲线的类型

对于相同的损益货币值,不同决策者的反应不一定相同。例如,大企业领导人和小企业领导人由于运作资金金额不同,对待同样数量的盈亏会抱有不同的态度。由于小企业资金不多,对小额盈亏会很重视;而大企业资金雄厚,就不会看重小额盈亏,所以不同的决策者对风险的态度往往是不同的,而这种对待风险的态度又反映在效用曲线上。效用曲线在理论上有四种类型,如图8-4所示。

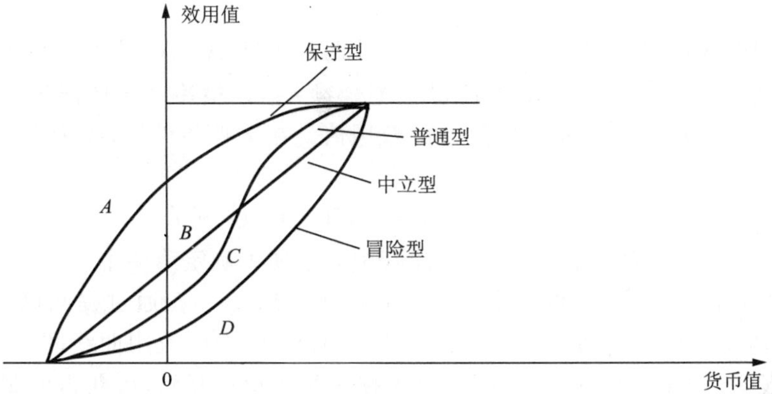

图 8-4　效用曲线的四种类型

(1) 保守型曲线。

保守型曲线见图8-4中的曲线 A,其效用函数具有减速递增的性质。它反映了一种随着损益的增多效用也递增,但递增的速度越来越缓慢的情形。这样的决策者对于损失特别敏感,而对大量收益,其吸引力却不是很大,所以该类曲线反映了决策者对待风险的态度是厌恶,谨小慎微,极力避免风险。

(2) 冒险型曲线。

冒险型曲线见图8-4中的曲线 D,其效用函数具有加速递增的性质,也称为进取型效用曲线。它反映了一种随着损益的增多效用也递增,且递增的速度呈现越来越快的情形。这样的决策者专注于获取大的收益而不关心亏损,所以该类曲线反映了决策者对经营风险的态度是追求的,企图谋取更大的利润,勇于承担风险。

(3) 中立型曲线。

中立型曲线见图 8-4 中的曲线 B,其效用函数是线性函数。该类决策者认为,不必对决策的某项后果特别关注而谨慎从事。这样的决策者对待风险的态度是中性的。由于效用函数呈线性关系,因此效用期望值最大的方案也必定是收益期望值最大的方案。所以对这类决策者不必寻求效用函数,而是直接利用货币期望值作为评价和选择方案的标准。

(4) 普通型曲线。

普通型曲线见图 8-4 中的曲线 C。从微分的角度看,它是一条有拐点的曲线,这类决策者有一定的冒险胆略,但损益增至某个数量时,他就会转为稳妥策略,曲线上的拐点(对应横轴的货币值)就是决策者对待风险态度的转变点。曲线 A 和曲线 D 是曲线 C 的特例。就一般情况而言,一个人并非一点儿都不敢冒险,往往在风险不大时敢于承担风险而追求风险;一旦风险过大就不敢承担风险而变得厌恶风险,风险态度的转变通常是决策者的财产现状点。

3. 效用曲线的绘制

效用曲线可以采用对比提问法。设计两种方案 A_1、A_2,其中,A_1 为无风险可得一笔金额 x_2;A_2 为以概率 P 得一笔金额 x_3,以概率 $1-P$ 损失一笔金额 x_1。$x_1<x_2<x_3$,$U(x_i)$表示金额 x_i的效用值。在某种条件下,决策者认为 A_1、A_2两种方案等效:

$$P \cdot U(x_1)+(1-P)U(x_3)=U(x_2) \tag{8-2}$$

其中,P、x_1、x_2、x_3 为 4 个未知数,已知其中 3 个便可确定第 4 个。

一般用改进的方法,即固定 $P=0.5$,每次给出 x_1、x_3,通过提问确定 x_2,用式(8-2)求出 $U(x_2)$。通常采用 5 点法确定 5 个点,作出效用曲线图。例如,在某次交易中,决策者认为,可承担的最大损失是 1 000 万元,可获得的最大收益是 2 000 万元,即 $U(2\,000)=1$,$U(-1\,000)=0$。

提问(1):你觉得直接给你多少钱,可以和方案"以 0.5 的概率得到 2 000 万元,0.5 的概率损失 1 000 万元"等效呢?

回答(1):1 200 万元,即 $0.5U(2\,000)+0.5U(-1\,000)=U(1\,200)$,则 $U(1\,200)=0.5$。

提问(2):你觉得直接给你多少钱,可以和方案"以 0.5 的概率得到 1 200 万元,0.5 的概率损失 1 000 万元"等效呢?

回答(2):800 万元,即 $0.5U(1\,200)+0.5U(-1\,000)=U(800)$,则 $U(800)=0.25$。

提问(3):你觉得直接给你多少钱,可以和方案"以 0.5 的概率得到 800 万元,0.5 的概率损失 1 000 万元"等效呢?

回答(3)：200 万元，即 $0.5U(800)+0.5U(-1\ 000)=U(200)$，则 $U(200)=0.125$。

该决策者的效用曲线如图 8-5 所示，可见，该决策者属于冒险型。

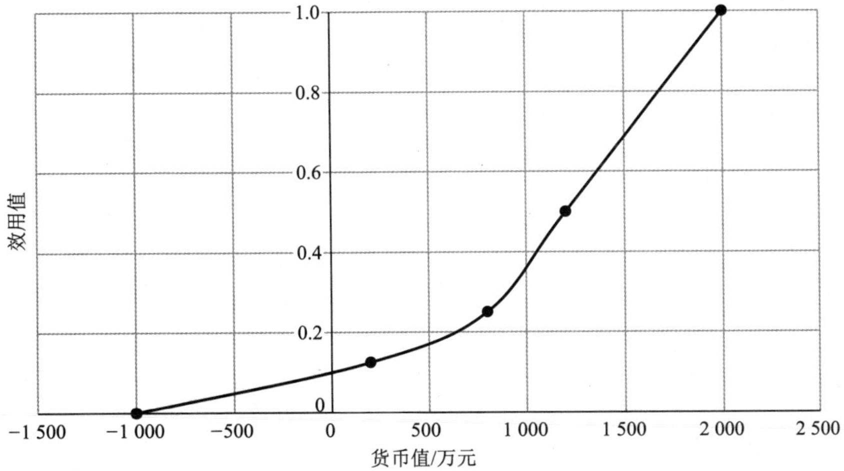

图 8-5　效用值曲线的五点作图法

4. 基于效用曲线的决策

(1) 效用期望值法。

在实际工作中，除决策后果造成惨重损失的小概率事件，对决策后果关系重大且危及生命的问题，决策者不应按损益期望值准则选择方案。此时决策者个人的主观因素会对决策过程产生重大影响，一般地，在做风险较小的决策时采用损益期望值法。当决策只进行一次并含有较大风险时，在不同的人之间往往会出现分歧，实质上，效用能够反映出决策者对于风险的态度，此时可采用效用期望值法进行决策。

所谓效用期望值，就是先将不同的货币值转换成主观上的价值（效用值），然后以概率为权数求其加权平均值。计算公式为：

$$E(U)=\sum_{i=1}^{m}P_iU_i \tag{8-3}$$

式中，U_i 为效用 U 这一随机离散变量的第 i 个取值，$i=1,2,\cdots,m$；P_i 为 U 取 U_i 时的概率。

利用公式(8-3)算出每个行动方案的效用期望值并加以比较，将效用期望值最大的方案作为最优方案。

【例 8-6】　某公司现有 50 000 元，面临两个投资机会：一是将此 50 000 元投入一项把握不太大的石油钻探计划。如果钻探计划成功了，这笔投资到年末价值 75 000 元；如果不成功，投资者则需承担 25 000 元的损失。据估计，发现石油的概率为 60%，找不到石油的概率为 40%。二是购买股票，如果盈利率为 5%，年末可得本息 52 500 元；如果盈利率为 10%，年末可得本息 55 000 元。盈利率 5%和 10%的概率均为 0.5。请问该公司应该如何决策？

解：该公司决策者厌恶风险，其效用曲线如图 8-6 所示。

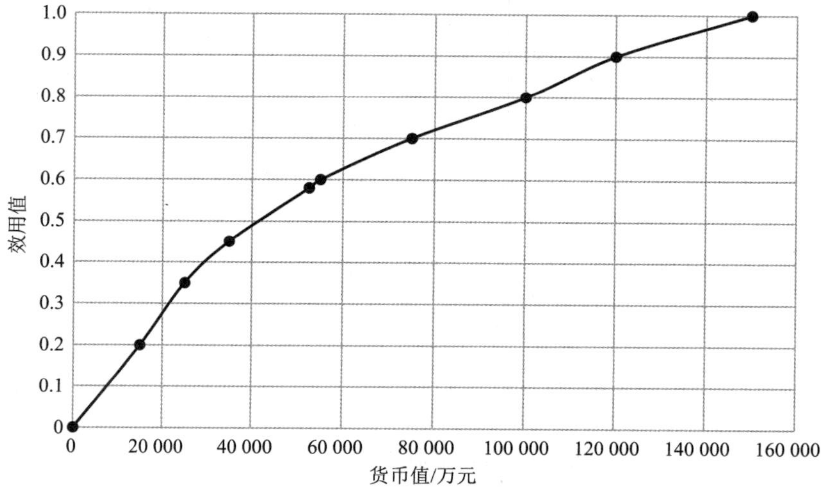

图 8-6　公司的效用曲线

由表 8-9 可知，如从货币期望值来考虑，投资钻探计划的期望损益值大于投资股票的期望损益值，以选择投资钻井计划为佳。如从效用期望值来考虑，投资钻探计划的期望效用值小于投资股票的期望效用值，则应选择投资股票。

表 8-9　例 8-6 的状态损益值　　单位：元

方　案	状　态	概　率	损益值	对应效用值	期望损益值	期望效用值
投资钻探计划	有　油	0.6	75 000	0.70	55 000	0.56
	无　油	0.4	25 000	0.35		
投资股票	盈利 5%	0.5	52 500	0.58	53 750	0.59
	盈利 10%	0.5	55 000	0.60		

（2）前景决策。

在实际决策中，决策者会出现在面临损失时偏好风险、面临收益时厌恶风险的“有限理性”行为。Kahneman 和 Tversky 等遵循西蒙的“有限理性”理论和启发式思想提出了前景理论（Prospect Theory），将人的心理偏好纳入风险和不确定性决策分析中，揭示了影响人类决策行为的非理性因素，颠覆了以期望效用最大化为准则的传统决策理论。该理论将风险和不确定性决策过程划分为编辑和评价两个阶段，以价值函数（实际上就是效用函数）和权重函数对结果的总价值进行度量和决策。

设数 x 偏离某一参考点 x_0 的大小为 Δx，即 $\Delta x = x - x_0$，$\Delta x \geqslant 0$ 表示 x 相对于 x_0 获得收益，$\Delta x \leqslant 0$ 表示遭受损失，记 x 的价值函数为

$$\phi(x) = \begin{cases} (\Delta x)^{\alpha}, \Delta x \geqslant 0 \\ -\theta(-\Delta x)^{\beta}, \Delta x < 0 \end{cases} \tag{8-4}$$

式中，α, β 为风险态度系数，分别表示决策者对收益和损失的敏感程度，$\alpha, \beta \in [0,1]$；θ 为风险规避系数，$\theta > 1$ 表示相对于收益，决策者对损失更加敏感。Kahneman 等通过经验数据认为，通常可取 $\alpha = \beta = 0.88$、$\theta = 2.25$；Abdellaoui 建议 α 和 β 的取值分别为 0.89 和 0.92；Kahneman 和 Tversky 建议 θ 为 2.0～2.5。

前景理论的价值函数曲线如图 8-7 所示。可以发现：决策者在面对收益时是凹函数，表现出风险厌恶；在面对损失时是凸函数，表现出风险偏好，而且，α 或 β 越大，表示决策者越倾向于冒险。

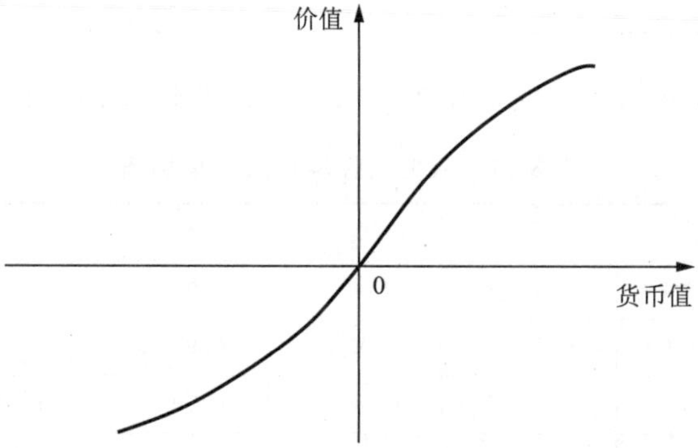

图 8-7　前景理论的价值函数曲线

已知各方案所有指标值的前景值，计算各个方案累积前景值的公式为：

$$P(A_i) = \sum_{j=1}^{n} w_j \phi(x_{ij}) \tag{8-5}$$

式中，$P(A_i)$ 表示第 i 个方案的累积前景值，w_j 表示第 j 个指标的权重，x_{ij} 表示第 i 个方案第 j 项指标值，$\phi(x_{ij})$ 表示 x_{ij} 对应的前景值。

根据公式(8-5)可以计算各方案的累积前景值，累积前景值越大，表示方案越好，同时也可以依据取值大小，对方案进行排序，选择前几个方案。

四、基于前景理论的石油管道路径优选

随着 A 公司石油产量的逐步提升，传统的汽车运输成本高、风险大，已达不到输送要求，现需要建立外输管道，把原油输送到石油炼化工厂 B 处。经某石

油勘探设计院踏勘设计，并完成石油输送管道可行性研究报告，根据所提供的报告，现有四个外输管道方案{A_1，A_2，A_3，A_4}可供选择，需要考虑的属性有六个，分别为管道长度 C_1、工程投资 C_2、运行费用 C_3、设计压力 C_4、地理条件 C_5、社会环境 C_6。已知期望方案和四个备选方案的指标数据见表 8-10。其中 C_5 和 C_6 的值是在[0，1]范围内由专家给定的。6 个指标的权重分别为 0.06、0.16、0.27、0.19、0.18、0.14。试运用前景理论进行决策。

表 8-10　期望方案和四个备选方案的指标数据

方　案	C_1/km	C_2/百万元	C_3/百万元	C_4/MPa	C_5	C_6
E	245	8.00	6.00	6.0	0.50	0.60
A_1	248	8.52	6.84	6.1	0.30	0.50
A_2	270	8.19	6.45	7.2	0.50	0.70
A_3	255	8.87	6.78	8.4	0.70	0.50
A_4	260	8.36	6.22	8.0	0.80	0.20

首先，对各方案的属性值运用极值法进行标准化，结果见表 8-11。

表 8-11　极值法标准化后的指标值

方　案	C_1	C_2	C_3	C_4	C_5	C_6
E	0.909 1	0.985 3	1.000 0	1.000 0	0.400 0	0.800 0
A_1	1.000 0	0.514 7	0.000 0	0.958 3	0.000 0	0.600 0
A_2	0.000 0	1.000 0	0.609 4	0.500 0	0.400 0	1.000 0
A_3	0.681 8	0.000 0	0.093 7	0.000 0	0.800 0	0.600 0
A_4	0.454 5	0.750 0	0.968 8	0.166 7	1.000 0	0.000 0

继而计算各方案的属性值与参照点的距离，见表 8-12。

表 8-12　各方案的属性值与参照点的距离

方　案	C_1	C_2	C_3	C_4	C_5	C_6
A_1	0.090 9	−0.470 6	−1.000 0	−0.041 7	−0.400 0	−0.200 0
A_2	−0.909 1	0.014 7	−0.390 6	−0.500 0	0.000 0	0.200 0
A_3	−0.227 3	−0.985 3	−0.906 3	−1.000 0	0.400 0	−0.200 0
A_4	−0.454 5	−0.235 3	−0.031 2	−0.833 3	0.600 0	−0.800 0

将表 8-12 中的数值代入公式(8-4)，其中，$\alpha=\beta=0.88$、$\theta=2.25$，得到对应的价值见表 8-13。

表 8-13　各方案属性值对应的价值

方　案	C_1	C_2	C_3	C_4	C_5	C_6
A_1	0.121 2	−1.159 1	−2.250 0	−0.137 3	−1.004 6	−0.545 9
A_2	−2.069 0	0.024 4	−0.983 9	−1.222 6	0.000 0	0.242 6
A_3	−0.610 9	−2.220 9	−2.063 3	−2.250 0	0.446 5	−0.545 9
A_4	−1.124 2	−0.629 8	−0.106 6	−1.916 5	0.637 9	−1.848 9

将表 8-11 中的数值代入公式(8-5)，得到 A_1、A_2、A_3 和 A_4 的累积前景值依次为：−1.069 0、−0.584 2、−1.372 6、−0.705 1，可见四个方案的排序依次为 $A_2>A_4>A_1>A_3$。可以考虑实施外输管道方案 A_2。

第三节　不确定型决策

一、鲁棒决策的基本思想

在各种自然状态不确定，且其出现概率无法估算的情况下，基于概率的风险型决策不再适用。此时，可以采用基于“最坏情景”(Worst Scenarios)分析的鲁棒性方法(Robustness Approach)。作为一种不确定型决策方法，鲁棒性方法的主要特点是利用“情景”描述不确定的自然状态，目的是找到在任何情景下的结果都不会太差的方案，以避免发生最坏的情况。

不同于计算损益期望值的风险型决策方法，鲁棒性方法常用的决策准则有：绝对鲁棒准则(Absolute Robust Criterion，又称悲观法)和最小最大后悔值准则(Minimax-regret Criterion)。两种决策准则均是基于最坏情形进行分析的，不需要估计自然状态的概率信息。

在绝对鲁棒准则中，管理者比较悲观，认为将来会发生最坏的结果，无论采用哪种方案，都只能得到该方案的最小收益或最大损失。如果决策方案所对应的损益值表现为收益，那么绝对鲁棒准则的形式表现为“小中取大”。决策者将每一种方案在各种情景下最小的收益值选出，然后从各个最小收益中选出收益最大的方案。如果损益值表现为损失，则绝对鲁棒准则的形式表现为“大中取小”。可见，该方法限于各方案的最坏结果，虽然风险较小，但过于保守。

最小最大后悔值准则又称 Savage 准则，是指决策者在选择了某方案后，如果将来发生的自然状态表明其他方案的收益更大，那么他会为自己的选择而后悔。“后悔值”是决策者失策造成的机会损失，那么可以用同一自然状态下最优方案的损益值与该自然状态下决策者所选方案的损益值偏差或者偏差的百分比来衡量。用偏差来计算后悔值的准则又称为鲁棒偏差准则(Robust Deviation Criterion),用偏差占最优方案下损益值的百分比计算后悔值的准则又称为相对鲁棒准则(Relative Robust Criterion)。为了避免较大的机会损失,最小最大后悔值法选取最大后悔值最小的方案。由于该决策准则以最优方案为"标杆"来计算机会损失,既能避免最坏情况的发生,也能保证结果良好,不像绝对鲁棒准则那样保守,更符合大多数规避风险者的心理。

二、鲁棒决策的模型及步骤

1. 鲁棒决策的数学描述

在鲁棒优化方法中,不确定的自然状态是用情景集合 S 来描述的。一个情景 $s\in S$ 代表一种可能发生的结果,但其发生的概率未知。若 Ω 表示行动方案集合,$f(X,s)$ 表示行动方案 $X\in\Omega$ 在情景 s 下的损益值(假定决策者希望收益最大)。

绝对鲁棒准则是在最坏的结果中选取最好的方案,即首先找出每个行动方案在所有情景下的最小值,然后在所有最小值中找出其中的最大值,该最大值所对应的行动方案即为最好方案,用公式表示为:

$$\max_{X\in\Omega}\min_{s\in S} f(X,s) \tag{8-6}$$

其中,使得 X 收益最小($\min\limits_{s\in S} f(X,s)$)的情景被称为 X 的最坏情景。

情景 s 下的最优行动方案 X_s^* 及其收益 f_s^* 可以通过求解如下确定型决策问题得到

$$f_s^* = f(X_s^*, s) = \max_{X\in\Omega} f(X,s) \tag{8-7}$$

如果决策者采取方案 X,那么将来发生情景 s 时,他的后悔值 $r(X,s)$ 为最大收益 f_s^* 与实际收益 $f(X,s)$ 的偏差,即 $r(X,s)=f_s^*-f(X,s)$。那么,每种方案的最坏情景变为 X 的后悔值最大即 $\max\limits_{s\in S}(f_s^*-f(X,s))$ 的情景。最小最大后悔值的鲁棒偏差决策准则就是选取所有方案的最大后悔值中最小者所对应的行动方案,即

$$\min_{X\in\Omega}\max_{s\in S}\,(f_s^*-f(X,s)) \tag{8-8}$$

式中的 $f_s^*-f(X,s)$ 除以 f_s^* 得到的公式即为相对鲁棒准则。

2. 鲁棒决策的步骤

鲁棒优化方法是基于最坏情景进行分析的,无论是绝对鲁棒准则还是最小最大后悔值准则,都是选取最坏结果中最好的方案。由于不同决策准则下最坏

情景的定义不同，所以下面分别阐述两种鲁棒决策准则下的实施步骤：

（1）绝对鲁棒准则。运用绝对鲁棒准则寻找最优策略的步骤为：

① 描述不确定参数可能出现的情景集合 $S=\{s_1,s_2,\cdots,s_j,\cdots,s_n\}$；

② 确定可行方案的集合 $\Omega=\{X_1,X_2,\cdots,X_i,\cdots,X_m\}$；

③ 计算各行动方案在各种情景下的收益 $f(X_i,s_j)$；

④ 确定各方案的最小收益 $\min\limits_{s_j\in S} f(X_i,s_j)$ 及对应的最坏情景；

⑤ 比较各方案最坏情景下的收益，从中找出收益最大的方案。

可以直接通过收益矩阵进行决策。首先，根据各方案在各种情景下的收益 $f(X_i,s_j)$ 列出收益矩阵，然后按照上述步骤决策。

（2）最小最大后悔值准则。运用最小最大后悔值准则寻找最优策略的步骤为：

① 给出各方案在不同情景下的收益 $f(X,s)$；

② 确定各情景下的最大收益 f_s^* 及对应方案；

③ 计算各方案在不同情景下的后悔值 $r(X,s)=f_s^*-f(X,s)$；

④ 确定各方案的最大后悔值 $\max\limits_{s\in S}(f_s^*-f(X,s))$ 及对应的最坏情景；

⑤ 选取最大后悔值最小的方案。

根据上述步骤也可以建立最小最大后悔值准则的决策矩阵模型。首先，列出收益矩阵，确定各情景下的最大收益。其次，建立后悔值矩阵，并基于此做出决策。

注意：当决策者的目的是减少损失时，在绝对鲁棒准则中，第④步变为寻找各方案的最大损失，第⑤步则是在最大损失中寻找最小值；在最小最大后悔值准则中，第②步变为确定各情景下的最小损失，第③步后悔值变为实际损失与最小损失的偏差 $f(X,s)-f_s^*$。也可以将损失值看成负的收益值，按照上述步骤决策。

三、基于鲁棒准则的石油钻采设备制造企业决策

某石油钻采设备制造企业准备生产一种全新产品。估计该产品的销售量有较高、一般、较低、很低四种情况，而对每种状态出现的概率则无法预测。为生产该产品，企业有三种实施方案：新建一个车间进行生产；改造一个现有车间进行生产；部分零件在现有车间生产，部分零件外购。该新产品能生产 10 年，10 年内在不同状态下的收益（扣除投资费用）见表 8-14。请分别运用绝对鲁棒准则和最小最大后悔值准则决策实施方案。

表 8-14　各方案的收益　　单位:万元

收益 / 实施方案	销售量状态			
	较高(s_1)	一般(s_2)	较低(s_3)	很低(s_4)
建立新车间(X_1)	850	420	−150	−400
改造现有车间(X_2)	600	400	−100	−350
部分生产、部分外购(X_3)	400	250	90	−50

解:(1) 绝对鲁棒准则。

① 根据表 8-14 所列三种行动方案在四种情景下的收益值,可以确定各方案的最小收益及对应的最坏情景。

方案 X_1:$\min\{850,420,-150,-400\}=-400$,最坏情景为 s_4。

方案 X_2:$\min\{600,400,-100,-350\}=-350$,最坏情景为 s_4。

方案 X_3:$\min\{400,250,90,-50\}=-50$,最坏情景为 s_4。

② 选取最小收益中的最大值,可得

$$\max\{-400,-350,-50\}=-50$$

对应的实施方案为 X_3,即部分零件生产、部分零件外购。

上述过程也可以直接通过决策矩阵完成,对应的决策矩阵模型见表 8-15。

表 8-15　决策矩阵模型　　单位:万元

收益 / 实施方案	销售量状态				最小收益
	较高(s_1)	一般(s_2)	较低(s_3)	很低(s_4)	
建立新车间(X_1)	850	420	−150	−400	−400
改造现有车间(X_2)	600	400	−100	−350	−350
部分生产、部分外购(X_3)	400	250	90	−50	−50
决　策	$\max\{-400,-350,-50\}=-50$,选择 X_3				

(2) 最小最大后悔值准则。

① 根据收益表,可以确定四种情景下的最大收益及对应的方案。

情景 s_1:$\max\{850,600,400\}=850$,最优方案为 X_1。

情景 s_2:$\max\{420,400,250\}=420$,最优方案为 X_1。

情景 s_3:$\max\{-150,-100,90\}=90$,最优方案为 X_3。

情景 s_4:$\max\{-400,-350,-50\}=-50$,最优方案为 X_3。

② 计算在四种不同情景下各行动方案的后悔值。

方案 X_1:$r(X_1,s_1)=850-850=0$,$r(X_1,s_2)=420-420=0$,

$r(X_1,s_3)=90-(-150)=240$,$r(X_1,s_4)=-50-(-400)=350$

方案 X_2：$r(X_2,s_1)=850-600=250$，$r(X_2,s_2)=420-400=20$，$r(X_2,s_3)=90-(-100)=190$，$r(X_2,s_4)=-50-(-350)=300$

方案 X_3：$r(X_3,s_1)=850-400=450$，$r(X_3,s_2)=420-250=170$，$r(X_3,s_3)=90-90=0$，$r(X_3,s_4)=-50-(-50)=0$

③ 根据后悔值，可以得到各方案的最大后悔值及对应的最坏情景。

方案 X_1：$\max\{0,0,240,350\}=350$，最坏情景为 s_4。

方案 X_2：$\max\{250,20,190,300\}=300$，最坏情景为 s_4。

方案 X_3：$\max\{450,170,0,0\}=450$，最坏情景为 s_1。

④ 选取最大后悔值（单位：万元）最小的方案，可得

$$\min\{350,300,450\}=300$$

对应的实施方案为 X_2，即改造现有车间。

上述决策过程也可以通过后悔值准则决策矩阵模型完成，见表 8-16。

表 8-16 后悔值准则决策矩阵模型

单位：万元

收益 / 实施方案	销售量状态				最大后悔值
	较高（s_1）	一般（s_2）	较低（s_3）	很低（s_4）	
建立新车间（X_1）	0	0	240	350	350
改造现有车间（X_2）	250	20	190	300	300
部分生产、部分外购（X_3）	450	170	0	0	450
决　策	$\min\{350,300,450\}=300$，选择 X_2				

第四节　博弈决策

一、博弈论概述

博弈论（Game Theory）又称对策论，是研究两个或两个以上参与者在对抗性或竞争性局势下如何采取行动、如何做出有利于己方决策的数学理论与方法。

1928 年，冯·诺依曼（John von Neumann）证明了博弈论的基本原理，宣告了博弈论的正式诞生。1944 年，冯·诺依曼和摩根斯坦（Oskar Morgenstern）的《博弈论与经济行为》将二人博弈推广到 n 人博弈结构并将博弈论系统地应用于经济领域，从而奠定了这一学科的基础和理论体系。纳什（John Forbes Nash）的开创性论文《n 人博弈的均衡点》（1950 年）、《非合作博弈）（1951 年）

等，给出了纳什均衡的概念和均衡存在定理，为博弈论的一般化奠定了坚实的基础。随后，莱因哈德·泽尔腾（Reinhard Selten）、约翰·海萨尼（John C. Harsanyi）的研究也对博弈论发展起到了重要的推动作用。

1.基本要素与博弈结构

(1) 局中人(player)。博弈中独立决策、独立承担博弈结果的参与者称为局中人或博弈方。有 n 个局中人参与的博弈称为 n 人博弈：$n=1$ 是单人博弈，严格地讲，单人博弈已退化为一般的最优化问题；$n=2$ 是两人博弈；$n>2$ 是多人博弈。

(2) 策略(strategy)。博弈中各局中人可选择的实际可行的完整行动方案称为策略。一般地，如果博弈中每个博弈方的策略都是有限的，则称为有限博弈，如果博弈中每个博弈方的策略都是无限的，则称为无限博弈。

(3) 得益(payoffs)。得益即参与博弈的各个博弈方从博弈中所获得的收益，它是各博弈方追求的根本目标，也是他们行为和判断的主要依据。得益本身可以是数量的利润、收入，也可以是量化的效用、社会效益、福利等。

在两人或者多人博弈中，每个博弈方在每种策略组合下都有相应的得益，将每个博弈方的收益相加即得到了博弈方的“社会总收益”。在一些博弈中，不管博弈的策略组合是什么，总得益始终为某一常数，具有这种特征的博弈称为零和博弈或常和博弈。不具备这种特征的博弈称为变和博弈。

(4) 次序(orders)。博弈的过程可以是几个博弈方一次性同时进行策略选择，也可以是先后、反复或者重复的策略对抗，如寡头的削价竞争就是先后进行的。根据博弈次序的这种差异，博弈问题可以分为“静态博弈”“动态博弈”“重复博弈”。

① 静态博弈。所有博弈方同时或者可以看作同时选择策略的博弈称为静态博弈。静态博弈设定各方是同时决策的，或者决策时间不一定真正一致，但做出选择之前不允许知道其他博弈方的策略，或者在知道其他博弈方的策略之后不能改变自己的选择，如齐威王与田忌赛马、“石头、剪刀、布”游戏、猜硬币、古诺模型和投标活动等。

② 动态博弈。在现实生活中，大量存在各博弈方的选择和行动不但有先后次序，而且后选择、后行动的博弈方在自己选择、行动之前，可以看到其他博弈方的选择、行动甚至还包括自己的选择和行动。这种博弈称为动态博弈或多阶段博弈，显然弈棋就是一种动态博弈。

③ 重复博弈。重复博弈是由同一个博弈反复进行所构成的博弈过程。构成重复博弈的一次性博弈也称为“原博弈”或“阶段博弈”。

(5) 信息结构(Information Structure)。“知己知彼，百战不殆。”关于博弈环境和博弈方情况的信息是影响博弈方选择和博弈结果的重要因素，信息的差异通常会造成决策行为的差异和博弈结果的不同。

① 关于得益的信息。博弈中最重要的信息之一是关于得益的信息，即每个博弈方在每种策略组合下的得益情况。一般地，将各博弈方完全了解所有博弈方各种情况下得益的博弈称为完全信息博弈，而将至少部分博弈方不了解其他博弈方得益情况的博弈称为不完全信息博弈。不完全信息也意味着博弈方之间在对博弈信息的了解方面是不对称的，因此不完全信息博弈也是不对称信息博弈。

② 关于博弈过程的信息。在动态博弈中，当轮到某一方行动时，如果这一方对博弈的全部历史和状态有着完全的了解，这样的博弈方称为具有完美信息的博弈方。若动态博弈的所有博弈方都有完美信息，则该博弈称为完美信息动态博弈；反之，具有不完美信息的博弈方参与的博弈称为不完美信息动态博弈。

2. 博弈的分类

在关于博弈结构的分析基础上，可以看出各种博弈分类都是交叉的，不存在严格的层次关系，但可以根据不同的分类将博弈分析的影响程度排列出相应的次序：

第一，非合作博弈和合作博弈。

第二，在非合作博弈范围内，可分为完全理性博弈和有限理性博弈。

第三，静态博弈和动态博弈，包括特殊的动态博弈——重复博弈。

第四，根据信息是否完全和完美，可分为完全信息静态博弈和不完全信息静态博弈、完全且完美信息动态博弈、完全但不完美信息动态博弈、不完全信息动态博弈。

二、纳什博弈

纳什均衡的定义：在博弈 $G=\{S_1,\cdots,S_n;u_1,\cdots,u_n\}$ 中，如果由各个博弈方的一个策略组成的某个策略组合（$S_1^*,\cdots,S_n^*$）中，任一博弈方 i 的策略 S_i^* 都是对其余博弈方策略的组合（$S_1^*,\cdots,S_{i-1}^*,S_{i+1}^*,\cdots,S_n^*$）的最佳对策，即 $u_i(S_1^*,\cdots,S_{i-1}^*,S_i^*,S_{i+1}^*,\cdots,S_n^*)\geqslant u_i(S_1^*,\cdots,S_{i-1}^*,S_{ij},S_{i+1}^*,\cdots,S_n^*)$ 对任意 $S_{ij}\in S_i$ 都成立，则称（$S_1^*,\cdots,S_n^*$）为 G 的一个纳什均衡。

假设有 n 个局中人参与博弈，在给定其他人策略的条件下，每个局中人选择自己的最优策略（个人最优策略可能依赖于也可能不依赖于他人的策略），从而使自己的利益最大化。所有局中人策略构成一个策略组合（strategy profile）。纳什均衡指的是这样一种战略组合，这种策略组合由所有参与人的最优策略组成，在给定别人策略的情况下，没有人有足够的理由打破这种均衡。

1. 纯策略纳什均衡

局中人Ⅰ有 m 个策略 $A_1,\cdots,A_m$；局中人Ⅱ有 n 个策略 $B_1,\cdots,B_n$，不同策略下双方的收益见表 8-17。

表 8-17　二人博弈的收益

策略		局中人Ⅱ			
		B_1	B_2	…	B_n
局中人Ⅰ	A_1	a_{11},b_{11}	a_{12},b_{12}	…	a_{1n},b_{1n}
	A_2	a_{21},b_{21}	a_{22},b_{22}	…	a_{2n},b_{2n}
	⋮	⋮	⋮	⋮	⋮
	A_m	a_{m1},b_{m1}	a_{m2},b_{m2}	…	a_{mn},b_{mn}

由每个单元格中前一个数字构成的矩阵 $\boldsymbol{A}=[a_{ij}]_{m\times n}$ 是局中人Ⅰ的收益矩阵，由后一个数字构成的矩阵 $\boldsymbol{B}=[b_{ij}]_{m\times n}$ 是局中人Ⅱ的收益矩阵。

当局中人Ⅱ采用某策略 B_j 时，如果局中人Ⅰ采用其 m 个策略中的策略 A_i 可以获得最大收益，则称 A_i 是对 B_j 的最优反应。同样，当局中人Ⅰ采用某策略 A_i 时，如果局中人Ⅱ采用其 n 个策略中的策略 B_j 可以获得最大收益，则称 B_j 是对 A_i 的最优反应。当 A_i 和 B_j 互为最优反应时，称 (A_i,B_j) 为该博弈的纯策略纳什均衡。纯策略博弈问题可能有一个、多个或没有纳什均衡点。

【例 8-7】 某博弈问题的收益见表 8-18，求其纯策略纳什均衡点。

表 8-18　某博弈问题的收益

收益		乙		
		B_1	B_2	B_3
甲	A_1	650,650	350,700*	400,600
	A_2	700*,350	600,600	350,650*
	A_3	600,400	650*,350	550*,550*

解：在甲方收益矩阵每一列的最大数字上标上“*”号，在乙方收益矩阵每一行的最大数字上标上“*”号。单元格(3,3)有两个“*”号，所以策略 (A_3,B_3) 是此博弈问题的纳什均衡点。

2. 混合策略纳什均衡

如果没有纯策略纳什均衡，可以考虑求混合策略纳什均衡解。设局中人Ⅰ策略的分布为 $(x_1,\cdots,x_m)$，局中人Ⅱ策略的分布为 $(y_1,\cdots,y_n)$，那么

$$x_1+\cdots+x_m=1,\text{且 } x_1,\cdots,x_m\geqslant 0$$

$$y_1+\cdots+y_n=1，且\ y_1,\cdots,y_n\geqslant 0$$

局中人Ⅰ的期望收益为：

$$E_1(X,Y)=\sum_{i=1}^{m}\sum_{j=1}^{n}a_{ij}x_iy_j=\boldsymbol{X}^{\mathrm{T}}\boldsymbol{AY} \tag{8-9}$$

局中人Ⅱ的期望收益为：

$$E_2(X,Y)=\sum_{i=1}^{m}\sum_{j=1}^{n}b_{ij}x_iy_j=\boldsymbol{X}^{\mathrm{T}}\boldsymbol{BY} \tag{8-10}$$

其中，$\boldsymbol{X}=(x_1,\cdots,x_m)^{\mathrm{T}}$，$\boldsymbol{Y}=(y_1,\cdots,y_n)^{\mathrm{T}}$。

【例 8-8】 考虑油品销售商与消费者之间的博弈。销售商有“第二天打折销售”和“当天打折销售”两种策略，消费者有“第二天购买”和“当天购买”两种策略。双方的收益见表 8-19，求混合纳什均衡解（现价折扣促销博弈）。

表 8-19　销售商与消费者博弈的收益

收　益		消费者	
		第二天购买(y)	当天购买($1-y$)
销售商	第二天打折(x)	3,7	9,4
	当天打折($1-x$)	7,3	4,9

解：由表 8-19 可以看出，此博弈问题没有纯策略纳什均衡点。销售商和消费者的收益矩阵分别为：

$$\boldsymbol{A}=\begin{bmatrix}3 & 9\\ 7 & 4\end{bmatrix},\boldsymbol{B}=\begin{bmatrix}7 & 4\\ 3 & 9\end{bmatrix}$$

设销售商采用两种策略的概率分别为 x 和 $1-x$，消费者采用两种策略的概率分别为 y 和 $1-y$。记 $\boldsymbol{X}=(x,1-x)^{\mathrm{T}}$，$\boldsymbol{Y}=(y,1-y)^{\mathrm{T}}$，那么

$$\boldsymbol{X}^{\mathrm{T}}\boldsymbol{B}=[x\quad 1-x]\begin{bmatrix}7 & 4\\ 3 & 9\end{bmatrix}=[3+4x\quad 9-5x]$$

一个合理的假设是：销售商确定的 x 最好使得消费者无论哪一天购买商品都无所谓，即使得 $3+4x=9-5x$。由此得 $x=2/3$，$1-x=1/3$。基于同样的考虑，消费者确定的 y 使得销售商无论哪一天打折都无所谓，那么

$$\boldsymbol{AY}=\begin{bmatrix}3 & 9\\ 7 & 4\end{bmatrix}\begin{bmatrix}y\\ 1-y\end{bmatrix}=\begin{bmatrix}9-6y\\ 4+3y\end{bmatrix}$$

令 $9-6y=4+3y$，得 $y=5/9$，$1-y=4/9$。所以销售商的混合策略 $\boldsymbol{X}=(2/3,1/3)^{\mathrm{T}}$，消费者的混合策略 $\boldsymbol{Y}=(5/9,4/9)^{\mathrm{T}}$。

销售商和消费者的期望收益：由于 $\boldsymbol{AY}$ 的两个分量相等，$\boldsymbol{X}$ 的两个分量的和为 1，所以销售商的期望收益为 $\boldsymbol{AY}$ 的任一个分量：

$$E_1(X,Y)=9-6\times\frac{5}{9}=\frac{17}{3}$$

由于 $\boldsymbol{X}^{\mathrm{T}}\boldsymbol{B}$ 的两个分量相等，$\boldsymbol{Y}$ 的两个分量的和为1，所以消费者的期望收益为 $\boldsymbol{X}^{\mathrm{T}}\boldsymbol{B}$ 的任一个分量：

$$E_2(X,Y)=3+4\times\frac{2}{3}=\frac{17}{3}$$

三、合作博弈

存在具有约束力的合作协议的博弈就是合作博弈，否则就是非合作博弈。合作博弈强调的是集体理性，强调效率、公正、公平，参与者能够联合达成一个具有约束力且可强制执行的协议。合作博弈最重要的两个概念是联盟和分配。

合作博弈的结果必须是一个帕累托改进，博弈双方的利益都有所增加，或者至少是一方的利益增加，而另一方的利益不受损失。合作博弈研究人们达成合作时如何分配合作得到的收益，即收益分配问题。合作博弈采取的是一种合作的方式，合作之所以能够增进双方的利益，就是因为合作博弈能够产生一种合作剩余。至于合作剩余在博弈各方之间如何分配，取决于博弈各方的力量对比和制度设计。因此，合作剩余的分配既是合作的结果，又是达成合作的条件。

1. 合作博弈分配的基本概念

设有 n 个局中人，即 $N=\{1,2,\cdots,n\}$ 参与的博弈，称 N 的任意一个子集 S 为一个联盟。如果对于定义在 N 的任意子集（即联盟）上的一个实值函数 $v(S)$，满足：

$$v(\varnothing)=0,v(N)\geqslant\sum_{i=1}^{n}v(\{i\}) \tag{8-11}$$

其中，$\varnothing$ 为空集，也称空联盟，称 $v(S)$ 为 N 的一个特征函数（或联盟函数、收益函数）。通常，可以记一个合作博弈 $\boldsymbol{G}=[N,v]$。如果式(8-11)中的不等号严格成立，则称该博弈为实质性博弈；否则，称为非实质性博弈。

一般来说，合作博弈都具有超可加性，即在合作博弈 $\boldsymbol{G}=[N,v]$ 中，若对任意的 $S,T\subset N,S\cap T=\varnothing$，都有 $v(S)+v(T)\leqslant v(S\cup T)$。超可加性表明任何两个不相交的联盟合作取得的收益绝不少于二者单独进行时双方收益的和。特征函数 $v(S)$ 实际上表示了联盟 S 通过协调其内部成员的策略所能获取的最大收益。

给定一个合作博弈 $\boldsymbol{G}=[N,v]$，n 人合作博弈的分配就是对 n 人合作取得的最大收益，即其特征函数值 $v(N)$ 的分配，用分配向量表示为

$$\boldsymbol{x}(v)=(x_1,x_2,\cdots,x_n) \tag{8-12}$$

其中，x_i 表示局中人 i 所获得的分配。

在实际应用中，通常讨论的都是实质性博弈，因为对于非实质性博弈，合作

并没有给局中人带来更多的收益。而实质性博弈使局中人有合作的意愿，因为合作会使他们的收益有所增加。

2. 模型的求解方法

合作博弈的求解方法很多，应用基础合理而且较广的主要包括“占优”方法和“估值”方法。“占优”方法以“占优”为主要准则，体现了联盟的稳定性和联盟的信息。核心方法是“占优”准则的主要代表。它们使联盟及个体的合理分配处于一种“占优”状态，以致联盟和个体无法偏离该分配，达到合作博弈的稳定性。

“估值”方法通过规范道德要求的公理化体系赋予一种“合理”的分配值，并且这种估值是唯一的。Shapley 值是合作博弈“估值”方法的典型代表。

(1) “占优”方法。

在 n 人合作博弈 $\boldsymbol{G}=[N,v]$ 中，设 $\boldsymbol{x}=(x_1,x_2,\cdots,x_n)$ 是一个 n 维向量，满足下面两个条件：

$$x_i \geqslant v(\{i\}),i=1,2,\cdots,n \tag{8-13}$$

$$\sum_{i=1}^{n} x_i = v(N) \tag{8-14}$$

则 x 称为一个转归或分配。全体转归称为转归集，记为 $I(N,v)$。其中条件式(8-13)称为个体合理性条件，条件式(8-14)称为群体合理性条件。对于非实质性的合作博弈，转归集只有一个元素，即 $x_i \equiv v(\{i\}),i=1,2,\cdots,n$。对于一个实质性的合作博弈，有无穷多个转归。

设 n 人合作博弈 $\boldsymbol{G}=[N,v]$，存在一个转归 $x=(x_1,x_2,\cdots,x_n)\in I(N,v)$，使得对于所有 $S\subseteq N$，满足 $v(S)\leqslant \sum_{i\in S} x_i$，则这种转归 x 组成的集合称为博弈 $\boldsymbol{G}$ 的核心，记为 $C(v)$。

在合作博弈中，核心是一个非常合理的解概念，但是它存在两个问题：一是核心可能为空集，二是核心中可能有无穷多个元素。对于第一个问题，可建立数学规划模型进行求解判断：

$$\min z = x_1 + x_2 + \cdots + x_n \tag{8-15}$$

$$\text{s.t.}\quad x(S)\geqslant v(S),\forall S\subset N,S\neq\varnothing$$

如果该线性规划的最优目标函数值 $z^* \leqslant v(N)$，则该博弈的核心为非空集；反之，如果 $z^* > v(N)$，则该博弈的核心为空集。

对于第二个问题，通常可采取如下方法使解唯一化：

① Nash-Harsanyi 谈判方法。

Nash-Harsanyi 谈判模型是建立在纳什公理基础上的一个求解多人合作博弈的方法。模型表示为：

$$\min[x_1-v(\{1\})][x_2-v(\{2\})]\cdots[x_n-v(\{n\})] \tag{8-16}$$

$$\text{s.t.}\begin{cases}x(S)\geqslant v(S),\forall S\subset N,S\neq\varnothing\\ x_1+x_2+\cdots+x_n=v(N)\end{cases}$$

② 最小 ε-核心法。

在最小 ε-核心法中，给所有联盟 S 的收益总和都加上相同的额外量 ε，其数学模型表示为：

$$\min \varepsilon \tag{8-17}$$

$$\text{s.t.}\begin{cases}x(S)+\varepsilon|S|\geqslant v(S),\forall S\subset N,S\neq\varnothing\\ x(N)=v(N)\end{cases}$$

③ 二次规划法。

二次规划法与 Nash-Harsanyi 谈判模型类似，只是目标函数做了变动，它以各局中人的收益分配量与理想分配量之差的二次方和最小为目标。二次规划法的数学模型为：

$$\min\sum_{i=1}^{n}[x_i-v(\{i\})]^2 \tag{8-18}$$

$$\text{s.t.}\begin{cases}x(S)\geqslant v(S),\forall S\subset N,S\neq\varnothing\\ x_1+x_2+\cdots+x_n=v(N)\end{cases}$$

(2)“估值”方法。

“占优”方法下每个解的概念都有其相应的经济意义，但也有可能出现空集的情况。而且局中人的数目 n 很大时，求解也较为困难。Shapley 于 1953 年建立了一种新的公理化体系，提出了 Shapley 值的概念。由于 Shapley 值具有很好的经济意义，且求解方法极为简单，因此得到了广泛应用。

为了确定分配 $x(v)$，Shapley 提出了 $x(v)$ 应该满足的三个公理：

公理 1(对称性公理) 任何局中人 i 分配所得不依赖于他在某个排列中的位置，即不同位置的局中人，只要他们对联盟的贡献是相同的，他们的分配额就相同。

公理 2(有效性公理) 每个局中人得到收益分配的总和等于特征函数值 $v(N)$，即 $\sum_{i=1}^{n}x_i(v)=v(N)$。

公理 3(可加性公理) 如果 w 也是定义在 N 上的特征函数，而且 $u=v+w$，则 $x(u)=x(v)+x(w)$，即如果 n 个局中人同时进行两项独立的合作，则每个人获得的分配应等于这两项合作单独进行时所得的收益分配之和。

对于 n 人合作博弈 $\boldsymbol{G}=[N,v]$，Shapley 证明了满足上述三个公理的 $x(v)$ 存在且唯一，唯一值用 Shapley 值 $\phi_i(v)$ 表示：

$$\phi_i(v)=\sum_{S\subset N}\frac{(n-|S|)!(|S|-1)!}{n!}[v(S-v(S\backslash\{i\})],i=1,2,\cdots,n \tag{8-19}$$

其中，$|S|$ 是子集 S 所包含的局中人的个数，$[v(S-v(S\backslash\{i\})]$ 是局中人 i 对联盟 S 的贡献。

四、基于合作博弈的油田区块合作开发收益分配

设有三家油田企业合作开发某油田区块，如果单独开发必然要消耗大量资金、技术、工具等有形或无形成本，相反，如果每家公司都能利用自己的优势进行合作，则进度更快、质量更高而且取得的收益更大。已知三家公司单独开发、两家合作开发或三家共同开发的收益，即三人合作博弈的特征函数值为：$v(\varnothing)=0, v(\{1\})=15, v(\{2\})=20, v(\{3\})=25, v(\{1,2\})=40, v(\{1,3\})=50, v(\{2,3\})=60, v(N)=80$。计算三家油田企业合作的收益分配。

首先，根据模型(8-15)判断该合作博弈核心是否为空集，数学模型为：

$$\min z=x_1+x_2+x_3$$

$$\text{s. t.}\begin{cases}x_1\geqslant 15\\x_2\geqslant 20\\x_3\geqslant 25\\x_1+x_2\geqslant 40\\x_1+x_3\geqslant 50\\x_2+x_3\geqslant 60\end{cases}$$

计算得到模型最优解为 $X^*=(15,25,35)$，最优目标函数值 $z^*=75$，由于 $75<80=v(N)$，所以该博弈的核心为非空集。分别应用 Nash-Harsanyi 谈判解法、最小 ε-核心法、二次规划法和 Shapley 值法进行求解。

(1) Nash-Harsanyi 谈判解法。

按照模型(8-16)建立数学模型：

$$\min z=(x_1-15)(x_2-20)(x_3-25)$$

$$\text{s. t.}\begin{cases}x_1\geqslant 15\\x_2\geqslant 20\\x_3\geqslant 25\\x_1+x_2\geqslant 40\\x_1+x_3\geqslant 50\\x_2+x_3\geqslant 60\\x_1+x_2+x_3=80\end{cases}$$

得到最优解为：$X^*=(20,30,30)$。

(2) 最小 ε-核心法。

根据模型(8-17)建立数学模型：

$$\min \varepsilon$$

$$\text{s. t.}\begin{cases} x_1+\varepsilon \geqslant 15 \\ x_2+\varepsilon \geqslant 20 \\ x_3+\varepsilon \geqslant 25 \\ x_1+x_2+2\varepsilon \geqslant 40 \\ x_1+x_3+2\varepsilon \geqslant 50 \\ x_2+x_3+2\varepsilon \geqslant 60 \\ x_1+x_2+x_3=80 \end{cases}$$

得到最优解为：$X^*=(16.67,26.67,36.67)$，且 $\varepsilon^*=-1.67$。

(3) 二次规划法。

根据模型(8-18)构建数学模型：

$$\min z=(x_1-15)^2+(x_2-20)^2+(x_3-25)^2$$

$$\text{s. t.}\begin{cases} x_1 \geqslant 15 \\ x_2 \geqslant 20 \\ x_3 \geqslant 25 \\ x_1+x_2 \geqslant 40 \\ x_1+x_3 \geqslant 50 \\ x_2+x_3 \geqslant 60 \\ x_1+x_2+x_3=80 \end{cases}$$

得到最优解为：$X^*=(20,27.5,32.5)$。

(4) Shapley 值法。

记 $w(|S|)=\dfrac{(n-|S|)!(|S|-1)!}{n!}$ 表示加权因子，$g_i(S)=[v(S)-v(S\backslash\{i\})]$ 表示局中人 i 对联盟 S 的贡献，得到局中人 1、2 和 3 的相关参数值，见表 8-20～8-22。

表 8-20　Shapley 值法求解局中人 1 的分配

S	{1}	{1,2}	{1,3}	{1,2,3}
$v(S)$	15	40	50	80
$v(S\backslash\{1\})$	0	20	25	60
$w(\|S\|)$	1/3	1/6	1/6	1/3
$g_1(S)$	15	20	25	20
$w(\|S\|)\cdot g_1(S)$	5	10/3	25/6	20/3

表 8-21 Shapley 值法求解局中人 2 的分配

S	{2}	{1,2}	{2,3}	{1,2,3}
$v(S)$	20	40	60	80
$v(S\backslash\{2\})$	0	15	25	50
$w(\|S\|)$	1/3	1/6	1/6	1/3
$g_1(S)$	20	25	35	30
$w(\|S\|)\cdot g_1(S)$	20/3	25/6	35/6	10

表 8-22 Shapley 值法求解局中人 3 的分配

S	{3}	{1,3}	{2,3}	{1,2,3}
$v(S)$	25	50	60	80
$v(S\backslash\{3\})$	0	15	20	50
$w(\|S\|)$	1/3	1/6	1/6	1/3
$g_1(S)$	25	35	40	30
$w(\|S\|)\cdot g_1(S)$	25/3	35/6	20/3	10

计算得到三个局中人的 Shapley 值分别为：$\phi_1(v)=5+10/3+25/6+20/3=19.17$，$\phi_2(v)=20/3+25/6+35/6+10=26.67$，$\phi_3(v)=25/3+35/6+20/3+10=30.83$。

应用 Nash-Harsanyi 谈判解法、最小 ε-核心法、二次规划法及 Shapley 值法求解的结果汇总于表 8-23。

表 8-23 不同方法的求解结果

方 法	x_1	x_2	x_3	合 计
Nash-Harsanyi 谈判解法	20	30	30	80
最小 ε-核心法	16.66	26.67	36.67	80
二次规划法	20.0	27.5	32.5	80
Shapley 值法	19.17	26.67	30.83	76.67

可见，四种方法给出的结论相差不大，前三种的收益之和均等于 80，而 Shapley 值法却未能获取总收益，三家公司按照分配收益求和仅为 76.67。

第五节 不确定多属性决策

前面各节的决策主要为一个属性，且立足于实数型这单一属性类型。实际中，决策问题更多为多属性决策，即包含多个指标或准则的决策，并且还可能存在区间数、模糊数、直觉模糊数、区间直觉模糊数等其他属性类型。对于实数型多属性决策，其决策方法与评价方法基本一致，可以参考第 5 章的内容。下面对其他不确定多属性决策理论与方法进行介绍。

一、区间数多属性决策

1. 区间数的基本概念

设 $a=[a^L,a^R]=\{x|a^L\leqslant x\leqslant a^R,a^L,a^R\in\mathbf{R}\}$，则称 a 是一个区间数。特别地，如果 $a^L=a^R$，则 a 退化为一个精确的实数。

设 $a=[a^L,a^R]$，$b=[b^L,b^R]$是两个区间数，有如下的运算法则：

(1) $a=b$ 当且 $a^L=b^L$，$a^R=b^R$。

(2) $a+b=[a^L+b^L,a^R+b^R]$。

(3) $\lambda a=[\lambda a^L,\lambda a^R]$，其中，$\lambda>0$。

对于两个区间数 $a=[a^L,a^R]$和 $b=[b^L,b^R]$，称

$$p(a\geqslant b)=\min\left\{\max\left(\frac{a^R-b^L}{a^R-a^L+b^R-b^L},0\right),1\right\} \tag{8-20}$$

为 $a\geqslant b$ 的可能度。

2. 区间数排序模型

设有 $A_1\sim A_n$共 n 个决策方案 m 项属性的区间型数据，构成表 8-24 中的区间数多属性决策矩阵。其中，$[x_{ij}^L,x_{ij}^R]$是第 i 个项目第 j 项指标的区间数值，$i=1,2,\cdots,n$；$j=1,2,\cdots,m$。

表 8-24　区间数多属性决策矩阵 X

方　案	C_1	C_2	…	C_m
A_1	$[x_{11}^L,x_{11}^R]$	$[x_{12}^L,x_{12}^R]$	…	$[x_{1m}^L,x_{1m}^R]$
A_2	$[x_{21}^L,x_{21}^R]$	$[x_{22}^L,x_{22}^R]$	…	$[x_{2m}^L,x_{2m}^R]$
⋮	⋮	⋮	⋮	⋮
A_n	$[x_{n1}^L,x_{n1}^R]$	$[x_{n2}^L,x_{n2}^R]$	…	$[x_{nm}^L,x_{nm}^R]$

区间数排序模型的计算步骤如下：

(1) 对正向指标和逆向指标分别按照公式(8-21)和公式(8-22)进行标准化处理，将决策矩阵 $\boldsymbol{X}$ 转化为标准化矩阵 $\boldsymbol{Z}=[z_{ij}]_{n\times m}$，其中 $z_{ij}=[z_{ij}^L,z_{ij}^R]$。

$$\begin{cases} z_{ij}^{L}=x_{ij}^{L}/\sqrt{\sum_{i=1}^{n}(x_{ij}^{R})^{2}} \\ z_{ij}^{R}=x_{ij}^{R}/\sqrt{\sum_{i=1}^{n}(x_{ij}^{L})^{2}} \end{cases} \tag{8-21}$$

$$\begin{cases} z_{ij}^{L}=(1/x_{ij}^{R})/\sqrt{\sum_{i=1}^{n}(1/x_{ij}^{L})^{2}} \\ z_{ij}^{R}=(1/x_{ij}^{L})/\sqrt{\sum_{i=1}^{n}(1/x_{ij}^{R})^{2}} \end{cases} \tag{8-22}$$

(2) 对所有决策方案的 m 个标准化属性值按照公式(8-23)进行处理，得到综合属性值：

$$\boldsymbol{t}_i=[t_i^L,t_i^R]=\sum_{j=1}^{m}w_j z_{ij}=\left[\sum_{j=1}^{m}w_j z_{ij}^{L},\sum_{j=1}^{m}w_j z_{ij}^{R}\right],i=1,2,\cdots,n \tag{8-23}$$

其中，w_j 表示第 i 个指标的权重，$j=1,2,\cdots,m$。

(3) 按照公式(8-24)计算两两方案综合属性值比较的可能度，构建可能度矩阵 $\boldsymbol{P}=[p_{ik}]_{n\times n}$。其中，

$$p_{ik}=p(t_i\geqslant t_k)=\min\left\{\max\left(\frac{t_i^R-t_k^L}{t_i^R-t_i^L+t_k^R-t_k^L},0\right),1\right\},t,k=1,2,\cdots,n \tag{8-24}$$

(4) 按照区间数排序公式(8-25)计算可能度矩阵 $\boldsymbol{P}$ 的一致性排序向量 $\boldsymbol{r}=(r_1,r_2,\cdots,r_n)$，并根据各元素大小对项目进行优先排序：

$$r_i=\frac{1}{n(n-1)}\left(\sum_{k=1}^{n}p_{ik}+\frac{n}{2}-1\right),i=1,2,\cdots,n \tag{8-25}$$

3. 投影模型

投影模型基于几何中两向量间的投影原理。设两个向量 $\boldsymbol{\alpha}=(\alpha_1,\alpha_2,\cdots,\alpha_m)^{\mathrm{T}}$ 和 $\boldsymbol{\beta}=(\beta_1,\beta_2,\cdots,\beta_m)^{\mathrm{T}}$，称

$$\mathrm{Proj}_{\beta}(\boldsymbol{\alpha})=|\boldsymbol{\alpha}|\cdot\cos(\boldsymbol{\alpha},\boldsymbol{\beta})=\sqrt{\sum_{j=1}^{m}\alpha_j^2}\cdot\frac{\sum_{j=1}^{m}\alpha_j\beta_j}{\sqrt{\sum_{j=1}^{m}\alpha_j^2}\sqrt{\sum_{j=1}^{m}\beta_j^2}}=\frac{\sum_{j=1}^{m}\alpha_j\beta_j}{\sqrt{\sum_{j=1}^{m}\beta_j^2}} \tag{8-26}$$

为向量 $\boldsymbol{\alpha}$ 在向量 $\boldsymbol{\beta}$ 上的投影。其中，$|\boldsymbol{\alpha}|$ 为向量 $\boldsymbol{\alpha}$ 的模，$\cos(\boldsymbol{\alpha},\boldsymbol{\beta})$ 为 $\boldsymbol{\alpha}$ 和 $\boldsymbol{\beta}$ 的夹角余弦。很明显，投影值越大，表示 $\boldsymbol{\alpha}$ 距离 $\boldsymbol{\beta}$ 越近。投影模型的计算步骤如下：

(1) 对标准化矩阵 $\boldsymbol{Z}$ 进行加权，得到加权标准化阵 $\boldsymbol{Y}=[y_{ij}]_{n\times m}$，其中

$$y_{ij}=[y_{ij}^L, y_{ij}^R]=[w_j z_{ij}^L, w_j z_{ij}^R], i=1,2,\cdots,n; j=1,2,\cdots,m \tag{8-27}$$

(2) 确定正理想点 $\boldsymbol{P}^+=(p_1^+, p_2^+, \cdots, p_m^+)^{\mathrm{T}}$，其中

$$p_j^+=[p_j^{+L}, p_j^{+R}]=[\max_{i=1,2,\cdots,n} y_{ij}^L, \max_{i=1,2,\cdots,n} y_{ij}^R], j=1,2,\cdots,m \tag{8-28}$$

(3) 计算各项目加权标准化属性值在正理想点上的投影：

$$\mathrm{Proj}_{\boldsymbol{P}^+}(\boldsymbol{y}_i)=\frac{\sum_{j=1}^{m}(y_{ij}^L p_j^{+L}+y_{ij}^R p_j^{+R})}{\sqrt{\sum_{j=1}^{m}[(p_j^{+L})^2+(p_j^{+R})^2]}}, i=1,2,\cdots,n \tag{8-29}$$

投影值越大，表明距离正理想点越近，则决策方案越优。

4. TOPSIS 模型

TOPSIS 模型是基于“正理想点”和“负理想点”进行优选排序的一种方法。应用 TOPSIS 模型进行系统决策的步骤如下：

(1) 对加权标准化阵 $\boldsymbol{Y}$ 确定负理想点 $\boldsymbol{P}^-=(p_1^-, p_2^-, \cdots, p_m^-)^{\mathrm{T}}$，其中

$$p_j^-=[p_j^{-L}, p_j^{-R}]=[\min_{i=1,2,\cdots,n} y_{ij}^L, \min_{i=1,2,\cdots,n} y_{ij}^R], j=1,2,\cdots,m \tag{8-30}$$

(2) 计算各个决策方案加权标准化属性值到正、负理想点的距离：

$$d_i^+=\sum_{j=1}^{m}\|y_{ij}-p_j^+\|=\sum_{j=1}^{m}[|y_{ij}^L-p_j^{+L}|+|y_{ij}^R-p_j^{+R}|], i=1,2,\cdots,n \tag{8-31}$$

$$d_i^-=\sum_{j=1}^{m}\|y_{ij}-p_j^-\|=\sum_{j=1}^{10}[|y_{ij}^L-p_j^{-L}|+|y_{ij}^R-p_j^{-R}|], i=1,2,\cdots,n \tag{8-32}$$

(3) 计算各个方案对正理想点的相对接近度：

$$s_i=\frac{d_i^-}{d_i^+ + d_i^-}, i=1,2,\cdots,n \tag{8-33}$$

相对接近度越大，表明决策方案越优。

【例 8-9】 XC 采油厂排 601 区块拟组织技术措施提高油气产量，通过公开招标产生了 5 个备选项目，各项目申报书均给出区间数定量数据，同时组织专家对技术适用性、可靠性、先进性三项定性指标按照百分制赋分，得到各项目的指标值数据见表 8-25。应用区间数排序模型和 TOPSIS 模型进行项目选择。

表 8-25　排 601 区块备选项目属性值

指　标	A_1	A_2	A_3	A_4	A_5
增油量/t	[232.4,305.7]	[216.9,287.4]	[250.7,324.4]	[211.8,312.6]	[209.9,288.2]
含水上升率/%	[2.005,2.122]	[1.985,2.063]	[2.017,2.130]	[2.008,2.143]	[1.969,2.074]
措施有效期/d	[20,38]	[24,47]	[32,50]	[22,41]	[30,46]
技术适用性	[80,90]	[70,80]	[65,75]	[75,85]	[85,95]
技术可靠性	[85,90]	[80,90]	[80,85]	[75,85]	[80,85]
技术先进性	[65,75]	[75,85]	[65,80]	[70,80]	[70,75]
净收益/万元	[8.69,14.79]	[5.97,12.01]	[7.25,14.15]	[7.65,14.86]	[7.64,13.35]
投入产出比	[2.35,3.84]	[1.73,2.80]	[1.80,3.04]	[2.25,3.77]	[2.27,3.81]
投资回收期/a	[2.2,3.5]	[3.0,4.3]	[2.6,4.2]	[2.3,3.6]	[2.4,4.0]
投资成本/万元	[4.58,6.42]	[6.67,8.13]	[6.94,9.05]	[4.26,6.12]	[3.98,6.00]

解：对正向和逆向指标数据分别进行标准化处理后，得到标准化决策矩阵，见表 8-26。

表 8-26　备选项目标准化属性值

指　标	A_1	A_2	A_3	A_4	A_5
增油量/t	[0.341 9, 0.608 0]	[0.319 1, 0.571 6]	[0.368 8, 0.645 2]	[0.311 6, 0.621 7]	[0.308 8, 0.573 2]
含水上升率/%	[0.420 8, 0.469 7]	[0.432 8, 0.474 4]	[0.419 2, 0.466 9]	[0.416 7, 0.469 0]	[0.430 5, 0.478 3]
措施有效期/d	[0.200 5, 0.653 2]	[0.240 6, 0.807 9]	[0.320 8, 0.859 5]	[0.220 6, 0.704 8]	[0.300 8, 0.790 8]
技术适用性	[0.419 5, 0.534 3]	[0.367 0, 0.474 9]	[0.340 8, 0.445 2]	[0.393 2, 0.504 6]	[0.445 7, 0.564 0]
技术可靠性	[0.436 8, 0.502 7]	[0.411 1, 0.502 7]	[0.411 1, 0.474 8]	[0.385 4, 0.474 8]	[0.411 1, 0.474 8]
技术先进性	[0.367 5, 0.485 4]	[0.424 1, 0.550 1]	[0.367 5, 0.517 7]	[0.395 8, 0.517 7]	[0.395 8, 0.485 4]
净收益/万元	[0.280 1, 0.882 9]	[0.192 5, 0.717 0]	[0.233 7, 0.844 7]	[0.246 6, 0.887 1]	[0.246 3, 0.796 9]
投入产出比	[0.302 0, 0.819 2]	[0.222 3, 0.597 4]	[0.231 3, 0.648 6]	[0.289 1, 0.804 3]	[0.291 7, 0.812 8]

续表 8-26

指　标	A_1	A_2	A_3	A_4	A_5
投资回收期/a	[0.313 9, 0.788 8]	[0.255 5, 0.578 5]	[0.261 6, 0.667 4]	[0.305 2, 0.754 5]	[0.274 7, 0.723 1]
投资成本/万元	[0.340 6, 0.670 4]	[0.269 0, 0.460 3]	[0.241 6, 0.442 4]	[0.357 3, 0.720 7]	[0.364 4, 0.771 4]

按照公式(8-23)处理后得到 5 个项目的综合属性值依次为[0.361 0, 0.583 8]、[0.343 5,0.555 2]、[0.354 3,0.574 1]、[0.346 5,0.587 4]、[0.367 4, 0.594 5],得到可能度矩阵为

$$P=\begin{bmatrix} 0.500\,0 & 0.553\,1 & 0.518\,5 & 0.511\,7 & 0.481\,0 \\ 0.446\,9 & 0.500\,0 & 0.465\,5 & 0.461\,0 & 0.427\,9 \\ 0.481\,5 & 0.534\,5 & 0.500\,0 & 0.493\,9 & 0.462\,5 \\ 0.488\,3 & 0.539\,0 & 0.506\,1 & 0.500\,0 & 0.470\,2 \\ 0.519\,0 & 0.572\,1 & 0.537\,5 & 0.529\,8 & 0.500\,0 \end{bmatrix}$$

计算 $\boldsymbol{P}$ 的一致性排序向量 $\boldsymbol{r}=(0.203\,2,0.190\,1,0.198\,6,0.200\,2,0.207\,9)$,可见 5 个备选项目的优先排序为 $A_5 \underset{0.519\,0}{>} A_1 \underset{0.511\,7}{>} A_4 \underset{0.506\,1}{>} A_3 \underset{0.534\,5}{>} A_2$,即项目 A_5 最优,接下来依次为 A_1、A_4、A_3、A_2。

对标准化矩阵加权后得到正、负理想点分别为

$$P^{+}=\begin{bmatrix} [0.079\,7,0.139\,4] \\ [0.093\,5,0.103\,3] \\ [0.034\,6,0.092\,8] \\ [0.058\,8,0.074\,4] \\ [0.050\,2,0.057\,8] \\ [0.021\,2,0.027\,5] \\ [0.007\,6,0.024\,0] \\ [0.022\,0,0.059\,8] \\ [0.005\,3,0.013\,4] \\ [0.016\,8,0.035\,5] \end{bmatrix},P^{-}=\begin{bmatrix} [0.066\,7,0.123\,5] \\ [0.090\,0,0.100\,8] \\ [0.021\,7,0.070\,5] \\ [0.045\,0,0.058\,8] \\ [0.044\,3,0.054\,6] \\ [0.018\,4,0.024\,3] \\ [0.005\,2,0.019\,4] \\ [0.016\,2,0.043\,6] \\ [0.004\,3,0.009\,8] \\ [0.011\,1,0.020\,4] \end{bmatrix}$$

应用公式(8-31)～(8-33)得到 5 个项目对理想点的相对接近度分别为 0.569 063、0.296 085、0.472 050、0.505 054、0.670 212,则 5 个备选项目的优先排序依次为 A_5、A_1、A_4、A_3、A_2。可见,两种方法的结论一致,可以选择项目 A_5 组织实施。

二、直觉模糊数多属性决策

1. 直觉模糊集及其相关概念

设 X 是论域，称 $A=\{\langle x,u_A(x),v_A(x)\rangle \mid x\in X\}$ 为论域 X 上的一个直觉模糊集 IFS(X)，其中，$0\leqslant u_A(x),v_A(x)\leqslant 1,u_A(x)+v_A(x)\leqslant 1$。$u_A(x)$ 和 $v_A(x)$ 分别称为 x 对直觉模糊集 A 的隶属度和非隶属度。x 属于 A 的犹豫度，表示为 $\pi_A(x)=1-\mu_A(x)-v_A(x)$。

不难看出，直觉模糊集是模糊集和分明集的推广。若 $u_A(x)+v_A(x)=1$，则 IFS(X)退化为模糊集；若 $u_A(x)=1,v_A(x)=0$，或者 $u_A(x)=0,v_A(x)=1$，则 IFS(X)退化为分明集 $P(X)$。称 $A^c=\{<x,v_A(x),u_A(x)>\}$ 为 A 的补集。

对于直觉模糊数 $x=(u_A(x),v_A(x))$，称 $s_A(x)=u_A(x)-v_A(x)$ 为 x 的得分函数，其中 $s\in[-1,1]$，反映出 x 属于 A 的净隶属度或非模糊程度。称 $p_A(x)=u_A(x)+v_A(x)$ 为 x 的精确度函数，即 1 减去犹豫度，反映了 x 属于 A 的精确或非犹豫程度。

设 $x=(u,v)$、$x_1=(u_1,v_1)$ 和 $x_2=(u_2,v_2)$ 是直觉模糊数，则有

① $\lambda x=(1-(1-u)\lambda,v\lambda),\lambda>0$。

② $x_1+x_2=(u_1+u_2-u_1u_2,v_1v_2)$。

③ $x_1x_2=(u_1u_2,v_1+v_2-v_1v_2)$。

④ 若 $s_1\leqslant s_2$，则 $x_1\leqslant x_2$；若 $s_1=s_2$ 且 $p_1\leqslant p_2$，则 $x_1\leqslant x_2$。

2. 其他表征形式与直觉模糊数的转换

(1) 对于实数 x，运用向量规范化、极值变换等方法，无量纲处理后得到 y，继而转换为直觉模糊数 $z=(y,1-y)$。

(2) 若 x 为一般的区间数$[x^L,x^R]$，无量纲处理后为(y^L,y^R)，则直觉模糊数为$(y^L,1-y^R)$。

(3) 若 x 为区间模糊数$[x^L,x^R]$，则直觉模糊数为$(x^L,1-x^R)$。若 x 为三角模糊数(x^L,x^M,x^R)或梯形模糊数(x^L,x^M,x^G,x^R)，可取其 α-截集分别转换为置信水平 α 下的区间数$[x^L+(x^M-x^L)\alpha,x^R-(x^R-x^M)\alpha]$、$[x^L+(x^M-x^L)\alpha,x^R-(x^R-x^G)\alpha]$，$\alpha\in[0,1]$，然后按照区间模糊数进行处理。

(4) 若 x 为确定型语言变量，则可以直接转换为直觉模糊数。例如，七级语言变量的直觉模糊数对应值见表 8-27。

表 8-27　七级语言变量对应的直觉模糊数

语言变量	直觉模糊数
非常差	(0.05,0.95)

续表 8-27

语言变量	直觉模糊数
差	(0.2,0.7)
较　差	(0.35,0.55)
一　般	(0.5,0.4)
较　好	(0.65,0.25)
好	(0.8,0.1)
非常好	(0.95,0.05)

3. 直觉模糊熵

对于论域 X 上的直觉模糊集 A，称实函数 $E:A\to R^+$ 为直觉模糊熵，若其满足下列条件：(1) $E(A)=0 \Leftrightarrow A\in P(X)$；(2) $E(A)=1 \Leftrightarrow \forall x\in X, u_A(x)=v_A(x)=0$；(3) $\forall x\in X$，若 $\pi_A(x)=\pi_B(x)$ 且 $|s_A(x)|\geqslant|s_B(x)|$ 或者 $|s_A(x)|=|s_B(x)|$ 且 $\pi_A(x)\leqslant\pi_B(x)$，有 $E(A)\leqslant E(B)$；(4) $E(A)=E(A^c)$。

可见，同实数的熵的含义一样，直觉模糊熵反映的是多个直觉模糊数所包含的信息量大小。直觉模糊熵越大，数据的差异越大，包含的信息量越大；反之，直觉模糊熵越小，数据的差异越小，包含的信息量越小。

按照直觉模糊熵的上述公理化定义，可以定义多种直觉模糊熵公式，本节介绍其中的一种。设有 n 个直觉模糊数 $x_i, i=1,2,\cdots,n$，它们构成的直觉模糊熵公式如下：

$$E(A)=\frac{1}{n}\sum_{i=1}^{n}\frac{1-s_A^2(x_i)+2\pi_A(x_i)}{2-s_A^2(x_i)+\pi_A(x_i)} \tag{8-34}$$

4. 集结算子模型

直觉模糊数集结算子有多种形式，如加权集结算子、有序加权集结算子、混合加权集结算子等。本节以最基本的加权集结算子为例进行介绍。

设有 n 个备选方案 $A_1\sim A_n$，对它们的 m 个属性进行评价，得到评价矩阵 $[x_{ij}]_{n\times m}$，对每个元素标准化并转换为直觉模糊数，得到直觉模糊数表征的决策矩阵，记为 $\boldsymbol{Z}=[z_{ij}]_{n\times m}=[(u_{ij},v_{ij})]_{n\times m}$。那么应用加权集结算子模型进行决策的基本步骤为：首先，计算每个方案用直觉模糊数表示的综合评价值

$$z_i=\sum_{j=1}^{m}w_j z_{ij}=\sum_{j=1}^{m}(1-(1-u_{ij})^{w_j}, v_{ij}^{w_j}) \tag{8-35}$$

然后，计算各方案综合评价值的得分与精确度。按照排序规则，得分越高表明方案越优。在得分相同的情形下，精确度越高则方案越优。

5. TOPSIS 模型

TOPSIS 模型是通过比较各方案距离理想点的相对接近程度进行决策，具

体步骤如下：

步骤 1，由直觉模糊数决策矩阵 $\boldsymbol{Z}$ 确定正、负理想点分别为：

$$\boldsymbol{z}^{+}=[z_1^{+},z_2^{+},\cdots,z_m^{+}],\boldsymbol{z}^{-}=[z_1^{-},z_2^{-},\cdots,z_m^{-}] \tag{8-36}$$

其中，

$$z_j^{+}=(\max_i u_{ij},\min_i v_{ij}),z_j^{-}=(\min_i u_{ij},\max_i v_{ij}),j=1,2,\cdots,m \tag{8-37}$$

步骤 2，计算第 i 个方案距离正、负理想点的距离分别为：

$$d_i^{+}=\sum_{j=1}^{m}w_j d(z_{ij},z_j^{+}),d_i^{-}=\sum_{j=1}^{m}w_j d(z_{ij},z_j^{-}),i=1,2,\cdots,n \tag{8-38}$$

其中，d 表示两个直觉模糊数的距离。学者们定义的直觉模糊数间的距离很多，本节给出其中的一种定义。定义两个直觉模糊数 $z_1=(u_1,v_1)$ 和 $z_2=(u_2,v_2)$ 的距离为：

$$d(z_1,z_2)=\frac{1}{6}[|u_1-u_2|+|v_1-v_2|+|s_1-s_2|+(\pi_1+\pi_2)]+\frac{1}{3}\max\left(|u_1-u_2|,|v_1-v_2|,\frac{|\pi_1-\pi_2|}{2}\right) \tag{8-39}$$

式中，s_i 和 π_i 分别为 z_i 的得分值和犹豫度，$i=1,2$。

步骤 3，计算第 i 个方案的贴近度

$$c_i=\frac{d_i^{-}}{d_i^{-}+d_i^{+}},i=1,2,\cdots,n \tag{8-40}$$

最后，按照贴近度由大到小的顺序排序。

6. VIKOR 模型

VIKOR 模型兼顾群体效用和个体遗憾，并可反映出决策者的偏好。首先，计算第 i 个方案距离正理想点的群体效用值 P_i 与个体遗憾值 N_i 分别为：

$$P_i=\sum_{j=1}^{m}\frac{w_j d(z_{ij},z_j^{+})}{d(z_j^{-},z_j^{+})},i=1,2,\cdots,n \tag{8-41}$$

$$N_i=\max_j\frac{w_j d(z_{ij},z_j^{+})}{d(z_j^{-},z_j^{+})},i=1,2,\cdots,n \tag{8-42}$$

继而计算利益比率值 Q_i：

$$Q_i=\gamma\frac{P_i-\min_k P_k}{\max_k P_k-\min_k P_k}+(1-\gamma)\frac{N_i-\min_k N_k}{\max_k N_k-\min_k N_k},i=1,2,\cdots,n \tag{8-43}$$

其中，γ 是群体效用与个体遗憾之间的折中系数，$0\leqslant\gamma\leqslant1$，$\gamma>0.5$ 表示从众原则。

最后，按照 $Q_i(i=1,2,\cdots,n)$ 由小到大的顺序对 n 个方案进行排序。

7. 灰色关联分析模型

灰色关联分析是依据各决策方案与参考序列之间的关联度进行评价排序。首先，确定参考序列（如正理想点 z^+），然后计算第 i 个方案第 j 项指标与正理想点的关联系数：

$$\xi_{ij}=\frac{\min_i \min_j d(z_{ij},z_j^+)+\rho \max_i \max_j d(z_{ij},z_j^+)}{d(z_{ij},z_j^+)+\rho \max_i \max_j d(z_{ij},z_j^+)},i=1,2,\cdots,n;j=1,2,\cdots,m \tag{8-44}$$

其中，ρ 为分辨系数，$\rho\in[0,1]$，取值越小，分辨能力越大，一般取 0.5。

继而计算各方案与正理想点的关联度：

$$\xi_i=\sum_{j=1}^{m} w_j\xi_{ij},i=1,2,\cdots,n \tag{8-45}$$

最后，按照关联度由大到小的顺序进行排序。

三、基于混合多属性决策的采油企业第三方物流选择

为了提高资源利用率，减少生态环境破坏，H 采油企业计划对废弃物资采用第三方物流进行处理。现在需要对多家第三方物流企业进行选择，构建指标体系并给出指标的主观权重，见表 8-28。

表 8-28 第三方物流选择的指标体系及指标主观权重

一级指标	二级指标	二级指标主观权重
合作联盟性	企业信誉 C_1	0.190 1
	利益风险共享水平 C_2	0.090 3
	文化与战略兼容性 C_3	0.014 9
	沟通水平 C_4	0.030 3
服务成本	显性成本 C_5	0.069 8
	隐性成本 C_6	0.044 4
服务能力	信息化水平 C_7	0.009 3
	增值服务能力 C_8	0.077 9
	库存能力 C_9	0.014 7
	网络覆盖率 C_{10}	0.063 3
	运输能力 C_{11}	0.013 2

续表 8-28

一级指标	二级指标	二级指标主观权重
服务质量	价值回收比率 C_{12}	0.083 1
	响应及时性 C_{13}	0.070 7
	客户满意度 C_{14}	0.186 8
	环保效应 C_{15}	0.041 2

通过专家组现场考察与评价，得到 6 家第三方物流企业的 15 项指标原始评价数据，见表 8-29。其中，C_3 和 C_{13} 采用区间值模糊数形式，表明属性好的隶属度范围；C_5、C_6、C_{10} 和 C_{12} 采用一般区间数形式；C_{14} 采用精确数形式；其余指标采用语言变量形式，且均取自七级语言术语集。

表 8-29　原始评价数据

指标＼企业	A_1	A_2	A_3	A_4	A_5	A_6
C_1	一　般	差	很　好	好	好	一　般
C_2	差	一　般	很　差	好	一　般	很　好
C_3	[0.65,0.80]	[0.50,0.70]	[0.40,0.55]	[0.70,0.85]	[0.30,0.50]	[0.70,0.90]
C_4	好	一　般	好	差	一　般	一　般
C_5	[6,15]	[12,20]	[10,18]	[8,17]	[10,15]	[12,18]
C_6	[10,25]	[9,20]	[12,28]	[15,30]	[13,25]	[9,18]
C_7	好	一　般	一　般	好	差	很　好
C_8	一　般	一　般	好	好	好	差
C_9	一　般	差	一　般	差	很　好	好
C_{10}	[0.40,0.62]	[0.35,0.54]	[0.42,0.60]	[0.36,0.48]	[0.56,0.72]	[0.42,0.55]
C_{11}	差	一　般	差	好	一　般	好
C_{12}	[0.15,0.22]	[0.1,0.18]	[0.12,0.20]	[0.08,0.18]	[0.10,0.15]	[0.07,0.16]
C_{13}	[0.70,0.80]	[0.80,0.90]	[0.70,0.85]	[0.65,0.80]	[0.70,0.90]	[0.60,0.80]
C_{14}	88%	81%	78%	80%	82%	76%
C_{15}	差	一　般	好	一　般	很　好	好

将表 8-29 的评价数据转换为直觉模糊数表示的决策矩阵：

$$
\boldsymbol{Z}'=\begin{bmatrix}
(0.284\,0,0.546\,3) & (0.170\,4,0.675\,9) & (0.511\,2,0.416\,6) & (0.397\,6,0.546\,3) & (0.397\,6,0.416\,6) & (0.284\,0,0.675\,9) \\
(0.170\,4,0.539\,7) & (0.284\,0,0.355\,6) & (0.056\,8,0.539\,7) & (0.284\,0,0.171\,5) & (0.170\,4,0.355\,6) & (0.397\,6,0.171\,5) \\
(0.65,0.20) & (0.50,0.30) & (0.40,0.45) & (0.70,0.15) & (0.30,0.50) & (0.70,0.10) \\
(0.378\,5,0.244\,7) & (0.270\,4,0.412\,6) & (0.270\,4,0.244\,7) & (0.162\,2,0.580\,4) & (0.270\,4,0.580\,4) & (0.162\,2,0.244\,7) \\
(0.101\,3,0.528\,2) & (0.075\,9,0.764\,1) & (0.084\,4,0.716\,9) & (0.089\,4,0.646\,2) & (0.101\,3,0.716\,9) & (0.084\,4,0.764\,1) \\
(0.072\,8,0.607\,2) & (0.091\,1,0.563\,6) & (0.065\,0,0.672\,7) & (0.060\,7,0.738\,2) & (0.072\,8,0.697\,9) & (0.101\,2,0.563\,6) \\
(0.383\,0,0.456\,7) & (0.164\,2,0.456\,7) & (0.273\,6,0.456\,7) & (0.383\,0,0.301\,5) & (0.164\,2,0.611\,9) & (0.273\,6,0.301\,5) \\
(0.182\,6,0.412\,6) & (0.304\,3,0.412\,6) & (0.426\,0,0.412\,6) & (0.304\,3,0.412\,6) & (0.304\,3,0.412\,6) & (0.182\,6,0.580\,4) \\
(0.299\,9,0.611\,9) & (0.179\,9,0.611\,9) & (0.299\,9,0.456\,7) & (0.179\,9,0.456\,7) & (0.419\,8,0.301\,5) & (0.419\,8,0.456\,7) \\
(0.276\,9,0.403\,0) & (0.242\,3,0.480\,0) & (0.290\,7,0.422\,2) & (0.249\,2,0.537\,8) & (0.387\,6,0.306\,7) & (0.290\,7,0.470\,4) \\
(0.194\,5,0.554\,6) & (0.324\,1,0.554\,6) & (0.194\,5,0.732\,7) & (0.324\,1,0.376\,4) & (0.194\,5,0.376\,4) & (0.453\,7,0.198\,2) \\
(0.334\,3,0.157\,6) & (0.222\,9,0.310\,7) & (0.267\,5,0.234\,2) & (0.178\,3,0.310\,7) & (0.222\,9,0.425\,6) & (0.156\,0,0.387\,3) \\
(0.70,0.20) & (0.80,0.10) & (0.70,0.15) & (0.65,0.20) & (0.70,0.10) & (0.60,0.20) \\
(0.444\,0,0.556\,0) & (0.408\,6,0.591\,4) & (0.393\,5,0.606\,5) & (0.403\,6,0.596\,4) & (0.413\,7,0.586\,3) & (0.383\,4,0.616\,6) \\
(0.185\,3,0.772\,6) & (0.308\,9,0.469\,3) & (0.185\,3,0.469\,3) & (0.308\,9,0.621\,0) & (0.556\,0,0.317\,7) & (0.308\,9,0.469\,3)
\end{bmatrix}
$$

计算 15 项指标的直觉模糊熵权依次为 0.080 3、0.046 0、0.075 2、0.051 7、0.078 1、0.067 7、0.058 0、0.059 5、0.067 0、0.059 4、0.064 8、0.040 2、0.084 3、0.093 0、0.074 8，将其与表 8-28 中的主观权重按照权系数 0.5 进行组合，得到 15 项指标的组合权重依次为 0.135 2、0.068 1、0.045 0、0.041 0、0.074 0、0.056 1、0.033 7、0.068 7、0.040 8、0.061 4、0.039 0、0.061 7、0.077 5、0.139 9、0.058 0。分别应用集结算子、TOPSIS、VIKOR、灰色关联分析模型得到的评价结果见表 8-30。其中，VIKOR 中的折中系数和灰色关联分析中的分辨系数均取 0.5。

表 8-30　单一评价模型结果

企业	集结算子			TOPSIS		VIKOR		灰色关联	
	综合值	得分	排序	贴近度	排序	利益比率	排序	关联度	排序
A_1	(0.311 0,0.426 8)	−0.115 8	5	0.446 3	5	0.888 8	6	0.624 0	5
A_2	(0.298 4,0.467 0)	−0.168 6	6	0.404 9	6	0.727 1	4	0.617 9	6
A_3	(0.320 5,0.435 9)	−0.115 4	4	0.469 9	2	0.407 0	2	0.668 5	2
A_4	(0.338 3,0.406 0)	−0.067 7	1	0.469 7	3	0.464 9	3	0.636 5	3
A_5	(0.334 0,0.413 3)	−0.079 3	2	0.503 1	1	0.000 0	1	0.672 7	1
A_6	(0.321 3,0.423 0)	−0.101 7	3	0.468 5	4	0.862 7	5	0.628 4	4

计算 Kendall 相容性系数 χ^2 为 16.429，大于 $\chi^2_{0.05}(5)=11.07$，可见 4 种单一评价模型是相容的。对单一评价模型结果运用 Borda 方法进行组合评价，得到 6 家企业的 Borda 得分依次为 1、0、3、3、5、2。运用 Spearman 等级相关系数法进行事后一致性检验，得到 t 统计量值为 10.344 5，大于显著性水平为 0.05 时的 $t_{0.05}(4)=2.776\,4$。这表明，组合评价模型结果与单一评价模型结果有着

很好的相关性。所以,H 企业可优先考虑排序第一的 A_5 作为第三方物流供应商。

本章小结

本章主要讨论了系统决策的基本理论与方法,重点提出了风险决策、鲁棒决策、博弈决策及不确定多属性决策的有关方法,同时给出了这些方法在能源问题中的应用分析。实际上,系统决策的方法很多,并且层出不穷。例如,犹豫模糊数、区间直觉模糊数等表征的不确定多属性决策方法、混合多属性决策、群决策、动态多属性决策及三支决策等正成为系统决策的研究热点。感兴趣的读者可以进一步深入学习。本章介绍的方法均可通过 Excel 求解实现。

本章习题

1. 试述决策分析问题的类型及其相应的构成条件。

2. 如何理解不同的效用曲线?

3. 完全信息和抽样信息的价值有何异同?

4. 如何识别决策者的效用函数?效用函数在决策分析中有何作用?

5. 某企业拟生产一种低价太阳能电池组件,预计每块售价 10 元,有 3 种设计方案:方案Ⅰ需投资 10 万元,每块生产成本 5 元;方案Ⅱ需投资 16 万元,每块生产成本 4 元;方案Ⅲ需投资 25 万元,每块生产成本 3 元。估计该电池组件需求量有下面 3 种可能:E_1 为 3 万块,E_2 为 12 万块,E_3 为 2 万块。

(1) 采用不同的鲁棒准则进行决策分析。

(2) 若已知市场需求量的概率分布为 $P(E_1)=0.2$、$P(E_2)=0.7$、$P(E_3)=0.1$,试用期望值法确定应采用哪种方案?

(3) 若有专门的咨询公司可以调查出市场的确切需求量,试问该公司最多需要花费多少咨询费?

6. 某炼油厂的生产工艺不符合绿色生产要求,需要改进,现有两种方案可以采用,有关资料见表 8-31。请问:

(1) 采用哪种方案较好?

(2) 具体收益是多少?

(3) 产量是否要增加?

表 8-31　生产工艺改进方案损益值

自然状态	概率	工艺不改进	方案A 成功概率 0.8 耗资 10 万元		方案B 成功概率 0.6 耗资 5 万元	
			产量不变	产量增加	产量不变	产量增加
低　价	0.1	−100	−200	−200	−200	−300
现　价	0.5	0	50	50	0	−250
高　价	0.4	150	150	250	200	600

7. 某石化厂面临的市场形势是，估计市场销路好的概率为 0.7，销路差的概率为 0.3。若进行全面设备更新，销路好时收益为 1 200 万元，销路差时亏损 150 万元。若不进行设备更新，则不论销路好坏均可稳获收益 100 万元。为避免决策的盲目性，可以先进行部分设备更新试验，预测新的市场信息。由市场研究得知，试验结果是销路好的概率是 0.8，销路差的概率是 0.2，销路好、实际销路也好的概率是 0.85，销路差、实际销路好的概率为 0.10。要求：

(1) 建立决策树；

(2) 计算通过更新部分设备获取信息的价值。

8. 有一海上油田招标，根据地震试验资料分析，找到大规模油田的概率为 0.3，开采收益为 20 亿元；找到中规模油田的概率为 0.4，开采收益 10 亿元；找到小规模油田的概率为 0.2，开采收益为 3 亿元；油田无开采价值的概率为 0.1。招标规定，开采前的勘探等费用由中标者全部负担，预期需 1.5 亿元，开采后中标者利润分成 40%。现有 A、B、C 三家公司，其效用函数分别为$U_A(M)=(M+1.0)^{0.9}-2.2$，$U_B(M)=(M+1.2)^{0.8}-2$，$U_C(M)=(M+1.5)^{0.7}-1.8$。试用效用期望值法确定各公司是否投标。

9. 某地区计划在一山谷修筑一座成本为 500 万元的水坝。为了保护水坝，需要有独立的溢洪道，为此管委会要确定建设成本为 300 万元的大溢洪道还是 200 万元的小溢洪道。根据历史资料，估计在水坝使用期间有一次或一次以上洪水发生的概率为 0.25，有一次或一次以上特大洪水发生的概率为 0.10，两种溢洪道在两种洪水时损坏的概率估计见表 8-32。

表 8-32　水坝溢洪道损坏的概率

洪道类型	洪　水		特大洪水	
	损　坏	安　全	损　坏	安　全
大溢洪道	0.05	0.95	0.10	0.90
小溢洪道	0.10	0.90	0.25	0.75

若溢洪道损坏，则水坝被破坏，其修复费用与坝的原价相同，还要蒙受洪水带来的其他损失。洪水时其他财产损失为100万元和300万元的概率分别是0.70和0.30；特大洪水时其他财产损失为300万元和500万元的概率分别为0.70和0.30。要求：

(1) 建立该问题的决策树模型。

(2) 根据损益值准则，什么是最优决策？

(3) 根据上述最优决策，你准备如何提醒管委会？

(4) 如果管委会表示出如下的风险意图：

① 若以0.90的概率损失700万元和以0.10的概率损失2 000万元，则愿意支付1 200万元保险费。

② 以0.70的概率损失1 200万元和以0.30的概率损失2 000万元，则愿意支付1 500万元保险费。

③ 以0.50的概率损失1 200万元和以0.50的概率损失2 000万元，则愿意支付1 750万元保险费。

现假定−700万元的效用价值为1.0，−2 000万元的效用价值为0，画出该管委会的效用曲线。

(5) 使用所得的效用画线，按期望效用价值准则决策。

10. 设有一个三人合作博弈，其特征函数为：$v(\{1,2,3\})=200$，$v(\{1,2\})=150$，$v(\{1,3\})=110$，$v(\{2,3\})=20$，$v(\{1\})=100$，$v(\{2\})=10$，$v(\{3\})=0$。计算该合作博弈的Shapley值、核心。

11. 维修性设计是指在产品的研制过程中，要充分考虑系统的总体结构、各部分的配置与连接、标准化和模块化等因素，以便在产品发生故障时，用户能及时恢复其功能。现拟对某机械设备的3个维修性设计方案 $X_i(i=1,2,3)$ 进行选择。考虑的属性有寿命周期费用 u_1（万元）、平均寿命 u_2（小时）、平均维修时间 u_3、可用度 u_4、综合性能 u_5，见表8-38。已知属性权重向量 $\boldsymbol{\omega}=(0.218\,9, 0.218\,2, 0.172\,5, 0.214\,3, 0.176\,1)$，试用区间数多属性决策方法确定最佳方案。

表8-33　方案决策属性值

属　性	u_1	u_2	u_3	u_4	u_5
X_1	[58.9,59.0]	[200,250]	[1.9,2.1]	[0.990,0.991]	[0.907,0.909]
X_2	[58.5,58.7]	[340,350]	[3.2,3.5]	[0.990,0.992]	[0.910,0.912]
X_3	[58.0,58.5]	[290,310]	[2.2,2.6]	[0.991,0.993]	[0.914,0.917]

12. 请查找文献，总结混合多属性决策的思路和方法。

延伸阅读

[1] 潘亚虹，耿秀丽. 基于 Mo-RVIKOR 的混合多属性决策方法[J]. 中国管理科学，2019，27(12)：143-151.

[2] 包甜甜，谢新连，孟鹏鹏. 基于前景理论和证据推理的混合直觉模糊决策[J]. 系统工程理论与实践，2017，37(2)：460-468.

[3] 汪汝根，李为民，罗骁，等. 基于新距离测度的直觉模糊 VIKOR 多属性决策方法[J]. 系统工程与电子技术，2019，41(11)：2524-2532. https://doi.org/10.1016/j.inffus.2015.07.001.

[4] Z S XU，N ZHAO. Information fusion for intuitionistic fuzzy decision making：An overview[J]. Information Fusion，2016，28：10-23.

[5] F JIA，P LIU. Multi-attribute three-way decisions based on ideal solutions under interval-valued intuitionistic fuzzy environment[J]. International Journal of Approximate Reasoning，2021，138：12-37. https://doi.org/10.1016/j.ijar.

第九章 能源投入产出分析

导入

基于2020年我国投入产出延长表建立了投入产出价格模型，分析得到，煤炭价格波动对产业链中上游产品价格影响较为显著。在煤炭价格涨幅为10%、30%、50%、100%的设定下，第一、二产业中产品价格波动较大的五大行业分别是化学产品，电力、热力的生产和供应，农林牧渔产品和服务，金属冶炼和压延加工品，石油、炼焦产品和核燃料加工品。当前在去产能政策推动下，煤炭、钢铁等中上游行业产品短期内供需收紧，进而带动化学产品、电力、焦炭、农林牧渔等行业产品价格趋升，因此以煤炭为主的能源结构在向清洁能源转换过程中，市场调节和政策优化须有效配合。

（资料来源：杨雪，刘凤清，侯梦雨.煤炭价格波动对多部门产品价格的影响作用分析[J].北方金融，2023(8)：22-27.）

投入产出分析(input-output analysis)亦称投入产出法、产业关联、部门联系平衡法等，是以最终产品为经济活动目标，研究各种经济体系（如企业、公司、部门经济、地区经济、国民经济）中各个组成部分间的投入和产出之间相互依存关系的一种数量分析法。投入产出分析是进行经济分析、加强综合平衡、改进计划编制的重要工具。能源投入产出分析有两种含义：一种是指投入产出分析在能源企业、能源行业的应用；另一种是指编制能源投入产出表，以及以此为基础开展的国民经济各部门分析。本书采用第一种含义。

第一节 投入产出分析概述

一、投入产出分析的产生和发展

1. 投入产出表的产生及其在世界各国的发展

投入产出分析是由美国经济学家瓦西里·列昂惕夫(Leontief)创立的。1930年,列昂惕夫利用美国公开发表的1919年与1929年的经济资料,编制了美国1919年和1929年的投入产出表(分为42个部门)。1936年,他在美国期刊《经济与统计评论》上发表了第一篇关于投入产出分析的论文《美国经济制度中投入产出的数量关系》;1941年,出版了《美国经济结构1919—1929》一书,比较详细地说明了投入产出的方法。

1944年,美国劳动统计局在列昂惕夫指导下编制了1939年美国投入产出表(包括96个生产部门),并利用1939年投入产出表计算了美国1945年底的就业状况。1949年,美国劳工统计局组织人力编制了美国第一张官方的1947年投入产出表,包括500多个部门,花费近150万美元。根据需要另有两个版本,即44个部门表和190个部门表。以后美国又编制了1958年、1963年、1966年、1972年……投入产出表。由于投入产出表的科学性、先进性和实用性,自20世纪50年代以来,世界各国纷纷研究和编制投入产出表。目前,世界上绝大多数国家编制了投入产出表,只有一些经济不太发达、在国际贸易中地位不是很重要的小国没有编制过投入产出表。

除了各国编制的投入产出表外,一些国际性组织也编制了区域性的投入产出表。例如,1964年秋,欧洲经济共同体统计局发表了一组有关法国、比利时、德意志联邦共和国、意大利、荷兰5国的投入产出表。该5国还按照欧洲经济共同体统计局的统一标准,编制了1965年的投入产出表。欧盟委员会资助世界投入产出数据库(World Input-Output Database,WIOD)项目,编制了1995—2014年世界投入产出表。经济合作与发展组织,简称经合组织(OECD),以各国官方投入产出表为基础,编制了国家间投入产出表(Inter-Country Input-Output,ICIO)。此外,Eora全球供应链数据库由多区域投入产出表(Multi-Regional Input Output,MRIO)模型组成,该模型提供了高分辨率IO表的时间序列及190个国家的匹配环境和社会卫星账户,是目前应用非常广泛的多区域投入产出表。

1968年,联合国统计局出版的《国民核算体系》一书已把投入产出表作为新的国民核算体系中的一个重要组成部分。1973年,联合国统计局出版的《投入产出表和分析》一书介绍和推荐了根据英国经验发展而来的编制投入产出表的商品-产业部门法，以及修改和更新投入产出表的 RAS 方法。

2. 我国投入产出表的编制与应用

1974 年，为研究宏观经济的需要，在国家统计局和国家计委的组织下，由国家统计局、国家计委、中国科学院、中国人民大学、北京经济学院等单位联合编制了 1973 年全国 61 种产品的实物型投入产出表，后来曾编制 1979 年、1981 年投入产出表。1984 年，国家统计局在 1981 年全国投入产出表的基础上，编制了 1983 年全国投入产出表（延长表）。1987 年 3 月，为加强国民经济宏观调控，国务院办公厅发布了《关于进行全国投入产出调查的通知》，在全国进行 1987 年投入产出调查，编制了《中国 1987 年投入产出表》，并形成制度，决定每 5 年一次，在逢二、逢七年份编制基本表，在逢零、逢五年份编制延长表。2018 年和 2020 年，国家统计局也采用 RAS 方法编制了投入产出表（见国家统计局的国家数据网站：https://data.stats.gov.cn/index.htm）。

我国除了编制国家层面的投入产出表外，还在省（自治区、直辖市）层面上编制地区投入产出表。山西省是我国第一个编制地区投入产出表的省份，编制了 1979 年 88 种产品的实物型投入产出表和 27 个部门的价值型投入产出表。到目前为止，中国内地的 31 个省（自治区、直辖市）均编制了地区投入产出表，如 2020 年国家统计局国民经济核算司编制了 31 个省（自治区、直辖市）投入产出表的《中国地区投入产出表 2017》。除了省（自治区、直辖市）投入产出表以外，我国部分城市也编制了投入产出表，如 1983 年武汉市、大连市就开始编制本市的投入产出表。武汉市编制的 1983 年度投入产出表包括价值型表（50 个部门）、实物型表（134 种产品）和能源型表（112 个能源部门和产品）。武汉市 1983 年投入产出表为研究该市的经济结构、预测经济发展趋势及制订“七五”计划提供了重要的定量依据。另外，国家信息中心、中国科学院等部门及石敏俊、刘卫东等学者还曾编制过中国区域间投入产出表和中国省域间投入产出表。

在具体部门层面，一些学者也探讨了投入产出表的编制。我国较早的部门投入产出表是 20 世纪 80 年代编制的化工系统 1978 年 16 种产品的实物型表。此后，编制了如机械电子、船舶制造、能源、军工、信息产业、城市水资源、铜业和农业等部门的投入产出表。例如，中国科学院编制了 1982 年和 1984 年农业投入产出表，包括实物型部分（40 个农产品）和价值型部分（24 个部门）。

企业投入产出表的编制是我国投入产出研究的重要特色之一。早在 20 世纪 60 年代，陈锡康、李秉全等学者就在天津化工厂和鞍山钢铁公司开展企业投入产出研究，分别编制了 1964 年天津化工厂实物型投入产出表和 1964 年鞍山钢铁公司投入产出表。此外，在那个时期，上海高桥化工厂等一批企业也都编制了企业投入产出表，且取得了较好的应用成果。到目前为止，我国有100多家大中型企业曾经编制过企业投入产出表。

二、投入产出分析的基本特点

投入产出分析适用于世界（跨区域）、国家、地区（跨地区）、部门、企业等各个层级的研究对象，具有如下基本特点：

1. 整体性

整体性是投入产出分析最重要的特点。投入产出分析源于"国民经济是一个有机整体"的观点，综合研究各个具体部门之间的数量关系（技术经济联系）。

2. 全面性

投入产出表从生产消耗和分配使用两个方面同时反映产品在部门之间的运动过程，即同时反映产品的价值形成过程和使用价值的运动过程。

3. 科学性

从方法论的角度看，投入产出分析通过各种系数，一方面反映了一定技术和生产组织条件下国民经济各部门的技术经济联系；另一方面用以测定和体现社会总产品与中间产品、社会总产品与最终产品之间的数量联系。

第二节　投入产出表的原理及一般结构

一、投入产出表的基本原理与假设

1. 投入产出表的基本概念

投入产出分析中的投入，是指经济活动过程中的各种消耗（包括中间投入和最初投入）及其来源。例如，国民经济各部门在产品生产和服务过程中的中间投入（又称中间消耗）包括各种原材料、燃料、动力及各种服务。最初投入是指增加值各要素的投入，包括固定资产折旧、从业人员报酬、生产税净额和营业盈余。显然，中间投入是指生产性消耗，包括各种直接消耗和全部间接消耗。例如，生产钢要直接消耗电和生铁，而生产生铁又要直接消耗电，这是生产钢时通过消耗生铁对电的间接消耗。广义而言，投入还包括经济活动过程中对固定资产、流动资产、自然资源和劳动力的占用。

投入产出分析中的产出是指经济活动的成果（如得到一定数量的某种产品和劳务）及其使用方向（包括中间使用和最终使用）。中间使用是指经济系统的各部分，如国民经济各部门所生产的产品被用于中间消耗的部分产品；最终使用是指被用于最终消费、资本形成和净出口的产品。

2. 投入产出表的基本原理

投入产出表是反映一个经济系统各部门之间的投入与产出间数量依存关系的表格（部门联系平衡表或产业关联表）。其结构形式是一种特殊的纵横相交的棋盘式表格。按照计量单位不同，可分为价值型和实物型两种。在价值型投入产出表中，均按价值单位（如元）计量，在实物型表中，按各种实物单位（如吨、吨标准煤等）计量。

投入产出表在编制时有三个重要假定：

(1) 同质性假定。

同质性假定是假定每个产品部门只生产一种同质（投入结构相同）产品，不同产品部门的产品之间不能相互替代。同质性假定要求：① 每个生产部门只有一个相同的投入（消耗）结构；② 归入某一部门内的所有产品在用途上可以相互替代；③ 不同产品部门的产品之间没有可替代性。投入产出表中的部门称为纯部门，即生产工艺相同、消耗结构相同、经济用途相同的部门。不难理解，这一假定的实质是将实物模型的“大类产品”或价值模型“纯部门”视为同质产品集合体。该集合体内的产品满足此假定，目的在于减少产品数量，使模型覆盖尽可能多的产品，能集中反映产品间单纯的投入与产出关系。

(2) 比例性假定。

比例性假定的基本含义是各部门的投入与产出成正比例关系，产出增加一个比例，则生产过程中所需要的各种投入也增加相同的比例。这一假定实际上是同质性假定的延伸，它的经济内涵有以下几点：没有技术进步和劳动生产率的提高；生产要素不发生替代；价值表中的价格不变化；不发生部门合并或分解。

(3) 可加性假定。

可加性假定也称为无交互作用假定，即几个部门的产出合计等于对这几个部门分别投入量的合计。此假定的实质是假定各部门在生产活动中，不存在本身生产活动之外的“外部经济（非经济）因素”的影响。假如两个部门的产出合计不等于对这两个部门分别投入量的合计，说明在这两个部门生产活动之外存在着“外部经济因素”，因而引起了两种生产的交互作用。

二、投入产出表的一般结构与分类

1. 投入产出表的一般结构

表 9-1 是简化后的 2017 年中国投入产出表，将原先的 149 个部门简化为只

有农业、工业和“其他”3 个部门，所以社会总产品的生产和分配也只在这 3 个部门内进行。

表 9-1　简化后的 2017 年中国投入产出表　　单位：亿元

投入＼产出		中间使用				最终使用				进口	总产出
		农业	工业	其他	中间使用合计	消费支出合计	资本形成总额	出口	最终使用合计		
中间投入	农业	14 684	62 795	7 588	85 067	27 479	2 401	1 194	31 073	6 016	110 124
	工业	21 738	643 473	237 606	902 816	123 835	88 154	292	344 192	120 441	1 126 567
	其他	8 250	142 893	295 492	446 634	292 863	273 905	464	597 219	22 811	1 021 042
	中间投入合计	44 672	849 161	540 685	1 434 518	444 177	364 460	1 950	972 484	149 268	2 257 734
增加值	劳动者报酬	65 271	105 011	252 986	423 268						
	生产税净额	−3 411	56 263	42 127	94 979						
	固定资产折旧	2 285	38 496	69 543	110 325						
	营业盈余	1 307	77 636	115 701	194 644						
	增加值合计	65 452	277 406	480 357	823 216						
总投入		110 124	1 126 567	1 021 042	2 257 734						

投入产出表由 4 个部分组成：

（1）表的左上角称为第Ⅰ象限，即由中间投入和中间使用两部分交叉形成的方阵，称为中间流量矩阵或中间消耗关系矩阵。其中的每个元素 z_{ij} 表示 j 部门消耗的 i 部门产品的数量。这是投入产出表中最重要的象限。

（2）表的右上角称为第Ⅱ象限，该象限是由中间投入和最终使用两部分交叉形成的矩阵，是第Ⅰ象限在水平方向上的延伸，显示的是以生产法计算的国民收入的数量及其构成。从行向上看，其反映了各部门最终产品的总量及使用方向；从列向上看，其反映了投资、消费和出口的来源及其部门构成。这一矩阵被称为最终需求矩阵。

(3) 表的左下角称为第Ⅲ象限，该象限是由初始投入(即增加值，包括固定资产折旧和净产值)和中间使用两部分交叉而成，是第一象限在垂直方向上的延伸。行向上，显示的是增加值各构成部分的数量及部门构成；列向上，显示的是各部门增加值的数量及构成。这一矩阵被称为初始投入矩阵，又称为增加值矩阵。

(4) 表的右下角称为第Ⅳ象限，是再分配象限，一般不填写，如果填写则表示国民收入的再分配。

第Ⅰ、Ⅱ象限连接在一起，通过各横行反映各产业部门的产品分配和使用方向；第Ⅰ、Ⅲ象限连接在一起，反映了各产业部门在生产中的投入和来源，也反映了生产过程的价值形成。

投入产出表的一般形式见表 9-2。第Ⅰ象限由 n 个部门纵横交叉而成，是一个 $n \times n$ 的方阵，所反映的是经济系统中 n 个部门互相之间的技术经济联系。从横向上看，每一行说明该部门为经济系统中各部门提供的生产中所消耗的产品；从纵向上看，是某一部门生产中消耗掉的经济系统中各部门产品的数量。由于这一部分产品是在生产中所消耗掉的，所以叫作中间产品。第Ⅱ象限的数据反映了各部门的总产品扣除中间产品后余下的用于最终使用的产品情形。一般最终产品包括消费、用于发展生产的储备及出口等内容。第Ⅲ象限包括折旧和新创造的价值，其中，新创造的价值分为劳动报酬和纯收入两部分，反映了国民收入的初次分配情况。

表 9-2　投入产出表的一般形式

产出 投入		中间产品				合　计	最终产品				总产品
		部门 1	部门 2	…	部门 n		消　费	储　备	出　口	合　计	
物资消耗	部门 1	x_{11}	x_{12}	…	x_{1n}					y_1	x_1
	部门 2	x_{21}	x_{22}	…	x_{2n}					y_2	x_2
	…	…	(Ⅰ)	…	…			(Ⅱ)		…	…
	部门 n	x_{n1}	x_{n2}	…	x_{nn}					y_n	x_n
合　计											
折　旧		D_1	D_2	…	D_n						
净产值	劳动报酬	V_1	…	…	V_n						
	纯收入	M_1	(Ⅲ)	…	M_n				(Ⅳ)		
	小　计										
总投入		x_1	x_2	…	x_n						

当然，对于企业而言，其投入产出表的形式有所不同，一般可以划分为五个

象限,各象限所处的位置见表 9-3。第Ⅰ部分反映了本企业产品作为中间产品在生产过程中的流转和消耗情况;第Ⅱ部分反映了本企业作为最终产品用于库存和销售的情况;Ⅰ、Ⅱ两部分的关系和部门投入产出基本平衡关系式完全一致。第Ⅲ部分是本企业产品消耗外购原辅材料、燃料等产品的情况;第Ⅴ部分反映了固定资产折旧、企业管理费、工资、利税等在产品价值形成中所占的分量。从纵向上看,Ⅰ、Ⅲ、Ⅴ三部分反映了各个产品的价值构成。

表 9-3　企业投入产出表的象限划分

<table>
<tr><td colspan="2" rowspan="2">产　出
投　入</td><td colspan="4">中间产品</td><td colspan="3">最终产品</td><td rowspan="2">总产品</td></tr>
<tr><td>产品 1</td><td>…</td><td>产品 n</td><td>合　计</td><td>库　存</td><td>销　售</td><td>合　计</td></tr>
<tr><td rowspan="4">本企业产品</td><td>产品 1</td><td colspan="4" rowspan="4">Ⅰ</td><td colspan="3" rowspan="4">Ⅱ</td><td></td></tr>
<tr><td>…</td><td></td></tr>
<tr><td>产品 n</td><td></td></tr>
<tr><td>合　计</td><td></td></tr>
<tr><td rowspan="4">外购产品</td><td>原材料</td><td colspan="4" rowspan="4">Ⅲ</td><td colspan="4" rowspan="10">Ⅳ</td></tr>
<tr><td>燃　料</td></tr>
<tr><td>其　他</td></tr>
<tr><td>合　计</td></tr>
<tr><td rowspan="5">企业初始投入</td><td>固定资产折旧</td><td colspan="4" rowspan="5">Ⅴ</td></tr>
<tr><td>企业管理费</td></tr>
<tr><td>工资(含奖金)</td></tr>
<tr><td>利　税</td></tr>
<tr><td>其　他</td></tr>
<tr><td colspan="2">总投入</td><td></td><td></td><td></td><td></td></tr>
</table>

2. 投入产出表的分类

投入产出表可以有多种分类,主要分类如下:

(1) 根据计量形式不同,投入产出表可分为实物型投入产出表和价值型投入产出表。我们平时所说的投入产出表一般是指价值型投入产出表。

(2) 根据统计的地域范围不同,投入产出表可分为国家投入产出表、地区投入产出表、地区间投入产出表、部门投入产出表、企业投入产出表等。

(3) 根据专门用途不同,投入产出表可分为劳动力投入产出表、固定资产投入产出表、能源投入产出表、环境保护投入产出表、信息投入产出表、教育投入产出表等。

(4) 根据是否包括时间变化因素,投入产出表可分为静态投入产出表和动态投入产出表。

(5) 根据核算的口径范围不同,投入产出表可分为物质产品投入产出表

(MPS 体系)及物质产品和服务投入产出表(SNA 体系)。

(6) 根据时期不同,投入产出表可分为报告期和计划期投入产出表。

第三节　投入产出表中的基本关系

一、投入产出表中的基本平衡关系式

在投入产出表中主要存在着以下平衡关系式:

1. 行的基本平衡关系式

行的基本平衡关系式也称为分配平衡方程式,反映了Ⅰ、Ⅱ象限数据之间的平衡关系式:中间产品+最终产品=总产品。数学表达式为:

$$\begin{cases} x_{11}+x_{12}+\cdots+x_{1n}+y_1=x_1 \\ x_{21}+x_{22}+\cdots+x_{2n}+y_2=x_2 \\ \cdots \\ x_{n1}+x_{n2}+\cdots+x_{nn}+y_n=x_n \end{cases} \tag{9-1}$$

或者

$$\sum_{j=1}^{n} x_{ij}+y_i=x_i, i=1,2,\cdots,n \tag{9-2}$$

2. 列的基本平衡关系式

列的基本平衡关系式也称为产值平衡方程式,反映了Ⅰ、Ⅲ象限之间的平衡关系式:物资消耗+折旧+劳动报酬+纯收入=部门产值。数学表达式为:

$$\begin{cases} x_{11}+x_{21}+\cdots+x_{n1}+D_1+V_1+M_1=x_1 \\ x_{12}+x_{22}+\cdots+x_{n2}+D_2+V_2+M_2=x_2 \\ \cdots \\ x_{1n}+x_{2n}+\cdots+x_{nn}+D_n+V_n+M_n=x_n \end{cases} \tag{9-3}$$

或者

$$\sum_{i=1}^{n} x_{ij}+D_j+V_j+M_j=x_j, j=1,2,\cdots,n \tag{9-4}$$

二、直接消耗系数、完全消耗系数与完全需要系数

1. 直接消耗系数

直接消耗系数是投入产出模型中的基本概念。称

$$a_{ij}=\frac{x_{ij}}{x_j}, i,j=1,2,\cdots,n \tag{9-5}$$

为直接消耗系数，即 j 部门生产单位产量（或价值）时消耗 i 部门的产品量（或价值）。它反映了 j 部门的产品在生产过程中与 i 部门的技术联系。

直接消耗系数的取值范围在 0～1 之间。a_{ij} 越大，说明 j 部门对 i 部门的直接依赖性越强；a_{ij} 越小，说明 j 部门对 i 部门的直接依赖性越弱；$a_{ij}=0$，说明 j 部门对 i 部门没有直接依赖关系。

将各产品部门的直接消耗系数用表的形式表现出来，就是直接消耗系数表或直接消耗系数矩阵，通常用字母 $\mathbf{A}$ 表示。

【例 9-1】 假设有三个部门的投入产出表，见表 9-4。为了便于讨论，表中未完全按照投入产出表列入固定资产折旧、出口等条目。求出直接消耗系数矩阵。

表 9-4　三个部门的投入产出表

投入＼产出		中间产品				最终产品			产值
		农业	轻工业	重工业	小计	消费	储备	小计	
物资消耗	农业	10	5	12	27	30	3	33	60
	轻工业	5	5	8	18	40	7	47	65
	重工业	10	15	20	45	15	20	35	80
	小计	25	25	40	90	85	30	115	205
净产值	劳动报酬	25	30	20	75				
	纯收入	10	10	20	40				
投入		60	65	80	205				

解：以 x_1、x_2、x_3 分别代表农业、轻工业、重工业的总产值，则有

$$a_{11}=\frac{x_{11}}{x_1}=\frac{10}{60}=0.166\ 7,a_{12}=\frac{x_{12}}{x_2}=\frac{5}{65}=0.076\ 9$$

a_{11} 为农业部门生产单位产品时所消耗的农业部门本身产品的价值。农业部门生产 1 元产值的产品时，需要消耗 0.166 7 元农业部门自身的产品。同理，轻工业部门每生产 1 元产值的产品时，需要消耗 0.076 9 元农业部门的产品。由此，计算得到直接消耗系数矩阵为：

$$\mathbf{A}=\begin{bmatrix} a_{11} & a_{12} & a_{13} \\ a_{21} & a_{22} & a_{23} \\ a_{31} & a_{32} & a_{33} \end{bmatrix}=\begin{bmatrix} 0.166\ 7 & 0.076\ 9 & 0.150\ 0 \\ 0.083\ 3 & 0.076\ 9 & 0.100\ 0 \\ 0.166\ 7 & 0.230\ 8 & 0.250\ 0 \end{bmatrix}$$

2. 完全消耗系数

在实际生产中，除了部门之间的直接联系（直接消耗）外，还有间接的技术经济联系，即间接消耗系数。完全消耗系数是指某一部门每提供一个单位的最终产品，需要直接和间接消耗（即完全消耗）各部门的产品或服务数量。

完全消耗系数反映了每生产单位 j 部门的最终产品，直接和间接消耗 i 部门产品的数量，用 b_{ij} 来表示，矩阵 $\boldsymbol{B}$ 则表示完全消耗系数矩阵。完全消耗系数与直接消耗系数的关系为：

$$b_{ij}=a_{ij}+\sum_{k=1}^{n}a_{ik}\cdot a_{kj}+\sum_{s=1}^{n}\sum_{k=1}^{n}a_{is}\cdot a_{sk}\cdot a_{kj}+\cdots \tag{9-6}$$

其中，第一项表示 j 部门对 i 部门的直接消耗；第二项表示 j 部门对 k 部门的直接消耗、k 部门对 i 部门的直接消耗，即 j 部门对 i 部门的一次间接消耗；第三项则表示 j 部门对 i 部门的二次间接消耗；以此类推。

通常用迭代法计算完全消耗系数：

$$\boldsymbol{B}=\begin{bmatrix} b_{11} & b_{12} & \cdots & b_{1n} \\ b_{21} & b_{22} & \cdots & b_{2n} \\ \vdots & \vdots & \vdots & \vdots \\ b_{n1} & b_{n2} & \cdots & b_{nn} \end{bmatrix}=\boldsymbol{A}+\boldsymbol{A}^2+\boldsymbol{A}^3+\cdots=(\boldsymbol{I}-\boldsymbol{A})^{-1}-\boldsymbol{I} \tag{9-7}$$

【例 9-2】 利用例 9-1 的数据计算完全消耗系数矩阵。

解：

$$\boldsymbol{I}-\boldsymbol{A}=\begin{bmatrix} 1 & 0 & 0 \\ 0 & 1 & 0 \\ 0 & 0 & 1 \end{bmatrix}-\begin{bmatrix} 0.166\,7 & 0.076\,9 & 0.15 \\ 0.088\,3 & 0.076\,9 & 0.10 \\ 0.166\,7 & 0.230\,8 & 0.25 \end{bmatrix}$$

$$=\begin{bmatrix} 0.833\,3 & -0.076\,9 & -0.15 \\ -0.083\,3 & 0.923\,1 & -0.10 \\ -0.166\,7 & -0.230\,8 & 0.75 \end{bmatrix}$$

$$(\boldsymbol{I}-\boldsymbol{A})^{-1}=\begin{bmatrix} 1.273\,2 & 0.176\,6 & 0.278\,1 \\ 0.150\,6 & 1.141\,4 & 0.182\,3 \\ 0.329\,3 & 0.390\,3 & 1.451\,2 \end{bmatrix}$$

$$\boldsymbol{B}=(\boldsymbol{I}-\boldsymbol{A})^{-1}-\boldsymbol{I}=\begin{bmatrix} 0.273\,2 & 0.175\,6 & 0.278\,0 \\ 0.150\,6 & 0.141\,5 & 0.182\,3 \\ 0.329\,3 & 0.390\,2 & 0.451\,2 \end{bmatrix}$$

3. 完全需要系数

完全需要系数说明为了得到单位最终产品时，对各部门产品的需要量。与完全消耗系数相比，除了包含生产中完全消耗的产品外，还包含单位最终产品。完全需要系数又称为列昂惕夫逆矩阵系数，完全需要系数矩阵即列昂惕夫逆矩阵，其计算公式为：

$$\bar{\boldsymbol{B}}=\boldsymbol{B}+\boldsymbol{I}=(\boldsymbol{I}-\boldsymbol{A})^{-1} \tag{9-8}$$

例 9-2 的完全需要系数矩阵为：

$$\bar{\boldsymbol{B}}=(\boldsymbol{I}-\boldsymbol{A})^{-1}=\begin{bmatrix}1.2732 & 0.1756 & 0.2780\\0.1506 & 1.1415 & 0.1823\\0.3293 & 0.3902 & 1.4512\end{bmatrix}$$

三、直接分配系数与完全分配系数

1. 直接分配系数

直接消耗系数是通过投入产出表的列向描述各部门之间的关系，给出了各部门单位产出的中间消耗结构。类似地，可以从投入产出表的行向考察，给出反映各部门产品分配情况的直接分配系数：

$$h_{ij}=\frac{x_{ij}}{x_i},i,j=1,2,\cdots,n \tag{9-9}$$

其中，x_{ij} 从列向上表示了第 j 部门对第 i 部门产品的直接消耗量，从行向上，则表示第 i 部门分配(或投入)到第 j 部门的产品数量。因此，直接分配系数 h_{ij} 的含义是第 i 部门的单位产出中第 j 部门所能分配到的产品份额，也称为产出系数。n 个部门间的直接分配系数可以用矩阵 $\boldsymbol{H}$ 表示。

2. 完全分配系数

与完全消耗系数类似，完全分配系数体现了部门间的直接分配与间接分配关系，计算公式为：

$$g_{ij}=h_{ij}+\sum_{k=1}^{n}h_{ik}\cdot h_{kj}+\sum_{s=1}^{n}\sum_{k=1}^{n}a_{is}\cdot a_{sk}\cdot a_{kj}+\cdots \tag{9-10}$$

其中，第一项表示 i 部门给 j 部门的直接分配；第二项表示 i 部门先分配给 k 部门、k 部门又分配给 j 部门，即 i 部门对 j 部门的一次间接分配；第三项表示 i 部门对 j 部门的二次间接分配；以此类推。

通常用迭代法计算完全分配系数：

$$\boldsymbol{G}=\begin{bmatrix}g_{11} & g_{12} & \cdots & g_{1n}\\g_{21} & g_{22} & \cdots & g_{2n}\\\vdots & \vdots & \vdots & \vdots\\g_{n1} & g_{n2} & \cdots & g_{nn}\end{bmatrix}=\boldsymbol{H}+\boldsymbol{H}^2+\boldsymbol{H}^3+\cdots=(\boldsymbol{I}-\boldsymbol{H})^{-1}-\boldsymbol{I} \tag{9-11}$$

【例 9-3】 利用例 9-1 的数据计算直接分配系数矩阵和完全分配系数矩阵。

解：以 h_{11} 和 h_{12} 为例，给出计算公式：

$$h_{11}=\frac{x_{11}}{x_1}=\frac{10}{60}=0.1667,h_{12}=\frac{x_{12}}{x_1}=\frac{5}{60}=0.0833$$

同理计算其他直接分配系数，由此得到直接分配系数矩阵：

$$\boldsymbol{H}=\begin{bmatrix}h_{11} & h_{12} & \cdots & h_{1n}\\ h_{21} & h_{22} & \cdots & h_{2n}\\ \vdots & \vdots & \vdots & \vdots\\ h_{n1} & h_{n2} & \cdots & h_{nn}\end{bmatrix}=\begin{bmatrix}0.1667 & 0.0833 & 0.2000\\ 0.0769 & 0.0769 & 0.1231\\ 0.1250 & 0.1875 & 0.2500\end{bmatrix}$$

完全分配系数矩阵：

$$\boldsymbol{G}=(\boldsymbol{I}-\boldsymbol{H})^{-1}-\boldsymbol{I}=\begin{bmatrix}0.2732 & 0.1902 & 0.3707\\ 0.1390 & 0.1415 & 0.2244\\ 0.2470 & 0.3171 & 0.4512\end{bmatrix}$$

四、基本投入产出模型

1. 最终产品测算模型

记 $\boldsymbol{X}=\begin{bmatrix}x_1\\ x_2\\ \vdots\\ x_n\end{bmatrix}$ 为总产值（品）列向量，$\boldsymbol{Y}=\begin{bmatrix}y_1\\ y_2\\ \vdots\\ y_n\end{bmatrix}$ 为最终产品列向量，由公式(9-1)和(9-5)可得：

$$\begin{cases}a_{11}x_1+a_{12}x_2+\cdots+a_{1n}x_n+y_1=x_1\\ a_{21}x_1+a_{22}x_2+\cdots+a_{2n}x_n+y_2=x_2\\ \cdots\\ a_{n1}x_1+a_{n2}x_2+\cdots+a_{nn}x_n+y_n=x_n\end{cases}\tag{9-12}$$

所以，如下关系式成立：

$$\boldsymbol{AX}+\boldsymbol{Y}=\boldsymbol{X}\tag{9-13}$$

那么，有

$$\boldsymbol{Y}=(\boldsymbol{I}-\boldsymbol{A})\boldsymbol{X}\tag{9-14}$$

可见，已知国民经济各部门的生产计划 $\boldsymbol{X}$，就可以测算可提供的最终产品 $\boldsymbol{Y}$。

2. 部门生产测算模型

由公式(9-14)可得：

$$\boldsymbol{X}=(\boldsymbol{I}-\boldsymbol{A})^{-1}\boldsymbol{Y}\tag{9-15}$$

因此，已知最终产品需求 $\boldsymbol{Y}$ 时，我们就可以测算所需要的部门生产计划 $\boldsymbol{X}$ 了。

3. 净产值测算模型

净产值测算模型也称国民收入测算模型。由公式(9-3)和(9-5)可得：

$$\begin{cases}(a_{11}+a_{21}+\cdots+a_{n1})x_1+D_1+V_1+M_1=x_1\\(a_{12}+a_{22}+\cdots+a_{n2})x_2+D_2+V_2+M_2=x_2\\\cdots\\(a_{1n}+a_{2n}+\cdots+a_{nn})x_n+D_n+V_n+M_n=x_n\end{cases}\tag{9-16}$$

或者

$$\sum_{i=1}^{n}a_{ij}x_j+D_j+V_j+M_j=x_j,j=1,2,\cdots,n\tag{9-17}$$

记

$$\boldsymbol{C}=\begin{bmatrix}\sum_{i=1}^{n}a_{i1}&0&\cdots&0\\0&\sum_{i=1}^{n}a_{i2}&\cdots&0\\\vdots&\vdots&\vdots&\vdots\\0&0&\cdots&\sum_{i=1}^{n}a_{in}\end{bmatrix}=\begin{bmatrix}c_1&0&\cdots&0\\0&c_2&\cdots&0\\\vdots&\vdots&\vdots&\vdots\\0&0&\cdots&c_n\end{bmatrix}\tag{9-18}$$

称 $\boldsymbol{C}$ 为中间投入系数矩阵，$\boldsymbol{C}$ 矩阵主对角线上的每一个元素 $c_j=\sum_{i=1}^{n}a_{ij}$ 表明了 j 部门产值生产中消耗的劳动对象所占的比重，即 j 部门在生产单位产品过程中消耗的所有部门的产品之和，因而通过矩阵 $\boldsymbol{C}$ 可以方便地分析各部门的产品价值构成，为制定合理的产品价格提供依据。

记

$$\boldsymbol{D}=\begin{bmatrix}D_1\\D_2\\\vdots\\D_n\end{bmatrix},\boldsymbol{V}=\begin{bmatrix}V_1\\V_2\\\vdots\\V_n\end{bmatrix},\boldsymbol{M}=\begin{bmatrix}M_1\\M_2\\\vdots\\M_n\end{bmatrix}$$

分别为各部门固定资产折旧、劳动报酬、社会纯收入的列向量。那么，公式(9-17)可写为：

$$\boldsymbol{CX}+\boldsymbol{D}+\boldsymbol{V}+\boldsymbol{M}=\boldsymbol{X}\tag{9-19}$$

因为 $\boldsymbol{V}+\boldsymbol{M}$ 为净产值或国民收入向量 $\boldsymbol{N}$，所以有

$$\boldsymbol{N}=(\boldsymbol{I}-\boldsymbol{C})\boldsymbol{X}-\boldsymbol{D}\tag{9-20}$$

可见，当部门生产规模确定后，可以据此测算净产值或国民收入。

同时，由公式(9-20)可以推出：

$$\boldsymbol{X}=(\boldsymbol{I}-\boldsymbol{C})^{-1}(\boldsymbol{N}+\boldsymbol{D})\tag{9-21}$$

式(9-21)为已知初始投入(部门净产值和固定资产折旧)之后，测算应具备

的生产规模或者总产值的模型。

此外，还可以通过直接分配系数矩阵得到净产值测算模型及初始投入与总产值的关系。将直接分配系数代入公式(9-4)中得到

$$\sum_{i=1}^{n} h_{ij}x_i + D_j + V_j + M_j = x_j, j=1,2,\cdots,n \tag{9-22}$$

用矩阵表示为

$$\boldsymbol{H}'\boldsymbol{X}+\boldsymbol{D}+\boldsymbol{N}=\boldsymbol{X} \tag{9-23}$$

根据公式(9-23)，有

$$\boldsymbol{N}=(\boldsymbol{I}-\boldsymbol{H}')\boldsymbol{X}-\boldsymbol{D} \tag{9-24}$$

$$\boldsymbol{X}=(\boldsymbol{I}-\boldsymbol{H}')^{-1}(\boldsymbol{N}+\boldsymbol{D}) \text{或} \boldsymbol{X}'=(\boldsymbol{N}+\boldsymbol{D})'(\boldsymbol{I}-\boldsymbol{H})^{-1} \tag{9-25}$$

【例 9-4】 假设某企业生产三种产品，该企业 2020 年价值型产品投入产出表见表 9-5。设 2022 年该企业三种产品的库存均增加 10%，三种产品的销售量分别年递增 15%、8%、11%。试编制 2022 年计划期的投入产出表。

表 9-5　企业 2020 年投入产出表　　单位：万元

投入＼产出		中间产品				最终产品			总产品
		产品 1	产品 2	产品 3	合　计	库　存	销　售	合　计	
本企业产品	产品 1	92	2 003	77	2 172	508	1 248	1 756	3 928
	产品 2	719	1 762	602	3 083	817	9 017	9 834	12 917
	产品 3	302	854	380	1 536	762	2 141	2 903	4 439
	合　计	1 113	4 619	1 059	6 791	2 087	12 406	14 493	21 284
外购产品	原材料	324	1 423	272	2 019				
	燃　料	251	500	213	964				
	其　他	166	2 324	319	2 809				
	合　计	741	4 247	804	5 792				
固定资产折旧		146	114	138	398				
企业管理费		105	430	373	908				
工资(含奖金)		229	648	571	1 448				
利　税		700	1 412	884	2 996				
其　他		894	1 447	610	2 951				
总投入		3 928	12 917	4 439	21 284				

解：首先，计算本企业产品直接消耗系数，见表 9-6。

表 9-6　企业产品直接消耗系数

投入＼产出		中间产品		
		产品 1	产品 2	产品 3
本企业产品	产品 1	0.023 4	0.155 1	0.017 3
	产品 2	0.183 0	0.136 4	0.135 6
	产品 3	0.076 9	0.066 1	0.085 6
外购产品	原材料	0.082 5	0.110 2	0.061 3
	燃　料	0.063 9	0.038 7	0.048 0
	其　他	0.042 3	0.179 9	0.071 9
固定资产折旧		0.037 2	0.008 8	0.031 1
企业管理费		0.026 7	0.033 3	0.084 0
工资(含奖金)		0.058 3	0.050 2	0.128 6
利　税		0.178 2	0.109 3	0.199 1
其　他		0.227 6	0.112 0	0.137 4
总投入		1.000 0	1.000 0	1.000 0

由表 9-6 得到本企业产品的直接消耗系数矩阵为：

$$\boldsymbol{A}=\begin{bmatrix}0.0234 & 0.1551 & 0.0173\\0.1830 & 0.1364 & 0.1356\\0.0769 & 0.0661 & 0.0856\end{bmatrix}$$

完全需要系数矩阵为：

$$\bar{\boldsymbol{B}}=(\boldsymbol{I}-\boldsymbol{A})^{-1}=\begin{bmatrix}1.0644 & 0.1949 & 0.0491\\0.2424 & 1.2156 & 0.1849\\0.1070 & 0.1043 & 1.1111\end{bmatrix}$$

根据题意，2022 年三种产品的最终产量分别为：

$y_1=508\times(1+0.1)+1\ 248\times(1+0.15)^2=2\ 209.28$(件)

$y_2=817\times(1+0.1)+9\ 017\times(1+0.08)^2=11\ 416.13$(件)

$y_3=762\times(1+0.1)+2\ 141\times(1+0.11)^2=3\ 476.13$(件)

计算 2022 年三种产品的总产值为：

$$\boldsymbol{X}=\bar{\boldsymbol{B}}\boldsymbol{Y}=\begin{bmatrix}4\ 746.92\\15\ 056.14\\5\ 289.31\end{bmatrix}$$

将计算得到的 x_1、x_2 和 x_3 与表 9-6 中的数据相乘，即可得到该企业三种产品生产中对本企业产品的消耗，对外购原辅材料、燃料等消耗的价值，以及新创造的价值，并形成 2022 年计划期投入产出表，见表 9-7。

表 9-7　企业 2022 年计划期投入产出表　　单元：万元

投入＼产出		中间产品				最终产品			总产品
		产品 1	产品 2	产品 3	合　计	库　存	销　售	合　计	
本企业产品	产品 1	111.18	2 334.71	91.75	2 537.64	558.8	1 650.48	2 209.28	4 746.92
	产品 2	868.90	2 053.80	717.32	3 640.01	898.7	10 517.43	11 416.13	15 056.14
	产品 3	364.96	995.43	452.79	1 813.18	838.2	2 637.926	3 476.126	5 289.31
	合　计	1 345.04	5 383.94	1 261.86	7 990.83	2 295.7	14 805.83	17 101.53	25 092.37
外购产品	原材料	391.55	1 658.66	324.10	2 374.31				
	燃　料	303.33	582.80	253.80	1 139.93				
	其　他	200.61	2 708.87	380.11	3 289.58				
	合　计	895.49	4 950.33	958.01	6 803.83				
固定资产折旧		176.44	132.88	164.43	473.75				
企业管理费		126.89	501.21	444.45	1 072.55				
工资(含奖金)		276.74	755.31	680.38	1 712.43				
利　税		845.94	1 645.84	1 053.33	3 545.11				
其　他		1 080.38	1 686.63	726.85	3 493.86				
总投入		4 746.92	15 056.14	5 289.31	25 092.37				

五、影响力系数与感应度系数

1. 影响力系数

借助完全需要系数矩阵的列，我们可以分析当某一部门的最终产品使用量增加一个单位时，对其他部门生产需求的影响即该部门的后向拉动作用。为了便于比较各部门的后向拉动作用大小，对部门的后向联系进行标准化处理，定义为影响力系数或后向关联系数，计算公式为：

$$F_j=\frac{\sum_{i=1}^{n}\bar{b}_{ij}}{\frac{1}{n}\sum_{j=1}^{n}\sum_{i=1}^{n}\bar{b}_{ij}},j=1,2,\cdots,n \tag{9-26}$$

其中，$\bar{b}_{ij}$ 为完全需要系数矩阵中的元素。

当 $F_j<1$ 时，表示 j 部门对其他部门所产生的拉动作用低于各部门的平均水平；

当 $F_j=1$ 时，表示 j 部门对其他部门所产生的拉动作用等于各部门的平均水平；

当 $F_j>1$ 时，表示 j 部门对其他部门所产生的拉动作用等超过了各部门的平均水平。

2.感应度系数

类似地，我们可以定义感应度系数，也称前向关联系数。任何一个部门的生产活动通过部门之间相互联结的波及效果，必然影响和受影响于其他部门的生产活动，其中，影响其他部门的程度称为影响力，受其他产业影响的程度则为感应度。感应度系数的计算公式有两种：一种是基于完全需要系数矩阵，计算公式为：

$$E_i=\frac{\sum_{j=1}^{n}\bar{b}_{ij}}{\frac{1}{n}\sum_{j=1}^{n}\sum_{i=1}^{n}\bar{b}_{ij}},i=1,2,\cdots,n \tag{9-27}$$

感应度系数反映了各部门都增加一个单位的最终产品，i 部门所受到的需求感应程度：

当 $E_i<1$ 时，表示 i 部门所受到的波及感应程度低于各部门的平均感应水平；

当 $E_i=1$ 时，表示 i 部门所受到的波及感应程度等于各部门的平均感应水平；

当 $E_i>1$ 时，表示 i 部门所受到的波及感应程度超过了各部门的平均感应水平。

另一种是利用完全分配系数而非完全需要系数，计算公式为：

$$D_i=\frac{\sum_{j=1}^{n}\tilde{g}_{ij}}{\frac{1}{n}\sum_{j=1}^{n}\sum_{i=1}^{n}\tilde{g}_{ij}},i=1,2,\cdots,n \tag{9-28}$$

其中，$\tilde{g}_{ij}$ 是 Ghosh 逆矩阵 $(\boldsymbol{I}-\boldsymbol{H})^{-1}$ 的元素，反映了 i 部门增加单位增加值对各部门的推动程度：

当 $D_i<1$ 时，表示 i 部门对其他部门所产生的推动作用低于各部门的平均水平；

当 $D_i=1$ 时，表示 i 部门对其他部门所产生的推动作用等于各部门的平均水平；

当 $D_i>1$ 时，表示 i 部门对其他部门所产生的推动作用高于各部门的平均水平。

第四节　某石化项目的投入产出分析

A 石化公司引入某项目，为简化起见，假设只生产混合二甲苯、甲苯、重芳烃、富氢气体、对二甲苯等产品，同时需要外购催化剂、燃料等。绘制价值型的投入产出表（仅供示意，与实际未必吻合），见表 9-8，对其进行投入产出分析，获得各种产品的影响程度。

表 9-8　A 石化公司某项目的投入产出表

投入＼产出		中间产品						最终产品			总产品
		混合二甲苯	甲苯	重芳烃	富氢气体	对二甲苯	合计	库存	销售	合计	
自产产品	混合二甲苯	200	800	320	240	150	1710	110	5 000	5 110	6 820
	甲　苯	800	120		200	600	1 720	300	7 000	7 300	9 020
	重芳烃	1 000	450		300	900	2 650	100	2 000	2 100	4 750
	富氢气体	600	420	200	50	600	1 870	50	1 000	1 050	2 920
	对二甲苯	600	250			120	970	200	6000	6200	7 170
	合　计	3 200	2 040	520	790	2 370	8 920	760	21 000	21 760	30 680
外购产品	催化剂	820	970	630	610	990					
	燃　料	400	350	200	140	300					
初始投入	折　旧	600	800	420	300	680					
	工　资	2 000	2 400	1 200	620	1 800					
	利　润	3 000	4 500	2 300	1 250	3 400					
总投入		6 820	9 020	4 750	2 920	7 170					

首先，计算五种产品的直接消耗系数矩阵：

$$\boldsymbol{A}=\begin{bmatrix} 0.029\,3 & 0.088\,7 & 0.067\,4 & 0.082\,2 & 0.020\,9 \\ 0.117\,3 & 0.013\,3 & 0 & 0.068\,5 & 0.083\,7 \\ 0.146\,6 & 0.049\,9 & 0 & 0.068\,5 & 0.125\,5 \\ 0.088\,0 & 0.046\,6 & 0.042\,1 & 0.017\,1 & 0.083\,7 \\ 0.088\,0 & 0.027\,7 & 0 & 0 & 0.016\,7 \end{bmatrix}$$

接着计算完全消耗系数矩阵：

$$\bar{\boldsymbol{B}}=(\boldsymbol{I}-\boldsymbol{A})^{-1}=\begin{bmatrix} 1.0687 & 0.1063 & 0.0764 & 0.1048 & 0.0505 \\ 0.1438 & 1.0339 & 0.0133 & 0.0855 & 0.1000 \\ 0.1886 & 0.0787 & 1.0181 & 0.1277 & 0.1515 \\ 0.1190 & 0.0652 & 0.0517 & 1.0373 & 0.1030 \\ 0.0997 & 0.0387 & 0.0072 & 0.0118 & 1.0244 \end{bmatrix}$$

计算混合二甲苯的影响力系数为：

$$F_1=\frac{\sum_{i=1}^{5}\bar{b}_{i1}}{\frac{1}{5}\sum_{j=1}^{5}\sum_{i=1}^{5}\bar{b}_{ij}}=\frac{1.6197}{1.3811}=1.1728$$

同理，计算得到甲苯、重芳烃、富氢气体、对二甲苯这四种产品的影响力系数分别为0.957 7、0.844 7、0.989 8、1.034 9。可见，混合二甲苯、对二甲苯的影响力系数均大于1，表明这两种产品对其他产品所产生的拉动作用等超过了各产品的平均水平。

按照需求感应程度计算混合二甲苯的感应度系数为：

$$E_1=\frac{\sum_{j=1}^{5}\bar{b}_{1j}}{\frac{1}{5}\sum_{j=1}^{5}\sum_{i=1}^{5}\bar{b}_{ij}}=\frac{1.4066}{1.3811}=1.0184$$

同理，计算甲苯、重芳烃、富氢气体、对二甲苯的感应度系数依次为0.996 6、1.132 9、0.996 4、0.855 6。可见，混合二甲苯、重芳烃的影响力系数均大于1，表明这两种产品所受到的波及感应程度超过了各产品的平均感应水平。

计算直接分配系数矩阵：

$$\boldsymbol{H}=\begin{bmatrix} 0.0293 & 0.1173 & 0.0469 & 0.0352 & 0.0220 \\ 0.0887 & 0.0133 & 0 & 0.0222 & 0.0665 \\ 0.2105 & 0.0947 & 0 & 0.0632 & 0.1895 \\ 0.2055 & 0.1438 & 0.0685 & 0.0171 & 0.2055 \\ 0.0837 & 0.0349 & 0 & 0 & 0.0167 \end{bmatrix}$$

Ghosh 逆矩阵为：

$$\widetilde{\boldsymbol{G}}=(\boldsymbol{I}-\boldsymbol{H})^{-1}=\begin{bmatrix} 1.0687 & 0.1406 & 0.0532 & 0.0449 & 0.0530 \\ 0.1087 & 1.0339 & 0.0070 & 0.0277 & 0.0795 \\ 0.2708 & 0.1495 & 1.0181 & 0.0785 & 0.2288 \\ 0.2780 & 0.2013 & 0.0841 & 1.0373 & 0.2528 \\ 0.0948 & 0.0486 & 0.0048 & 0.0048 & 1.0244 \end{bmatrix}$$

按照推动程度计算混合二甲苯的感应度系数：

$$E_1=\frac{\sum_{j=1}^{5}\tilde{g}_{1j}}{\frac{1}{5}\sum_{j=1}^{5}\sum_{i=1}^{5}\tilde{g}_{ij}}=0.9199$$

同理，计算甲苯、重芳烃、富氢气体、对二甲苯的感应度系数依次为 0.849 9、1.180 5、1.253 5、0.796 2。可见，重芳烃、富氢气体按照推动程度的影响力系数均大于 1，表明这两种产品对其他产品所产生的推动作用高于各产品的平均水平。

综上，混合二甲苯对其他产品的拉动作用及受其他产品的波及感应程度均超过 1，应重点予以关注；对二甲苯对其他产品有着较强的拉动作用，要重点关注其需求；重芳烃受其他产品的波及感应程度较大，对其他产品的推动作用也较大，要注重高效利用；富氢气体对其他产品的推动作用较大，应重点关注其供给水平。

本章小结

本章主要介绍了投入产出分析的基本理论，重点给出了投入产出表的结构、基本关系、重要的投入产出分析系数等，最后给出了投入产出分析在某石化项目中的应用。现实中，投入产出分析在国民经济各部门、各领域均有着很好的应用，如基于各部门能源消耗量绘制的能源投入产出分析、基于各部门环境污染排放物绘制的环境投入产出表及涵盖二者的能源环境投入产出表等。投入产出分析可以为现状分析、政策模拟、未来规划等提供很好的帮助。此外，投入产出分析还可以跟结构分解分析、复杂或社会网络分析、一般均衡模型等技术联合，形成更加深入的决策思考。

投入产出分析的相关计算可以通过 Excel 完成，主要包括：矩阵的转置函数 Transpose、单位矩阵函数 Munit、矩阵相乘函数 Mmult、矩阵求逆函数 Minverse 等。

本章习题

1. 投入产出分析具有哪些特点？
2. 如何理解完全消耗系数和完全分配系数？
3. 请用案例说明能源投入产出分析的具体应用情景。
4. 简述价值型投入产出表各个象限的经济含义。
5. 请写出投入产出表中的基本平衡关系式。
6. 请给出基本投入产出模型。

7. 设某地区的经济包括工业、农业和其他生产部门，其简化后的投入产出表见表 9-9。

表 9-9　某地区简化后的投入产出表　　单位：亿元

投入＼产出		中间产品 农业	中间产品 工业	中间产品 其他	最终产品	总产值
生产部门	农业	60	190	30	320	600
	工业	90	1 520	180	2 010	3 800
	其他	30	95	60	415	600
新创造的价值		420	1 995	330		
总投入		600	3 800	600		

(1) 求出直接消耗系数和完全消耗系数；

(2) 求出直接分配系数和完全分配系数；

(3) 如果计划期农业最终产品的价值为 350 亿元，工业产品的价值为 2 300 亿元，其他部门产品的价值为 450 亿元，请计算出各部门在计划期的总产品价值分别为多少？

(4) 求出各部门的影响力系数与感应度系数。

8. 已知某企业三个部门的直接消耗系数矩阵为

$$\boldsymbol{A}=\begin{bmatrix}0.3108 & 0.2598 & 0\\ 0 & 0.1706 & 0.2217\\ 0.1389 & 0 & 0.3920\end{bmatrix}$$

它们的总产出分别为 3 040 万元、3 500 万元和 4 460 万元。请计算：

(1) 各部门的增加值；

(2) 各部门的中间流量矩阵；

(3) 各部门的最终使用额；

(4) 编制该企业的投入产出表。

9. 根据下面给出的直接消耗系数矩阵和投入产出表中现有的数据，填写完整的投入产出表(表 9-10)。

$$\boldsymbol{A}=\begin{bmatrix}0.10 & 0.10 & 0.05 & 0.05\\ 0.13 & 0.30 & 0.35 & 0.15\\ 0.03 & 0.01 & 0.03 & 0.05\\ 0.05 & 0.05 & 0.08 & 0.10\end{bmatrix}$$

表 9-10 待填写的投入产出表

投入 \ 产出		中间使用 1	中间使用 2	中间使用 3	中间使用 4	最终使用	总产出
中间投入	1	60					
	2						
	3						200
	4					164	
增加值			648				
总投入							

延伸阅读

[1] 吴利学,方萱.中国数字经济的投入产出与产业关联分析[J].技术经济,2022,41(12):91-98.

[2] 李虹,王帅.中国行业隐含能源消费及其强度的变动与影响因素[J].中国人口·资源与环境,2021,31(5):47-57.

[3] 张红霞,石敏俊.电力价格市场化的成本影响分析——基于考虑价格异质性的投入产出价格模型[J].管理评论,2022,34(1):17-25.

[4] L PENG,X DENG,Z LI. An extended input-output analysis of links between industrial production and water pollutant discharge in the Yangtze River Economic Belt[J]. Journal of Cleaner Production, 2023, 390. 136115. https://doi.org/10.1016/j.jclepro.2023.136115.

[5] S NAKANO,S ARAI,A WASHIZU. Development and application of an inter-regional input-output table for analysis of a next generation energy system[J]. Renewable and Sustainable Energy Reviews,2018,82,2834-2842. https://doi.org/10.1016/j.rser.2017.10.011.

参考文献

[1] 汪应洛. 系统工程[M]. 5 版. 北京:机械工业出版社,2020.
[2] 王新平. 管理系统工程:方法论及建模[M]. 北京:机械工业出版社,2011.
[3] 刘军,张方风,朱杰. 系统工程[M]. 北京:机械工业出版社,2014.
[4] 陈国宏,李美娟,陈衍泰. 组合评价及其计算机集成系统研究[M]. 北京:清华大学出版社,2007.
[5] 徐泽水. 不确定多属性决策方法及应用[M]. 北京:清华大学出版社,2004.
[6] 刘军. 整体网分析——UCINET 软件实用指南[M]. 3 版. 上海:格致出版社,上海人民出版社,2019.
[7] 陈锡康,杨翠红. 投入产出技术[M]. 北京:科学出版社,2011.
[8] 庞军. 能源环境投入产出分析——模型、方法与应用[M]. 北京:经济科学出版社,2016.
[9] 蔡建峰,刘红彬,王晓东. 模糊多属性决策方法及应用[M]. 北京:机械工业出版社,2020.
[10] 李华,胡奇英. 预测与决策教程[M]. 2 版. 北京:机械工业出版社,2019.
[11] 木仁,马占新,曹莉. 数据包络分析方法基本模型及其 MATLAB 算法[M]. 北京:科学出版社,2022.
[12] 刘晓君,李玲燕. 技术经济学[M]. 3 版. 北京:科学出版社,2022.
[13] 秦寿康. 综合评价原理与应用[M]. 北京:电子工业出版社,2003.
[14] 张发明. 综合评价基础方法及应用[M]. 北京:科学出版社,2018.
[15] 刘思峰,方志耕,朱建军,等. 系统建模与仿真[M]. 北京:科学出版社,2012.
[16] 姜金贵,宋艳,杜蓉. 管理建模与仿真[M]. 北京:机械工业出版社,2018.
[17] 王其藩. 系统动力学[M]. 上海:上海财经大学出版社,2009.
[18] 李国勇,杨丽娟. 神经·模糊·预测控制及其 MATLAB 实现[M]. 4 版. 北京:电子工业出版社,2018.

[19] 邓乃扬,田英杰. 支持向量机:理论、算法与拓展[M]. 北京:科学出版社,2009.

[20] 周炜,赵挺生,徐树铭,等. 基于 DEMATEL 和 ISM 的建筑工人安全行为影响因素建模[J]. 土木工程与管理学报,2017,34(6):126-132.

[21] 刘晓霞. 基于 ISM-MICMAC 的企业危化品道路运输事故致因研究[J]. 安全、健康和环境,2023,23(9):9-14.

[22] 杨楠. 基于复杂网络理论的天然气管网复杂性和鲁棒性研究[D]. 北京:中国石油大学(北京),2017.

[23] 陶韬. 中海油徐州中心成品油库可行性分析[D]. 徐州:中国矿业大学,2021.